窄带物联网（NB-IoT）标准协议的演进

从R13到R16的5G物联网之路

陆婷 方惠英 袁弋非 戴博 沙秀斌◎著

人民邮电出版社

北 京

图书在版编目（CIP）数据

窄带物联网(NB-IoT)标准协议的演进：从R13到R16的5G物联网之路 / 陆婷等著. — 北京：人民邮电出版社，2020.7（2022.8重印）
ISBN 978-7-115-53769-0

Ⅰ．①窄… Ⅱ．①陆… Ⅲ．①互联网络—应用②智能技术—应用 Ⅳ．①TP393.4②TP18

中国版本图书馆CIP数据核字(2020)第067195号

内 容 提 要

　　本书在回顾 NB-IoT Rel-13 标准的网络架构、控制面协议、用户面协议、物理层技术和关键过程等内容的基础上，进一步介绍了 NB-IoT 从 Rel-14 到 Rel-16 后续多个版本标准演进的需求及立项背景、技术框架与方案选择等多方面的内容。本书重点介绍了 NB-IoT 每个标准版本的核心功能，描述了各功能相关技术方案在标准会议中的讨论情况及方案的确定过程，并且通过对一些关键过程及关键参数的详细描述，帮助读者对相关技术可以有一个比较系统、全面的理解。另外，本书还介绍了 NB-IoT 后续 Rel-17 版本的关键立项目标以及未来技术的发展方向。

　　本书适合对 LTE 及 NB-IoT 协议有一定了解的移动通信领域从事研究、开发、工程等相关工作的人员阅读，也可供高等院校师生学习参考。

◆ 著　　　　陆　婷　方惠英　袁弋非　戴　博　沙秀斌
责任编辑　李　强
责任印制　彭志环

◆ 人民邮电出版社出版发行　　北京市丰台区成寿寺路 11 号
邮编　100164　　电子邮件　315@ptpress.com.cn
网址　https://www.ptpress.com.cn
涿州市京南印刷厂印刷

◆ 开本：800×1000　1/16
印张：25　　　　　　　　　　　2020 年 7 月第 1 版
字数：464 千字　　　　　　　　2022 年 8 月河北第 2 次印刷

定价：129.00 元

读者服务热线：(010)81055493　印装质量热线：(010)81055316
反盗版热线：(010)81055315
广告经营许可证：京东市监广登字 20170147 号

序
PREFACE

移动通信发展历经四十年，从 1G 到 4G，每一代都凝聚了人类智慧和技术发展的结晶，给人类社会带来了有价值的变化。今天我们迈入 5G 时代，5G 将实现网络性能新的飞跃，开启万物互联的新时代。5G 应用在物与物的通信中打开了新的史诗篇章——物联网。近年来，物联网应用发展迅速，已覆盖生产、消费领域等多个应用场景，未来，以智慧城市、智能家居等为代表的典型应用场景与 5G 深度融合，物联网发展将进一步驶入快车道。

2016 年 6 月，3GPP（第三代合作伙伴计划）完成了 Rel-13 窄带物联网（NB-IoT, NarrowBand Internet of Things）核心标准的制定，形成了面向低功耗、广覆盖通信技术的全球统一标准，为移动物联网标准的推广和应用奠定了基础。此后，3GPP 对 NB-IoT 技术做了多次完善，历经 Rel-14、Rel-15 和 Rel-16 3 个版本，国际标准的统一在很大程度上拓展和促进了物联网的部署和应用。2019 年，3GPP 将 NB-IoT 纳入 5G 候选技术集合，作为 5G 技术的组成部分提交至国际电信联盟（ITU）。相信在全球统一标准的框架下，5G 与物联网技术深度融合，将进一步加速产业的数字化产业转型，对未来经济社会产生深远的影响。

在 NB-IoT 国际标准化过程中，中国通信业产学研用各个相关单位积极参与国际标准研制，与全球产业界一道，为 NB-IoT 标准制定及其演进做出了积极、重要的贡献。本书主要作者袁弋非博士及其团队，长期工作在 3GPP NB-IoT 国际标准化的第一线，他们根据参与国际标准制定过程的亲身经历和对技术预研的思考，编写出这部《窄带物联网（NB-IoT）标准协议的演进》著作，系统、全面地介绍了 NB-IoT 标准的技术演进。本书的出版会帮助大家更好地认识和了解 NB-IoT 技术的发展，希望本书能引发信息通信业更多人对 5G 与物联网技术深度融合的关注和思考，并为我国物联网的发展做出贡献。

中国工程院院士、北京邮电大学教授

2020 年 4 月 8 日

2016 年 6 月，NB-IoT 第一版标准协议核心部分正式完成，此后 NB-IoT 迅速成为产业界关注的焦点，并在短时间内发挥出从芯片、模组、无线、核心网到 IoT 平台的端到端产业链能力。多家运营商推动完成了包括无线、核心网、终端及应用在内的全产业链组网测试，对包括覆盖增强、终端功耗、业务速率及时延等在内的各项具体指标进行了充分验证，证明 NB-IoT 能够全面满足各种物联网应用的覆盖需求、业务传输需求及海量连接需求。以此为契机，通信产业界联合传统行业不断推出各种新型应用，如智能电网、智慧停车、智能交通运输 / 物流、智慧能源管理系统、水质监测等，涉及智慧城市、智慧家庭等众多垂直领域，快速推动了传统行业的升级改造，也给人们的日常生活带来了极大的便利。与此同时，5G NR 首发版本也于 2017 年 12 月正式冻结，并于 2019 年开始大规模试验和商业部署。2019 年 7 月 ITU 会议上，NB-IoT 已被正式采纳，作为 5G 候选技术方案来满足 5G 时代海量机器连接（mMTC）场景的技术需求。相信 5G 与 NB-IoT 的结合，将极大地提高 3GPP 系统能力，并为垂直行业发展创造更多机会。

规模化的应用催生更加丰富的市场和技术需求，反过来又推动 NB-IoT 不断演进。3GPP 先后于 2016 年 6 月、2017 年 3 月及 2018 年 6 月立项 Rel-14/Rel-15/Rel-16 NB-IoT 标准协议演进，一方面继续增强 NB-IoT 的基本性能，如 Rel-14 支持多载波来提升小区容量，引入两个混合自动重传请求（HARQ）进程以及更大的上下行传输块大小（TBS）来提高传输速率；Rel-15 引入唤醒信号来降低终端功耗，支持提前数据传输（EDT）来降低传输时延和终端功耗；Rel-16 引入预配置上行资源（PUR）用于空闲态数据发送，可进一步提升传输效率，提升系统容量，降低终端功耗。另一方面引入更加丰富的业务功能，如 Rel-14 支持定位和多播；Rel-15 支持时分双工（TDD）并引入窄带随机接入信道（NPRACH）覆盖增强来满足 100 千米的覆盖需求；Rel-16 支持网络管理工具、异系统网络选择、与 NR 共存以及连接到 5GC 功能。随着 Rel-16 标准正式发布，NB-IoT 演进版本的覆盖能力、终端节电能力、小区容量及吞吐量、与 NR 共存等性能将得到显著提升，展现前所未有的业务支持能力以及更广阔的市场应用前景。

为了帮助产业链上众多相关者了解 NB-IoT 演进版本的增强功能，加速推动 NB-IoT 在各行业的普及和应用，为了帮助研发和工程技术人员深入理解各增强功能的技术细节、更好地进行产品算法设计、缩短产品研发周期，同时也为了让高等院校师生更深入地研究无线通信技术，推动无线通信技术的发展，我们在 2016 年出版的《窄带物联网（NB-IoT）标准与关键技术》一书的基础上，再次推出这本介绍 NB-IoT 标准演进的著作。

本书第 1 章简要介绍了 NB-IoT 的背景及进展情况。第 2 ~ 3 章简要回顾了 Rel-13 NB-IoT 标准的基本内容，包括网络架构、控制面 / 用户面协议、关键流程以及物理层关键技术等。第 4 ~ 6 章分别详细讲述了 Rel-14/Rel-15/Rel-16 NB-IoT 各标准演进版本的增强功能。在这部分中，重点描述了针对立项需求识别出的待解决问题，以及针对待解决问题提出的各种方案、方案对比和方案最后的标准化过程。翔实的介绍可以帮助读者充分理解技术本身的优缺点以及标准制定过程中的取舍考虑，从而更好地理解标准协议，进行产品设计和开发。第 7 章结合 Rel-17 立项内容展望了 NB-IoT 下一阶段的标准化热点，承上启下，可以帮助读者回味并思考 NB-IoT 未来的发展。

本书各章节写作分工如下：第 1 章由方惠英撰写；第 2 章由陆婷和卢飞撰写；第 3 章由戴博和袁弋非撰写；第 4 章由陆婷和方惠英撰写；第 5 章由陆婷、方惠英和沙秀斌撰写；第 6 章由陆婷、方惠英、沙秀斌、刘锟、杨维维、胡有军、刘旭和卢飞撰写；第 7 章由戴博撰写；全书由袁弋非和戴博统稿。在此，我们要感谢胡留军、王欣晖、郁光辉、李儒岳、郝瑞晶等技术专家的支持，还要感谢人民邮电出版社的大力支持和高效工作，使本书能尽早地与读者见面。

本书是基于作者的主观视角对标准化讨论过程和结果的理解，观点难免有欠周全之处。对于书中存在不当之处，敬请读者谅解，并给予宝贵意见！

作者

目 录
CONTENTS

·第3章·／Rel-13 NB-IoT物理层 / 089

·第6章· / Rel-16 NB-IoT / 263

· 第 **1** 章 ·

NB-IoT

背景及概述

1.1 NB-IoT 简介

随着智慧城市、大数据时代的来临，无线通信将实现万物互联。很多企业预计未来全球物联网连接数将达到千亿级。为了满足不同物联网业务需求，根据物联网业务特征和移动通信网络特点，3GPP 标准组织从 2015 年启动 NB-IoT 的研究和标准化工作，以适应蓬勃发展的物联网业务需求。

NB-IoT 属于一种低功耗广域网技术，它具备低成本、强覆盖、低功耗、大连接 4 个关键特点。从 2016 年首个 NB-IoT 标准发布以来，NB-IoT 产业发展极为迅速。仅仅用了三年时间，NB-IoT 已在全球 50 多个国家大规模商用。NB-IoT 将成为 5G 物联网的主流技术。

1.2 NB-IoT 应用场景

NB-IoT 在物联网领域具有广泛的应用场景。

- 远程抄表：智能电表、智能水表、智能气表。
- 远程控制：共享单车智能锁、智能家居智能锁、智慧家电。
- 公共事业：智慧井盖、消防栓监控、烟雾报警、智能电网监测、水文监测、智慧路灯、智慧停车场。
- 健康监测：智能运动手环。
- 智慧农业应用。
- 工业应用：工业制造、企业安全防护。

1.3　NB-IoT 系统需求

NB-IoT 系统要满足以下需求。

- 下行和上行链路终端射频带宽都是180kHz。
- 支持三种工作模式：
  - 独立工作模式（Stand-alone Mode）（如图 1-1 所示）：利用目前 GSM 系统占用的频谱，替代目前的一个或多个 GSM 载波；

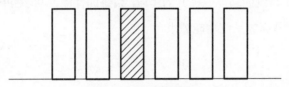

图 1-1　独立工作模式

  - 保护带工作模式（Guard-band Mode）（如图 1-2 所示）：利用目前 LTE 载波保护带上没有使用的资源块；

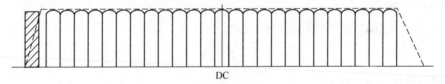

图 1-2　保护带工作模式

  - 带内工作模式（In-band Mode）（如图 1-3 所示）：利用 LTE 载波内的资源块。

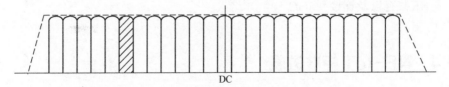

图 1-3　带内工作模式

- 下行链路是OFDMA方式，对于三种工作模式都是15kHz的子载波间隔。
- 上行链路：支持Single-tone和Multi-tone传输。

- 对于 Single-tone 传输，网络可配置子载波间隔为 3.75kHz 还是 15kHz。

- Multi-tone 传输采用基于 15kHz 子载波间隔的 SC-FDMA。

- UE 需要指示对 Single-tone 和 Multi-tone 传输的支持能力。

— 在 Rel-13 和 Rel-14 阶段不需要支持 TDD，NB-IoT 终端只要求支持半双工操作。Rel-15 阶段开始可支持 TDD。

— 针对 NB-IoT 物理层方案，基于当前 LTE 的 MAC、RLC、PDCP 和 RRC 过程优化。

— 类型 NB1 和 NB2 的 NB-IoT 终端支持 Bands 1、2、3、4、5、8、11、12、13、14、17、18、19、20、21、25、26、28、31、41、66、70、71、72、73、74 和 85。

为了增强 NB-IoT 系统的功能或提升 NB-IoT 系统的性能，从 3GPP Rel-14 版本开始，对 NB-IoT 系统提出了一些新的系统功能需求：

- 定位功能；
- 多播功能；
- NB-IoT 多载波支持；
- 传输优化（多传输块调度、两 HARQ 进程、数据提前传输（EDT，Early Data Transmission）、预配置上行资源（PUR，Preconfigured UL Resource）、上下行最大 TBS 扩展到 2536bit 等功能）；
- 节电（唤醒信号、组唤醒信号）；
- 移动性：
  - 异系统网络选择；
  - 100 千米覆盖；
  - 网络管理功能。
- 与 NR 共存以及连接到 5GC。

1.4 NB-IoT 标准进展

从 2015 年 3GPP Rel-13 正式对 NB-IoT 立项至 2020 年，NB-IoT 在 3GPP Rel-14、Rel-15、Rel-16 版本中对定位、广播、节电、提高上下行传输效率等方面做了很多增强，标准进展历程如图 1-4 所示。

Rel-13 NB-IoT 于 2015 年 9 月在 RAN #69 次会议立项，在 2016 年 6 月，核心部分的标准化工作基本完成。Rel-13 NB-IoT 下行采用基于 15kHz 子载波间隔的正交频分复用（OFDMA，Orthogonal Frequency Division Multiplexing）方案；上行采用 SC-FDMA 技术，支持单子载波（Single-tone）发送和多子载波（Multi-tone）发送，终端需要指示对单子载波发送和多子载波发送的支持能力。

图 1-4　NB-IoT 标准进展历程

Rel-14 NB-IoT 增强工作于 2016 年 6 月在 RAN #72 次全会立项，2017 年 3 月完成核心部分的标准化工作。Rel-14 NB-IoT 增强主要引入定位功能、多播功能、非锚定载波增强和两个 HARQ 进程支持。

Rel-15 NB-IoT 增强工作于 2017 年 3 月在 RAN #75 次全会立项，2018 年 6 月完成核心部分的标准化工作。Rel-15 NB-IoT 增强主要引入数据提前传输功能、唤醒信号、窄带测量精度提升、NPRACH 覆盖范围增强、支持 TDD 以及独立工作模式增强。

Rel-16 NB-IoT 增强工作于 2018 年 6 月在 RAN #80 次全会立项，2019 年 12 月完成核心部分的标准化工作。Rel-16 NB-IoT 增强主要引入组唤醒信号、预配置上行资源、多传输块（TB）调度、NB-IoT 和 NR 共存、连接到 5GC、多载波操作增强、移动性增强以及网络管理工具增强。

Rel-17 NB-IoT/MTC 增强工作于 2019 年 12 月在 RAN #86 次全会立项，主要引入针对单播的上下行 16QAM、基于覆盖等级的 NB-IoT 载波选择及基于载波的无线参数配置、RLF 前的邻区测量。

1.5 NB-IoT 市场动态

从 2016 年 6 月 Rel-13 NB-IoT 核心部分标准发布以来，全球 NB-IoT 市场发展非常迅速。截至 2019 年，全球已有 50 多个国家的 100 多个运营商正式运营 NB-IoT 网络。截至 2019 年 4 月，NB-IoT 芯片厂商已经达到 14 家，模组厂商达到 100 多家，应用终端厂商达到 1000 多家。

在中国市场上，由于国内政策支持和中国移动、中国联通、中国电信三大电信运营商的大力推广，NB-IoT 已经成为物联网行业最火热的技术。到 2020 年，NB-IoT 网络实现全国普遍覆盖，面向室内、交通路网、地下管网等应用场景实现深度覆盖，基站规模达到 150 万个。我国已经形成芯片—模组—终端—网络完整的产业链。

2019 年 7 月，在 ITU-R WP5D#32 会议上，NB-IoT 正式确认作为 5G 候选技术方案，满足大规模机器连接（mMTC）场景的技术需求。未来五年，伴随着工业化改造和 5G 的部署，NB-IoT 的发展将再掀高潮，将进一步在智慧城市、智能交通、环保物联网、农业物联网、消防物联网等行业中大展身手。

第 2 章

Rel-13 NB-IoT
网络架构和协议栈

NB-IoT

2.1 简介

NB-IoT 的引入，对 LTE/EPC 网络带来了很大的改进要求。传统 LTE/EPC 网络的设计，主要目的是为了满足宽带移动互联网的需求，即为用户提供高带宽、高响应速率的上网体验。然而，与宽带移动互联网相比较，NB-IoT 具有显著的差别：终端数量众多、终端节能要求高、以收发小数据包为主、且数据包可能是非 IP 格式的。

现有 LTE/EPC 流程，对 NB-IoT 终端而言，发送单位数量的数据，终端能耗和网络信令开销太高。一方面，为了发送或接收很少字节的数据，终端从空闲态进入连接态，所消耗的网络信令开销远远大于数据载荷本身大小；另一方面，基于 LTE/EPC 的复杂的信令流程，对终端的能耗也带来很大开销。

为了适应 NB-IoT 终端的接入需求，3GPP 对网络整体架构和流程进行了增强，提出了控制面优化传输方案（后面部分描述采用 CP 优化或 CP 方案的简称）和用户面优化传输方案（后面部分描述采用 UP 优化或 UP 方案的简称）。控制面优化传输方案其基本原理是通过控制面信令来实现 IP 数据或非 IP 数据在 NB-IoT 终端和网络间的传输。遵循该方案，UE 可以在请求 RRC 连接的过程中，在信令无线承载（SRB，Signalling Radio Bearers）中携带 NAS 数据包，在 NAS 数据包中携带 IP 数据或非 IP 数据，达到利用控制面来传输用户数据的目的。用户面优化传输方案的基本原理是引入 RRC 连接挂起和恢复流程，在终端进入空闲态后，基站和网络仍然存储终端的重要上下文信息，以便通过恢复流程快速重建无线连接和核心网连接，降低了网络信令的交互。

特别的，在 EPC 网络侧，针对非 IP 数据的传输，基于控制面优化传输方案，3GPP 提出了两种模式的非 IP 数据传输方案。一种是利用业务能力开放单元（SCEF，Service Capability Exposure Function），在移动性管理实体（MME，Mobility Management Entity）和 SCEF 间建立 T6 连接来实现非 IP 数据的传输；另一种是升级 PGW 使其支持非 IP 数据传输，基于现有 SGi 接口通过隧道来实现非 IP 数据的传输。

2.2　总体框架

NB-IoT 的网络架构和 4G 网络架构基本一致，但针对 NB-IoT 的业务和流程优化需求，在架构上面也有所增强。

NB-IoT 网络总体架构如图 2-1 所示，包括：NB-IoT 终端、E-UTRAN 基站（eNodeB）、归属用户签约服务器（HSS，Home Subscriber Server）、MME、服务网关（SGW，Serving Gateway）、PDN 网关（PGW，PDN Gateway）。计费和策略控制功能（PCRF）在 NB-IoT 架构中并不是必须的。其他为支持 NB-IoT 而专门引入的网元包括：SCEF、第三方业务能力服务器（SCS，Service Capability Server）、第三方应用服务器（AS，Application Server）。其中，SCEF 也经常称为能力开放平台。

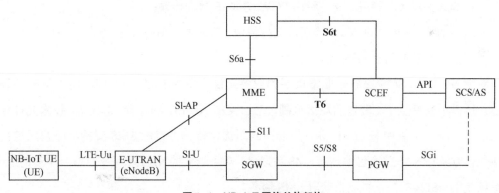

图 2-1　NB-IoT 网络总体架构

和传统 4G 网络相比，NB-IoT 网络主要增加了 SCEF 以支持控制面优化方案和非 IP 数据传输，对应的，引入了新的接口：MME 和 SCEF 之间的 T6 接口、HSS 和 SCEF 之间的 S6t 接口。

在实际网络部署时，为了减少物理网元的数量，可以将部分核心网网元（如 MME、SGW、PGW）合一部署，称之为 CIoT 服务网关节点（C-SGN），如图 2-2 所示。

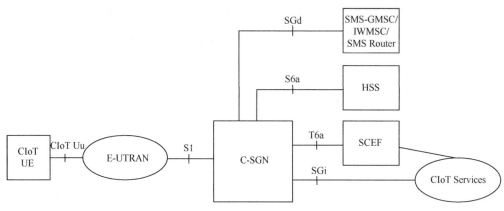

图2-2　C-SGN集成架构

C-SGN的功能可以设计成EPS核心网功能的一个子集，必须支持如下功能：

- 用于小数据传输的控制面CIoT优化功能；

- 用于小数据传输的用户面CIoT优化功能；

- 用于小数据传输的安全控制流程；

- 对仅支持NB-IoT的UE实现不需要联合附着（Combined Attach）的SMS支持；

- 支持覆盖优化的寻呼增强；

- 在SGi接口实现隧道，支持经由PGW的非IP数据传输；

- 提供基于T6接口的SCEF连接，支持经由SCEF的非IP数据传输；

- 支持附着时不创建PDN连接。

对于NB-IoT，SMS服务是非常重要的业务，仅支持NB-IoT的终端，由于不支持联合附着，所以不支持基于CSFB的短信机制。对仅支持NB-IoT的终端，NB-IoT技术允许终端在Attach、TAU消息中和MME协商基于控制面优化传输方案的SMS支持，即按照控制面传输优化方案在NAS信令包中携带SMS数据包。对于既支持NB-IoT又支持联合附着的终端，可继续使用CSFB的短信机制来获取SMS服务。

对网络而言，如果网络不支持CSFB的SGs接口短信机制，或对仅支持NB-IoT的终端无法使用CSFB机制来实现SMS服务，则可考虑在NB-IoT网络中引入基于MME的短信机制（SMS in MME），即MME实现SGd接口，通过该接口和短信网关、短信路由器实现SMS的传输，该架构如图2-3所示。

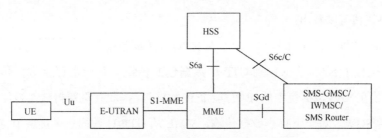

图 2-3　MME 直接实现 SGd 接口的 SMS 架构

2.3　协议栈架构

在 NB-IoT 技术中，用户面优化方案对 LTE/EPC 协议栈没有修改或增强。但相比传统 LTE/EPC 架构，支持控制面优化方案对协议栈有比较大的修改和增强。

控制面优化方案又包括两种：

- 基于 SGi 的控制面优化方案；
- 基于 T6 的控制面优化方案。

这两种不同的控制面优化方案，其协议栈架构，在 MME 到 PGW 或 MME 到 SCEF 间有所不同。

2.3.1　基于 SGi 的控制面优化方案的协议栈

图 2-4 描述了基于 SGi 的控制面优化方案的协议栈架构。

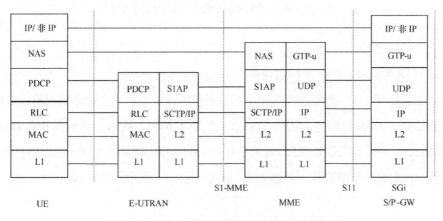

图 2-4　基于 SGi 的控制面优化方案的协议栈架构

从上述协议栈可以看出：

- UE 的 IP 数据 / 非 IP 数据包，是封装在 NAS 数据包中的；
- MME 执行了 NAS 数据包到 GTP-U 数据包的转换。对于上行小数据传输，MME 将 UE 封装在 NAS 数据包中的 IP 数据 / 非 IP 数据包，提取并重新封装在 GTP-U 数据包中，发送给 SGW。对于下行小数据传输，MME 从 GTP-U 数据包中提取 IP 数据 / 非 IP 数据，封装在 NAS 数据包中，发送给 UE。

2.3.2　基于 T6 的控制面优化方案的协议栈

图 2-5 描述了基于 T6 的控制面优化方案的协议栈架构。

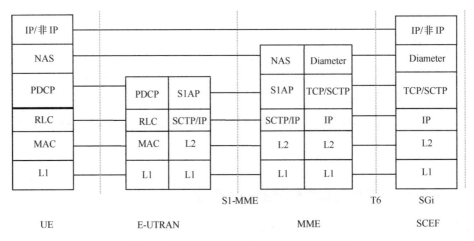

图 2-5　基于 T6 的控制面优化方案的协议栈架构

从上述协议栈可以看出：

- UE 的 IP 数据包 / 非 IP 数据包是封装在 NAS 数据包中的；
- MME 执行了 NAS 数据包到 Diameter 数据包的转换。对于上行小数据传输，MME 将 UE 封装在 NAS 数据包中的 IP 数据包 / 非 IP 数据包，提取并重新封装在 Diameter 消息的 AVP 中，发送给 SCEF。对于下行小数据传输，MME 从 Diameter 消息的 AVP 中提取 IP 数据 / 非 IP 数据，封装在 NAS 数据包中，发送给 UE。

2.4　空口控制面协议

Rel-13 的 NB-IoT 系统相比传统 LTE 系统做了大量简化，不支持以下功能：异系统间的移动性、切换、测量报告、公共告警、GBR、CSG、HeNB、载波聚合、双连接、NAICS、MBMS、实时业务、IDC、接入网辅助的 WLAN 互操作、设备之间通信、MDT、紧急业务和 CSFB。

本书对 NB-IoT 空口控制面和用户面协议功能的描述将不会涉及这些功能。

2.4.1　概述

NB-IoT 采用的空口控制面协议栈如图 2-6 所示，主要负责对无线接口的管理和控制，包括 RRC、PDCP、RLC、MAC 协议以及物理层协议。其中，对于仅支持控制面优化传输方案的 NB-IoT 终端，将不使用 PDCP；对于同时支持控制面优化传输方案和用户面优化传输方案的 NB-IoT 终端，在接入层（AS，Access Stratum）安全激活之前不使用 PDCP。NB-IoT 空口控制面各协议子层功能与传统 LTE 一致但做了必要的简化，另外，RRC 连接管理功能增加了对连接恢复和连接挂起的支持。

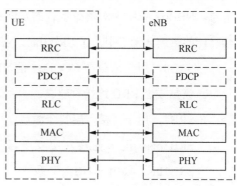

图 2-6　空口控制面协议栈

2.4.2　RRC 功能

空口控制面的功能主要由无线资源控制（RRC，Radio Resource Control）协议实现。RRC 层位于空口控制面协议的最高层。NB-IoT 系统支持两个 RRC 状态：空闲态（RRC_Idle）和连接态（RRC_Connected）。当终端和基站间进行连接建立或连接恢复时，终端从空闲态迁移到连接态；当终端和基站间进行连接释放或连接挂起时，终端从连接态迁移到空闲态。RRC 状态模型转换如图 2-7 所示。

NB-IoT 系统中的空闲态除支持和 LTE 中相同的获取系统消

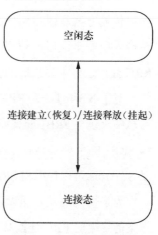

图 2-7　RRC 状态模型转换

息、监听寻呼、发起 RRC 连接建立以及终端控制的移动性机制外，还具有以下特征：

- 可以发起 RRC 连接恢复过程；

- 在终端和基站上保存接入层的上下文（仅适用于用户面优化传输方案）；

- 不支持终端专用的空闲态 DRX。

NB-IoT 的连接态对 LTE 的连接态功能进行了简化，除支持和 LTE 相同的资源调度、接收或发送 RRC 信令以及在已建立的数据承载/信令承载上收发数据外，还具有以下特征：

- 不支持网络控制的移动性（切换、测量报告等）；

- 不监听寻呼和系统消息；

- 不支持信道质量反馈。

NB-IoT 中支持 3 个 SRB，分别为 SRB0、SRB1 和 SRB1bis，用于传输 RRC 消息和 NAS 消息。NB-IoT 系统中对信令承载的功能进行了简化，不再支持 SRB2，但为了减少 PDCP 安全功能的封装开销，引入了 SRB1bis。它们的功能分别为：

- SRB0，用于承载在 CCCH 上的 RRC 消息，这些消息用于 RRC 连接建立、RRC 连接恢复或者 RRC 连接重建立；

- SRB1，用于在接入层安全激活之后承载在 DCCH 上的 RRC 消息和 NAS 消息；

- SRB1bis，用于在接入层安全激活之前承载在 DCCH 上的 RRC 消息和 NAS 消息；SRB1bis，仅用于 NB-IoT 系统，LTE 系统中不支持 SRB1bis。

对于仅支持控制面优化传输方案的终端，使用 SRB0 和 SRB1bis；对于同时支持控制面优化传输方案和用户面优化传输方案的终端，在接入层安全激活前使用 SRB0 和 SRB1bis，在接入层安全激活后使用 SRB0（例如，重建立请求消息）和 SRB1。对于 NB-IoT，支持的 RRC 处理过程主要包括：连接控制、系统消息获取、NAS 专用信息传输、终端能力传输等。

对于 NB-IoT，在 RRC 连接建立过程中会同时建立 SRB1bis 和 SRB1，在 RRC 连接建立消息中只包含 SRB1 配置而不包含 SRB1bis 的配置，SRB1bis 被隐式建立。这是因为 SRB1bis 和 SRB1 的主要差别在于是否支持 PDCP（SRB1bis 上不支持 PDCP，SRB1 支持 PDCP），所以 SRB1bis 可以使用和 SRB1 相同的配置，但需要使用不同的逻辑信道识别。

为了简化终端处理以及通过减少 RRC 信令过程实现更低功耗，仅支持控制面优化传输方案的终端的 RRC 连接具有以下特征：

- 上下行 NAS 信令消息或携带数据的 NAS 消息可以通过上下行的 RRC 消息传输；

- 不支持 RRC 连接重配置和 RRC 连接重建立；
- 不使用数据无线承载（DRB，Data Radio Bearer）；
- 不使用接入层安全；
- 在接入层不区分数据类型（例如，IP、非 IP 或 SMS）。

为了在降低终端处理复杂度和减少 RRC 信令过程的基础上，更好地支持较大数据的传输，用户面优化传输方案的 RRC 连接具有以下特征。

- 支持 RRC 连接挂起处理，RRC 连接释放时，基站可以请求终端在空闲态保存接入层上下文（包括终端能力）。
- 支持 RRC 连接恢复处理，用于从空闲态迁移到连接态，在空闲态保存的接入层上下文可用于恢复连接。在连接恢复请求中，终端提供恢复标识（Resume ID）用于基站获取存储的终端接入层上下文（可能会涉及基站间的接入层上下文信息获取）；在连接恢复过程中，接入层安全可以重新激活。shortMAC-I 作为鉴权码被基站用于检验终端。在连接恢复操作中，基站和终端会重置 COUNT。
- 支持 RRC 连接重配置和 RRC 连接重建立。
- 最多支持两个 DRB（少于 LTE 中的 8 个 DRB）。
- 不支持在空闲态到连接态的过程中进行 CCCH 和 DTCH 的复用。
- 可以在 RRC 连接建立、恢复、重建或重配置过程中为终端配置非锚定载波。

RRC 连接管理主要包括 RRC 连接建立、恢复、释放、挂起以及接入层安全激活等过程，还包括利用 RRC 连接进行的参数配置和控制过程。具体由 RRC 连接建立过程、RRC 连接恢复过程、RRC 连接释放 / 挂起过程、RRC 连接重建立过程、RRC 连接重配置过程以及接入层安全激活过程等构成。

1. 接入控制

在引入 NB-IoT 之前，LTE 系统的已有接入控制机制是接入控制限制（ACB，Access Control Barring），当 MTC 业务兴起后，LTE 系统针对时延不敏感的 MTC 业务引入了专用接入控制机制扩展接入限制（EAB，Extended Access Barring），以上接入控制机制（ACB 和 EAB）均针对接入尝试的首发进行控制，与之相配合的还有针对接入尝试的重传的控制机制 Backoff（回退机制）。

在引入 NB-IoT 之后，由于 NB-IoT 针对的也是时延不敏感的业务，因此 NB-IoT 的 AB

机制充分借鉴了 LTE 系统的 EAB，并且对 Backoff 机制进行了扩展。

NB-IoT 基于对 LTE EAB 机制的简化得到 NB-IoT 的 AB 机制，特点如下。

- NB-IoT 的接入控制参数通过系统消息 SystemInformationBlockType14-NB（后面简称 SIB14-NB）发送。

- NB-IoT 的接入控制参数可以在任意时间修改，但不影响 MIB 系统消息中的 systemInfoValueTag 和 SIB1-NB 中的 systemInfoValueTagSI。

- NB-IoT 终端根据 MIB 中的 ab-Enabled 指示获知接入控制是否使能。若使能，则 UE 不能发起 RRC Connection Establishment / Resume 过程，直到 UE 获取有效的 SIB14-NB 参数。

注：ab-Enabled 指示是新增参数，引入的目的是指导 UE 是否需要读 SIB14；同时如果 MIB 中的 systemInfoValueTag 没变，那么 UE 也不需要读 SIB1。

SIB14-NB 包含 NB-IoT 专用的接入控制参数，其中包括：

- ab-Category-r13：三个取值 a、b、c 分别代表不同 PLMN 漫游范围内的 NB-IoT 终端，其中：

    a. 配置为 NB-IoT-AB 的所有终端；

    b. 配置为 NB-IoT-AB，且不在 Home-PLMN，也不在等效 Home-PLMN 的所有终端；

    c. 配置为 NB-IoT-AB，且不在本区域优选 PLMN 列表，不在 Home-PLMN，也不在等效 Home-PLMN 的所有终端。

- ab-BarringBitmap-r13：长度为 10 个比特的比特位图，分别对应 10 个普通接入类别（0～9）是否被禁止接入（注：ab-BarringBitmap 仅用于 NB-IoT 的 RRC 建立原因值中的 MO Data 和 MO Signaling）；

- ab-BarringExceptionData-r13：用于指示建立原因值为 ExceptionData 的终端是否被禁止接入（注：ExceptionData 是 NB-IoT 新增的 RRC 建立原因值，对应高优先级的数据）；

- ab-BarringForSpecialAC-r13：长度为 5 个比特的比特位图，用于指示 5 个特殊接入类别是否被禁止接入。

以上 AB 参数可以是针对 PLMN 的，即不同 PLMN 有不同的 NB-IoT 接入控制参数，也可以是所有 PLMN 采用同一套公共的接入控制参数。

如果 NB-IoT 小区在 SIB14-NB 中广播了针对所有 PLMN 均有效的公共接入控制参数，

则终端依照公共接入控制参数来执行接入控制流程，如果 SIB14-NB 中没有广播公共接入控制参数，而是针对不同 PLMN 广播了不同接入控制参数，则终端根据自己所属 PLMN 对应的接入控制参数来执行接入控制流程。

目前，NB-IoT 在数据类型上仅区分了 Normal MO Data、Normal MO Signaling 和 Exceptional MO Data 这几个粒度，未来不排除在后续的标准增强过程中提出更多的数据类型，以进一步细分接入控制的粒度。

NB-IoT 终端在发起 RRC 连接或者 RRC 连接恢复之前，应当遵循以下流程来执行接入控制检查。

- 终端首先应当确定自己是基于何种建立原因来发起 RRC 连接或者 RRC 连接恢复的，目前原因包括 3 种：起呼（Mobile Originating）异常数据、起呼数据、起呼信令。当终端因为以上 3 种原因要建立 / 恢复 RRC 连接，则应当执行 NB-IoT 接入控制检查。如果连接建立原因是被呼（Mobile Terminate），则不需要做接入控制检查。
- 如果 NB-IoT 接入控制检查的结果是禁止接入，终端的 RRC 层应告知上层（告知 NAS）RRC 连接建立或者恢复失败，当前接入过程结束。
- 如果 NB-IoT 接入控制检查的结果是允许接入，则终端执行后续的物理层、MAC、公共控制信道等配置行为，并启动 RRC 连接建立流程或者 RRC 连接恢复流程。

NB-IoT 沿用现有的 Backoff 机制，即延迟第二次随机接入发起的时间，仅对其值域进行了扩展，以支持上下行传输具有大重复次数场景下更大时域范围的回退。NB-IoT 的 Backoff 值见表 2-1。

表 2-1　NB-IoT 的 Backoff 值映射表

序号	Backoff 参数值（ms）
0	0
1	256
2	512
3	1024
4	2048
5	4096
6	8192

序号	Backoff 参数值（ms）
7	16 384
8	32 768
9	65 536
10	131 072
11	262 144
12	524 288
13	保留
14	保留
15	保留

扩展 Backoff 的原因是为了支持覆盖增强的 UE，对于覆盖增强等级（CEL，Coverage Enhancement Level）很高的 UE，其接入前缀序列重复次数达到上百次，即一次接入前缀序列发送需要用时上百毫秒，原先的 Backoff 的值域（0 ～ 960ms）已经不足以容纳足够多的接入前缀序列重传。

2. RRC 连接建立过程

NB-IoT 系统中的 RRC 连接建立过程和 LTE 类似，但具体消息内容有所不同。RRC 连接建立过程适用于控制面优化传输方案和用户面优化传输方案。

处于空闲态的终端触发 RRC 连接建立过程来发起一个呼叫或响应寻呼。终端收到 RRC 连接建立请求后，根据 NAS 的触发原因（例如，NAS 进行 Attach/TAU/Detach 操作时的连接触发原因为终端始发的信令，NAS 需要传输数据时的连接触发原因为终端始发的数据等）和系统消息中的接入控制信息，执行接入控制检查，如果通过，则执行 RRC 连接建立过程；如果接入控制执行的结果是禁止接入小区，则通知 NAS RRC 连接建立失败。RRC 连接建立成功过程如图 2-8 所示。

第 1 步，终端通过上行逻辑信道（UL-CCCH）在 SRB0 上发送 RRC 连接建立请求（RRCConnectionRequest-NB），其中，携带终端的初始标识（来

图 2-8　RRC 连接建立成功过程

自 NAS 的 S-TMSI，如果没有 S-TMSI，则终端自行产生随机数）、连接建立原因（由于 NB-IoT 系统对功能进行了简化，因此支持更少的 RRC 连接建立原因，除和 LTE 相同的建立原因，如终端起呼信令、终端起呼数据以及被呼数据，NB-IoT 新增终端起呼异常数据）、可选包含终端的多子载波（Multi-tone）支持能力以及终端的多载波（Multi-Carrier）支持能力等信息。高层信令触发 UE 的低层实体（MAC 和物理层）进行基于竞争的随机接入（具体可参考本书 MAC 层协议相应章节内容），RRC 连接建立请求对应于随机接入过程的 Msg3。

第 2 步，eNB 通过下行逻辑信道（DL-CCCH）在 SRB0 上回复 RRC 连接建立（RRC ConnectionSetup-NB）消息，该消息对应于随机接入过程的 Msg4，其中携带有 SRB1 的完整配置信息，包括 PHY/MAC/RLC 等各个实体的配置参数。

第 3 步，终端按照 RRC 连接建立消息建立并配置 SRB1bis 和 SRB1 后，通过 UL-DCCH 在 SRB1bis（在接入层安全激活之前，只使用 SRB1bis）上发送 RRC 连接建立完成（RRCConnectionSetupComplete-NB）消息，此消息中还可以携带来自 NAS 的指示信息，例如，终端是否支持不建立分组数据网络（PDN，Packet Data Network）连接的附着和终端是否支持用户面优化传输方案的指示信息，eNB 可以根据这些信息选择合适的 MME 来建立 S1连接；此消息中还可以携带上行的初始 NAS 消息，如 Attach Request、TAU Request、Detach Request、Service Request、NAS 数据等，对于支持控制面优化传输方案的终端可以通过此消息传递包含在 NAS 消息中的数据；eNB 收到此消息后，将其中的 NAS 信息转发给 MME 用于建立 S1 连接。

在第 2 步中，如果 eNB 拒绝为终端建立 RRC 连接，则通过 DL-CCCH 在 SRB0 上回复 RRC 连接拒绝消息（RRCConnectionReject-NB），过程如图 2-9 所示。在 RRC 连接拒绝消息中，eNB 携带扩展的等待时间信息，终端将收到的扩展等待时间信息传递给 NAS（用于在 NAS 进行接入控制）。在 NB-IoT 系统中，为了简化接入层的接入控制处理，不支持接入层的接入等待时间机制。

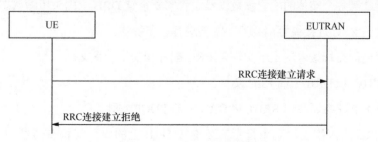

图 2-9　RRC 连接建立失败过程

3. RRC 连接恢复过程

在 NB-IoT 中，RRC 连接恢复过程不适用于仅支持控制面优化传输方案的终端。

处于空闲态且存储了接入层上下文的终端通过触发 RRC 连接恢复过程发起一个呼叫或响应寻呼。终端收到 RRC 连接恢复过程触发后，根据 NAS 的触发原因和系统消息中的接入控制信息，执行接入控制检查，如果通过，则执行 RRC 连接恢复过程；如果接入控制执行的结果是禁止接入小区，则通知 NAS RRC 连接恢复失败。RRC 连接恢复成功过程如图 2-10 所示。

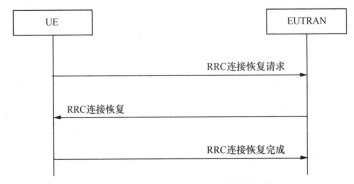

图 2-10　RRC 连接恢复成功过程

上述流程中，第 1 步，终端通过 UL-CCCH 在 SRB0 上发送 RRC 连接恢复请求（RRCConnectionResumeRequest-NB），其中携带恢复标识（Resume ID）、与前述连接建立相同的连接恢复原因、短消息完整性鉴权码 shortMAC-I 等信息。高层信令触发 UE 的低层实体（MAC 和物理层）进行基于竞争的随机接入，RRC 连接恢复请求对应于随机接入过程的 Msg3。

第 2 步，eNB 通过 DL-DCCH 在 SRB1 上回复 RRC 连接恢复（RRCConnectionResume-NB）消息并对该消息进行了完整性保护，该消息对应于随机接入过程的 Msg4，其中携带用于让终端重新计算安全密钥的参数（下一条链路计数值（NextHopChainingCount）），还可选携带 PHY/MAC/RLC 等各个实体的配置参数以及是否需要重置 DRB 上的头压缩状态信息的指示。

终端接收到 RRC 连接恢复消息后，主要进行以下操作。

- 根据存储的终端接入层上下文恢复 RRC 配置和安全上下文。
- 重建 SRB1 和 DRB 上的 RLC 实体。
- 恢复 PDCP 状态、重建 SRB1 和 DRB 上的 PDCP 实体。
- 如果 RRC 连接恢复消息中指示需要继续 DRB 上的头压缩状态信息的指示，则通知

PDCP 层 RRC 进行了连接恢复操作,以便 PDCP 重置相应的数据传输计数值,并在 DRB 上继续使用原有的头压缩协议上下文;否则,只是通知 PDCP 层 RRC 进行了连接恢复操作,以便 PDCP 重置相应的数据传输计数值,并重置 DRB 上的头压缩协议上下文。

- 恢复 SRB1 和 DRB。
- 使用 RRC 连接恢复消息中 NextHopChainingCount 参数更新安全密钥,基于更新的安全密钥生成完整性保护密钥并进行完整性保护验证,如果完整性保护验证成功,则继续生成加密密钥,并指示 PDCP 立即激活完整性保护和加密功能,即完整性保护和加密功能将应用于后续终端收发的信息。对于 SRB 上的数据,需要进行完整性保护和加密,对于 DRB 上的数据,只进行加密。

第 3 步,终端通过 UL-DCCH 在 SRB1 上发送 RRC 连接恢复完成(RRCConnection ResumeComplete-NB)消息,此消息中可以携带上行的 NAS 消息,如 TAU Request、Detach Request、Service Request、NAS 数据等,对于同时支持控制面优化传输方案的终端也可以通过此消息传递数据。eNB 收到此消息后,执行 eNB 和 MME 之间的 S1 接口恢复流程。

在第 2 步中,如果 eNB 拒绝为终端恢复 RRC 连接(例如,由于网络拥塞等原因),则通过 DL-CCCH 在 SRB0 上回复 RRC 连接拒绝消息,过程如图 2-11 所示。在 RRC 连接拒绝消息中,eNB 携带扩展的等待时间信息,终端将收到的扩展等待时间信息传递给 NAS;eNB 可选的携带是否需要继续保留终端存储的接入层上下文的指示信息。如果 eNB 指示释放接入层上下文,则终端丢弃已存储的接入层上下文和恢复标识,并通知 NAS 在 RRC 进行的连接恢复失败并且释放了接入层上下文,否则,终端继续存储已有的接入层上下文并通知 NAS 在 RRC 进行的连接恢复失败并且继续存储接入层上下文。

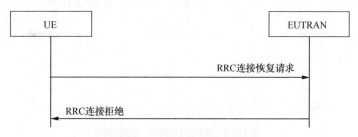

图 2-11 RRC 连接恢复失败过程

在第 2 步中,如果 eNB 不能为终端恢复 RRC 连接(例如,无法找到终端的接入层上下文），则 eNB 可以将 RRC 连接恢复过程回退到连接建立过程，如图 2-12 所示。替换的第 2 步中，eNB 通过 DL-CCCH 在 SRB0 上回复 RRC 连接建立（RRCConnectionSetup-NB）消息，功能如连接建立过程。相应的，终端在收到 RRC 连接建立消息作为对 RRC 恢复请求消息的响应时，丢弃已存储的接入层上下文，并通知 NAS 在 RRC 进行的连接恢复已失败。终端按照 RRC 连接建立消息进行配置，通过 UL-DCCH 在 SRB1bis 上发送 RRC 连接建立完成（RRCConnectionSetupComplete-NB）消息，此消息中除包含 2.4.2 节连接建立过程中的 RRC 连接建立完成消息所包含的信息之外，还可以包含 S-TMSI 信息。在普通的连接建立过程中，由于已经在 RRC 连接建立请求中包含了 S-TMSI 信息，无须在 RRC 连接建立完成消息中包含该信息，但对于上述连接恢复回退场景，基站可能未正确解析连接恢复消息，无法获取终端标识，因此需要通过 RRC 连接建立完成消息携带终端标识 S-TMSI 传递给基站，以便基站进行后续网络侧过程。

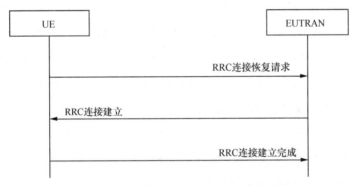

图 2-12　RRC 连接恢复回退到连接建立的过程

4. RRC 释放 / 挂起过程

在 NB-IoT 系统中，RRC 释放过程与 LTE 系统类似，如图 2-13 所示。

图 2-13　RRC 连接释放 / 挂起过程

当 eNB 决定要释放 RRC 连接时，eNB 通过 DL-DCCH 在 SRB1bis/SRB1 发送 RRC 连接

释放（RRCConnectionRelease-NB）消息，该消息中可选地携带重定向信息（用于小区选择）和扩展等待时间信息（终端将收到的扩展等待时间信息传递给 NAS）。

当 eNB 决定要挂起 RRC 连接时，eNB 通过 DL-DCCH 在 SRB1 发送 RRC 连接释放（RRCConnectionRelease-NB）消息，该消息中携带的释放原因为 RRC 挂起并携带恢复标识（Resume ID），终端进行接入层上下文挂起的相关操作；此外，该消息也可以可选地携带重定向信息、扩展等待时间信息。终端挂起接入层上下文的相关操作主要包括：

- 存储终端的接入层上下文，包括：当前的 RRC 配置、当前的接入层安全上下文、PDCP 状态参数（包括 ROHC 状态）、当前小区使用的 C-RNTI 和小区标识（包括物理小区标识（PCI）和全局小区标识（CI）），其中，C-RNTI 和物理小区标识主要用于在后续的连接恢复过程中产生用于 RRC 连接恢复请求消息中需要携带的 shortMAC-I；
- 存储恢复标识（Resume ID）；
- 挂起 SRB1 和所有的 DRB；
- 指示 NAS 在 RRC 进行了 RRC 连接挂起。

在 NB-IoT 中，终端也支持由 NAS 触发的 RRC 连接的主动释放。此时，终端不需要通知基站而直接进入空闲态。一种典型的场景是在 NAS 的鉴权过程中，终端收到的消息没有通过鉴权检查，这样终端的 NAS 会认为当前网络不是一个合法网络，因此指示终端的 RRC 层立即释放 RRC 连接。

5. RRC 连接重建立过程

当处于 RRC 连接态但出现异常需要恢复 RRC 连接时，终端触发此过程。

在 NB-IoT 系统中，仅支持 CP 优化传输方案的终端不支持此过程，主要是因为 RRC 重建立过程需要在 AS 安全激活之后才能进行，而仅支持 CP 优化传输方案的终端不支持接入层安全，因此无法进行 RRC 连接重建立操作。对于仅支持 CP 优化传输方案的终端只能由非接入层（NAS，Non Access Stratum）触发数据传输的恢复，对应于空口的初始连接建立过程。

对于支持 UP 优化传输方案的终端，在 NB-IoT 系统中支持的触发 RRC 连接重建立的异常场景包括无线链路失败、完整性校验失败以及 RRC 重配失败等，不支持切换失败触发的 RRC 连接重建立。NB-IoT 的 RRC 连接重建立过程基本和 LTE 系统类似，RRC 连接重建立成功过程如图 2-14 所示，RRC 连接重建立失败过程如图 2-15 所示，本书中就不再对 RRC 重建立的具体过程进行详细描述了。

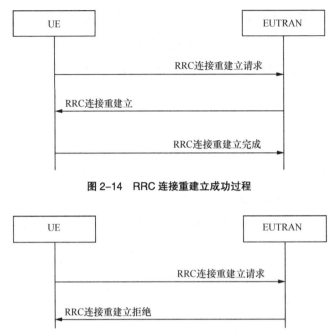

图 2-14　RRC 连接重建立成功过程

图 2-15　RRC 连接重建立失败过程

6. 无线资源配置

终端在建立 RRC 连接之前，使用通过 SIB2 获取的公共无线资源配置参数进行通信（例如，接收寻呼、发起随机接入等）；在 RRC 建立过程中，终端可以通过 RRC 连接建立（RRCConnectionSetup-NB）消息获得专用的无线资源配置参数，并且可以通过 RRC 连接重配（RRCConnectionReconfiguration-NB）消息获得更新的无线资源配置参数。在 RRC 连接恢复过程中，终端可以通过 RRC 连接恢复（RRCConnectionResume-NB）消息恢复已保存的无线资源配置参数，也可以通过 RRC 连接恢复消息更新无线资源配置参数。在 RRC 连接重建立过程中，可以通过 RRC 连接重建立（RRCConnectionReestablishment-NB）消息获得无线资源配置参数。

公共无线资源配置包含小区特定参数，适用于小区内的所有终端，包含终端在随机接入过程、监听寻呼和监听系统消息更新所需要的相关参数。

终端专用无线资源配置包含无线承载（包括 SRB 和 DRB）的配置参数、MAC 层配置参数以及物理层配置参数等。无线承载的配置包括 RLC/PDCP 相应的参数，在 NB-IoT 中，对 RLC/PDCP 的功能进行了简化，因此相应的配置参数比 LTE 简化了很多；MAC 和物理层的配置参数只有一套，对于各个无线承载是通用的。

7. RRC 连接重配过程

在 NB-IoT 中，同样因为不支持 AS 安全，RRC 连接重配过程不适用于仅支持 CP 优化传输方案的终端。

对于 UP 优化传输方案，RRC 重配过程主要用于在 AS 安全激活之后进行 DRB 的配置和低层参数的更新等。对于 RRC 连接恢复过程，RRC 连接恢复（RRCConnectionResume-NB）消息在 SRB1 上传输且进行了完整性保护，可以携带对 DRB 及物理层等进行重配的参数，因此在 RRC 连接恢复过程之后进行 RRC 连接重配过程对于 NB-IoT 是可选的，这样可以尽量减少空口消息交互进而降低终端功耗。

RRC 连接重配过程由 eNB 发起，如图 2-16 所示。

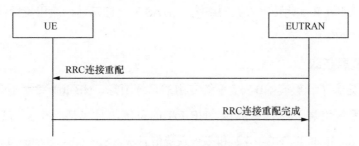

图 2-16　RRC 连接重配过程

如果终端无法正确执行 RRC 连接重配（例如，信令内容有错误、配置了终端不支持的功能，或者出现了协议不允许的参数组合），则终端执行异常过程。终端回退到收到 RRC 连接重配消息前的所有配置，然后发起 RRC 连接重建立过程。RRC 连接重配异常过程如图 2-17 所示。RRC 连接重配过程不允许出现部分执行，如果终端发现 RRC 连接重配消息中存在无法执行的操作时，无论该消息中的其他部分是否可以执行，终端都必须执行上述异常处理过程。

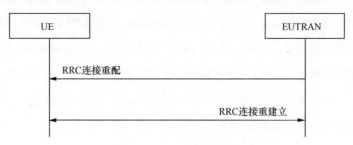

图 2-17　RRC 连接重配异常过程

8. 无线链路失败检测及操作

NB-IoT 系统支持对无线链路失败的检测。终端通过 SIB2 或专用无线资源配置（例如，RRC 连接建立消息、RRC 连接恢复消息、RRC 连接重建立消息和 RRC 连接重配消息等）获取无线链路失败检测以及空口无线链路恢复需要的参数，包括 N310、N311、T301、T310 及 T311。

当终端检测到定时器 T310 超时或者在连接态收到 MAC 层指示发生随机接入问题时，终端认为发生了无线链路失败，然后终端进行以下操作：

- 操作 1：如果此时 AS 安全还未激活，则终端会通知 NAS 发生了 RRC 连接失败，然后进入空闲态；
- 操作 2：如果 AS 安全已经激活，则终端发起 RRC 连接重建立过程。

对于仅支持 CP 优化传输方案的终端，不会激活 AS 安全，适用于操作 1；对于同时支持 CP 优化传输方案和 UP 优化传输方案的终端，在 AS 安全激活前，适用于操作 1；在 AS 安全激活后，适用于操作 2。

9. 系统消息获取

3GPP 重新定义了一整套 NB-IoT 系统专用的系统消息，NB-IoT 终端不会使用传统 LTE 中定义的任何系统消息。与 LTE 类似，NB-IoT 的系统消息包括一个主信息块（MIB-NB，Master Information Block for NB-IoT）和多个系统信息块（SIB-NB，System Information Block for NB-IoT）。在 Rel-13 中，SIB-NB 类型包括 SIB1-NB、SIB2-NB、SIB3-NB、SIB4-NB、SIB5-NB、SIB14-NB 和 SIB16-NB。其中，除 SIB1-NB 之外的 SIB 块组成若干个 SI Message，通过窄带物理下行共享信道（NPDSCH，Narrowband Physical Downlink Shared Channel）承载。

（1）MIB-NB 的内容与调度

MIB-NB 需要频繁地发送，因此其大小受到严格限制，只包含以下最关键的信息。

- 系统帧号（SFN，System Frame Number）的高 4 位（不同于 LTE 系统中 MIB 需要提供 SFN 的高 8 位），SFN 的低 6 位通过 MIB-NB 的编码和辅同步信道携带。
- 超系统帧号（H-SFN，Hyper SFN）的两个低比特位，主要原因是 SIB1 保持不变的周期为 40.96s，也就是说 UE 通过 MIB-NB 可以知道每 4 个 H-SFN 的边界，从而获知 SIB1-NB 保持不变的时间范围。而且 SIB1-NB 在 40.96s 内保持不变，因此，H-SFN 的低两位也不适合放在 SIB1-NB 中。
- ab-Enabled 接入控制使能指示（1bit）：接入控制（AB，Access Barring）是否使能的指

示开关。UE 在发起 RRC 连接建立或连接恢复前需要读取该比特，如果使能，则 UE 需要获取 SIB14-NB 中的 AB 信息来决定是否可以发起 RRC 连接。

- SIB1-NB 调度信息（4bit）：用于指示 SIB1-NB 的 TBS 和重复次数。根据小区情况，配置 SIB1 传输，提高资源利用效率。

- 系统消息值标签（systemInfoValueTag, 5bit）：UE 通过该系统消息值标签检测系统消息是否发生了更新，与 LTE 中系统消息值标签在 SIB1 中指示不同，NB-IoT 将系统消息值标签放在 MIB-NB 中指示，优点是 UE 仅仅通过接收 MIB-NB 而无须读取 SIB1-NB，即可知道当前系统消息相比本地保存的版本是否发生了更新（MIB-NB 中的系统消息值标签在 SIB1-NB 发生改变时也会发生更新），以节省 UE 的电池消耗。

- 操作模式（Operation Mode）相关的配置信息。用于区分"In-band/ 相同 PCI"、"In-band/ 不同 PCI"、"Guard-band"和"Stand-alone"操作模式并指示相应操作模式下需要的其他必要信息。

  - "In-band/相同PCI"意味着工作在In-band模式，并且NB-IoT与LTE小区共享相同的PCID以及LTE CRS天线端口数与NRS的端口数相同。在"In-band/相同PCI"操作下，为使终端能够利用LTE CRS解调后面的物理信道，还需要指示LTE CRS序列的信息，其中，由于LTE CRS序列与NB-IoT窄带占用的物理资源块位置有关，该LTE CRS序列信息的具体形式最终表现为相对LTE系统带宽中心的物理资源块位置的偏置信息。

  - "In-band/不同PCI"意味着工作在In-band模式，并且NB-IoT与LTE小区使用不同的PCID。在"In-band/不同PCI"操作下，还需指示LTE CRS端口数和信道Raster偏置信息；信道Raster偏置表示NB-IoT的中心频点相对LTE信道Raster频点的频率偏置。需要说明的是，由于基于LTE CRS序列信息（物理资源块位置信息）能够隐式获取信道Raster偏置信息，在"In-band/相同PCI"操作下，信道Raster偏置不再额外指示。

  - 在"Guard-band"操作下，还需要指示信道Raster偏置信息。

  - 11个保留比特（Spare Bit）。

（2）SIB1-NB 的内容与调度

SIB1-NB 的内容包括：

- 小区接入（Cell Access）和小区选择（Cell Selection）信息。

- H-SFN 的高 8 位（注：H-SFN 的低两位在 MIB-NB 中指示）。

- SI Message 的调度信息包括：

  - SIB 到 SI 的映射关系；

  - SI-Window 的长度，所有 SI 共享参数；

  - 每个 SI 的重复周期（Periodicity）和 SI-Window 的偏移；

  - 每个 SI 的 Value Tag，取值为 0~3；

  - 每个 SI 的 TBS 的大小；

  - 每个 SI 的重复模式（SI-Repetition Pattern）。

- DownlinkBitmap：用于指示下行传输的有效子帧，有效子帧是指 SI Message 和 PDSCH 等可使用的子帧。如果不配置该参数，则除 NPSS、NSSS、NPBCH、SIB1-NB 占用的子帧之外的所有的下行子帧都是有效子帧。

SIB1-NB 的调度周期固定为 2560ms。SIB1-NB 调度相关的配置，还包括调度周期内的重复次数和 TBS，通过 MIB-NB 中的信元 schedulingInfoSIB1-r13 指示。

在 2560ms 的调度周期内，SIB1-NB 的重复次数可配置为 4、8 或 16 次，分别对应在 2560ms 周期内每 64、32、16 个无线帧重复发送一次，在调度周期内，SIB1-NB 的重复在时间上等间隔出现。SIB1-NB 的一次重复传输被映射到 16 个连续无线帧中的 8 个无线帧的子帧 4 上完成。

为了避免相邻小区间 SIB1-NB 发送的干扰，SIB1-NB 在 2560ms 调度周期内的起始发送无线帧与小区的 PCID 有关。即相邻小区通过设置不同的 SIB1-NB 消息的起始无线帧来错开时域发送资源。SIB1-NB 起始无线帧与 PCID 以及重复次数的映射关系如表 2-2 所示。

表 2-2　SIB-NB 起始无线帧与 PCID 以及重复次数的映射关系

重复次数	PCID	重复发送的起始无线帧
4	PCID mod 4 = 0	SFN mod 256 = 0
	PCID mod 4 = 1	SFN mod 256 = 16
	PCID mod 4 = 2	SFN mod 256 = 32
	PCID mod 4 = 3	SFN mod 256 = 48
8	PCID mod 2 = 0	SFN mod 256 = 0
	PCID mod 2 = 1	SFN mod 256 = 16

续表

重复次数	PCID	重复发送的起始无线帧
16	PCID mod 2 = 0	SFN mod 256 = 0
	PCID mod 2 = 1	SFN mod 256 = 1

考虑到 NB-IoT 只包括一个物理资源块和可能的 SIB1-NB 的传输块大小，为确保性能，传输块的一次传输必须映射到多个子帧。由于在该问题的讨论期间，下行最大传输块大小已经被设置为 680bit，为简化设计以及从信道编码角度适配该 680bit，最终同意不同大小的 SIB1-NB 固定映射到 8 个子帧。

另外考虑到，每个无线帧的子帧 #0 已经确定用于物理广播信道传输，每个无线帧的子帧 #5 已经确定用于主同步信号传输，每两个无线帧中的一个子帧 #9 已经确定用于辅同步信号传输，所以只有每个无线帧的子帧 #4 尚未被占用。最终确定，在发送 SIB1-NB 的无线帧中子帧 #4 用于 SIB1-NB。进一步的，结合已经达成的"SIB1-NB 固定映射到 8 个子帧"的建议并考虑到一定程度的时间分集，最终确定，SIB1-NB 固定映射到连续 16 个无线帧中每间隔一个无线帧（8 个奇数或偶数无线帧）的子帧 #4。

关于 SIB1-NB 的调度周期和重复次数，在讨论期间主要考虑以下两种方式：

方式一：调度周期包括 256 个无线帧，支持的重复次数包括 4、8 和 16；

方式二：调度周期包括 512 个无线帧，支持的重复次数包括 8、16 和 32。

出于重用 eMTC SIB1 重复次数以及终端设备有能力跨调度周期合并接收 SIB1-NB 的考虑，认为方式一足够确保 SIB1-NB 的传输性能，最终上述方式一被采纳，在此基础上，通过 MIB-NB 指示 SIB1-NB 的传输块大小和重复次数（重用 eMTC 方式）也被采纳。

类似于 eMTC，为实现相邻小区间的干扰协调，SIB1-NB 在调度周期内占用的无线帧能够依赖于 PCID。如果将包括 256 个无线帧的调度周期内每 16 个连续无线帧视为一个传输窗（Transmission Window），即一个调度周期共包括 16 个传输窗，则对于任一个重复次数（4、8 或 16），以下三种方式能够被考虑：

方式一：只基于 PCID 确定传输窗位置，在传输窗内的无线帧位置固定；

方式二：传输窗位置固定，只基于 PCID 确定在传输窗内的无线帧位置；

方式三：基于 PCID 同时确定传输窗位置和在传输窗内的无线帧位置。

其中，在传输窗内的无线帧位置是奇数或偶数无线帧；候选的传输窗位置数依赖于重复次数，例如，对于重复次数 4、8 和 16，候选的传输窗位置数分别为 4、2 和 1 个。虽然方式三能够实现最好的干扰协调效果，但由于实现复杂度较高而没有被采纳。

最终，经过长时间讨论后各公司融合的方案是：当重复次数为 4 时，基于 PCID 确定传输窗位置以及在传输窗内固定占用偶数无线帧，实现效果如图 2-18 所示；当重复次数为 8 时，与重复次数为 4 时采用的机制相同，基于 PCID 确定传输窗位置以及在传输窗内固定占用偶数无线帧，实现效果如图 2-19 所示；当重复次数为 16 时，基于 PCID 确定在传输窗占用的无线帧为偶数还是奇数无线帧，实现效果如图 2-20 所示。

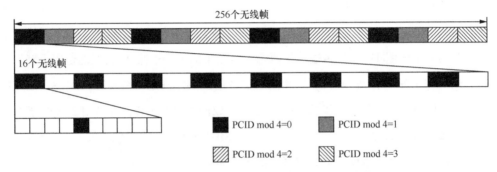

图 2-18　在重复次数为 4 的情况下的 SIB1-NB 传输

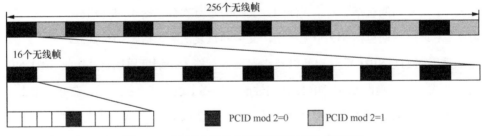

图 2-19　在重复次数为 8 的情况下的 SIB1-NB 传输

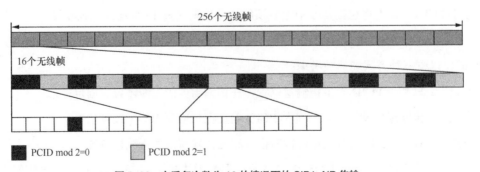

图 2-20　在重复次数为 16 的情况下的 SIB1-NB 传输

（3）SI Message 的调度

NB-IoT 中 SI Message 的调度方式与传统 LTE 有较大的区别，主要在于取消了传统 LTE 中 SI Message 的动态调度，采用了半静态的调度方式，即无 PDCCH 的调度。

与传统 LTE 相同的是，在 NB-IoT 中多个具有相同周期（Periodicity）的 SIB 可组成一个 SI Message，以 SI Message 为单位进行调度。系统根据 SI Message 的周期，为每个 SI Message 配置发送窗口，即 SI-Window。不同 SI Message 的 SI-Window 互不重叠。不同 SI Message 的 SI-Window 的起始位置通过下面的公式计算：

(H-SFN×1024 + SFN) mod T = floor(x/10) + Offset，其中：

- T 为 SI Message 的周期（Periodicity）；
- Offset 为 SI-Window 的起始偏移；
- x=(n–1)×w，w 为 SI-Window 的长度，n 为 SI Message 在 SIB1-NB 信元 SystemInformation BlockType1-NB 中排列的顺序。

公式中的 Periodicity、Offset、SI-Window 的长度均在 SIB1-NB 中配置。需要特别指出的是，在 NB-IoT 中，SI-Window 的配置引入了一个起始偏移，即上述公式中的 Offset，目的在于基站能错开相邻小区发送 SI Message 的时域资源以减少相互干扰。

SI Message 在为其配置的 SI-Window 内重复发送若干次，其重复的次数由 SIB1-NB 中为每个 SI 配置的重复模式以及 SI-Window 的长度共同确定。在 SIB1-NB 中，SI Message 的重复模式被定义为每第 2、第 4、第 8、第 16 个无线帧的第一个有效无线子帧开始发送其一次重复。

根据 SI Message 传输块大小（TBS，Transport Block Size）的不同，SI Message 的一次重复发送需要 8 个无线子帧或两个无线子帧完成，SI Message 从重复模式定义的无线帧的第一个有效子帧开始发送，连续地占用有效的无线子帧，直到发送一次完整的重复。如果重复模式信元指定的无线帧中没有足够的无线子帧，则不足部分占用后续无线帧的有效无线子帧。

（4）系统消息的有效性与更新通知

NB-IoT 的系统消息更新仍然采用修改周期的概念，即系统消息只能在其修改周期的边界发生变更。eNB 在系统消息更新前，首先通过寻呼消息通知 UE 系统消息的更新。

和传统 LTE 不同的是，NB-IoT 需要考虑 UE 配置的 eDRX 周期可能大于修改周期长度的场景，因此，eDRX 周期大于等于系统消息修改周期和 eDRX 周期小于系统消息修改周期的 UE，其系统消息的更新机制有所不同。对 eDRX 周期小于系统修改周期的 UE，eNB 在寻呼消息中携带 systemInfoModification 指示，接收到 systemInfoModification 的 UE，在下一个修改周期开始接收更新的系统消息，这和传统 LTE 中的系统消息更新通知是一样的。对于 eDRX 周期大于或等于系统消息修改周期的 UE，eNB 在寻呼消息中携带 systemInfoModification-eDRX 指示，接收到 systemInfoModification-eDRX 的 UE，在 eDRX 获取周期的边界处开始接收更新的系统消息。在 NB-IoT 中，所谓的 eDRX 获取周期的边界被定义为 H-SFN mod 1024 = 0 开始的超帧。

在有寻呼消息需要发送给 UE 时，systemInfoModification 和 systemInfoModification-eDRX 这两个指示通过寻呼消息中的信元指示给 UE。在没有寻呼消息需要发送时，上述两个指示通过 PDCCH DCI 中定义的比特指示。

在 NB-IoT 中，值标签（Value Tag）机制仍然用于 UE 检测系统消息的有效性。整个系统消息的值标签被定义为 MIB-NB 中的信元 systemInfoValueTag，取值范围为 0 ~ 31。UE 通过检测 MIB-NB 即可知道系统消息是否发生了更新，相比在 LTE 中，系统消息的值标签在 SIB1 中指示，UE 需要接收完 SIB1 才能判断系统消息是否发生了更新，NB-IoT 的改进更有利于 UE 省电。除了 SIB14-NB 和 SIB16-NB 之外的 SIB 的内容发生了更新，包括 SIB1-NB（除 H-SFN 之外的）信息发生了更新，就会触发该值标签更新。

NB-IoT 系统消息的有效时间被固定为 24 小时，即 UE 接收的系统消息的有效时间为 24 小时，大于 LTE 系统消息的有效时间的 3 小时。这个变化降低了 UE 重新获取系统消息的时间要求（从每 3 小时重新获取一次系统消息，改变为每 24 小时重新获取系统消息），同样有利于 UE 省电。

除此之外，NB-IoT 还对每个 SI Message 引入了值标签机制。每个 SI Message 的值标签为两个比特长，在 SIB1-NB 中指示。UE 在更新系统消息时，通过检查 SIB1-NB 中指示的每个 SI Message 的值标签与 UE 本地保存的值标签对比，可以知道具体哪个 SI Message 发生了变更，从而不需要接收没有发生更新的 SI Message，同样有利于 UE 省电。

处于连接态的 UE 并不要求接收系统消息更新，因此，UE 只能回到空闲态更新系统消息。

（5）SIB14-NB 的更新

在 NB-IoT 中，SIB14-NB 用于广播接入控制相关参数，其内容的更新是系统消息更新的一个特例，即 SIB14-NB 内容的变化不影响 MIB-NB 中的系统消息值标签，也不需要通知

UE。UE 在发起 RRC 连接之前，需要主动检测 MIB-NB 中的 ab-Enabled 指示，如果该指示为 1，则表示当前小区的 SIB14-NB 有效，UE 应该首先接收 SIB14-NB，并遵循 SIB14-NB 中的参数配置执行接入控制。

10. 寻呼过程

当核心网需要向用户发送数据时，将通过 MME 经 S1 接口向基站发送寻呼消息，并在该寻呼消息中包含用户 ID、跟踪区域标识（TAI，Tracking Area Identifier）列表等信息。传统的，基站接收到该寻呼消息，解读其中的内容，得到用户的 TAI 列表信息，然后在 TAI 列表中的小区内进行寻呼。后续标准引入了普通用户寻呼优化和针对 eMTC 用户的寻呼优化机制，这些优化也适用于 NB-IoT。

普通用户寻呼优化机制中，MME 根据基站上报的寻呼辅助信息（基站在 UE 文本释放的时候上报寻呼辅助信息给 MME，其中包含终端历史驻留过的以及相邻的小区列表和基站列表）中的基站列表信息及预设的优化策略，优化寻呼消息下发范围。在下发寻呼消息的时候，MME 可以选择一个或多个基站下发，而寻呼辅助信息中的小区列表信息则不会被 MME 处理，直接伴随 S1 接口的寻呼消息下发给基站。基站可以根据寻呼辅助信息中的小区列表信息判断空口寻呼消息下发范围。同时，在 S1 接口的寻呼消息还会包含寻呼尝试计数和计划的寻呼尝试次数信息，还可选包含下次寻呼范围指示信息。对于当前 UE 的寻呼，每发送一次寻呼消息后会累计尝试次数。而下次寻呼范围指示信息，代表 MME 计划在下次寻呼的时候改变当前寻呼范围。如果 UE 从空闲态转变为连接态，则寻呼尝试次数会重置。

NB-IoT 支持基站在用户文本挂起消息中将 NB-IoT 用户的寻呼辅助信息，以及最后的服务小区信息和小区覆盖增强等级（CEL，Coverage Enhancement Level）信息上报给 MME，MME 在后续寻呼消息中会将上述信息发送给基站用于寻呼优化。

另外，对于 NB-IoT 用户寻呼 DRX 信息也不同。默认 DRX 信息单元包含在 S1 建立请求消息和 eNodeB 配置更新消息中，用于指示 NB-IoT 用户默认的寻呼 DRX 参数。

同时在 S1 寻呼消息中引入寻呼 eDRX 字段，用于指示 NB-IoT 系统中寻呼 eDRX 周期和寻呼传输窗 (PTW)。

由于业务不频繁的特性，在 NB-IoT 系统中也沿用了超帧 (Hyper-Frame) 功能。UE 首先与 MME 协商获得 UE 特定的 eDRX，通过寻呼超帧 (PH) 的计算得到寻呼消息所在的超帧号 (Hyper-SFN)，再通过寻呼传输窗的计算得到该 UE 的寻呼消息所在的可能的 SFN 区域范围，最后通过计算 PF/PO 获得寻呼消息所在的 SFN 及子帧。

PH 为满足下面式子的 H-SFN：H-SFN mod $T_{eDRX,H}$ = (UE_ID mod $T_{eDRX,H}$)：

- UE_ID：IMSI mod 1024；

- T_{eDRX}：eDRX 周期（T_{eDRX} = 2, …, 1024 Hyper-Frames），并通过高层配置。

PTW 的计算，包括计算 PTW 起始和终止位置所在的 SFN：

- PTW_start：SFN = 256 × i_{eDRX}　其中，i_{eDRX} = floor(UE_ID/$T_{eDRX,H}$) mod 4；

- PTW_end：SFN = (PTW_start + L×100-1) mod 1024　其中，L 为寻呼窗长，单位为秒，并由高层配置。

PF/PO 的计算重用 LTE 公式，但 UE-ID 有新的定义，即 UE-ID = IMSI mod 4096：

- PF：SFN mod T = (T div N) · (UE_ID mod N)；

- 指示 PO 的 i_s 索引：i_s = floor (UE_ID/N) mod N_s。

11. 终端能力信息传递

NB-IoT 中终端能力信息可以在空口和 S1 接口上传输。对于连接态终端，可以根据基站的请求上报终端无线能力信息，包括终端无线接入能力和终端无线寻呼能力。基站可以将收到的终端无线能力信息传递给 MME，如图 2-21 所示。

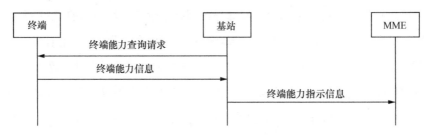

图 2-21　终端能力信息传递过程

在 NB-IoT 系统中，除上述终端能力信息的处理过程外，基站还可以通过以下方式获取能力信息：

- 基站可以通过 S1 接口的寻呼消息获得终端的无线寻呼能力；

- 对于 UP 优化传输方案，在建立 S1 连接的过程中，基站可以通过 S1 接口的初始上下文建立请求（Initial Context Setup Request）消息中获得终端的安全能力和无线接入能力；

- 对于 CP 优化传输方案，基站可以通过 S1 接口的连接建立指示（Connection Establishment Indication）消息和 S1 接口的下行 NAS 直传（Downlink NAS Transport）消息获得终

端的无线接入能力。

在 NB-IoT 系统中，除上述终端能力信息的处理过程外，终端还可以通过以下方式进行能力信息的传递：

- 通过 RRC 连接建立请求（RRCConnectionRequest-NB）消息上报终端的部分无线能力，例如，终端的多子载波（Multi-tone）支持能力以及终端的多载波支持能力，以便于基站根据终端能力进行合理的无线资源的配置；

- 通过 RRC 连接建立完成（RRCConnectionSetupComplete-NB）消息上报终端的部分非接入承载能力，例如，终端是否支持 UP 优化传输方案的能力和不建立协议数据单元（PDN，Protocol Data Unit）连接的附着的能力，以便于基站可以根据终端能力选择合适的 MME。

12. NAS 信息传输

对于 CP 数据传输方案，不支持数据在 UP 承载（包括空口的 DRB 和 S1 接口的 UP 承载）上传输，数据只能通过 NAS 封装通过空口和 S1 接口的信令进行传输。NAS 信息的传输过程涉及在空口和 S1 接口传递 UE 与 MME 之间的信息。基站不解析 NAS 信息。

对于连接态终端，可以通过空口的上下行信息传递（ULInformationTransfer-NB 和 DLInformationTransfer-NB）消息和 S1 接口的上下行 NAS 传输（Uplink NAS Transport 和 Downlink NAS Transport）消息传递 NAS PDU，如图 2-22 所示。

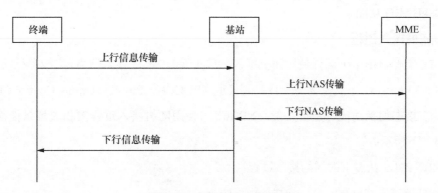

图 2-22 上下行 NAS 传输过程

在 NB-IoT 系统中，除上述 NAS 信息的传输过程外，还可以通过以下方式进行 NAS PDU 的传递：

- 终端通过 RRC 连接建立完成（RRCConnectionSetupComplete-NB）消息携带 NAS 信息（NAS 信令或 NAS 数据）；基站将要传输的 NAS 信息通过 S1 接口的初始终端消息（Initial UE Message）传递给 MME；

- 基站通过 RRC 重配（RRCConnectionReconfiguration-NB）消息将 NAS 信息传递给终端。

2.5 空口用户面协议

2.5.1 媒体接入控制

1. 概述

Rel-13 NB-IoT 主要支持时延不敏感、无最低速率要求、传输间隔大、传输频率低的业务，因此在 LTE 标准的基础上对媒体接入控制（MAC，Media Access Control）层的各项功能和关键技术过程均进行了大幅度的简化，本章对 NB-IoT 的 MAC 层各项主要功能做简要介绍，与 LTE 现有机制相同的部分不再赘述。

NB-IoT MAC 层关键过程包括：随机接入、调度请求（SR，Scheduling Request）、缓存状态报告（BSR）、功率余量报告（PHR，Power Headroom Report）、DPR 上报、非连续接收（DRX）和 HARQ 功能。

2. 随机接入过程

与 LTE 类似，NB-IoT 同样使用随机接入过程实现 UE 初始接入网络，完成上行同步过程。但由于 Rel-13 NB-IoT 不支持物理上行控制信道（PUCCH，Physical Uplink Control Channel），也不支持连接态切换功能、定位功能，NB-IoT 中使用随机接入过程的相关场景被简化，支持的场景如下所示：

- RRC_IDLE 状态下的初始接入过程；

- RRC 连接重建过程；

- RRC_CONNECTED 状态下的接收下行数据过程（上行链路失步）；

- RRC_CONNECTED 状态下的发送上行数据过程（上行链路失步或者触发 SR 过程）。

此外，在 LTE 原有的两种随机接入方式中，NB-IoT 只支持基于竞争的方式，对于基于非竞争的随机接入方式在 Rel-13 中暂不要求支持，但支持基于 PDCCH order 的随机接入过程（其指配的资源仍然是竞争资源）。

（1）基于竞争的随机接入过程

NB-IoT 中基于竞争的随机接入过程仍然采用如下与 LTE 类似的 4 个步骤，但是每个步骤中针对 NB-IoT 的特性都进行了必要的优化：

- 传输随机接入前导（Msg1）；
- 接收随机接入响应（Msg2）；
- 传输 MAC 子层或 RRC 子层消息（Msg3）；
- 竞争解决（Msg4）。

① 传输随机接入前导

在传输随机接入前导之前，NB-IoT UE 需要确定包括所使用的随机接入前导在内的 NB-PRACH 资源。

与 LTE 不同，针对 NB-IoT 的覆盖需求，NB-PRACH 资源采用了按照不同覆盖等级进行配置的方式。对于频域资源，根据 180kHz 的窄带配置以及 NB-PRACH 使用 3.75kHz 子载波间隔的要求，频域资源有两种配置方式，一种方式是划分为 4 个 band，每个 band 包含 12 个 3.75kHz 的子载波；另一种方式是划分为 3 个 band，每个 band 包含 16 个 3.75kHz 的子载波。在此基础上，定义了子载波个数（nprach-NumSubcarriers）、子载波偏置（nprach-SubcarrierOffset）等参数。对于时域资源，定义了周期（nprach-Periodicity）、起始子帧位置（nprach-StartTime）等参数。这些时 / 频域参数需要针对每个覆盖等级进行配置。除此之外，每个覆盖等级下还需定义每个 Preamble 的最大尝试次数、发送 Preamble 的最大次数以及 PDCCH 监听位置等参数。上述这些参数构成了每个覆盖等级的 NB-PRACH 配置并通过系统消息广播。Rel-13 NB-IoT 定义了 3 个覆盖等级，因此系统消息中会广播与之对应的 3 套 NB-PRACH 配置参数。

NB-IoT UE 产生随机接入前导的方式与 LTE 也不相同，基站不再广播划分为组 A 和组 B 的随机接入前导序号（Preamble Index），UE 也不再需要基于 Preamble Index 来生成随机接入前导序列，所有 UE 均采用默认配置的全 1 序列。

UE 根据对基站下行信道的测量以及与基站广播的门限参数的比较结果，判断自己当前所处的覆盖等级，UE 在系统消息广播的 NB-PRACH 资源配置中选择与自己当前覆盖等级匹配的 NB-PRACH 资源，使用固定格式的随机接入前导序列发起随机接入。

图 2-23 所示为采用第一种频域资源配置方式时 UE 的 Preamble 传输示意。

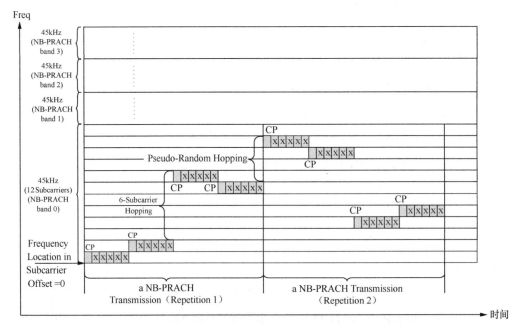

图 2-23　第一种频域资源配置方式时 UE 的 Preamble 传输示意

需要指出的是，在 Rel-13 的 NB-IoT 中，要求 UE 总是采用 Single-tone 方式传输 Preamble，但是为了提高传输效率，降低传输时延，对于支持 Multi-tone 的 UE，也允许其在合适的覆盖条件下采用 Multi-tone 方式传输 MAC 子层或 RRC 子层消息，即传输 Msg3。为了让基站能够在收到 Preamble 之后获知 UE 当前有能力采用 Multi-tone 方式传输 Msg3 并为其分配合适的资源，在 NB-PRACH 频域资源配置中，引入了参数 nprach-SubcarrierMSG3-RangeStart，基于公式 nprach-SubcarrierOffset +（nprach-SubcarrierMSG3-RangeStart · nprach-NumSubcarriers）计算得到的结果，可以指示预留给支持采用 Multi-tone 方式传输 Msg3 的 UE 的频域资源的起始位置。例如，当 nprach-SubcarrierOffset 参数取值为 0，nprach-SubcarrierMSG3-RangeStart 参数取值为 2/3，即表示从 2/3 子载波序号开始的剩余 1/3 子载波序号预留给支持采用 Multi-tone 方式传输 Msg3 的 UE 使用，如果 UE 选择这一段子载波传输 Preamble，则意味着基站应为其分配可用于传输 Multi-tone Msg3 的资源。特别的，对于配置了大于等于 32 的重复次数的覆盖等级，不支持采用 Multi-tone 方式传输 Msg3，因此对于这种覆盖等级的参数配置，其 nprach-SubcarrierMSG3-RangeStart 应是无效的。

在 Rel-13 优化版本中，引入了新的参数 nprach-NumCBRA-StartSubcarriers 来进一步划分用于竞争随机接入的子载波序号子集 S1，假设当前覆盖等级可用的子载波序号全集为 S，当基站未配置 nprach-NumCBRA-StartSubcarriers 或配置了该参数且其取值等于 nprach-NumSubcarrier 时，意味着基站将所有可用的子载波序号用于竞争随机接入，即 S1 = S。当基站配置了 nprach-NumCBRA-StartSubcarriers 且其取值小于 nprach-NumSubcarriers 时，意味着基站隐含地为非竞争随机接入预留了子载波序号子集 S2，S2 = S-S1。

基于该参数 nprach-NumCBRA-StartSubcarriers，终端发起竞争随机接入，只能在以下范围内选择子载波序号：

nprach-SubcarrierOffset + [0, nprach-NumCBRA-StartSubcarriers – 1]。

相应的，如果基站配置了取值为 {oneThird} 或 {twoThird} 的 nprach-SubcarrierMSG3-RangeStart 参数，则：

- 用于发送 Single-tone Msg3 的 PRACH 资源的起始位置定义如下：nprach-SubcarrierOffset + [0, floor(nprach-NumCBRA-StartSubcarriers • nprach-SubcarrierMSG3-RangeStart)-1]；
- 用于发送 Multi-tone Msg3 的 PRACH 资源的起始位置定义如下：nprach-SubcarrierOffset + [floor(nprach-NumCBRA-StartSubcarriers • nprach-SubcarrierMSG3-RangeStart), nprach-NumCBRA-StartSubcarriers-1]。

在 NB-IoT 中，对于目标前导传输功率的设置也与 LTE 不同。首先，按照 LTE 原有方式设置 PREAMBLE_RECEIVED_TARGET_POWER，对 NB-IoT，其中 DELTA_PREAMBLE 为 0：

PREAMBLE_RECEIVED_TARGET_POWER = preambleInitialReceivedTargetPower + DELTA_PREAMBLE + (PREAMBLE_TRANSMISSION_COUNTER−1) • powerRampingStep。

如果 UE 采用最低重复等级，其 PREAMBLE_RECEIVED_TARGET_POWER 设置为 PREAMBLE_RECEIVED_TARGET_POWER−10lg(numRepetitionPerPreambleAttempt)，如果 UE 采用其他重复等级，则 PREAMBLE_RECEIVED_TARGET_POWER 设置为对应的最大发射功率。

② 接收随机接入响应（Msg2）

UE 发送 Preamble 后，需要在特定的时间窗内接收随机接入响应（RAR，Random Access Response）。在 LTE 中，RAR 中需要包含的信息有对应于 Preamble 的 RAPID、TA 调整量、Temp C-RNTI，以及 Msg3 的调度信息等。如果基站同时收到多个 Preamble，可以将他们的 RAR 复用在同一个 MAC PDU 中发送给 UE，通过包含在与每个 RAR 对应的 MAC 子头中的

RAPID 信息，UE 可以判断该 RAR 是否是对自己发送的 Preamble 的响应。

但是在 NB-IoT 中，UE 使用的都是相同的 Preamble，因此不再需要通过 RAPID 来区分 Preamble。

另外，由于上下行信道的重复传输，10ms 的 RA 响应窗最大长度不再适用，需要进一步扩展。在 NB-IoT 中，RA 响应窗单位从子帧改为 PDCCH 周期（PP，PDCCH Period）。PDCCH 周期的含义由物理层参数 $Rmax \cdot G$ 定义，可以简单理解为两个 PDCCH 传输机会之间的间隔。在较差覆盖下，PDCCH 周期可以很长，进而导致相应的 RA 响应窗很长，甚至有可能长于 PRACH 的最大传输周期（nprach-Periodicity 的最大值为 2560ms）。此时，基站可能会出现收到第二个 Preamble 时，尚未传输完针对第一个 Preamble 的 RAR 的情况，那么基站就会延迟发送针对第二个 Preamble 的 RAR。如果这种时延不断累积，会导致系统出现严重的随机接入时延。为避免这种情况，可以考虑将 RA 响应窗取较小值，例如，只取 1 个 PDCCH 周期的长度，但这样又会导致 UE 没有足够长的响应窗来接收 RAR。因此，折中考虑足够多的 PDCCH 接收机会以及可以接受的时延，在现有以 PP 为单位的 RA 响应窗基础上，规定了 RA 响应窗的最大长度不能超过 10.24s，即一个超帧的长度。

在 RA 响应窗内，UE 先要解调用 RA-RNTI 加扰的 PDCCH，进而确定如何解调用于发送包含自己 RAR 的 MAC PDU 的 PDSCH。因此 RA-RNTI 的计算方法应使得 UE 尽量准确地只解调包含自己 RAR 的 MAC PDU。

在 LTE 中，定义了如下的 RA-RNTI 计算公式：RA-RNTI = 1 + t_id + 10 · f_id。

对于 FDD 系统，上述公式可以简化为 RA-RNTI = 1 + t_id，这里 t_id 表示 UE 发送的 Preamble 的第一个无线子帧的序号。根据该公式，UE 和基站能够根据 UE 发送 Preamble 的时频域位置各自计算得到 RA-RNTI，可以看到：

- 对于在不同无线帧的不同子帧发送Preamble的两个UE，UE计算得到的以及基站用于发送RAR的RA-RNTI不同，UE可以各自去解调包含自己RAR的MAC PDU，避免冲突；
- 对于在不同无线帧的相同子帧发送Preamble的两个UE，UE计算得到的以及基站用于发送RAR的RA-RNTI相同，但是因为RAR响应窗不会长于1个无线帧，两个UE接收Preamble的RA响应窗不可能重叠，这样可以通过RA响应窗的隔离来避免两个UE去解调相同的MAC PDU，避免冲突；
- 对于在相同无线帧的相同子帧发送Preamble的两个UE，他们的RA响应窗重叠，

UE计算得到的以及基站用于发送RAR的RA-RNTI也相同，两个UE会去解调相同的MAC PDU，潜在的冲突只能通过其他方式来解决。

在 Rel-13 eMTC 中，因为 RA 响应窗延长，可能超过 1 个无线帧，对于在不同无线帧的相同子帧发送 Preamble 的两个 UE（上述第 2 种情况），他们的 RA 响应窗也有可能重叠，即原来不存在冲突的情况也会出现冲突，因此最直接的方式是在 RA-RNTI 计算公式中反映出 Preamble 发送起始无线帧的差异。但是考虑到无线帧的序号为 0 ～ 1023，直接引入绝对的无线帧序号会导致 RA-RNTI 的取值范围过大，可以只考虑最长 RA 响应窗内最多会有多少 UE 在同时接收 RAR，并把他们的无线帧序号区分开来即可。因此 Rel-13 eMTC 中引入了以下优化的 RA-RNTI 计算公式：

$$RA\text{-}RNTI = 1 + t\_id + 10 \cdot f\_id + 60 \cdot (SFN\_id \bmod (W\max/10))$$

这里 t_id、f_id 与 LTE 的 RA-RNTI 计算公式中的对应因子的含义相同，SFN_id 对应 Preamble 发送起始无线帧序号，$W\max$ 取固定值 400，对应 Rel-13 eMTC 增强覆盖情况下最大的 RA 响应窗长度。

NB-IoT 的 PRACH 资源配置方式相比 Rel-13 eMTC 进一步变化。首先，对于处于相同覆盖等级的 UE，他们发送 Preamble 的子帧位置都相同，在 RA-RNTI 计算公式中包含 t_id 信息已没有太大的区分意义。其次，$W\max$ 的最大长度可能大于最大无线帧序号，采用模 $W\max$ 的方式可能无法压缩无线帧序号空间，因此这个因子也可以不再包含。再次，由于 MAC 子层中的 RAPID 不再对应原来的 Preamble，可将公式中的 f_id 因子放入 RAPID 字段，用于区分在不同频域位置发送的 Preamble，这样可以进一步缩小 RA-RNTI 的取值范围。考虑到 PRACH 时域资源有固定的周期，最小为 4 个无线帧，那么至少每隔 4 个无线帧才会出现一个可用时域位置，因此 SFN_id 可以进一步除 4。基于上述考虑，在 NB-IoT 中采纳了以下优化的 RA-RNTI 计算公式：

$$RA\text{-}RNTI = 1 + floor(SFN\_id/4)$$

对于 RA 响应窗的起始位置，Rel-13 eMTC 基本保持了和 LTE 一样的方式，即在 Preamble 传输结束位置加 3 个子帧开始，只不过这个传输结束位置为最后一个重复的结束位置。在 NB-IoT 中，进一步考虑了物理层引入的 UL Gap，对于重复次数大于 64 的情况，RA 响应窗在 Preamble 最后一个重复传输结束位置加 41 个子帧开始；对于重复次数小于 64 的情况，RA 响应窗在 Preamble 最后一个重复传输结束位置加 4 个子帧开始。

在LTE中，当UE发送了Preamble之后，如果在RA响应窗内没有接收到随机接入响应，或者收到的所有随机接入响应的RAPID都与UE传输的"Preamble Index"不同，即UE发送Preamble所使用的子载波序号无法匹配，则MAC实体会认为出现一次Preamble发送失败，并对全局的Preamble传输次数计数器加1。

NB-IoT需要针对多覆盖等级进行适配，它沿用了Rel-13 eMTC中引入的新的用于统计UE在每个覆盖等级下传输Preamble次数的计数器REAMBLE_TRANSMISSION_COUNTER_CE参数，即UE在当前覆盖等级下每出现一次Preamble发送失败，首先对REAMBLE_TRANSMISSION_COUNTER_CE参数加1，当该计数器达到最大值，UE会跳到下一覆盖等级继续发送Preamble，并对新的覆盖等级对应的REAMBLE_TRANSMISSION_COUNTER_CE参数进行累加。如果当前已经是最大覆盖等级，则停留在当前覆盖等级继续发送Preamble。原有的PREAMBLE_TRANSMISSION_COUNTER仍然作为一个总的计数器用于判定整个随机接入过程是否失败。

如果PREAMBLE_TRANSMISSION_COUNTER达到了最大值，在LTE中，只会通知高层随机接入出现问题，而在NB-IoT中，会认为随机接入未成功完成。

③ 传输MAC子层或RRC子层消息

在NB-IoT中，为了支持CIoT优化方案（CP优化传输方案和UP优化传输方案）以及一些新增指示，需要扩展Msg3的长度。结合物理层的定义，Msg3的TB最终确定为88bit固定长度，有足够空间容纳新增的指示以及UP优化传输方案所需的长度为40bit的Resume ID。

在NB-IoT中，竞争解决之后UE发送的上行业务信令（Msg5）可以直接携带包含了用户数据的NAS PDU，此时UE有必要通过Msg3向基站指示待传数据量的大小，以便基站正确分配Msg5的资源，LTE的初始随机接入过程则无此需求。为此，NB-IoT中引入了新的MAC CE待传数据量和功率余量联合报告。

④ 竞争解决

基站收到Msg3后，需要进行竞争解决，并发送Msg4给UE。UE发送Msg3之后，需要设置竞争解决定时器等待Msg4。与RA响应窗的扩展类似，在NB-IoT中，竞争解决定时器的长度单位也从子帧变为PDCCH周期，取值不变。另外，随Msg4一同发送的MAC CE中会包含UE Contention Resolution Identity用于UE判定竞争解决是否成功，在LTE中，这个值取自Msg3的上行链路CCCH SDU，长度固定为48bit；但是在NB-IoT中，CCCH SDU

的长度可能大于 48bit，在这种情况下，UE Contention Resolution Identity 的长度没有改变，但是限制 UE Contention Resolution Identity 只能截取 CCCH SDU 的前 48bit。

如果竞争解决失败，也会对全局计数器 PREAMBLE_TRANSMISSION_COUNTER 加 1。如果 PREAMBLE_TRANSMISSION_COUNTER 达到了最大值，在 LTE 中，只会通知高层随机接入出现问题，而在 NB-IoT 中，会认为随机接入未成功完成。

（2）其他随机接入过程

① 带 C-RNTI 的随机接入过程

NB-IoT 上行没有类似于 LTE PUCCH 的控制信道，因此当 UE 在 RRC 连接态有上行业务发送需求，需申请上行资源时，只能使用 PRACH 发送调度请求，这会触发一个带 C-RNTI 的随机接入过程。其 Msg1 到 Msg2 与初始随机接入相同，而 Msg3 中只携带 C-RNTI MAC CE 而没有 CCCH SDU。随后 UE 通过匹配用于加扰 PDCCH 的 C-RNTI 来判定竞争解决是否成功，如果竞争解决成功，则 UE 开始发送上行数据。

② PDCCH order 触发的随机接入过程

在 NB-IoT 中，支持 PDCCH order 触发的随机接入，PDCCH order 中可以携带 NPRACH 初始重复次数和基站指定的子载波序号，此时，MAC 实体会忽略 RSRP 测量结果（以及据此判定的覆盖等级），而是直接根据该重复次数要求，并使用基站指定的子载波序号，来发送 Preamble。

当终端在当前覆盖等级未能收到随机接入响应，进而跳到下一覆盖等级继续发送 Preamble 时，通过下述公式来保证终端选择的子载波序号始终在该覆盖等级的基站指定子载波序号集合的有效值范围内：

$$\text{SubcarrierIndex} = O_{\text{Subcarrier}} + (\text{ra-PreambleIndex modulo } N_{\text{Subcarriers}}),$$

其中，SubcarrierIndex 为终端发送 Preamble 所选择的子载波序号；ra-PreambleIndex 为基站在 PDCCH order 中为 NB-IoT 终端指定的子载波序号；$O_{\text{Subcarrier}}$ 为当前覆盖等级的基站指定子载波序号集合内子载波序号的起始值；$N_{\text{Subcarriers}}$ 为基站指定子载波序号集合内的子载波总数。

Rel-13 NB-IoT 中不要求支持基于非竞争的随机接入过程，如果基站也没有为非竞争随机接入预留子载波序号资源，则可以认为基站将全部子载波序号资源用于竞争随机接入，此时当前覆盖等级的基站指定子载波序号集合即等同于可用于竞争随机接入的子载波序号子集或者子载波序号全集，则上述公式等同于：

SubcarrierIndex = nprach-SubcarrierOffset + (ra-PreambleIndex modulo nprach-NumSubcarriers)。基于这种方式，PDCCH order 触发的随机接入过程可以看作是一种特殊的竞争随机接入过程，基站至少可以尽量避免 PDCCH order 触发的随机接入过程所使用的子载波序号资源出现冲突。

对于 PDCCH order 触发的随机接入过程，如果基站通过 nprach-NumCBRA-StartSubcarriers 参数的配置为非竞争随机接入预留了子载波序号子集，基站也可以使用该集合作为基站指定子载波序号集合，则终端选择子载波序号的公式等同于：

$$SubcarrierIndex = nprach\text{-}SubcarrierOffset + nprach\text{-}NumCBRA\text{-}StartSubcarriers + (ra\text{-}PreambleIndex$$
$$modulo\ (\ nprach\text{-}NumSubcarriers - nprach\text{-}NumCBRA\text{-}StartSubcarriers))。$$

3. 逻辑信道优先级

Rel-13 NB-IoT 主要支持时延不敏感、无最低速率要求、传输间隔大、传输频率低的业务，因此没有保证速率的要求，在 LTE 系统中现有的 prioritisedBitRate、bucketSizeDuration、Logical Channel Prioritisation 以及逻辑信道分组等操作均不支持，仅支持对不同逻辑信道的优先级设置。

4. 调度请求

NB-IoT 在 Rel-13 版本不支持 PUCCH，因此不支持 LTE 系统原有的 SR 消息的发送（LTE 的 SR 在 PUCCH 上发送）。当终端有新数据到达待传输时，若当前终端没有收到接入网网元下发的资源指配信令，则 NB-IoT 仅支持终端使用随机接入来实现 SR 的功能，当接入网网元收到随机接入前导序列时，认为终端有业务数据需要发送，接入网网元可对终端进行资源调度。

5. 缓存状态报告

Rel-13 NB-IoT 仅支持小数据包传输，因此不支持 LTE BSR 机制中的 Long BSR 格式，但可以支持 LTE 中的其他缓存状态报告（BSR，Buffer Status Report）格式，例如，Short BSR、Padding BSR 以及周期 BSR 等。

对于 Short BSR 格式，在 NB-IoT 系统中，所有逻辑信道都归属于同一个逻辑信道组，即使是普通数据和异常数据，也都归属于同一个逻辑信道组。

当终端触发了 Padding BSR 时，终端内未传输的 Regular BSR 或者周期 BSR 应当取消。

6. 功率余量报告

考虑到 Rel-13 NB-IoT 系统的业务需求主要是针对较小数据包的传输，因此对 PHR 机制进行了简化，系统不支持 LTE 中定义的 PHR，引入了新的待传数据量和功率余量联合报告。

7. 待传数据量和功率余量联合报告

待传数据量和功率余量联合报告 (DPR) 是同时包含了 BSR 和 PHR 功能的一个报告信元，该信元仅为 1 个字节，在目前的 NB-IoT 版本中仅用于当空闲态的终端产生待传数据而触发的随机接入过程的 Msg3 中（连接态终端因失步或者 SR 触发的随机接入过程中的 Msg3 不支持使用 DPR），因为 NB-IoT 引入的 CP 优化传输方案会在 Msg5 中传业务数据，因此在 Msg3 中需要引入一个数据量和 DPR 以辅助接入网侧的资源调度和功率控制。这个精简的 DPR 信元在 Rel-13 中仅能用于 Msg3，暂不支持用于除了 Msg3 以外的其他上行消息 / 数据中。

DPR 信元以 MAC 控制单元的形式在 Msg3 中上报，为了节省 Msg3 的开销，在当前 NB-IoT 中没有为 DPR 设置专用的 MAC PDU Subheader，而是和 CCCH MAC SDU 共用同一个 MAC 子头，携带 LCID 为 CCCH（"00000"），该 DPR MAC CE 默认放在 Msg3 中的 CCCH MAC SDU 之前（注：DPR 只能和 CCCH 共用属于 CCCH 的 LCID，因此无法脱离 CCCH SDU 单独使用 DPR）。

DPR MAC CE 的大小固定为 1 个字节（8bit），如图 2-24 所示。

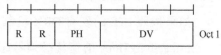

图 2-24　DPR MAC CE 格式

具体内容介绍如下：

- DV：即待传输数据量，用于标识终端缓存内的所有待传输数据的总量，包括 RLC 层、PDCP 层、RRC 层的所有待传数据，不包含 MAC 子头和 RLC 子头的开销，长度为 4bit，单位为字节，具体定义参见 TS 36.321；

- PH：即功率余量，用于标识终端距离额定功率剩余的功率余量，长度为 2bit，单位为 dB，具体定义参见 TS 36.321；

- R：保留比特位，默认为 "0"。

8. 非连续接收

LTE DRX 的原理是使终端进行不连续接收，即终端可以周期性地在一段时间里停止监听 PDCCH，从而达到省电的目的。

NB-IoT 的 DRX 机制沿用了 LTE 的 DRX，为了优化 NB-IoT 终端的省电性能，同时支持 NB-IoT 的覆盖增强功能，NB-IoT 对空闲态 DRX 和连接态 DRX 分别做了以下优化：

- NB-IoT 空闲态 DRX：对周期进行扩展，从而能支持覆盖增强场合下的寻呼信道接收，具体请参考本章寻呼相关的内容；

- NB-IoT 连接态 DRX：在 LTE DRX 基础上针对如何使 UE 在传输完一次数据后尽快进入 DRX 状态做了少量优化，在 LTE 现有 DRX 技术的基础上，对 drx-InactivityTimer 的启动 / 重启时间节点做了优化，具体见下面的描述。

NB-IoT 连接态 DRX 的处理过程优化，包括：

- 如果正在进行的上下行数据传输超时（例如，HARQ RTT Timer 或 UL HARQ RTT Timer 超时），则终端启动 / 重启 drx-InactivityTimer；
- 如果终端收到一个数据传输的调度指令（包括上行或下行，并不限于只是针对数据初传的调度），则终端停止正在运行的 drx-InactivityTimer、drx-ULRetransmissionTimer 和 onDurationTimer 等定时器；

以上优化将 drx-InactivityTimer 的启动时刻从 LTE DRX 的"收到 PDCCH"后移至"HARQ RTT Timer 超时"，作用是能够更容易地准确配置 drx-InactivityTimer，例如，将其配置为一个较短的时间值，只要确保在当前数据之后没有后续数据很快到达，那么终端就能迅速进入 DRX 状态。

如果按照 LTE 的现有 DRX 机制，drx-InactivityTimer 从收到 PDCCH 就开始启动，那么 drx-InactivityTimer 的值就必须考虑留出数据传输的时间和 HARQ 的时间，在 LTE 中这是比较好估计的，但在 NB-IoT 中由于支持覆盖增强（在信道环境较差的地点，数据传输可以通过重复上百倍来实现发送增益增强），数据传输可能需要重复很长时间，会导致 drx-InactivityTimer 的时间比较难以配置，因此在 Rel-13 NB-IoT 中做了上述优化。

NB-IoT 连接态 DRX 的参数变化：

- 取消了短 DRX 周期，因为 NB-IoT 针对的多为不频繁发送的业务；
- 长 DRX 周期改名为 DRX 周期，最大值域从 Rel-12 版本的 2560 子帧扩展到 9216 子帧；这是因为 NB-IoT 的业务的数据传输间隔比较长，将长 DRX 周期扩大后更有利于终端省电；
- 单位改变：为了支持覆盖增强，DRX 相关定时器，如 onDurationTimer、drx-InactivityTimer、drx-RetransmissionTimer、drx-ULRetransmissionTimer 这几个定时器的单位改为 PDCCH Period。PDCCH Period 是一个长度动态可变的单位，因为 NB-IoT 支持覆盖增强技术，当使用覆盖增强时，控制信道和数据信道均会进行重复发送，重复发送的次数由基站动态配置，此时 PDCCH 的持续时间就不再是 Rel-12 LTE 的 1ms 了，而是随着基站配置的重复次数而变化，当控制信道和数据信道均进行重复发送时，DRX 的各个定时器的计时也必须随之相应地加长，因此，上述定时器的单位统一改为 PDCCH Period。

2.5.2　无线链路控制层

1. 概述

无线链路控制（RLC，Radio Link Control）协议的主要目的是将数据交付给对端的 RLC 实体。LTE RLC 支持 3 种传输模式：透明模式（TM，Transparent Mode）、非确认模式（UM，Unacknowledged Mode）和确认模式（AM，Acknowledged Mode）。一般来讲，AM 典型地用于 TCP 的业务，如文件传输，这类业务主要关心数据的无错传输；UM 用于高层提供数据的顺序传送，但是不重传丢失的 PDU，典型地用于如 VoIP 业务，这类业务最关心的主要是传送时延；TM 则仅仅用于特殊的目的，如随机接入。

由于 Rel-13 NB-IoT 不支持 VoIP 这类业务，因此为了简化 RLC 层的复杂度，不支持 RLC UM。

2. 服务模式

NB-IoT 中支持大部分针对 RLC AM 的功能，包括 RLC 状态报告、polling 等并做了必要的简化。例如，对于 polling 机制，不支持 pollPDU 和 pollByte 触发的 polling 操作。对于 RLC SN，默认仅使用较短的 RLC SN。对于仅支持控制面优化传输方案的终端，不支持 RLC 重建立功能，原因在于仅支持控制面优化传输方案的终端不支持接入层安全，而现有的 RRC 重建立必须要发生在接入层安全激活之后。

NB-IoT 对于 DRB 使用 RLC AM，可以简化 RLC 处理，同时也能保证数据传输的可靠性。对于 SRB，为了保证信令传输的可靠性，需要使用 RLC AM。

NB-IoT 保留了 RLC 的重排序功能，但进行了简化。在 NB-IoT 中，对于定时器 t-Reordering 和 t-StatusProhibit 仅支持取值为 0（不需要在 RRC 信令中配置相应的定时器长度），表示一旦满足相应的触发条件（例如，识别出 RLC PDU 乱序以及 RRC 的 RLC-Config-NB 中配置了 enableStatusReportSN-Gap-r13 参数），这两个定时器超时的操作立即发生。

2.5.3　分组数据汇聚协议层

分组数据汇聚协议（PDCP，Packet Data Covergence Protocol）层的主要目的是发送或接收对等 PDCP 实体的分组数据。该子层主要完成了 IP 包头压缩与解压缩、数据与信令的加密，以及信令的完整性保护几方面的功能。

NB-IoT 系统支持上述所有 LTE 系统的 PDCP 功能，即：

- 头压缩与解压缩，只支持一种压缩算法，即稳健性压缩（ROHC，Robust Header Compression）算法；
- 用户平面的数据传输，即从 NAS 子层接收 PDCP SDU 数据转发给 RLC 层；
- RLC AM 的 PDCP 重建立流程时对上层 PDU 的顺序递交；
- RLC AM 的 PDCP 重建立流程时对下层 SDU 的重复检测；
- 数据加密和解密；
- 上行基于定时器的 SDU 丢弃；
- 加密与完整性保护；
- 控制平面的数据传输，即从 RRC 层接收 PDCP SDU 数据，并转发给 RLC 层，反之亦然。

针对 Rel-13 NB-IoT 只支持不频繁小数据业务的特点，对上述部分功能的细节做了相应的简化，包括：

- 在 NB-IoT 系统中支持的 PDCP 功能可以针对 DRB 和 SRB，但不包括 SRB0 和 SRB1 bis；
- 不支持 PDCP 状态报告；
- 只支持 7bit 的 PDCP SN；
- 只支持 1600 字节的 PDCP SDU 以及 PDCP Control PDU（1600 字节包含最大 1500 字节的数据包 + 最大 100 字节的 RRC 开销）。

NB-IoT 中，对于仅仅支持 CP 优化传输方案的终端，由于加密和完整性保护等安全功能由 NAS 完成，不支持 AS 安全，所以不使用 PDCP 子层（这样可以节省 PDCP Header 和 MAC-I 的开销）。对于同时支持 CP 优化传输方案和 UP 优化传输方案的终端，在 AS 安全激活之前不使用 PDCP 子层；在安全激活之后，即使是使用 CP 优化传输方案的 NB-IoT 终端（例如，UP 优化传输方案挂起，后续恢复时通过 SRB 传输数据）也要使用 PDCP 子层的功能。

对于 UP 优化传输方案，在连接挂起时，需要存储 PDCP 状态参数（ROHC 状态参数），以便在连接恢复时可以继续使用之前的 PDCP 状态参数实现快速的用户面恢复。但在连接恢复时是否继续使用之前的 ROHC 参数需由连接恢复消息（RCConnectionResume-NB）中携带的 drb-ContinueROHC 字段进行控制。另外，在连接恢复时，需要清空 PDCP 的发送计数值（例如，Next_PDCP_TX_SN 和 TX_HFN），这是因为相比于 RRC 重建立流程，连接恢复虽然借用了 PDCP 重建立操作，但之前连接挂起时，数据发送已经完成，因此无须考虑缓存区中的数据重发。

2.6 其他关键流程

2.6.1 总体流程

1. 附着

附着是 UE 进行业务前在网络中的注册过程，主要完成接入鉴权和加密、资源清理和注册更新等过程。附着流程完成后，网络记录 UE 的位置信息，相关节点为 UE 建立上下文。与 Rel-12 附着流程相比，步骤 12 ～ 16 存在差异，主要是因为 UE 可以支持不建立分组数据网络（PDN, Packet Data Network）连接的附着，所以在附着流程中可以请求不建立 PDN 连接，这样在附着流程中 MME-SGW-PGW 之间就不需要建立会话相关的信令。如果 NB-IoT UE 和网络侧都支持使用 CP 优化来传输用户数据，那么即使 UE 在附着流程中请求 PDN 连接，网络侧也可以决定不建立 DRB，UE 及 MME 之间使用 NAS 消息来传输用户数据，这样就导致步骤 17 ～ 24 存在差异。图 2-25 所示为 NB-IoT UE 附着流程相较 Rel-12 UE 附着流程的具体区别。

步骤 1：NB-IoT 小区应在系统广播消息中广播其是否能够连接到支持不建立 PDN 连接的附着的 MME。

– 如果广播消息中指示待接入的PLMN而不支持不建立PDN连接的附着，并且UE只支持不建立PDN连接的附着，则UE不能在该PLMN的小区内发起附着流程，UE可以触发PLMN选择功能。

– 如果UE能够进行附着流程，UE发送附着请求消息以及网络选择指示给eNodeB，此消息相比Rel-12的附着请求消息还需要包含支持和偏好网络行为（Preferred Network Behaviour）信息。信息支持和偏好的网络行为信息包括：是否支持控制面优化、是否支持用户面优化、偏好控制面优化还是偏好用户面优化、是否支持S1-U数据传输、是否请求非联合注册的短信业务（SMS Without Combined Attach）、是否支持不建立PDN连接的附着、是否支持控制面优化头压缩。

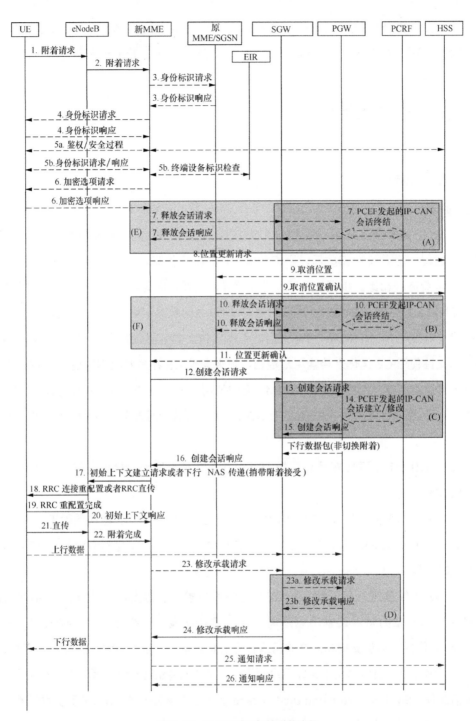

图 2-25　E-UTRAN 初始附着流程

— NB-IoT UE如果不需要请求建立PDN连接，则在附着请求（Attach Request）消息中可以不携带ESM消息。此时，MME不为该UE建立PDN连接，步骤6、步骤12～16、步骤23～26不需要执行。如果UE在附着流程中请求建立PDN连接，但是采用控制面优化来传输数据，则网络无须为UE建立DRB，此时步骤17～22仅使用S1-AP NAS传递（S1-AP NAS Transport）和RRC直传（Direct Transfer）消息来传输附着接受和附着完成消息。

— 如果UE支持Non-IP数据传输并请求建立Non-IP类型的PDN连接，那么ESM消息中PDN类型可以设置为"Non-IP"。

— 如果UE在附着流程中请求IPv4、IPv6、IPv4v6类型的PDN连接（指附着请求消息中携带ESM消息，以及ESM消息中的PDN类型设置为IPv4、IPv6、IPv4v6），并且UE支持控制面优化和控制面优化头压缩，那么UE应在ESM消息中包括HCO，HCO包括建立ROHC信道所必需的信息，还可能包括头压缩上下文建立参数（如目标服务器的IP地址）。

— 对于仅支持NB-IoT的UE可以在附着请求中的支持和偏好的网络行为信息设置"非联合注册的短信业务"标志位来请求短信业务。

— NB-IoT UE不能在附着流程携带语音域偏好及使用设置参数；NB-IoT UE也不能进行紧急业务的附着流程。

步骤2：eNodeB 根据 RRC 参数中的原 GUMMEI 标识、选择网络指示和 RAT 类型 (NB-IoT 或 WB-E-UTRAN) 获取 MME 地址。如果该 MME 与 eNodeB 没有建立关联或 eNodeB 没有获取到原 GUMMEI 标识，则 eNodeB 选择新的 MME，并将附着消息和 UE 所在小区的 TAI + ECGI 标识一起转发给新的 MME。

如果 UE 在附着请求消息中携带支持和偏好的网络行为，并且支持和偏好的网络行为中指示的 NB-IoT 优化方案与网络所支持的优化方案不一致，则 MME 应拒绝 UE 的附着请求。

步骤12：如果 UE 在附着流程中没有请求建立 PDN 连接（指在附着请求消息中不携带 ESM 消息），则步骤 12 ～ 16 不需要执行。

— 如果UE在附着流程中请求IPv4、IPv6、IPv4v6类型的PDN连接，并且签约上下文没有合适的PGW可用，则MME按照网关选择机制进行SGW和PGW选择；并向SGW发送创建会话请求消息，消息中携带IMSI、MME控制面IP地址和TEID、PGW控制面IP地址、PDN类型；当UE使用了控制面优化时，MME还携带MME S11用户面IP地址和TEID。

— 如果UE在附着流程中请求Non-IP类型的PDN连接，并且签约上下文中没有指示UE携带的APN或者默认APN（注：UE未携带APN时，MME选择签约数据中默认APN作为UE使用的APN）需要建立至SCFF的连接，则MME按照网关选择机制进行SGW和PGW选择；并向SGW发送创建会话请求消息，消息中携带IMSI、MME控制面IP地址和TEID、PGW控制面IP地址、PDN类型；当UE使用了控制面优化时，MME还携带MME S11用户面IP地址和TEID；当UE使用了控制面优化时，并且签约上下文指示UE携带的APN或者默认APN需要建立至SCEF的连接，则MME根据签约数据中的SCEF地址建立到SCEF的连接。

步骤15：如果 UE 在附着流程中请求 IPv4、IPv6、IPv4v6 类型的 PDN 连接，那么此步骤与 Rel-12 的步骤相同；如果 UE 在附着流程中请求 Non-IP 类型的 PDN 连接，则 MME 和 PGW 不应改变 PDN 类型，PGW 向 SGW 返回创建会话响应消息，但是在此消息中不包括 PDN 地址。

步骤16：SGW 向 MME 返回创建会话响应消息，消息中携带 PGW 控制面 IP 地址和 TEID、PGW 用户面 IP 地址和 TEID、SGW 上行用户面 IP 地址和 TEID、PDN 地址。当 UE 使用了控制面优化时，SGW 上行用户面 IP 地址和 TEID 指 S11 上行用户面 IP 地址和 TEID，否则 SGW 上行用户面 IP 地址和 TEID 指 S1 上行用户面 IP 地址和 TEID。

步骤17：MME 向 eNodeB 发送附着接受（Attach Accept）消息，相比 Rel-12 的附着接受消息，此消息还需要携带支持的网络行为，支持的网络行为用于指示网络能够接受的优化，包括：是否支持控制面优化、是否支持用户面优化、是否支持 S1-U 数据传输、是否支持非联合注册的短信业务、是否支持不建立 PDN 连接的附着、是否支持控制面优化头压缩。如果 UE 在附着过程中请求建立了 PDN 连接，并且 MME 决定为此 PDN 连接建立 DRB，那么附着接受消息包含在 S1-AP 初始上下文建立请求消息中。如果 UE 在附着流程中请求 Non-IP 类型的 PDN 连接，并且 MME 决定为此 PDN 连接建立 DRB，那么 MME 将附着接受消息包含在 S1-AP 初始上下文建立请求消息中，为了指示 eNodeB 不执行头压缩，MME 还需在 S1-AP 初始上下文建立请求消息中携带 PDN 类型（设置为"Non-IP"）。如果 UE 在附着流程中请求建立了 PDN 连接，并且 MME 确定使用控制面优化，那么 MME 将附着接受消息通过 S1-AP 下行 NAS 传输消息发送至 eNodeB。如果 UE 在附着流程中没有请求建立 PDN 连接（UE 发送的附着请求消息没有携带 ESM 消息），则 MME 将附着接受消息通过 S1-AP 下行 NAS

传输消息发送至 eNodeB。

– 如果附着流程中建立的IP PDN连接采用了控制面优化，并且UE在附着请求消息的ESM消息中携带了HCO，如果MME支持头压缩参数，那么MME应在附着接受消息的ESM消息中包括HCO。MME绑定上行和下行ROHC信道以便于传输反馈信息。如果UE在HCO中包括了头压缩上下文建立参数，MME可向UE确认这些参数；如果在附着过程中没有建立ROHC上下文，UE和MME应在附着完成之后根据HCO建立ROHC上下文。

– 如果MME根据本地策略决定该PDN连接仅能使用控制面优化，MME应在附着接受消息的ESM消息中携带仅控制面指示信息，用于表示该PDN连接只能使用控制面优化来传输数据。对于到SCEF的PDN连接，MME应总在ESM消息中携带仅控制面指示信息。

– 如果附着请求消息中没有携带ESM消息，那么附着接受消息中不应该携带PDN相关的参数，并且S1-AP下行NAS传递消息中不应携带AS上下文相关的信息。

步骤 18：如果 eNodeB 接收到 S1-AP 初始上下文建立请求消息，eNodeB 向 UE 发送 RRC 连接重配置消息，其包含演进的分组系统（EPS，Evolved Packet System）无线承载 ID 和附着接受消息，此过程与 Rel-12 的处理一致。

– 如果eNodeB接收到S1-AP下行NAS传递消息，eNodeB向UE发送RRC直传消息。

– 如果采用了控制面优化或者附着请求消息中没有携带ESM消息，步骤19～20不执行。

步骤 21：UE 向 eNodeB 发送直传消息，该消息包含附着完成消息。如果附着请求消息中没有携带 ESM 消息，那么附着完成消息中也不携带 ESM 消息。

步骤 22：eNodeB 使用上行 NAS 传递消息向 MME 转发附着完成消息。如果步骤 1 的附着请求消息中携带了 ESM 消息，则 UE 在收到附着请求消息以及 UE 获得 IP 地址信息以后，UE 就可以向 eNodeB 发送上行数据包，eNodeB 通过隧道将数据传给 SGW 和 PGW。如果采用了控制面优化并且 UE 在附着流程中请求建立 PDN 连接，上行数据的发送过程请参见 2.3 节。

步骤 23：MME 接收到步骤 21 的初始上下文响应消息和步骤 22 的附着完成消息，MME 向 SGW 发送修改承载请求消息，消息中携带 eNodeB 的下行 IP 地址和隧道端点标识（TEID，Tunneling Endpoint Identifier）。当 UE 使用控制面优化并且 PDN 连接是连接到 SGW 和 PGW 的，则步骤 23a、23b、24 不执行；当 PDN 连接是连接到 SCEF 的，则步骤 23 ～ 26 不执行。

2. 去附着

去附着可以是显式去附着，也可以是隐式去附着。显式去附着是由网络或 UE 通过明确的信令方式来去附着 UE；隐式去附着指网络注销 UE，但不通过信令方式告知 UE。

去附着流程包括 UE 发起的流程和网络发起（MME/HSS）的流程。

如果 UE 存在激活的 PDN 连接，那么去附着流程与 Rel-12 中去附着流程类似。如果 UE 不存在激活的 PDN 连接，那么去附着流程中不存在 MME-SGW-PGW 网元间的信令。

以下内容说明了与 Rel-12 去附着流程的具体差异。

（1）UE 发起的去附着流程

UE 发起的去附着流程如图 2-26 所示。与 Rel-12 去附着流程存在差异的主要是步骤 2，该不同主要是考虑到 UE 可能没有激活的 PDN 连接，具体描述如下。

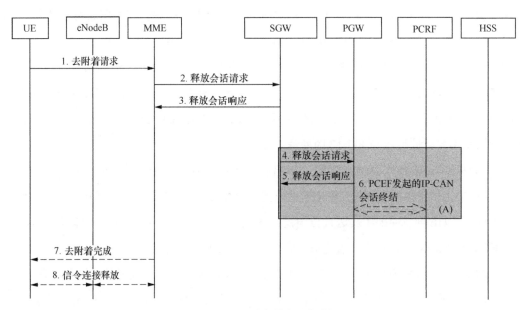

图 2-26　UE 发起的去附着流程

步骤 2：如果 UE 没有激活的 PDN 连接，则步骤 2 ～ 6 不需要执行。如果 UE 存在连接到 SCEF 的 PDN 连接，MME 应向 SCEF 指示 UE 的 PDN 连接不可用，并且不需要执行步骤 2 ～ 6，而执行 2.6.1 节"Non-IP 数据传输"的过程；如果 UE 存在连接到 PGW 的 PDN 连接，MME 应向 SGW 发送释放会话请求消息。

（2）MME 发起的去附着流程

MME 发起的去附着流程如图 2-27 所示。与 Rel-12 去附着流程存在差异的主要是步骤 2，该不同主要是考虑到 UE 可能没有激活的 PDN 连接。

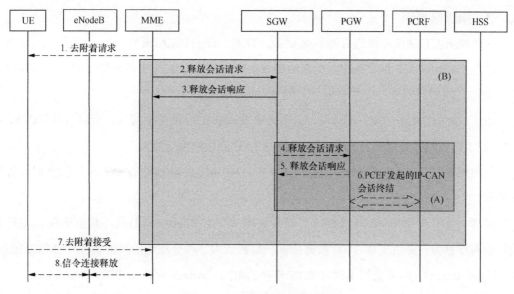

图 2-27　MME 发起的去附着流程

（3）HSS 发起的去附着流程

HSS 发起的去附着流程如图 2-28 所示。与 Rel-12 去附着流程存在差异的主要是步骤 3，该不同主要是考虑到 UE 可能没有激活的 PDN 连接。

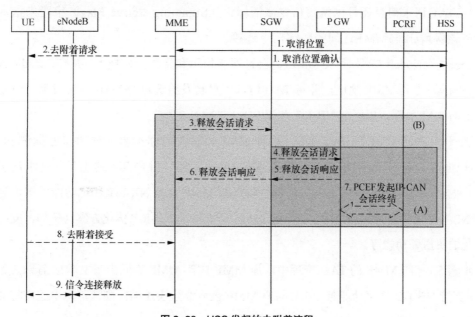

图 2-28　HSS 发起的去附着流程

3. 跟踪区更新

在传统 E-UTRAN 终端进行跟踪区更新（TAU，Tracking Area Update）流程的触发条件的基础上，NB-IoT UE 触发跟踪区更新的触发条件还包括：UE 中支持和偏好的网络行为信息发生变化。

由于 NB-IoT 终端一般并不移动，且暂不支持在 2G/3G 网络中接入，所以本书仅以 SGW 不变的 TAU 流程为例说明 NB-IoT UE 发起的 TAU 流程的特殊性。

与传统 E-UTRAN 终端相比，在图 2-29 中，NB-IoT 终端触发的跟踪区更新流程包含以下内容。

步骤 2：UE 向 eNodeB 发送跟踪区更新请求（TAU Request）消息，其中还包含支持和偏好的网络行为、是否支持 S1-U 数据传输、是否请求非联合注册的短信业务（SMS Without Combined Attach）、是否支持不建立 PDN 连接的附着（Attach Without PDN Connectivity）、是否支持控制面优化的头压缩。

— 如果 UE 没有激活任何 PDN 连接，则 TAU 请求消息中不携带激活标记（Active Flag）或 EPS 承载状态（EPS Bearer Status）字段；如果 UE 激活了 Non-IP 类型的 PDN 连接，UE 需在 TAU 请求消息中携带 EPS Bearer Status 字段。

— TAU 请求消息还可以携带信令激活标记（Signaling Active Flag）字段来指示网络是否应该保留 UE 与 MME 之间的 NAS 信令连接。

步骤 3：eNodeB 依据旧 GUMMEI、已选网络指示和无线接入技术（RAT，Radio Access Technology）得到 MME 地址，并将 TAU 请求消息转发给选定的 MME，转发消息中还须携带小区的 RAT 类型，以区分 NB-IoT 和 WB-E-UTRAN 类型。

步骤 4：在跨 MME 的 TAU 流程中，新 MME 根据收到的全球唯一临时 UE 标识（GUTI，Global Unique Temporary UE Identity）获取原 MME 地址，并向其发送上下文请求消息来获取用户的移动性管理和承载上下文信息。如果新 MME 支持 NB-IoT 优化功能，该消息中还携带 NB-IoT 优化支持信息，用于指示新 MME 所支持的 NB-IoT 优化方案（例如，支持控制面优化的头压缩功能等）。

步骤 5：在跨 MME 的 TAU 流程中，原 MME 向新 MME 返回上下文响应消息。如果新 MME 支持 NB-IoT 优化功能且该 UE 与原 MME 已协商过头压缩，则该消息中还需将 ROHC 通道建立的参数信息（并非指 ROHC 上下文）包含在 HCO 中。

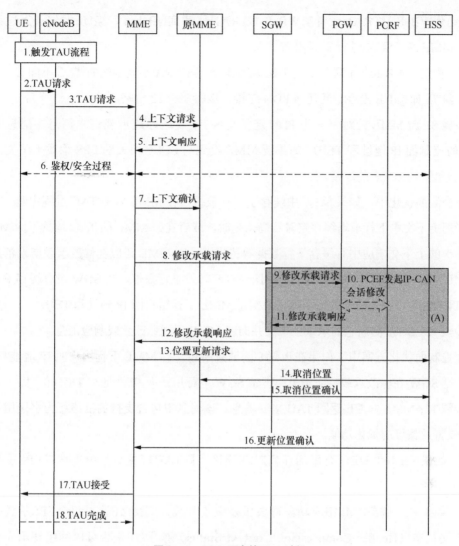

图 2-29　SGW 不变的 TAU 过程

- 如果UE没有激活任何PDN连接，上下文响应消息中不携带EPS承载上下文信息。

- 基于NB-IoT优化功能支持信息，原MME仅传递新MME所支持的EPS承载上下文。如果新MME不支持NB-IoT优化功能，那么原MME不会将Non-IP的PDN连接信息传送给新MME。如果某个PDN连接的所有EPS承载上下文没有被全部转移至新MME，则原MME应将该PDN连接的所有承载视为失败，并触发MME请求的PDN连接释放过程。原MME在收到上下文确认消息后丢弃其所缓存数据。在Rel-13中，3GPP不支持UE从NB-

IoT移动到WB-E-UTRAN或者从WB-E-UTRAN移动到NB-IoT，当UE发生了上述移动性过程，MME将请求UE进行重新附着。

注：假定为 NB-IoT 小区分配的 TAC 与为其他 E-UTRA 小区分配的 TAC 不同。

步骤 7：如果 UE 没有激活任何 PDN 连接，步骤 8 ～ 12 省略。

步骤 8：新 MME 针对每一个 PDN 连接向 SGW 发送修改承载请求消息，消息中携带 MME 的控制面 IP 地址和 TEID；如果新 MME 收到与 SCEF 相关的 EPS 承载上下文，则新 MME 将更新到 SCEF 的连接。

在控制面优化中，如果 SGW 中缓存了下行数据，在 MME 内部 TAU 过程中且 MME 移动性管理上下文中下行数据缓存定时器尚未超时，或者在跨 MME 的 TAU 场景下原 MME 在步骤 5 中的上下文响应中有缓存下行数据等待指示，则 MME 还应在修改承载请求消息中携带 MME 下行用户面 IP 地址和 TEID，用于 SGW 转发下行数据。当 SGW 没有缓存下行数据时，MME 也可以在修改承载请求消息中携带 MME 下行用户面 IP 地址和 TEID。

步骤 12：SGW 更新它的承载上下文并向新 MME 返回修改承载响应消息。

在控制面优化方案中，如果在步骤 8 的消息中包含有 MME 下行用户面 IP 地址和 TEID 字段，则 SGW 在修改承载响应消息中携带 SGW 上行用户面 IP 地址和 TEID 信息。

步骤 17：MME 向 UE 返回 TAU 接受消息。该消息中包含支持的网络行为字段用于表示 MME 支持及偏好的优化功能。

– 如果NB-IoT UE没有激活任何PDN连接，则TAU接受消息中不携带EPS承载状态信息。

– 如果在步骤5中MME成功获得头压缩配置参数，则MME通过每个EPS承载的头压缩上下文状态（Header Compression Context Status）指示UE是否可以继续使用先前协商的配置。当头压缩上下文状态指示某些EPS承载不能使用先前协商的配置时，在这些EPS承载上使用控制面优化收发数据时，UE停止执行头压缩和解压缩。

步骤 18：如果 GUTI 已经改变，UE 通过返回一条 TAU 完成消息给 MME 来确认新的 GUTI。

传统的 E-UTRAN TAU 流程中，如果在 TAU 请求消息中"Active Flag"未置位且 TAU 流程不是在 ECM-CONNECTED 发起的，则 MME 释放与 UE 的信令连接。对于 NB-IoT UE，当 TAU 请求消息中"Signalling Active Flag"置位时，MME 在 TAU 流程完成后不应立即释放与 UE 的 NAS 信令连接。

4. 业务请求

业务请求流程在空闲态 UE 请求建立用户面通道时使用，如图 2-30 所示。在此流程中 MME 需要根据所存储的上下文中决定是否需要释放 S11 用户面隧道。与 Rel-12 流程相比，为了 SGW、PGW 能够统计 UE 发起建立"MO Exception Data" RRC 连接的次数，MME 需要将每次收到的"MO Exception Data" RRC 建立原因值发送到 SGW 和 PGW，以便 SGW 和 PGW 将此参数记录到 CDR 中。

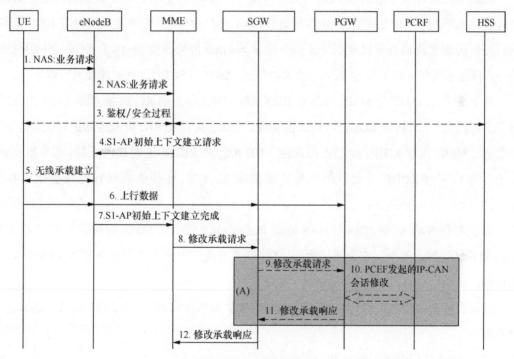

图 2-30　业务请求流程

本节仅列出与 Rel-12 有具体差异的流程。

步骤 4：MME 收到业务请求后，如果先前 UE 使用控制面 NB-IoT 优化方案并且建立了 S11 用户面隧道，MME 删除 MME 下行用户面 IP 地址和 TEID，MME 也删除 ROHC 上下文，但是 MME 仍然保留头压缩配置（HCO，Header Compression Configuration）；MME 向 eNodeB 发送 S1-AP 初始上下文建立请求消息，消息中携带 SGW 的上行用户面 IP 地址和

TEID，承载 QoS。

步骤 8：MME 向 SGW 发送修改承载请求消息，消息中携带 eNodeB 的下行用户面 IP 地址和 TEID；如果在步骤 1 中 RRC 建立请求原因值为"MO Exception Data"时，修改承载请求消息中也需要携带 RRC 建立原因值，SGW 将该 RRC 建立原因值记录到 SGW-CDR 中。

步骤 9：SGW 向 PGW 发送修改承载请求消息，消息中携带 RRC 建立原因值。

步骤 10：PGW 将 RRC 建立原因值记录到 CDR 中。

5. 控制面数据传输

控制面数据传输方案是 NB-IoT 系统中新增加的流程，主要针对小数据传输进行优化，支持将 IP 数据包、非 IP 数据包或 SMS 封装到 NAS PDU 中传输，无须建立 DRB 和 S1-U 承载。

控制面数据传输是通过 RRC、S1-AP 协议的 NAS 传输以及 MME 和 SGW 之间的 GTP 用户面隧道来实现。对于非 IP 数据，也可以通过 MME 与 SCEF 之间的连接来实现。

对于 IP 数据、UE 和 MME 可基于 IETF RFC 4995 定义的 ROHC 框架执行 IP 头压缩。对于上行数据，UE 执行 ROHC 压缩器的功能，MME 执行 ROHC 解压缩器的功能；对于下行数据，MME 执行 ROHC 压缩器的功能，UE 执行 ROHC 解压缩器的功能。UE 和 MME 绑定上行和下行 ROHC 信道以便于传输反馈信息。PDN 连接建立过程完成头压缩相关配置。

为了避免 NAS 信令 PDU 和 NAS 数据 PDU 之间的冲突，MME 应在完成安全相关的 NAS 流程（例如，鉴权、安全模式命令、GUTI 重分配等）之后再发起下行 NAS 数据 PDU 的传输。

控制面数据传输方案包括 UE 发起（MO）的数据传输流程和 UE 终结（MT）的数据传输流程。

（1）MO 控制面数据传输流程

MO 控制面数据传输流程如图 2-31 所示。

步骤 0：UE 附着到网络之后转为空闲态。

步骤 1：UE 建立 RRC 连接，将通过完整性保护的 NAS 数据 PDU 通过 RRC 传输，在 NAS 数据 PDU 中携带 EPS 承载标识（EBI）和已经加密的上行用户数据。UE 在 NAS PDU 中可携带释放辅助信息，指示在此上行数据传输之后是否期待有唯一的下行数据传输（例如，上行数据的确认或响应），或者是否还有更多上行数据或者下行数据传输需要传递。

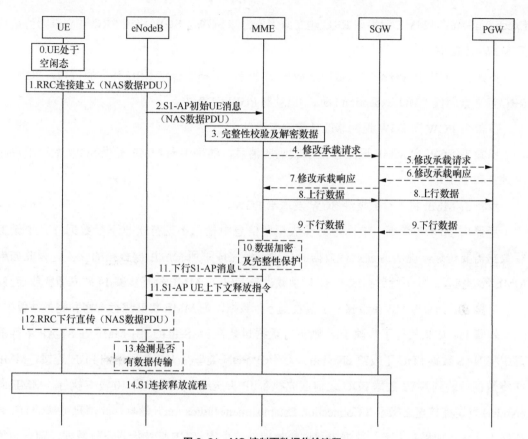

图 2-31　MO 控制面数据传输流程

步骤 2：eNodeB 通过 S1-AP 初始 UE 消息将 NAS 数据 PDU 转发给 MME。

步骤 3：MME 检查 NAS 数据 PDU 的完整性，然后解密数据。如果采用了头压缩，MME 需要执行 IP 头解压缩操作。MME 根据需要执行安全相关的流程，步骤 4～9 可以与安全相关的流程并行执行，但步骤 10～11 只能等到安全相关的流程完成之后再执行。

步骤 4：修改承载请求消息具体包括以下两个场景。

① 如果 S11 用户面隧道尚未建立，MME 向 SGW 发送修改承载请求消息，消息中携带 MME 下行用户面 IP 地址和 TEID。SGW 现在可以经过 MME 传输下行数据给 UE。当 UE 通过 NB-IoT RAT 接入并且 RRC 建立原因值为 "MO Exception Data"，MME 需要在消息中将该 RRC 建立原因值通知到 SGW。SGW 将该 RRC 建立原因值记录到 SGW-CDR 中。

② 如果 S11-U 已经建立，并且 UE 通过 NB-IoT RAT 接入，RRC 建立原因值为 "MO

Exception Data"，MME 应将该 RRC 建立原因值告知 SGW，SGW 将该 RRC 建立原因值记录到 SGW-CDR 中。

步骤 5：SGW 向 PGW 发送修改承载请求消息，消息中携带 RRC 建立原因值，PGW 将 RRC 建立原因值"MO Exception Data"记录到 PGW-CDR 中。

步骤 6：PGW 向 SGW 返回修改承载响应消息。

步骤 7：SGW 向 MME 返回修改承载响应消息，消息中向 MME 提供 SGW 上行用户面 IP 地址和 TEID。

步骤 8：MME 将上行数据经 SGW 发送给 PGW。

步骤 9：如果在步骤 1 中携带的释放辅助信息中指示不期待接收下行数据并且也无上行数据需要传递，说明通过上行数据的传输已经完成了所有应用层数据的交互。因此如果 MME 没有待发送的下行数据或者 S1-U 承载也没有建立，MME 执行步骤 14 并立即释放连接。

步骤 10：如果 MME 在步骤 9 中接收到下行数据，则 MME 将其进行加密和完整性保护。

步骤 11：如果执行了步骤 10，则下行数据封装在 NAS PDU 中；MME 在 S1-AP 下行消息中将 NAS 数据 PDU 下发给 eNodeB。对于 IP PDN 类型且支持头压缩的 PDN 连接，MME 在将数据封装到 NAS 数据 PDU 之前应先执行 IP 头压缩。如果步骤 10 没有执行，MME 向 eNodeB 发送连接建立指示（Connection Establishment Indication）消息，此消息可携带 UE 无线能力信息。如果在上下行数据中通过释放辅助信息指示 UE 期待接收下行数据，则表明紧接着释放辅助信息之后的下行数据是最后的应用层交互数据。此时 MME 没有待发送的下行数据，或者 S1-U 承载没有建立，则 MME 在最后的应用层交互数据发送完成之后，立即向 eNodeB 发送 S1-AP UE 上下文释放指令消息，以便于 eNodeB 释放连接。

步骤 12：eNodeB 向 UE 发送 RRC 下行数据消息，将封装下行数据的 NAS PDU 下发给 UE。如果同时收到 MME 的 S1-AP UE 上下文释放指令消息，eNodeB 会先发送 NAS 数据，然后执行步骤 14 释放连接。

步骤 13：如果持续一段时间没有 NAS 数据 PDU 传输，eNodeB 则进入步骤 14 启动 S1 释放。

步骤 14：eNodeB 或 MME 触发 S1 释放流程。

（2）MT 控制面数据传输流程

MT 控制面数据传输流程如图 2-32 所示。

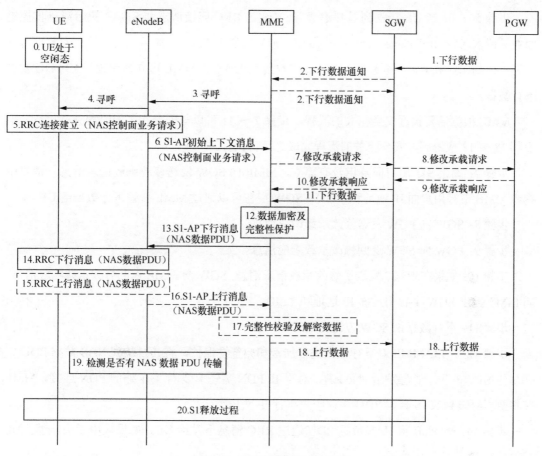

图 2-32　MT 控制面数据传输流程

步骤 0：UE 附着到网络之后处于空闲态。

步骤 1：当 SGW 收到 UE 的下行数据分组或下行控制信令，如果 SGW 的 UE 上下文数据中没有 MME 的下行用户面 IP 地址和 TEID，SGW 缓存下行数据。

步骤 2：如果 SGW 在步骤 1 缓存了数据，SGW 向 MME 发送下行数据通知消息；MME 向 SGW 返回下行数据通知确认消息。如果 S11-U 已经建立，则 SGW 不执行步骤 2，而立即执行步骤 11。

步骤 3：如果 UE 已在 MME 注册并且处于寻呼可达，MME 向 UE 已注册的跟踪区内的每个 eNodeB 发送寻呼消息，消息中携带用于寻呼的 NAS ID，跟踪区标识信息。

步骤 4：如果 eNodeB 收到来自 MME 的寻呼消息，eNodeB 发送寻呼消息来寻呼 UE。

步骤 5 ～ 6：当 UE 接收到寻呼消息，UE 通过 RRC 连接请求和 S1-AP 初始消息将控制面业务请求（Control Plane Service Request）消息发送至 MME。如果采用了控制面数据传输方案，控制面业务请求不会触发 MME 建立数据无线承载，MME 可立即通过 NAS PDU 发送下行数据。

MME 根据需要执行安全相关的流程，步骤 7 ～ 11 可以与安全相关的流程并行执行，但步骤 12 ～ 13 应等到与安全相关的流程完成之后再执行。

步骤 7：如果 S11 用户面隧道没有建立，MME 向 SGW 发送修改承载请求消息，消息中携带 MME 下行用户面 IP 地址和 TEID。SGW 现在可以通过 MME 传输下行数据给 UE。

步骤 8：SGW 向 PGW 发送修改承载请求消息。

步骤 9：PGW 向 SGW 返回修改承载响应消息。

步骤 10：如果在步骤 7 发送了修改承载请求消息，SGW 向 MME 返回修改承载响应消息，向 MME 提供 SGW 上行用户面 IP 地址和 TEID。

步骤 11：下行数据由 SGW 发送给 MME。

步骤 12 ～ 13：MME 对下行数据进行加密和完整性保护，将其封装到 NAS 数据 PDU 中并通过 S1-AP 下行消息发给 eNodeB。对于 IP PDN 类型且支持头压缩的 PDN 连接，MME 在将数据封装到 NAS 数据 PDU 之前应先执行 IP 头压缩。

步骤 14：eNodeB 将 NAS 数据 PDU 通过 RRC 消息下发给 UE。如果采用了头压缩，UE 需要执行 IP 头的解压缩操作。

步骤 15：由于 RRC 连接没有释放，更多的上行和下行数据可以通过 NAS 数据 PDU 来传输。UE 尚没有建立用户面承载，可以在上行 NAS 数据 PDU 中携带释放辅助信息。对于 IP PDN 类型且支持头压缩的 PDN 连接，UE 在将上行数据封装到 NAS 数据 PDU 之前应先执行 IP 头压缩。

步骤 16：eNodeB 通过 S1-AP NAS 上行消息将 NAS 数据 PDU 转发给 MME。

步骤 17：MME 检查 NAS 消息的完整性，然后解密数据。如果采用了头压缩，MME 需要执行 IP 头解压缩操作。

步骤 18：MME 通过 SGW 发送上行数据到 PGW，并执行与释放辅助信息相关的处理。

① 如果释放辅助信息指示上行数据之后不接收下行数据并且也没有更多的上行数据需要传输，并且此时 MME 没有待发送的下行数据，或者 S1-U 承载没有建立，则 MME 应执

行步骤 20 立即释放连接。

② 如果释放辅助信息指示上行数据之后可以接收下行数据，并且此时 MME 没有待发送的下行数据或信令，或者 S1-U 承载没有建立，则 MME 在下行数据发送完成之后，立即向 eNodeB 发送 S1 UE 上下文释放指令消息，以便于 eNodeB 释放连接。

步骤 19：如果持续一段时间没有 NAS 数据 PDU 传输，eNodeB 则进入步骤 20 启动 S1 释放流程。

步骤 20：eNodeB 或 MME 触发 S1 释放流程。

6. 用户面数据传输

用户面优化数据传输方案支持用户面数据传输时无须使用业务请求流程来建立 eNodeB 与 UE 间的接入层（AS）上下文。

使用 NB-IoT 用户面优化数据传输方案的前提是，UE 需要在执行初始连接建立时在网络和 UE 侧建立 AS 承载和 AS 安全上下文，且通过连接挂起流程来挂起 RRC 连接。当 UE 处于空闲态，任何 NAS 触发的后续操作（包括 UE 尝试使用控制面方案传输数据）将促使 UE 尝试恢复连接流程。如果连接流程恢复失败，则 UE 发起待发的 NAS 流程。为了支持 UE 在不同 eNodeB 间移动时用户面优化数据传输方案，在 eNodeB 间可以传递 AS 上下文信息。

为支持连接挂起流程：

- UE 在转换到 ECM 空闲态时应存储 AS 信息；
- eNodeB 应存储该 UE 的 AS 信息、S1-AP 关联信息和承载上下文；
- MME 存储进入 ECM 空闲态下 UE 的 S1-AP 关联和承载上下文。

在该方案中，当 UE 转换到 ECM 空闲态时，UE 和 eNodeB 应存储相关 AS 信息。

为支持连接恢复流程：

- UE 通过利用连接挂起流程中存储的 AS 信息来恢复到网络的连接；
- eNodeB（有可能是新的 eNodeB）将 UE 连接安全恢复的信息告知 MME，则 MME 进入到 ECM 连接态。

如果存储一个 UE 相关 S1-AP 关联信息的 MME 从其他 UE 关联连接，或包含 MME 改变的 TAU 流程、UE 重附着时收到 SGSN 上下文请求、UE 关机，MME 及相关 eNodeB 应使用 S1 释放流程删除存储的 S1-AP 关联。

（1）连接挂起流程

当 UE 和网络都支持用户面优化方案时，网络可以使用此流程进行连接挂起。连接挂起是 NB-IoT 系统中新增加的流程，具体步骤如图 2-33 所示。

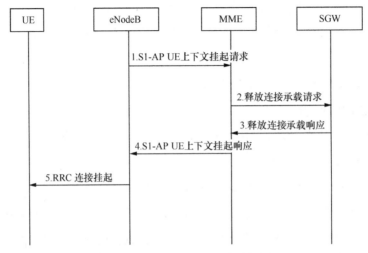

图 2-33　eNodeB 发起的连接挂起流程

步骤 1：eNodeB 发起连接挂起流程，eNodeB 向 MME 发送 S1-AP UE 上下文挂起请求消息。MME 进入 ECM 空闲态，并保留 S1-AP 关联、UE 上下文和承载上下文。所有用于连接恢复的信息都保留在 eNodeB、UE 及 MME 中。

eNodeB 在 S1-AP UE 上下文挂起请求消息中可以携带用于寻呼的推荐小区及 eNodeB 信息和 MME 存储这些信息，并可在寻呼过程中使用这些信息。

步骤 2：MME 向 SGW 发送释放连接承载请求消息，请求 SGW 释放 eNodeB 的用户面 IP 地址和 TEID。

步骤 3：SGW 释放所有 eNodeB 的用户面 IP 地址和 TEID，并向 MME 发送释放连接承载响应消息。

步骤 4：MME 向 eNodeB 返回 S1-AP UE 上下文挂起响应消息，此消息中可以携带安全参数下一跳（NH，Next Hop）和下一跳链接数（NCC，Next Hop Chaining Counter）。

步骤 5：eNodeB 向 UE 发送 RRC 连接挂起流程。

（2）连接恢复流程

当 UE 及网络支持用户面优化方案，并且 UE 存储了用于连接恢复流程的必要信息，则

UE 使用连接恢复流程进入连接态。连接恢复是 NB-IoT 系统中新增加的流程，具体步骤如图 2-34 所示。

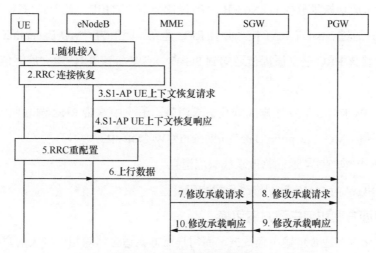

图 2-34　UE 发起连接恢复流程

步骤 1：UE 向 eNodeB 触发随机接入流程。

步骤 2：UE 向 eNodeB 发起 RRC 连接恢复流程，RRC 恢复消息中携带恢复标识，以便 eNodeB 寻找到存储的 AS 上下文。eNodeB 进行安全检查过程。UE 与网络之间的承载将进行同步，即对于没有成功建立的无线承载的承载且承载不是仅控制面优化的承载，UE 将本地释放这些承载；如果缺省承载的无线承载没有建立成功，则 UE 释放掉缺省承载所在 PDN 连接下的所有承载。

步骤 3：eNodeB 向 MME 发送 S1-AP UE 上下文恢复请求消息通知 MME UE 的 RRC 连接已经恢复，消息中可携带拒绝的承载列表。收到此消息后，MME 进入连接态并恢复 S1-AP 连接。

如果缺省承载没有建立成功，那么缺省承载对应的 PDN 连接下所有的承载都可认为没有建立成功。MME 释放没有成功建立承载的资源并触发承载释放流程。

步骤 4：MME 向 eNodeB 返回 S1-AP UE 上下文恢复响应消息，消息中可以携带可拒绝的承载列表。

步骤 5：如果步骤 4 消息中没有携带可拒绝的承载列表，步骤 5 不执行；如果步骤 4 中的消息携带了拒绝承载列表，eNodeB 根据步骤 4 中的拒绝承载列表信息重配置无线承载。

步骤 6：UE 可以将上行数据通过 eNodeB、SGW 发送至 PGW。

步骤 7：为了将成功恢复的承载信息通知到 SGW，MME 向 SGW 发送修改承载请求消息，消息中携带成功恢复承载的 eNodeB 用户面 IP 地址和 TEID。此时，SGW 可以发送下行数据。如果 UE 通过 NB-IoT RAT 接入并且 RRC 建立原因值为"MO Exception Data"，MME 需要在消息中将该 RRC 建立原因值通知到 SGW。SGW 将该 RRC 建立原因值记录到 SGW-CDR 中。

步骤 8：SGW 向 PGW 发送修改承载请求消息，消息中携带 RRC 建立原因值，PGW 将 RRC 建立原因值"MO Exception Data"记录到 PGW-CDR 中。

步骤 9：PGW 向 SGW 返回修改承载响应消息。

步骤 10：SGW 向 MME 返回修改承载响应消息。

7. 控制面方案和用户面方案切换

控制面优化方案适合传输小包数据，而用户面方案适合传输相对较大的数据包数据。当 UE 采用控制面优化方案传输数据并且 UE 支持用户面方案传输数据时，如有相对较大的数据包传输需求时，则可由 UE 或者网络发起由控制面优化方案到用户面方案的转换，此处的用户面方案包括传统用户面方案和用户面优化方案。

如果 UE 既可以使用用户面方案，又可以使用控制面优化方案进行数据传输，则 UE 或者 MME 可以使用本节流程来进行控制面到用户面方案的转换。连接态用户的控制面到用户面方案的转换可以由 UE 通过业务请求流程发起，也可以通过 MME 直接发起。MME 收到 UE 发起的携带"Active Flag"的控制面业务请求消息时，或者检测到下行数据包较大时，MME 可以决定为 UE 建立用户面通道。控制面和用户面方案的切换流程如图 2-35 所示。

步骤 1：连接态 UE 使用控制面优化方案正在发送及接受数据。

步骤 2：UE 发起业务请求流程。UE 向 eNodeB 发送 RRC 消息，消息中携带控制面业务请求消息；业务请求消息中携带"Active Flag"用于触发建立用户面承载。在标准讨论中，也曾提出使用 TAU 请求消息中携带"Active Flag"来触发建立用户面承载，但是 TAU 请求消息中冗余信息太多，不符合 NB-IoT 尽可能有效地传递数据，所以在最后将 TAU 请求触发建立用户面承载的选项删除。

步骤 3：eNodeB 向 MME 发送 S1-AP 上行 NAS 消息，消息携带了 NAS 消息控制面业务请求；MME 收到业务请求后，MME 建立 S1 用户面隧道。

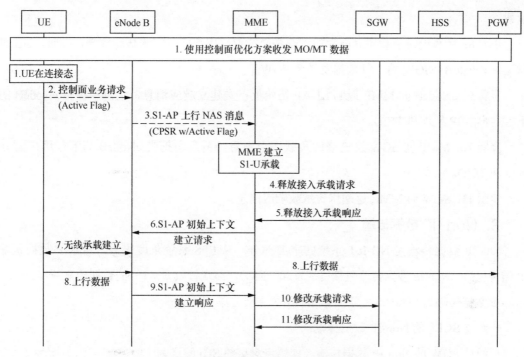

图 2-35　控制面方案和用户面方案的切换流程

步骤 4：MME 将残留的上行数据通过 S11 用户面隧道发送至 SGW；并且为了减少可能发生的下行数据乱序（例如，有些数据通过控制面发送），MME 向 SGW 发送释放连接承载请求消息用于请求 SGW 释放 S11 用户面隧道。MME 本地也删除 MME 下行用户面 IP 地址和 TEID 及删除 ROHC 上下文，但是 MME 仍然保留 HCO。

步骤 5：SGW 释放 S11 用户面隧道并向 MME 返回释放连接承载响应消息。如果 SGW 收到下行数据，SGW 将缓存下行数据，并发起网络触发的业务请求流程。

步骤 6：MME 向 eNodeB 发送 S1-AP 初始上下文建立请求消息用于建立非"仅控制面优化 PDN 连接"的用户面承载，消息中携带 SGW 的上行用户面 IP 地址和 TEID，承载 QoS。

步骤 7：eNodeB 发起无线承载建立过程。此步骤完成建立用户面安全过程。当用户面无线承载建立完成后，UE 需要本地释放用于控制面优化的 ROHC 上下文。UE 和网络之间的承载也同步进行，即 UE 本地释放没有成功建立无线承载的非"仅控制面传输"的 EPS 承载，如果缺省承载的无线承载没有建立成功，则 UE 本地释放缺省承载对应的 PDN 连接下所有的承载。

步骤 8：所有无线承载建立成功的承载都必须使用用户面方案来传输数据，此时，UE 可以通过 eNodeB、SGW 将上行数据发送至 PGW。

步骤 9：eNodeB 向 MME 返回 S1-AP 初始上下文建立响应消息，消息中携带 eNodeB 的下行用户面 IP 地址和 TEID。

步骤 10：MME 向 SGW 发送修改承载请求消息，消息中携带 eNodeB 的下行用户面 IP 地址和 TEID。

步骤 11：SGW 向 MME 返回修改承载响应消息。

8. Non-IP 数据传输

Non-IP 数据传输是 NB-IoT 系统的重要部分。从 EPS 系统角度来看，Non-IP 数据是非 IP 结构化的。Non-IP 数据传输包括终端发起（MO）、终端接收（MT）的数据传输两部分。将 Non-IP 数据传输给 SCS/AS，可以有以下两种主要方案：

- 经过 SCEF 的 Non-IP 数据传输；
- 经过 PGW 的 Non-IP 数据传输（使用点对点的 SGi 隧道）。

经过 PGW 的点对点 SGi 隧道方式传输 Non-IP 数据，目前存在基于 UDP/IP 的 PtP 隧道和其他类型的 PtP 隧道两种传输方案。

① 基于 UDP/IP 的 PtP 隧道方案

- 在 PGW 上，以 APN 为粒度，预先配置 AS 的 IP 地址；
- UE 发起附着 /PDN 连接建立时，PGW 为 UE 分配 IP 地址（但是该 IP 地址不发送给 UE），并建立（GTP 隧道 ID、UE IP 地址）映射表；
- 以上行数据为例，PGW 收到 UE 侧的 Non-IP 数据后，将其从 GTP 隧道中分离，并加上 IP 头（源 IP 是 PGW 为 UE 分配的 IP，目的 IP 为 AS 的 IP），然后经由 IP 网络发往 AS；
- AS 收到 IP 报文后，解析其中的 Non-IP 数据内容及其中的用户 ID，并建立（用户 ID、UE IP 地址）映射表，便于下行数据发送。

② 基于其他类型的 PtP 隧道方案

- 在 PGW 上，以 APN 为粒度，预先配置 AS 的 IP 地址；
- UE 发起附着 /PDN 连接建立时，PGW 不为 UE 分配 IP 地址，并建立到 AS 的隧道，

还建立左右两侧隧道的映射表;

- 以上行数据为例,PGW 收到 UE 侧的 Non-IP 数据后,将其从 GTP 隧道 1 中剥离,并将其放入隧道 2 中,然后经由隧道发往 AS;

- AS 收到 IP 报文后,解析其中的 Non-IP 数据内容及其中的用户 ID,并建立(用户 ID、隧道 ID)映射表,便于下行数据发送。

经过 SCEF 实现 Non-IP 数据传输,基于在 MME 和 SCEF 之间建立的指向 SCEF 的 PDN 连接,该连接实现于 T6a 接口,在 UE 附着时、UE 请求创建 PDN 连接时被触发建立。UE 并不感知用于传输 Non-IP 数据的 PDN 连接,是指向 SCEF 的,还是指向 PGW 的,网络仅向 UE 通知某 Non-IP 的 PDN 连接使用控制面优化方案。

为了实现 Non-IP 数据传输,在 SCS/AS 和 SCEF 之间需要建立应用层会话绑定,该过程不在 3GPP 范畴内。

在 T6 接口上,使用 IMSI 来标识一个 T6 连接 /SCEF 连接所归属的用户,使用 EPS 承载 ID 来标识 SCEF 承载。在 SCEF 和 SCS/AS 间,使用 UE 的外部标识或 MSISDN 来标识用户。

根据运营商策略,SCEF 可能缓存 MO/MT 的 Non-IP 数据包。需要明确,在 Rel-13 中,MME 和 IWK-SCEF 不会缓存上下行 Non-IP 数据包。

(1)非 IP 数据传输配置

非 IP 数据传输(NIDD,Non-IP Data Delivery)配置流程允许 SCS/AS 向 SCEF 执行初次 NIDD 配置、更新 NIDD 配置,或删除 NIDD 配置。通常情况下,NIDD 配置过程应在 UE 附着流程之前执行,如图 2-36 所示。

步骤 1: SCS/AS 向 SCEF 发送 NIDD 配置请求消息,消息中携带外部标识或者 MSISDN、SCS/AS 标识、SCS/AS 参考 ID、NIDD 时效、NIDD 目的地址,用于释放的 SCS/AS 参考 ID 消息(注: SCS/AS 应保证所选择的 SCEF 和 HSS 中配置的 SCEF 是同一个)。

步骤 2: SCEF 存储 UE 的外部 ID/

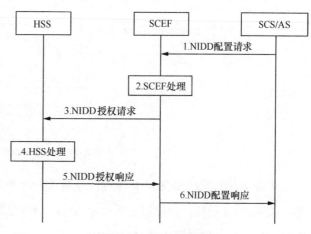

图 2-36 NIDD 配置流程

MSISDN 及其他相关参数。如果根据服务协议，SCS/AS 不被授权执行该请求，则执行步骤 6，拒绝 SCS/AS 的请求，返回相应的错误原因（注：如果 SCEF 收到 SCS/AS 发送的用于删除的参考 ID，则 SCEF 在本地释放 SCS/AS 的 NIDD 配置信息）。

步骤 3：SCEF 向 HSS 发送 NIDD 授权请求消息，消息中携带外部标识或者 MSISDN 和 APN，以便 HSS 检查对 UE 的外部 ID 或 MSISDN 是否允许 NIDD 操作。

步骤 4：HSS 执行 NIDD 授权检查，并将 UE 的外部标识映射成 IMSI 或 MSISDN。如果 NIDD 授权检查失败，则 HSS 在步骤 5 中返回错误原因。

步骤 5：HSS 向 SCEF 返回 NIDD 授权响应消息，HSS 返回由外部标识映射的 IMSI 和 MISIDN，如果 HSS 为 UE 配置了 MSISDN。使用 HSS 所映射的 IMSI/MSISDN，SCEF 可将 T6 连接和 NIDD 配置请求绑定。

步骤 6：SCEF 向 SCS/AS 返回 NIDD 配置响应消息，消息中携带 SCS/AS 参考 ID。SCEF 为 SCS/AS 的本次 NIDD 配置请求分配 SCS/AS 参考 ID 作为业务主键。

（2）T6 连接建立

当 UE 请求 EPS 附着或者请求建立 PDN 连接时，指明 PDN 类型为"Non-IP"，并且签约数据中缺省 APN 可用于创建 SCEF 连接，或者 UE 请求的 APN 可用于创建 SCEF 连接，则 MME 发起 T6 连接建立流程，如图 2-37 所示。

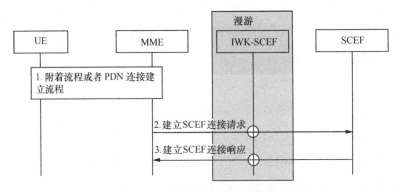

图 2-37　T6 连接建立流程

步骤 1：UE 执行初始附着流程，或者 UE 请求 PDN 连接建立。MME 根据 UE 签约数据，检查 APN 设置，如果签约数据中 APN 所对应的 APN 配置信息包括：选择 SCEF 指示、SCEF ID，则该 APN 用于创建指向 SCEF 的 T6 连接。

步骤 2：在以下条件下，MME 发起 T6 连接创建：（a）当 UE 请求初始附着，并且缺省 APN 被设置为用于创建 T6 连接；（b）UE 请求 PDN 连接建立，并且 UE 所请求的 APN 被设置为用于创建 T6 连接。

① MME 向 SCEF 发送建立 SCEF 连接请求消息，消息中包括用户标识、承载 ID、SCEF 标识、APN、APN 速率限额、服务 PLMN 速率限额及 PCO 信息。如果网络中部署了 IWK-SCEF，则 IWK-SCEF 将该请求前转给 SCEF。

② 如果 SCS/AS 已经向 SCEF 请求执行了 NIDD 配置过程，则 SCEF 执行步骤 3。否则，SCEF 可以拒绝 T6 连接建立，或使用缺省配置的 SCS/AS 发起 NIDD 配置流程。

步骤 3：SCEF 为 UE 创建 SCEF 承载，承载标识为 MME 提供的 EPS 承载标识。SCEF 承载创建成功后，SCEF 向 MME 发送建立 SCEF 连接响应消息，消息中携带用户标识、承载标识、SCEF 标识、APN、PCO 及 NIDD 计费标识。如果网络中部署了 IWK-SCEF，则 IWK-SCEF 将消息前转给 MME。

（3）MO NIDD 投递

MO NIDD 投递流程如图 2-38 所示。

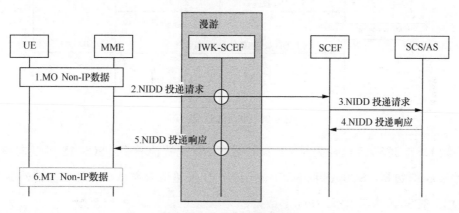

图 2-38　MO NIDD 投递流程

步骤 1：UE 向 MME 发送 NAS 消息，携带 EBI 和 Non-IP 数据包。UE 发送 NAS 消息的流程参考 2.6.1 节 "控制面数据传输"。

步骤 2：MME 向 SCEF 发送 NIDD 投递消息，消息中包括用户标识、EBI 及 Non-IP 数据。在漫游时，该消息由 IWK-SCEF 转发给 SCEF。

步骤 3：当 SCEF 收到 Non-IP 数据包后，SCEF 根据 EPS 承载 ID 找寻 SCEF 承载以及相应的 SCEF/AS 参考 ID，并将 Non-IP 数据包发送给对应的 SCS/AS。

步骤 4 ～ 6：根据需要，SCS/AS 利用 NIDD 投递响应消息携带下行 Non-IP 数据包。经过 MME 发送 Non-IP 数据的流程，具体内容参考 2.6.1 节"控制面数据传输"。

（4）MT NIDD 投递

SCS/AS 使用 UE 的外部标识或 MSISDN 向 UE 发送 Non-IP 数据包，在发起 MT NIDD 数据投递流程前，SCS/AS 必须先执行 NIDD 配置流程，如图 2-39 所示。

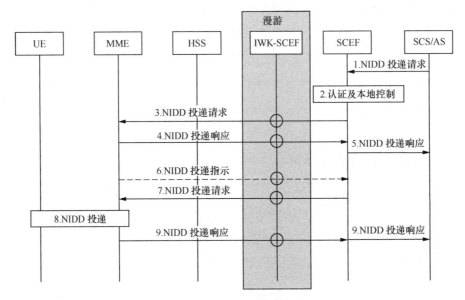

图 2-39　MT NIDD 投递流程

步骤 1：当 SCS/AS 已经为某 UE 执行过 NIDD 配置流程后，SCS/AS 可以向该 UE 发送下行 Non-IP 数据。SCS/AS 向 SCEF 发送 NIDD 投递请求消息，消息中携带外部标识或 MSISDN，SCS/AS 参考 ID 及 Non-IP 数据。

步骤 2：SCEF 根据 UE 的外部标识或 MSISDN，检查是否为该 UE 创建了 SCEF 承载。SCEF 检查请求 NIDD 投递的 SCS 是否被授权允许发起 NIDD 数据投递，并且检查该 SCS 是否已经超出 NIDD 投递的限额（例如，24 小时内允许 1000Byte），或已经超出速率限额（如每小时 100Byte）。如果上述检查失败，SCEF 执行步骤 5，并返回错误原因。如果上述检查成功，SCEF 继续执行步骤 3。

如果 SCEF 没有检查到 SCEF 承载，则 SCEF 可能：

- 向 SCS/AS 返回 NIDD 投递响应消息，携带适当的错误原因；
- 使用 T4 终端激活流程，触发 UE 建立 Non-IP PDN 连接；
- 接收 SCS 的 NIDD 投递请求，但是返回适当的原因（如等待发送），并等待 UE 主动建立 Non-IP PDN 连接。

步骤 3：如果 UE 的 SCEF 承载已建立，SCEF 向 MME 发送 NIDD 投递请求消息，消息携带用户标识、承载标识、SCEF ID、Non-IP 数据。若 IWF-SCEF 收到投递请求消息时，则前转给 MME。

步骤 4：如果当前 MME 能立即发送 Non-IP 数据给 UE，如 UE 在 ECM 连接态，或 UE 在 ECM 空闲态但是可寻呼，则 MME 执行步骤 8，向 UE 发起 Non-IP 数据投递。

如果 MME 判断 UE 当前不可及（例如，UE 当前使用 PSM 模式，或 eDRX 模式），则 MME 向 SCEF 发送 NIDD 投递响应消息，消息中携带原因值及 NIDD 可达通知标记。MME 携带原因值指明 Non-IP 数据无法投递给 UE 的原因，NIDD 可达通知标记用于指明 MME 将在 UE 可达时通知 SCEF。MME 在移动性管理上下文中存储 NIDD 可达通知标记。

步骤 5：SCEF 向 SCS/AS 发送 NIDD 投递响应消息，通知从 MME 处获得的投递结果。如果 SCEF 从 MME 收到 NIDD 可达通知标记，则根据本地策略，SCEF 可考虑缓存步骤 3 中的 Non-IP 数据。

步骤 6：当 MME 检测到 UE 可及时（例如，UE 从 PSM 模式中恢复并发送 TAU，或发起 MO 信令或数据传输，或 MME 预期 UE 即将进入 DRX 监听时隙），如 MME 之前对该 UE 设置了可达通知标记，则 MME 向 SCEF 发送 NIDD 投递指示消息，表明 UE 已可及。MME 清除移动性管理上下文中的可达通知标记。

步骤 7：SCEF 向 MME 发送 NIDD 投递请求消息，消息中携带用户标识、承载 ID、SCEF ID 及 Non-IP 数据。

步骤 8：如果需要，MME 寻呼 UE，并向 UE 投递 Non-IP 数据。MME 向 UE 投递 Non-IP 流程，参考 2.6.1 节"控制面数据传输"。根据运营商策略，MME 可能产生计费信息。

步骤 9：如果 MME 执行了步骤 8，则 MME 向 SCEF 发送 NIDD 投递响应消息并返回投递结果。SCEF 向 SCS/AS 发送 NIDD 投递响应消息并返回 NIDD 数据投递结果。

注：MME、SCEF 所返回的投递成功，并不意味着 UE 一定正确地接收到 Non-IP 数据，

只表示 MME 通过 NAS 信令将 Non-IP 数据发送到 UE。

（5）T6 连接释放

在以下条件下，MME 发起 T6 连接释放流程：

– UE 发起去附着流程；

– MME 发起去附着流程；

– HSS 发起去附着流程；

– UE 或 MME 发起 PDN 连接释放流程。

T6 连接释放流程如图 2-40 所示。

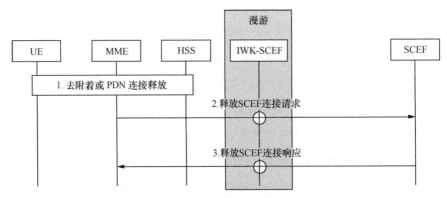

图 2-40　T6 连接释放流程

步骤 1：UE 执行去附着流程 / 请求释放 PDN 连接流程；MME 发起去附着流程 / 释放 PDN 连接流程；HSS 发起去附着流程。相关流程参考 2.6.1 节 "去附着"。

步骤 2：如果 MME 上存在 T6 接口的 SCEF 连接和 SCEF 承载，则对每一个 SCEF 承载，MME 向 SCEF 发送释放 SCEF 连接请求消息，消息中携带用户标识、承载 ID、SCEF ID、APN、PCO。同时，MME 删除自身保存的该 PDN 连接的 EPS 承载上下文。

步骤 3：SCEF 向 MME 返回释放 SCEF 连接响应消息，消息中携带用户标识、EBI、SCEF ID、APN 和 PCO，指示操作是否成功。SCEF 删除自身保存的该 PDN 连接的 SCEF 承载上下文。

（6）T6 连接更新

当 UE 发生跨 MME TAU 的过程时，新 MME 需要与 SCEF 之间进行连接更新，如图 2-41 所示。

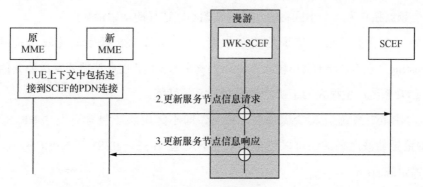

图 2-41　T6 连接更新

步骤 1：UE 触发 TAU 过程并且新 MME 在上下文响应消息中（参见 2.6.1 节"跟踪区更新"）接收到连接到 SCEF 的 PDN 连接的上下文。

步骤 2：新 MME 根据 SCEF PDN 连接上下文中的 SCEF ID 进行 SCEF 连接更新，新 MME 向 SCEF 发送更新服务节点信息请求消息，消息中携带用户标识、EBI、MME 标识、APN 等信息。如果 SCEF 先前收到了原 MME 发送的 NIDD 可达标记，但是并未收到原 MME 发送的投递指示消息，那么 SCEF 此时可以投递缓存的数据；如果 IWK-SCEF 收到更新服务节点信息请求消息，那么 IWK-SCEF 将把此消息转发给 SCEF。

步骤 3：SCEF 向 MME 返回更新服务节点信息响应消息，消息中携带用户标识、NIDD Charging 标识。如果 IWK-SCEF 收到更新服务节点信息响应消息，那么 IWK-SCEF 将把此消息转发给 MME。

2.6.2　多载波处理

由于 NB-IoT 单频点小区只有 180kHz 的带宽，这个带宽上除了 NPSS、NSSS、NPBCH、SIB 的开销外（公共信道开销大约占到单频点小区的 40%），剩余业务信道容量很小。为了支持海量终端，需要采用多个频点来提高网络容量，但如果每个频点独立为一个小区，则存在如下问题：

- 每个频点都有 NPSS、NSSS、NPBCH、SIB 等公共信道，导致公共信道开销太大，浪费系统资源；

- 太多异频小区存在，会给空闲模式的移动性管理带来挑战（UE 最多只能测量 3 个异频频点）；

- 每个频点独立为一个小区将增加终端初始小区选择的功率消耗；

- 此外，为了保证公共信道的覆盖性能，NPSS、NSSS 等信道的发送需要做 Power Boosting，在 In-band 操作模式下，如果每个 NB-IoT 频点都需要发送公共信道，将会对 LTE 系统产生很大的干扰，影响 LTE 系统性能。

为此，NB-IoT 系统引入多载波小区策略，即小区内除了包含可发送 NPSS、NSSS 和 NPBCH 的锚定载波之外，还可以包含若干个不发送 NPSS、NSSS 和 NPBCH，仅支持业务传输的非锚定载波。

使用多频点小区策略可以在提高网络容量的前提下，既能节省公共信道的开销、减少异频小区的数量、节省 UE 的功耗，又能降低 In-band 操作模式下 NB-IoT 频点对 LTE 系统性能的影响。

1. 载波类型定义

NB-IoT 系统的多载波小区中各载波的下行信道配置如图 2-42 所示，一个小区包括一个锚定载波和若干个非锚定载波。每个载波的频谱带宽为 180kHz，小区内所有载波的最大频谱跨度不超过 20MHz。各载波的下行信道承载策略如下。

① 锚定载波（Anchor Carrier）：多载波小区中有且只有一个支持同时承载 NPSS、NSSS、NPBCH、NPDCCH 和 NPDSCH 的下行载波，称为锚定载波。UE 在锚定载波需要监控 NPSS、NSSS、NPBCH、NPDCCH、NPDSCH 信息。

② 非锚定载波（Non-Anchor Carrier）：多载波小区中可以有若干个只承载 NPDCCH、NPDSCH，但不承载 NPSS、NSSS、NPBCH 的下行载波，称为非锚定载波。UE 在非锚定载波需要监控 NPDCCH、NPDSCH 信息。

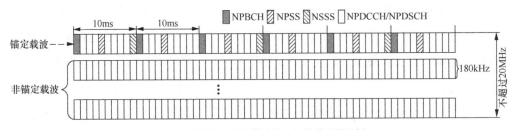

图 2-42 多载波小区中各载波的下行信道配置示例

2. 多载波使用条件

为了权衡 NB-IoT 系统性能及对 LTE 系统性能的影响，Rel-13 NB-IoT 系统中使用多载波小区的条件如下：

- NB-IoT 系统支持锚定载波和非锚定载波分别为 In-band + In-band、In-band + Guard-band 以及 Guard-band + Guard-band 组合的多载波小区，但前提是小区内的各载波必须位于同一个 LTE 小区内（载波间隔不超过 110 个 PRB）；

- NB-IoT 系统支持 Stand-alone + Stand-alone 载波组成的多载波小区；但前提是频率最大间隔不超过 20MHz，且载波之间保持同步（同步的标准和 E-UTRAN 中同一频带内连续载波聚合功能的同步要求相同，具体参见 TS 36.104 协议）；

- NB-IoT 系统不支持 Stand-alone + In-band 或 Stand-alone + Guard-band 载波组成的多载波小区。

3. 多载波使用策略

在 NB-IoT 系统中，只有锚定载波会承载 NPSS、NSSS、NPBCH、SIB 信息，且在 Rel-13 的 NB-IoT 标准中，由于标准进度原因，多载波小区采用了以下简化的使用策略。

- UE 在 RRC 空闲态驻留于锚定载波，SIB 信息中不广播非锚定载波信息，所以在小区选择和重选时，UE 只会选择锚定载波进行驻留。

- UE 进入连接态时或进入连接态后可以被重配置到非锚定载波；如果没有进行载波重配，则 UE 默认驻留于锚定载波。

  - 对于控制面优化方案来说：只有 Msg4（RRCConnectionSetup）消息可以将 UE 重配置到非锚定载波上。

  - 对于用户面优化方案来说：Msg4（RRCConnectionSetup 或 RRCConnectionResume）及后续的 RRC 消息可以将 UE 重配置到非锚定载波上；也可以将非锚定载波上的 UE 重配置到小区内的其他非锚定载波上，或重配置到本小区的锚定载波上。这些消息包括：RRCConnectionSetup、RRCConnectionResume、RRCConnectionReconfiguration、RRCConnectionReestablishment。

  - 收到载波重配置消息后，UE 开始在目标载波上监控 NPDCCH/NPDSCH 和 / 或发送 NPUSCH。如果在载波重配置的消息中携带了上行调度授权，则授权是针对载波重配置中的目标载波而言的。

注：此处所说的载波重配置是指多载波小区内的载波间重配置，目前不支持小区间的载波重配置（重配置信元中没有小区标识）。

- 寻呼消息只能在锚定载波发送。
- NPRACH 过程只能在锚定载波进行。连接模式承载于非锚定载波的 UE，如果需要进行 NPRACH 过程，则返回到锚定载波进行（也即发送 NPRACH 前导会触发 UE 从非锚定载波切换到锚定载波）。对于配置了非锚定载波的 UE，连接模式的随机接入过程完成之后，基站通过 Msg4（携带 C-RNTI 及 UL Grant 的 PDCCH，或者携带 DL/UL Grant 的 PDCCH order）为终端分配原非锚定载波的资源，终端回到原来的非锚定载波进行后续操作。
- 处于连接态的 UE，只有载波重配置或 NPRACH 过程会触发载波切换；除此之外，UE 就保持在原载波不变。

2.6.3 安全机制

NB-IoT 系统支持两层安全机制，第一层为接入网中的 RRC 安全（完整性保护和加密）和用户面（加密）安全，即 AS 安全；第二层为 EPC 中的 NAS 安全。对于仅支持控制面优化传输方案的终端，仅支持 NAS 安全；对于同时支持控制面优化传输方案和用户面优化传输方案的终端，可以同时支持 AS 安全和 NAS 安全。

在 NB-IoT 系统中采用的 NAS 安全机制以及 AS 的初始安全激活过程与 LTE 相同；对于 AS 安全的重激活过程，除了可以支持通过 RRC 连接重建立过程来重激活 AS 安全之外，还可以通过 RRC 连接恢复过程来重激活 AS 安全，并且 RRC 连接恢复过程生成的 shortMAC-I 不同于 RRC 连接重建立过程生成的 shortMAC-I。

1. NB-IoT 密钥架构

为了支持两层安全设计，NB-IoT 采用了如图 2-43 所示的密钥体系。为了管理终端和接入网络各实体共享的密钥，安全架构中定义了接入安全管理实体（ASME，Access Safe Managememt Entity），该实体是接入网从 HSS 接收最高级（Top-Level）密钥的实体。对于 NB-IoT 接入网络而言，MME 执行 ASME 的功能。

NB-IoT 网络的密钥层次架构中包含以下密钥。

（1）终端和 HSS 间共享的密钥

- K：存储在 USIM 和认证中心 AuC 的永久密钥；
- CK/IK：AuC 和 USIM 在 AKA 认证过程中生成的密钥对。

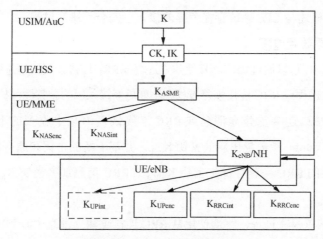

图 2-43　NB-IoT 中的密钥体系

（2）终端和 ASME 间共享的密钥

K_{ASME}：终端和 HSS 根据 CK/IK 推导出的密钥。密钥 K_{ASME} 从 HSS 传输到 ASME。

（3）终端和 MME 间共享的密钥

－ K_{NASint}：根据 K_{ASME} 推导出的密钥，用于和特定的完整性算法一起保护 NAS 信息；

－ K_{NASenc}：根据 K_{ASME} 推导出的密钥，用于和特定的加密算法一起保护 NAS 信息。

（4）终端和基站间共享的密钥

－ K_{eNB}：根据 K_{ASME} 推导出并且在 RRC 连接重建立或 RRC 连接恢复时根据 nextHop ChainingCount 更新的密钥，用于推导保护 RRC 信令的密钥（K_{RRCint} 和 K_{RRCenc}）和空口用户面数据的密钥（K_{UPenc}）；

－ K_{UPenc}：用于和特定的加密算法一起保护空口用户面数据；

－ K_{RRCint}：用于和特定的完整性算法一起保护 RRC 信令；

－ K_{RRCenc}：用于和特定的加密算法一起保护 RRC 信令。

2. 安全激活

在 NB-IoT 中，非接入层和接入层分别进行加密和完整性保护，处理过程相互独立，非接入层和接入层安全性的激活都通过安全模式命令（SMC，Security Mode Command）来完成，且发生在鉴权之后。网络端对终端的非接入层和接入层的激活顺序是先激活非接入层的安全性，可选的，再激活接入层的安全性。

如前所述，在 NB-IoT 系统中采用的 NAS 安全机制以及 AS 的初始安全激活过程和 LTE

相同，因此后面只概述与 LTE 系统存在差异的接入层安全重激活过程。

接入层安全重激活过程

在 NB-IoT 系统中，可以通过 RRC 连接重建立过程或 RRC 连接恢复过程重新激活接入层安全。在 RRC 连接重建立过程或 RRC 连接恢复过程中不能更新接入层的完整性保护算法和加密算法。

终端使用从 RRC 连接重建立消息或 RRC 连接恢复消息中收到的下一条链路计数值（nextHopChainingCount）参数导出新的密钥 K_{eNB}，并基于新的密钥和原有的完整性保护算法产生更新的接入层的 RRC 完整性保护密钥 K_{RRCint}、RRC 消息加密密钥 K_{RRCenc} 和空口用户面数据加密密钥 K_{UPenc}。

对于 RRC 连接重建立过程，终端使用从 RRC 连接重建立消息中收到的 nextHopChainingCount 参数导出新的密钥 K_{eNB}，并基于新的密钥和原有的完整性保护算法以及原有的加密算法产生更新的接入层的 RRC 完整性保护密钥 K_{RRCint}、RRC 消息加密密钥 K_{RRCenc} 和空口用户面数据加密密钥 K_{UPenc}。终端在更新完上述安全密钥之后，立即激活 RRC 消息的完整性保护和加密以及空口用户面数据加密，RRC 重建立完成消息需要进行完整性保护和加密。

对于 RRC 连接恢复过程，终端使用从 RRC 连接恢复（RRCConnectionResume）消息中收到的 nextHopChainingCount 参数导出新的密钥 K_{eNB}，并基于新的密钥和原有的完整性保护算法产生更新的接入层的 RRC 完整性保护密钥 K_{RRCint}，并对 RRC 连接恢复（RRCConnectionResume）消息进行完整性保护验证（使用 COUNT0）。如果完整性保护验证成功，则继续基于新的密钥和原有的加密算法生成加密密钥（RRC 消息加密密钥 K_{RRCenc} 和空口用户面数据加密密钥 K_{UPenc}）；并立即激活 RRC 消息的完整性保护和加密以及空口用户面数据加密功能。RRC 恢复完成消息需要进行完整性保护和加密。

3. 完整性保护和加密过程

完整性保护过程如图 2-44 所示。发送端利用完整性保护密钥（Key），以及其他参数——计数值（Count）、承载识别（Bearer）、上下行方向指示（Direction）、消息本身（Message）作为完整性保护算法的输入参数，生成一个完整性校验码 MAC-I，发送端将消息本身和 MAC-I 一起发送给接收端；接收端利用相同的参数和算法计算出一个完整性校验码 XMAC-I，与收到的 MAC-I 进行比较，如果一致，则认为完整性校验成功。

在 NB-IoT 系统中，由于 RRC 连接重建立请求和 RRC 连接恢复请求都可以携带 shortMAC-I（MAC-I 的低 16bit），在标准化讨论过程中曾经考虑过对于 RRC 连接恢复请求使用不同于 RRC 连接重建立请求的 shortMAC-I 输入参数，例如，RRC 连接恢复请求使用恢复标识（Resume ID）作为生成 shortMAC-I 的输入参数，以便避免 RRC 连接恢复请求中携带 shortMAC-I 和 RRC 连接重建立请求中携带的 shortMAC-I 相同引起的完整性验证问题；但标准化讨论中更多公司倾向于使用与 RRC 连接重建立请求相同的 shortMAC-I 的输入参数（例如，终端的 C-RNTI、源小区物理识别、目标小区全局识别）以便简化 NB-IoT 系统的安全操作；为了避免 RRC 连接恢复过程和 RRC 连接重建立由于使用相同的输入产生相同的 shortMAC-I，对于 RRC 连接恢复请求中 shortMAC-I 的输入参数中增加了 1bit 的额外信息输入，以便终端能够生成不同的 RRC 连接重建立请求的 shortMAC-I 和 RRC 恢复请求的 shortMAC-I。

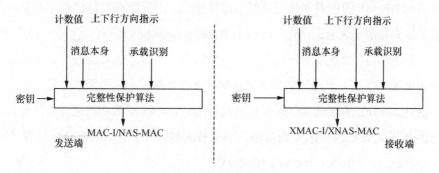

图 2-44　完整性保护过程

加密过程如图 2-45 所示。发送端利用加密密钥（Key），以及其他参数—计数值、承载识别、上下行方向指示、密钥长度作为加密算法输入参数，计算出密钥流（Keys Stream），与明文进行异或操作，生成密码，发送给接收端。接收端利用对等的操作进行解密操作。

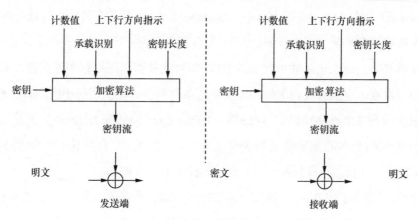

图 2-45　加密过程

2.6.4 小区选择和重选

NB-IoT 的 RRC 空闲态的小区选择与重选过程基于 E-UTRAN 的小区选择与重选过程简化而来。考虑到 NB-IoT 的低成本终端、低移动性及承载的小数据业务特性，NB-IoT 系统不支持以下小区选择与重选相关功能。

- 因为 NB-IoT 不支持语音业务，所以不支持紧急呼叫（Emergency Call）功能。
- 考虑到 NB-IoT 的低成本终端特性，NB-IoT 终端只能承载在 NB-IoT 系统上，不支持与其他系统的互操作，所以不支持系统间测量与重选。
- 考虑到 NB-IoT 的低成本终端及低移动性特性，小区重选功能进行了简化，不再支持基于优先级的小区重选功能（Priority Based Reselection）。
- 考虑到 NB-IoT 的低成本终端及低移动性特性，小区重选功能进行了简化，小区重选中的偏置（Q_{offset}）只能针对频率来设置，不支持基于小区的重选偏置。
- 考虑到 NB-IoT 的低成本终端及低移动性特性，小区重选功能进行了简化，只支持简单的基于 R 规则的小区重选策略，不支持 E-UTRAN 的频间重分布过程（E-UTRAN Inter-Frequency Redistribution Procedure）。
- NB-IoT 没有 CSG 相关功能需求，所以也不再支持基于封闭小区组（CSG，Closed Subscriber Group）的小区选择与重选过程。
- 由于 NB-IoT 不支持紧急呼叫，所以 NB-IoT 系统中处于 RRC 空闲态的 UE，要么处于正常驻留状态（Camped Normally），要么处于任何小区选择状态（Any Cell Selection）以找到合适的驻留小区（Suitable Cell），不存在其他小区选择的状态，即不支持可接受小区（Acceptable Cell）和驻留于任何小区（Camped on Any Cell State）的重选状态。处于正常驻留状态的 UE，需要在驻留小区进行寻呼监控、系统信息的监控与接收、小区重选相关的测量及重选条件判决。处于任何小区选择状态的 UE 尝试在任何公共陆地移动网络（PLMN，Public Land Mobile Network）上搜索一个合适的驻留小区，优先搜索高质量 PLMN 上的小区。如果 UE 仍然找不到合适的驻留小区，则 UE 处于该状态，直到搜索一个合适的驻留小区为止。

除此之外，NB-IoT 的 RRC 空闲态小区选择与重选过程基本上继承了 E-UTRAN 的 RRC 空闲态小区选择与重选功能并做了简化。NB-IoT 系统中 RRC 空闲态小区选择与重选的状态迁移如图 2-46 所示。

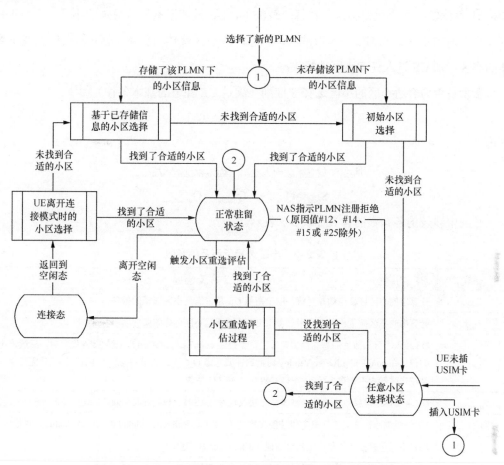

图 2-46　NB-IoT 系统中 RRC 空闲态小区选择与重选的状态迁移

1. 小区选择策略

NB-IoT 支持多 PLMN 功能，NB-IoT 系统中的 PLMN 选择策略与 E-UTRAN 系统中的 PLMN 选择策略完全一样。

NB-IoT 系统中的小区选择策略与 E-UTRAN 系统中的小区选择策略类似，支持初始小区选择和基于已存储信息的小区选择。UE 选择了新的 PLMN 后，首先基于 UE 内部存储的最后一次驻留时的相关信息进行小区选择（Stored Information Cell Selection）；一旦 UE 找到一个合适的小区，则 UE 进入正常驻留状态（Comped Normally），该小区就作为驻留小区。如果基于 UE 内部存储的相关信息没有找到合适的小区或者 UE 内部没有存储相关的小区驻留信息，则 UE 执行初始小区选择策略（Initial Cell Selection）：UE 扫描支持的频带内的所有 NB-IoT 载波以找到合适的小区。在每个载波上，UE 只需搜索信号最强的小区，一旦 UE 找到一个合适的小区，则 UE 进入正常驻留状态，该小区就作为驻留小区；如果仍然找不到合适的小区，则 UE 进入任意小区选择状态。

衡量是否为合适小区的小区选择 S 准则（满足 UE 驻留的基本条件）如下：

$$S_{rxlev} > 0 \text{和} S_{qual} > 0$$

其中：

$$S_{rxlev} = Q_{rxlevmeas} - Q_{rxlevmin} - P_{compensation} - Q_{offset_{temp}}$$

$$S_{qual} = Q_{qualmeas} - Q_{qualmin} - Q_{offset_{temp}}$$

公式中涉及的各参数的含义如表 2-3 表示。

表 2-3　小区选择所涉及的参数

参数	含义
S_{rxlev}	计算出的小区接收电频相对值，用于衡量 UE 是否满足小区选择的条件
S_{qual}	计算出的小区质量相对值，用于衡量 UE 是否满足小区选择的条件
$Q_{offset_{temp}}$	UE 接入小区失败后的惩罚性偏置（空口参数名 connEstFailOffset）。发生接入失败后，后续该小区的评估在 connEstFailOffsetValidity 时间内需要考虑 $Q_{offset_{temp}}$。如果 $Q_{offset_{temp}}$ 未配置，则取值无穷大（就是在定时器内不选该小区）。空口参数参见 36.331 协议
$Q_{rxlevmeas}$	UE 测量的小区接收电频值（参考信号接收功率（RSRP, Reference Signal Received Power）测量值）
$Q_{qualmeas}$	UE 测量的小区质量值（参考信号接收质量（RSRQ，Reference Signal Received Quality）测量值）
$Q_{rxlevmin}$	满足小区选择条件的最小接收电频值（dBm），eNB 广播给 UE
$Q_{qualmin}$	满足小区选择条件的最小质量值（dB），eNB 广播给 UE
$P_{compensation}$	针对不同 UE 支持的最大发射功率不同而进行的补偿： 如果在 SIB1、SIB3 和 SIB5 中存在 NS-PmaxList 信元，且 UE 支持信元中的 additionalPmax 配置的功率值 $$P_{compensation} = \max(P_{EMAX1} - P_{PowerClass}, 0) - (\min(P_{EMAX2}, P_{PowerClass}) - \min(P_{EMAX1}, P_{PowerClass}))\ (dB);$$ 否则： $$P_{compensation} = \max(P_{EMAX1} - P_{PowerClass}, 0)\ (dB)$$
P_{EMAX1}, P_{EMAX2}	网络允许 UE 的最大发射功率值级别： P_{EMAX1} 取值来源于 SIB1、SIB3 和 SIB5 中的 p-Max 参数，针对小区而言； P_{EMAX2} 取值来源于 SIB1、SIB3 和 SIB5 中的 NS-PmaxList 信元中的 additionalPmax 参数，针对频带而言
$P_{PowerClass}$	UE 的最大射频输出功率级别；UE 的固有特性

2. 空闲模式的测量策略

对于处于 RRC 空闲态的 UE，采用系统信息（SIB）中服务小区的参数 S_{rxlev}、$S_{IntraSearchP}$、$S_{nonIntraSearchP}$ 进行以下测量判决：

① 如果服务小区满足 $S_{rxlev} > S_{IntraSearchP}$，则 UE 可以不进行频内（Intra-Frequency）测量；否则，UE 需要进行频内测量；

② 如果服务小区满足 $S_{rxlev} > S_{nonIntraSearchP}$，则 UE 可以不进行频间（Inter-Frequency）测量；否则，UE 需要进行频间测量。

3. 小区重选策略

小区重选的 R 准则如下：

$$R_s = Q_{meas, s} + Q_{Hyst} - Q_{offset_{temp}};$$
$$R_n = Q_{meas, n} - Q_{offset} - Q_{offset_{temp}}。$$

其中，

Q_{meas}：UE 测量的小区 RSRP 值；

Q_{Hyst}：小区重选的迟滞值，防止小区乒乓重选；

Q_{offset}：小区重选的频率偏置（$Q_{offset_{frequency}}$）；

$Q_{offset_{temp}}$：UE 接入小区失败后的惩罚性偏置（空口参数名 connEstFailOffset）。

注：R 准则中 NB-IoT 和 E-UTRAN 有以下区别：

NB-IoT 中 Q_{offset} 只针对异频重选的频点而言，同频重选不再有小区偏置。

UE 对满足 S 准则的所有测量到的小区按照以上 R 准则进行排序，如果排序为最好的小区不是当前的服务小区，且满足以下两个条件，则触发小区重选（重选到该排序为最好的小区）：

① 新小区比原服务小区的质量好的时长超过 $T_{reselection}$；

② UE 在原服务小区的驻留时长超过 1s。

如果在重选过程中找不到合适的小区，则 UE 进入任何小区选择状态。

4. UE 进入或离开连接模式时的小区选择

当处于正常驻留状态的 UE 需要发起业务建立时，在当前驻留小区发起业务接入过程。当 UE 从连接态转到空闲态时，UE 首先尝试驻留到 RRCConnectionRelease-NB 消息中 redirectedCarrierInfo 信元指定的载波上的合适小区（此处的 redirectedCarrierInfo 信元只能填写锚定载波的频点信息）。如果在 redirectedCarrierInfo 信元指定的载波上找不到合适的小区，则 UE 在所有 NB-IoT 载波上来搜索合适的小区。如果 RRCConnectionRelease-NB 消息中没有携带 redirectedCarrierInfo 信元，则 UE 基于自己的实现策略在 NB-IoT 载波上选择合适的小区（具体的载波选择策略没有标准化）。如果找不到合适的小区，则 UE 进入任何小区选择状态。

第 3 章

NB-IoT

Rel-13 NB-IoT
物理层

3.1 物理层下行链路

根据 NB-IoT 的系统需求，终端的下行射频接收带宽是 180kHz。为了帧结构和物理资源元素等设计尽量沿用了现有 LTE 的设计，更好地与 LTE 带内部署，NB-IoT 系统下行采用 15kHz 的子载波间隔，下行多址方式采用正交频分复用（OFDM，Orthogonal Frequency Division Multiplexing）。针对 180kHz 系统带宽的特点，NB-IoT 系统重新设计了窄带物理广播信道、窄带物理共享信道、窄带物理下行控制信道、窄带同步信号和窄带参考信号，不再支持物理控制格式指示信道（PCFICH，Physical Control Format Indication Channel）。子帧中起始 OFDM 符号根据操作模式和 SIB1 中信令指示，另外，为了简化设计，采用上行授权来进行 PUSCH 的重传，不再支持物理 HARQ 指示信道（PHICH，Physical HARQ Indication Channel）。

NB-IoT 系统包含以下下行物理信道：

- 窄带物理下行共享信道（NPDSCH，Narrowband Physical Downlink Shared Channel）

- 窄带物理广播信道 （NPBCH，Narrowband Physical Broadcast Channel）

- 窄带物理下行控制信道（NPDCCH，Narrowband Physical Downlink Control Channel）

NB-IoT 系统包含以下下行窄带物理信号：

- 窄带同步信号（NSS，Narrowband Synchronization Signal）和窄带参考信号（NRS，Narrowband Reference Signal）。

- 窄带同步信号包含窄带主同步信号（NPSS，Narrowband Primary Synchronization Signal）和窄带辅同步信号（NSSS，Narrowband Secondary Synchronization Signal）

3.1.1　同步信号

小区搜索过程就是终端通过对同步信号的检测，完成与小区在时间和频率上的同步，以及获取小区 ID 的过程。与 LTE 类似，NB-IoT 的同步信号也包括 NPSS 和 NSSS，其中，NPSS 用于完成粗略的时间和频域同步，NSSS 则携带 504 个小区 ID 信息和 80ms 的帧定时信息（在 80ms 中的哪一个无线帧），以及精准的时间和频域同步。

1. 同步信号时频位置

NB-IoT 在频域上仅有一个 PRB，而 LTE 的同步信号是占用了系统带宽中间 6 个 PRB。由于频域上的不同，导致了 NB-IoT 与 LTE 的同步信号设计的不一样。

在 LTE 中，同步信号时域上占用 1 个 OFDM 符号，频域上是占用了系统带宽的中间 6 个 PRB。而 NB-IoT 在频域上只有一个 PRB，频域分集增益的缺失需要时域分集增益来弥补，且 NB-IoT 需要考虑深度覆盖问题，在 NB-IoT 同步信号讨论初期，就确定了 NB-IoT 的同步信号需要扩展到多个 OFDM 符号上。

图 3-1 给出了 NPSS 和 NSSS 在无线帧中的时域位置，其中，NPSS 在每个无线帧的子帧 #5 上发送，而 NSSS 在偶数无线帧的子帧 #9 上发送。NPSS 和 NSSS 在一个子帧中，都占用了子帧的后 11 个符号。

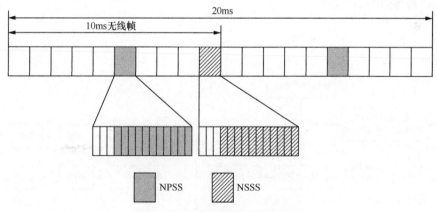

图 3-1　NPSS 和 NSSS 的时域位置

2. 同步信号序列

LTE 中，PSS 序列一共有 3 条，通过 PSS 携带了小区组内 ID 信息。与 LTE 不同，NB-

IoT 的 NPSS 序列只有 1 条，这主要是考虑到 NB-IoT 应用于低成本终端，NPSS 有多条的话，将会成倍地增加终端同步检测时的复杂度。

考虑到链路性能和复杂度的折中，NPSS 序列采用基于短序列的设计，具体如下

（1）基序列

$$Z_k = \exp\left(\frac{-j5\pi k(k+1)}{11}\right), k = 0,1,\cdots,10$$

（2）时域扩展码

$$c(l)=[1 \quad 1 \quad 1 \quad 1 \quad -1 \quad -1 \quad 1 \quad 1 \quad 1 \quad -1 \quad 1], l=0,1,\cdots,10$$

NPSS 映射在 1 个 PRB 内的 12 个子载波中的前 11 个（对应一个 PRB 内的索引为 0～10 的子载波）。NPSS 的生成框图如图 3-2 所示。

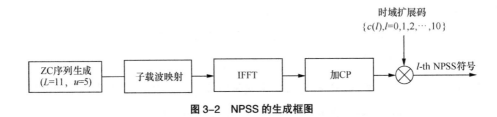

图 3-2　NPSS 的生成框图

同样的，基于链路性能和检测的复杂度，以及携带信息的需求，NSSS 序列采用了长序列的方式，具体如图 3-3 所示。

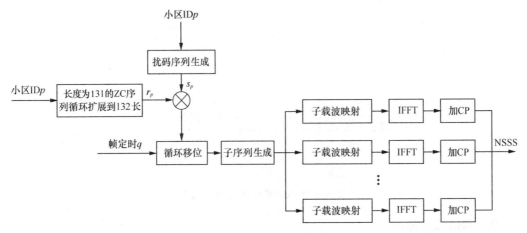

图 3-3　NSSS 的生成框图

NSSS 序列，通过 ZC 序列的不同根索引 r_p 与扰码序列 s_p 的组合来指示小区 ID（504 个），通过循环移位来指示帧定时（80ms 中的 4 个 NSSS 的发送位置，NSSS 的发送周期为 20ms）。具体的，NSSS 的生成表达式为：

$$NSSS(n) = \exp\left(-\frac{\mathrm{j}\pi u(n'(n'+1))}{N_{ZC}}\right) \cdot b_q(n) \cdot \exp\left(-\frac{\mathrm{j}2\pi l_q n}{d_{\max}}\right)$$

其中，$n' = \mathrm{mod}(n, N_{ZC})$，$n = \{0,1,2,\cdots,N_{ZC}-1\}$；

ZC 序列的长度 N_{ZC}=131，通过循环移位扩展的方式扩展到 132 长；

4 个循环移位间隔分别为：l_0=0，l_1=33，l_2=66，l_3=99，$d_{\max}$=132。

扰码序列由 Hadamard 序列确定，4 条 132 长的 Hadamard 序列为：

$$b_q(n) = \mathrm{Hadamard}_{s_q}^{128\times128}(\mathrm{mod}(n,128)), q = 0,1,2,3$$
$$s_0 = 0, s_1 = 31, s_2 = 63, s_3 = 127$$

小区 ID PCI 与 ZC 序列的根索引和扰码序列索引的组合 (u, q) 的映射关系如下所示：

$$u=\mathrm{mod}(PCI, 126)+3$$

$$q = \left\lfloor \frac{PCI}{126} \right\rfloor$$

3.1.2　物理广播信道

为支持 In-band 部署，NB-IoT 需要尽可能地避免与某些 LTE 信号 / 信道的冲突；上述原则适用于所有 NB-IoT 物理信道（包括 NPBCH）设计。最终采纳的 NPBCH 结构如图 3-4 所示，传输周期为 640ms，在每一个 LTE 无线帧的子帧 #0 中除前面 3 个 OFDM 符号以外的所有 OFDM 符号上传输。

上述 NPBCH 结构主要考虑了 In-band 部署的限制：① 避免与 LTE MBSFN 子帧的冲突，其中，LTE MBSFN 子帧可能出现在子帧 #1/ 子帧 #2/ 子帧 #3/ 子帧 #6/ 子帧 #7/ 子帧 #8；② 避免与子帧内前面至多 3 个 OFDM 符号的 LTE PCFICH、PHICH 和 PDCCH 的冲突；③ 在完成小区搜索之后，终端设备虽然能够获取 LTE CRS 位置（其中，终端设备可以设想 NB-IoT PCID 和 LTE PCID 指示同样的 LTE CRS 位置），但是无法获取 LTE CRS 的序列信息，因为此时的终端设备还不知道 NB-IoT 窄带在 LTE 的系统带宽范围内占用的频域位置；为了使能 NPBCH 估计和相干解调，额外的 NRS 必须被定义；④ 避免与至多支持 4 端口的所有 LTE

小区专有参考信号（CRS，Cell-Specific Reference Signal）的冲突；正如前面提到的，终端设备虽然无法获取 LTE CRS 的序列信息，但是可以获取 LTE CRS 的位置，NPBCH 使用没有被 LTE CRS 所占用的资源元素来传输。

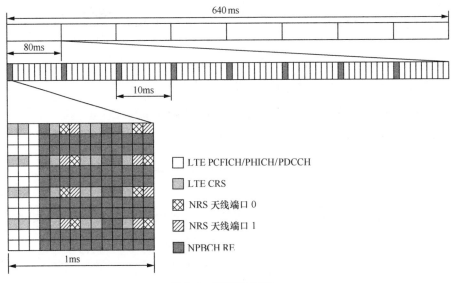

图 3-4　NPBCH 结构

因为 3 种操作模式在资源的可获得性、资源映射规则和相应 eNB/UE 处理方面存在不同。所以从终端设备的角度，期望尽早地区分操作模式。相比其他方式，通过同步信道来实现模式指示虽然最为及时，但会增加终端执行小区搜索的复杂度；而通过 MIB-NB 中的字段指示操作模式更加简单和直接。考虑到上述原因，MIB-NB 指示操作模式的方法最终被采纳。这就意味着在 NPBCH 接收期间，无法区分操作模式进行接收，所以 Guard-band 和 Stand-alone 操作模式也采用 In-band 的 NPBCH 结构设计（不同操作模式采用统一的 NPBCH 结构设计）。

处理过程

NPBCH 重用了 LTE PBCH 的附加 CRC 校验比特、信道编码、速率匹配、加扰、分段、调制和资源映射过程，详细的处理过程如下：

- 附加 CRC 校验比特：基于 34bit 的有效载荷计算出 16bit 的校验比特；
- 信道编码：使用咬尾卷积编码（TBCC，Tail Biting Convolution Coder）器；
- 速率匹配：输出比特为 1600bit（基于如图 3-4 所示的 NPBCH 可获得资源元素个数）；

- 加扰：使用小区专有扰码 Scrambling 序列对速率匹配后的比特进行加扰，其中，扰码序列在满足 SFN mod 64 = 0 的无线帧通过 PCID 进行初始化；
- 分段：加扰后的比特被分为 8 个大小为 200bit 的编码子块；
- 调制：对于每个编码子块，采用 QPSK 调制；
- 资源映射：对应每个编码子块的调制符号被重复传输 8 次，并扩展到 80ms 的时间间隔上（在 80ms 内的每个子帧 #0 对应一次传输），如图 3-5 所示。

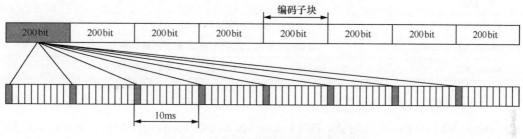

图 3-5　每个编码子块的调制符号的重复传输

依赖于小区搜索和执行最大 8 次独立的 NPBCH 解码尝试（分别使用 8 个 NPBCH 扰码序列的假设），终端设备能够获取在 640ms 范围内的无线帧定时；其中，上述在 640ms 范围内的无线帧定时对应 SFN 的 6 个低比特位。由于在每一个 80ms 内发送的编码子块是可自解码的，处于正常覆盖条件下的终端设备不需要接收完所有 8 个编码子块即可正确解码，这有助于减少解码时延和降低终端设备的功耗。

3.1.3　物理下行控制信道

NB-IoT 系统的物理下行控制信道（NPDCCH）与 LTE 系统的物理下行控制信道（PDCCH）类似，也用于承载下行控制信息（DCI，Downlink Control Information）。由于 NB-IoT 系统仅支持 1 个 PRB 大小的子帧，因此 LTE 系统中的下行控制信道不再适用，需要重新设计。考虑到下行如果支持子载波级的资源粒度并不能带来覆盖提升，也不会带来显著的调度增益，反而会带来调度的复杂度和资源碎片化的问题，NPDCCH 与 NPDSCH 最终采用了时分复用（TDM，Time Division Multiplexing）方式。

（1）物理下行控制信息

NB-IoT 对支持的业务信道传输模式进行了简化，仅支持单端口传输或发送分集方式传输，因此 NB-IoT 系统中 DCI 格式相对于 LTE 系统中众多的 DCI 格式来说简化了许多，上行调度授权仅支持一种格式 Format N0，下行调度授权也仅支持一种格式 Format N1。另外对于调度 Paging 消息的下行授权定义了一种新的格式 Format N2，为了进一步简化终端系统消息变更流程，减少终端功耗，可以在 DCI Format N2 中直接指示系统消息更新。NB-IoT 支持的 DCI 格式和相应的功能如表 3-1 所示。

表 3-1　NB-IoT 支持的 DCI 格式和相应的功能

DCI 格式	功能
Format N0	NPUSCH 调度
Format N1	NPDSCH 调度；PDCCH order 触发的随机接入
Format N2	承载 Paging 的 NPDSCH 调度；系统消息更新指示

对于所有覆盖类型和所有操作模式，用于下行调度的 DCI Format N1 和用于上行调度的 DCI Format N0 具有相同的比特数。DCI Format N0 和 DCI Format N1 中包含的比特域分别如表 3-2 和表 3-3 所示，并且为了保证二者具有相同的比特数目，需要在比特数目不等时补充填充比特。实际上，Rel-13 NB-IoT 在用于调度上行数据时和调度下行数据时都是 23bit。只有在 Format N1 用于连接态调度 NPRACH 接入时需要补充填充比特。DCI Format N2 中包含的比特域如表 3-4 所示。

表 3-2　Format N0

域名	比特数（bit）
区别格式 N0 和格式 N1 的标识	1
子载波指示	6
资源分配	3
调度时延	2
调制编码方案	4
冗余版本	1
重复次数	3
新数据指示	1
DCI 子帧重复次数	2

DCI Format N0 用于指示 NPUSCH 传输时使用的频域位置、时域位置、调制编码方式等。另外，需要说明的是 DCI 子帧重复次数表示承载 DCI Format N0 的 NPDCCH 重复次数，该

比特域的引入主要原因是避免重复传输时，提前解调正确 NPDCCH 会导致所调度的业务信道解调时刻提前，从而造成 NPUSCH 解调错误。

表 3-3　Format N1

域名		比特数（bit）
区别格式 N0 和格式 N1 的标识		1
NPDCCH order Indicator 分配专用前导序列触发随机接入指示		1
NPDCCH order Indicator = 1	NPRACH 初始重复次数	2
	指示特定的子载波序号	6
	保留信息	格式 N1 中所有剩余比特置 1
NPDCCH order Indicator = 0	调度时延	3
	资源分配	3
	调制编码方案	4
	重复次数	4
	新数据指示	1
	HARQ-ACK 资源	4
	DCI 子帧重复次数	2

表 3-4　Format N2

域名		比特数（bit）
区别 Paging 和直接指示的标识		1
Flag=0	直接指示信息	8
	保留信息	添加保留信息位直至与格式 N2 在 Flag=1 时的比特数相同
Flag=1	资源分配	3
	调制编码方案	4
	重复次数	4
	DCI 子帧重复次数	3

与 LTE 系统中 DCI Format 1A 相比，DCI Format N1 同样具有 PDCCH order 功能，即调度 PRACH 传输。不同之处在于，NB-IoT 系统中增加了 NPDCCH order 指示域，主要是考虑 NB-IoT 系统的 DCI Size 相对于 LTE 的 DCI Size 来说比较小，直接使用比特域内容进行区分容易发生误检，因此增加 1bit 显示指示是否为 NPDCCH order。

在指示为 NPDCCH order 时，即 PDCCH order 触发的随机接入时，需要指示 NPRACH

初始重复次数以及指示特定的子载波序号，以确定 NPRACH 传输资源。同时相对于调度 NPDSCH 时的比特数目而言剩余的比特需要置 1，保证 DCI Format N0 与 DCI Format N1 的比特数目一致。

另外，调度随机接入响应（RAR）消息并不使用独立的 DCI Format，也使用 Format N1。对于 Format N1 在使用 RA-RNTI 加扰时，新数据指示和 HARQ-ACK 资源作为保留位。

对于 DCI Format N2，通过 1bit 标识位 Flag 区分是用于调度承载 Paging 消息的 NPDSCH 的 DL Grant，还是仅携带系统消息更新的直接指示。

在 Flag = 0 为直接指示时，即后续没有 NPDSCH 时，需要指示系统消息更新指示等共计 8bit 信息。同时相对于调度 NPDSCH 时的比特数目而言，剩余的比特位保留，保证与 Format N1 在 Flag = 1 时的比特数目一致，其中，预留比特数为 6。

在 Flag = 1 为承载 Paging 消息的 NPDSCH 时，资源分配、调制编码方案与 Format N1 中比特大小和含义是相同的。重复次数确定 NPDSCH 传输的时间长度为 4bit 指示集合 {1, 2, 4, 8, 16, 32, 64, 128, 192, 256, 384, 512, 768, 1024, 1536, 2048} 中之一。

（2）物理下行控制信道格式

NPDCCH 所使用的窄带控制信道元素（NCCE，Narrowband Control Channel Element）的大小为半个 PRB pair。具体为在 1 个 PRB pair 中，定义两个 NCCE，其中频域子载波编号 #0 ~ 5 为一个 NCCE #0，频域子载波编号 #6 ~ 11 为另一个 NCCE#1。图 3-6 所示为一个子帧中有两个 NCCE 的资源占用结构。

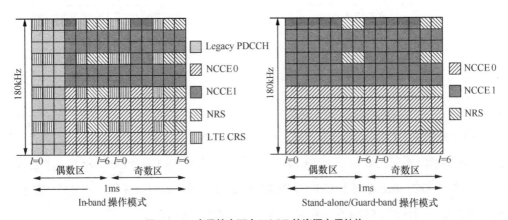

图 3-6　一个子帧中两个 NCCE 的资源占用结构

其中，对于 NPDCCH 在 Stand-alone 和 Guard-band 操作模式时，从子帧中第一个 OFDM 符号开始使用资源；对于 In-band 操作模式，根据 SIB1-NB 配置的控制域起始 OFDM 符号开始使用资源。

由于 NB-IoT 仅具有 1 个 PRB 的窄带带宽，频域分集增益不明显以及为了简化控制信道元素的实现，最终标准确定不引入 NREG。另外，考虑到 NB-IoT 工作场景主要为覆盖增强，因此包含较多的 RE 的 NCCE 较为合适，同时兼顾一定调度灵活性以及 In-band 操作模式下可用 RE 数目受限，最终标准采纳了按照以 6 个子载波的大小频分划分出两个 NCCE 的集中式映射方式。

NPDCCH 的聚合等级（AL，Aggregation Level）仅支持两种，即 AL = 1 NCCE 和 AL = 2 NCCE。其中，组成 AL = 2 NCCE 的 2 个 NCCE 位于相同子帧，并且只有 AL = 2 支持重复传输（重复次数 $R > 1$），这主要是考虑尽快完成重复传输并且提高资源利用率。NPDCCH 格式与支持的聚合等级相关，两种 NPDCCH 格式如表 3-5 所示。DCI Format N0 和 N1 均为 23bit 有用比特，添加 CRC 后为 39bit。

表 3-5　两种 NPDCCH 格式

NPDCCH 格式	NCCE 数目
0	1
1	2

（3）处理过程

相对于 LTE PDCCH 而言，NPDCCH 处理过程进行了简化。由于没有资源元素组（REG，Resource Element Group）因此不存在 REG 交织映射。并且子帧中只有两个 2 NCCE，不再需要根据 C-RNTI 随机化计算起始 CCE 位置。

NPDCCH 加扰方式与 LTE 系统的 PDCCH 相同，区别在于每 4 个 NPDCCH 子帧重置一次扰码序列初始化，这样有利于终端侧进行符号级合并接收译码。

NPDCCH 调制方式与 LTE 系统的 PDCCH 相同，都是采用正交相移键控（QPSK，Quadrature Phase Shift Keying）。

NPDCCH 层映射和预编码采用与 LTE 系统的 PBCH 相同的处理方式，并且使用与 NPBCH 相同集合的天线端口。

在映射至资源元素时，由于 NB-PDCCH 不再支持 REG 定义，在 NCCE 中进行 RE 资源映射时，考虑到支持空频块码（SFBC，Space Frequency Block Code）传输，按照先频域后时域的方式映射。并且用作一个 SFBC 的配对 RE 是连续两个可用 RE，最多间隔一个 Tone（例如，可能被 CRS 占用的 RE 间隔开）。所使用的资源对 NRS（所有 3 种操作模式）和 CRS（仅 In-band 操作模式）是速率匹配的。在 In-band 操作模式时，需要打孔 NPDCCH 中被 CSI-RS 占用的 RE，由于此类冲突不常发生，影响不严重，为节省通知信令开销，协议中不使用信令通知 UE 具体的 CSI-RS 配置。

对于重复传输时，以子帧为单位重复映射，仅在高层信令配置的可用子帧中传输，如果遇到不可用子帧，则向后顺延。在可用子帧中遇到 NPSS/NSSS/NPBCH 均向后顺延。另外对于 NPDCCH 重复传输在高层配置了下行传输间隔（DL Gap）时，此时，对于最大重复次数 R_{max} 大于阈值的终端，将 DL Gap 对应的子帧视为无效子帧，NPDCCH 重复传输遇到 DL Gap 时向后顺延。对于最大重复次数 R_{max} 小于阈值的终端，不执行间隔传输，将 DL Gap 对应的子帧仍视为有效子帧。

（4）搜索空间

与 PDCCH 类似，NPDCCH 同样支持搜索空间中复用多个 DCI。由于 NB-IoT 系统仅具有 1 个 PRB 大小的带宽，此时 NPDCCH 的搜索空间在时域上扩展，包含若干个子帧。从搜索空间类型来看，NPDCCH 的搜索空间同样分为 USS 和 CSS。只不过 NB-IoT 系统的 CSS 不再是统一的一个 CSS，而是分为两种类型，一种用于 Paging 消息的 CSS，另一种用于 RAR 消息的 CSS。这是因为两者在使用时具有不同的特性，Paging 消息对应的搜索空间中并不区分覆盖大小，即重复次数从小到大跨度较大。而 RAR 消息对应的搜索空间是按覆盖大小区分的，即根据 NPRACH 等级定义不同覆盖等级的搜索空间。另外，RAR 消息对应的搜索空间中还支持用于调度 Msg3 重传和 Msg4 的控制信息传输。

从搜索空间检测的 DCI Format 来看，USS 中支持检测 Format N0 和 N1，并且 DCI 的大小相同。对于 CSS，RAR 消息对应的搜索空间中支持检测 Format N0 和 N1，Paging 消息对应的搜索空间中仅支持检测 Format N2。

NB-IoT 系统的搜索空间资源位置是通过高层信令配置确定的，主要包括搜索空间的起始子帧和 NPDCCH 的最大重复次数 R_{max}。对于两个 CSS，通过 SIB-NB 中携带 Paging 消息和 RAR 消息各自对应的搜索空间的配置参数。对于 USS，通过 Msg4 中携带 USS 的配置参数。尽管从配置上来看，CSS 和 USS 可能会发生重叠，但是 UE 不需要同时接收 CSS 和 USS，可以根据 UE 所处的状态接收其中之一。

对于 USS，UE 仅搜索配置的聚合等级和重复次数。由于 NB-IoT 终端需要考虑节电特性，限制盲检测次数，所以，在 NDCCH 不重复传输时，任何子帧中盲检候选集不超过 3，此时一个子帧中有两个 1 NCCE 大小的候选集和一个 2 NCCE 大小的候选集；在 NPDCCH 重复传输时，任何子帧中盲检候选集不超过 4 个，此时考虑最多 4 种重复次数时，每种重复次数以 2 NCCE 大小对应的候选集在同一个子帧上对应 4 个。

搜索空间 R_{max} 的取值集合为 {1，2，4，8，16，32，64，128，256，512，1024，2048}。候选集由 {L，R，盲检测次数} 定义，其中 L 表示 NPDCCH 的聚合等级，R 表示 NPDCCH 的重复次数。重复传输时仅使用 L = 2。

对于 USS 和用于 RAR 的 CSS 最多支持 4 种 R_i 取值（为 R_1、R_2、R_3、R_4），由 DCI 通过 2bit 的 DCI 子帧重复次数指示 NPDCCH 具体使用的重复次数 R_i，并且在搜索空间中从起始子帧开始检测每一个可能的 R_i。对于 USS 通过 RRC 信令配置 R_{max}（最大的 R_i 值），对于 RAR 的 CSS 通过 SIB 配置 R_{max}。当 $R_{max} \geqslant 8$ 时，$R_4 = R_{max}$，$R_3 = R_{max}/2$，$R_2 = R_{max}/4$，$R_1 = R_{max}/8$；当 $R_{max} = 4$ 时，$R_3 = R_{max}$，$R_2 = R_{max}/2$，$R_1 = R_{max}/4$；当 $R_{max} = 2$ 时，$R_2 = R_{max}$，$R_1 = R_{max}/2$；当 $R_{max} = 1$ 时，$R_1 = R_{max}$。USS 如表 3-6 所示。用于 RAR/Msg3 Retransmission/Msg4 的 CSS 如表 3-7 所示。

表 3-6　UE 专有搜索空间（USS）

搜索空间类型	候选集	
UE-Specific	{1, 1, 2}, {2, 1, 1}	$R_{max} = 1$
	{1, 1, 2}, {2, 1, 1}, {2, 2, 1}	$R_{max} = 2$
	{2, 1, 1}, {2, 2, 1}, {2, 4, 1}	$R_{max} = 4$
	{2, $R_{max}/8$, 1}, {2, $R_{max}/4$, 1}, {2, $R_{max}/2$, 1}, {2, R_{max}, 1}	$R_{max} \geqslant 8$

表 3-7　用于 RAR/Msg3 Retransmission/Msg4 的 CSS

搜索空间类型	候选集	
CSS for RAR/Msg3 Retransmission/Msg4	{2, 1, 1}	$R_{max} = 1$
	{2, 1, 1}, {2, 2, 1}	$R_{max} = 2$
	{2, 1, 1}, {2, 2, 1}, {2, 4, 1}	$R_{max} = 4$
	{2, $R_{max}/8$, 1}, {2, $R_{max}/4$, 1}, {2, $R_{max}/2$, 1}, {2, R_{max}, 1}	$R_{max} \geqslant 8$

用于寻呼的 CSS 最多支持 8 种 R_i 取值（为 R_1，R_2，R_3，R_4，R_5，R_6，R_7，R_8），由 DCI

通过 3bit 的 DCI 子帧重复次数指示 NPDCCH 具体使用的重复次数 R_i，并且在搜索空间中从起始子帧开始检测的第一个 R_i。对于用于寻呼的 CSS 通过 SIB 配置 R_{max}，并且具体的 R_i 取值针对不同的 R_{max} 取值是分别定义的，具体如表 3-8 所示。

表 3-8　用于寻呼的 CSS

搜索空间类型	候选集	
	R_{max}	公共搜索空间监视集
用于寻呼的 CSS	1	{2, 1, 1}
	2	{2, 1, 1}, {2, 2, 1}
	4	{2, 1, 1}, {2, 2, 1}, {2, 4, 1}
	8	{2, 1, 1}, {2, 2, 1}, {2, 4, 1}, {2, 8, 1}
	16	{2, 1, 1}, {2, 2, 1}, {2, 4, 1}, {2, 8, 1}, {2, 16, 1}
	32	{2, 1, 1}, {2, 2, 1}, {2, 4, 1}, {2, 8, 1}, {2, 16, 1}, {2, 32, 1}
	64	{2, 1, 1}, {2, 2, 1}, {2, 4, 1}, {2, 8, 1}, {2, 16, 1}, {2, 32, 1}, {2, 64, 1}
	128	{2, 1, 1}, {2, 2, 1}, {2, 4, 1}, {2, 8, 1}, {2, 16, 1}, {2, 32, 1}, {2, 64, 1}, {2, 128, 1}
	256	{2, 1, 1}, {2, 4, 1}, {2, 8, 1}, {2, 16, 1}, {2, 32, 1}, {2, 64, 1}, {2, 128, 1}, {2, 256, 1}
	512	{2, 1, 1}, {2, 4, 1}, {2, 16, 1}, {2, 32, 1}, {2, 64, 1}, {2, 128, 1}, {2, 256, 1}, {2, 512, 1}
	1024	{2, 1, 1}, {2, 8, 1}, {2, 32, 1}, {2, 64, 1}, {2, 128, 1}, {2, 256, 1}, {2, 512, 1}, {2, 1024, 1}
	2048	{2, 1, 1}, {2, 8, 1}, {2, 64, 1}, {2, 128, 1}, {2, 256, 1}, {2, 512, 1}, {2, 1024, 1}, {2, 2048,1}

在由 R_{max} 确定的搜索空间中，USS 和用于 RAR 的 CSS 检测候选集示意如图 3-7 所示，在 $R_{max} = R_4$ 确定的搜索空间中从搜索空间起始子帧开始，检测每一个 R_i。用于寻呼的 CSS 检测候选集示意如图 3-8 所示，在 $R_{max} = R_8$（R_i 最多 8 种）确定的搜索空间中从搜索空间起始子帧开始，仅检测第一个 R_i。这是因为寻呼消息对应的搜索空间中并不区分覆盖类型，寻呼消息的发送可能包含各种覆盖情况的终端，即重复次数从小到大跨越较大，此时若还按照 USS 的检测方式检测每一个 R_i，对终端功耗消耗太大。

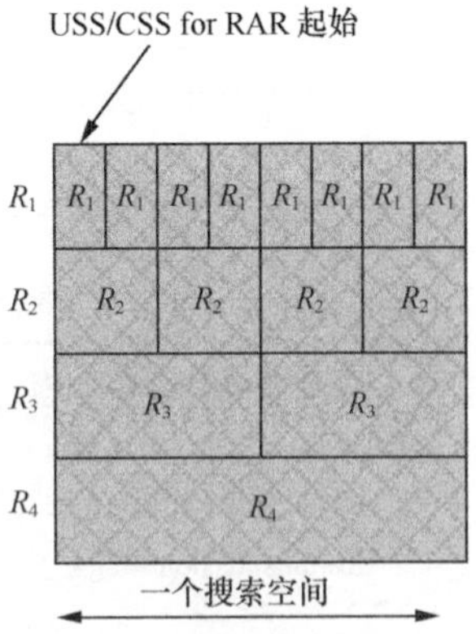

对于搜索空间的起始子帧的定义仅适用于 USS 和用于 RAR 的 CSS。用于寻呼的 CSS 无须额外定义搜索空间起始子帧，因为对用于寻呼的 CSS 的起始子帧来说就是该终端 PO 时刻所对应的子帧。

图 3-7　USS 和用于 RAR 的 CSS 检测候选集

搜索空间起始子帧满足 $(10n_f + \lfloor n_s/2 \rfloor)\bmod T = \lfloor \alpha_{\text{Offset}} T \rfloor$，使用 3bit 通过 RRC 配置参数 G，G 取值集合为 {1.5, 2, 4, 8, 16, 32, 48, 64}，$T = R_{\max} \cdot G$。搜索空间起始子帧基于物理子帧定义，$R_{\max}$ 基于有效子帧定义。并且在实现中搜索空间起始子帧距离前一个搜索空间结束子帧之间的间隔最小值是 4ms。可以通过配置周期大于 $R_{\max}$ 实现间隔大于 4ms。偏移值 α_{Offset} 由 RRC 信令通知，取值集合为 {0, 1/8, 1/4, 3/8}，引入偏移值主要是考虑在时域上降低同一覆盖等级的搜索空间之间的冲突。搜索空间起始子帧示意如图 3-9 所示，此时以 $R_{\max} = 8$ 为例。

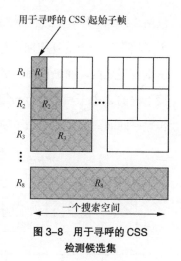

图 3-8 用于寻呼的 CSS 检测候选集

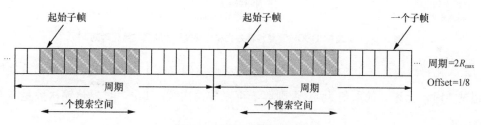

图 3-9 搜索空间起始子帧示意

3.1.4 物理下行共享信道

NPDSCH 用于承载 NB-IoT 系统的下行业务数据，例如，单播业务数据、寻呼消息以及 RAR 消息等。考虑到某些下行子帧可能无法用于 NPDSCH 传输，包括已经分配用于传输 NPSS/NSSS、NPBCH、SIB1-NB 消息和分配用于 LTE 多媒体广播多播业务 MBMS 传输的子帧以及用于其他目的（例如，干扰协调和实现未来演进功能）的子帧，所以 NPDSCH 只能在支持 NPDSCH 传输的有效子帧上被发送。

注：如无特别指出，本章所述子帧为上述有效子帧。

（1）信道结构

考虑到一个物理资源块的窄带带宽，对于具有较大传输块大小的传输块，应该支持跨多个子帧的传输。

假设使用传输时间间隔（TTI）表示一次 NPDSCH 传输所占用的子帧，以及该时间间隔

包括连续 M（大于 0 的整数）个子帧，按照子帧进行重复。如图 3-10 所示，以连续的 $Z \times M$ 个子帧作为一个重复周期，总的重复周期数等于要求的重复传输次数除以 Z 值；在任一个上述重复周期内，在最前面的 Z 个子帧上执行传输时间间隔中第一个子帧的 Z 次重复传输，在接下来的 Z 个子帧上执行传输时间间隔中第二个子帧的 Z 次重复传输；以此类推，直到完成传输时间间隔中最后一个子帧的 Z 次重复传输。

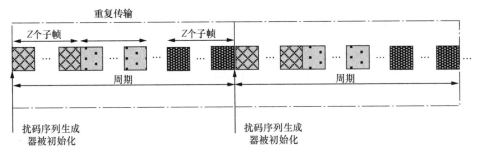

图 3-10　候选 NPDSCH 重复传输方式和扰码序列生成器初始化时刻

为最大化符号级合并和时间分集增益，经过讨论后确定：当 NPDSCH 传输块的重复传输次数超过 4 时，上述 Z 的取值为 4；否则等于重复传输次数；其中，重复传输次数是在 DCI 中被指示的。

（2）处理过程

为简化设计和减少标准化工作，对于 NPDSCH 处理过程，除增加重复步骤以外，其他步骤尽量重用 LTE 中 PDSCH 的处理过程（除了信道编码等），具体描述如下。

- 附加 CRC 比特：重用 LTE 24bit 的 CRC 实现错误检测。
- 信道编码：采用 LTE TBCC 编码；与 Turbo 编码相比较，咬尾卷积编码（TBCC）具有相对更低的译码复杂度，有助于降低终端成本。
- 速率匹配：输出比特适配传输时间间隔中的 M 个子帧可承载的比特数。
- 加扰：基于如图 3-10 所示的按照子帧进行的重复传输方式，按照每个重复周期（Repetition Cycle）进行加扰；重用 LTE 扰码序列生成方式，根据以下等式确定扰码序列初始化值：

$$c_{\text{init}} = n_{\text{RNTI}} \cdot 2^{14} + n_f \bmod 2 \cdot 2^{13} + \lfloor n_s / 2 \rfloor \cdot 2^9 + N_{\text{ID}}^{\text{Ncell}}$$

- 调制：考虑到 NB-IoT 终端设备的接收信噪比不会很高，Rel-13 不需要支持 16QAM 调制方式，而只支持 QPSK 调制方式。

- 资源映射：以 4 端口 LTE CRS 和两端口窄带参考信号为例，如图 3-11 所示；在每个子帧范围内，调制符号按照先频域后时域的方式进行映射，其中，上述调制符号不会映射到分配用于窄带参考信号和 LTE CRS 传输的资源元素以及 LTE 的控制信道区域；当在一个子帧内的资源元素完全被调制符号填充之后，剩余调制符号继续映射到传输时间间隔内的下一个子帧。

- 重复：基于子帧和重复周期进行重复传输。

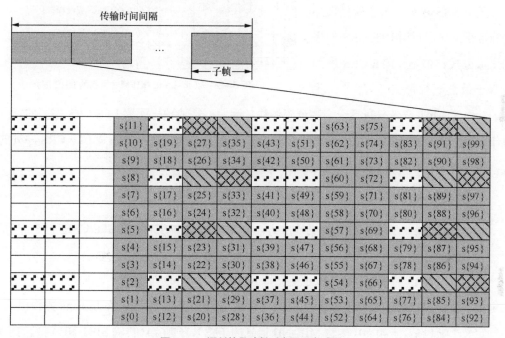

图 3-11　调制符号映射到资源元素过程

（3）传输模式

为简化设计以及确保 NB-IoT 终端设备的低成本特性，至多支持两天线端口。在采用两天线端口的情况下，考虑到性能 / 可靠性和实现复杂度之间的平衡，采用 SFBC 的传输方式。

3.1.5　下行参考信号

在 In-band 操作下，为所有窄带物理下行信道定义统一的 NRS；在一些特殊场景下（例如，当 LTE 与 NB-IoT 具有相同的 PCID 和相同的天线端口数时），允许 LTE CRS 作为额外的参考信号用于物理下行信道数据解调。

下行参考信号设计基于 In-band 假设，不同操作模式下统一设计。在 Guard-band 和 Stand-alone 操作模式下，由于不存在 LTE CRS，数据的解调和测量只能基于 NRS。

关于 NRS 图样如图 3-12 所示，采用与 LTE CRS 相同的小区专有频率移位（V-shift = Cell ID mod 6），参考信号占用每一个时隙的最后两个 OFDM 符号。

（1）NRS 序列

关于 NRS 序列，为了避免额外的标准化工作，重用 LTE CRS 的序列生成方式。但是，LTE CRS 序列是基于最大下行带宽（$N_{RB}^{max,DL}$）生

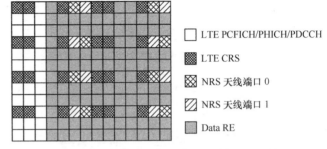

图 3-12　以 In-band 操作模式为例的 NRS 图样

成的，而 NB-IoT 窄带只包括一个物理资源块，因此，需要预先配置 LTE CRS 序列的哪一段用作 NRS 序列。考虑到小系统带宽的 LTE CRS 序列总是为最大系统带宽 LTE CRS 序列的中心一段，协议选择 LTE CRS 序列的中心一段作为 NRS 的序列：

即 $r_{NRS} = r_{LTE\,CRS}(N_{RB}^{max,DL} - 1,\ N_{RB}^{max,DL})$

其中，r_{NRS} 是长度为 2 的 NRS 序列，$r_{LTE\,CRS}$ 是长度为 $2N_{RB}^{max,DL}$ 的 LTE CRS 序列，$N_{RB}^{max,DL}$ 表示 LTE 支持的最大下行带宽包括的物理资源块数。

关于发送 NRS 的子帧，NRS 总是在支持 NPDSCH 传输的有效子帧上和预定义的子帧（该预定义子帧至少包括传输 MIB-NB 和 SIB1-NB 消息的子帧）上发送。在 In-band 操作模式下，该预定义子帧包括：子帧 #0（传输 MIB-NB 消息的子帧）、子帧 #4（传输 SIB1-NB 消息的子帧）和没有 NSSS 传输的子帧 #9；在 Guard-band 或 Stand-alone 操作模式下，该预定义子帧包括：子帧 #0、子帧 #1、子帧 #3、子帧 #4 和没有 NSSS 传输的子帧 #9；其中，对应 In-band 操作的预定义子帧是对应 Guard-band 或 Stand-alone 操作的预定义子帧的子集。在接收并正确解码 MIB-NB 消息以获取 NB-IoT 系统的操作模式信息之前，当终端设备需要利用 NRS 实现某种指定的目的时（例如，实现时频同步的跟踪或跨子帧/多子帧的信道估计），终端设备只认为在对应 In-band 操作的预定义子帧（子帧 #0、子帧 #4 和没有 NSSS 传输的子帧 #9）上存在 NRS 传输，因为在上述子帧上不依赖于操作模式和下行有效子帧配置，总是存在 NRS 传输；

类似的，在接收并正确解码 MIB-NB 消息以获取 NB-IoT 系统的操作模式信息之后，以及在接收并正确解码 SIB1-NB 消息以获取支持 NPDSCH 传输的下行有效子帧配置之前，终端设备会认为在获取的操作模式所对应的预定义子帧上存在 NRS 传输，因为在上述预定义子帧上，不依赖于支持 NPDSCH 传输下行有效子帧配置总是存在 NRS 传输。

（2）LTE CRS 使用

在 In-band 操作下，从改善信道估计和测量性能的角度，除了使用 NRS 以外，LTE CRS 也能够用于数据解调和测量。然而，虽然 LTE CRS 总是存在，但并不是任何情况下都能够使用。换句话说，虽然使用 LTE CRS 有助于改善信道估计和测量性能，但是，在有些情况下也会增加控制开销或系统复杂度，当上述控制开销或系统复杂度难以接受时，不使用 LTE CRS 反倒更好。例如，当 NB-IoT 与 LTE 系统具有不同的 PCID 时，由于不便于终端设备获取 LTE CRS 序列，此时 LTE CRS 不会被使用；或者，当 4 天线端口的 LTE CRS 被配置时，为了避免引入从 4 天线端口映射到两天线端口的天线虚拟化过程（因为 NB-IoT 至多支持两天线端口）从而避免增加额外的系统复杂度，在这种情况下 LTE CRS 也不会被使用。最终，从灵活性角度考虑，采用 MIB-NB 信令指示 In-band 操作是否能够使用 LTE CRS。

为便于终端设备使用 LTE CRS 并尽可能地减少系统复杂度，当网络指示在 In-band 操作下能够使用 LTE CRS 时，则意味着 NB-IoT 与 LTE 系统具有相同的 PCID，以及 LTE CRS 与 NRS 具有相同的天线端口数（其中，LTE CRS 两个天线端口 0 和 1 分别等价于 NRS 的两个天线端口，即 LTE CRS 与 NRS 使用相同的天线端口）和存在 NRS 传输的所有 NB-IoT 下行子帧内 LTE CRS 总是可以获得的。此外，除上述 LTE CRS 相关信息以外，终端设备还需要获取 LTE CRS 序列的信息（等价于 NB-IoT 窄带在 LTE 系统带宽范围内占用的物理资源块的位置）；为避免过于限制的 NB-IoT 窄带可以所处的频域位置，考虑到通过 MIB-NB 信令指示 In-band 操作下是否能够使用 LTE CRS 已经是结论，以及如果采用通过 SIB1-NB 指示 NB-IoT 窄带位置的方式，则 SIB1-NB 消息本身的解调无法利用 LTE CRS，这会导致 SIB1-NB 消息的传输性能存在一定程度的损失；最终，采用通过 MIB-NB 来指示 NB-IoT 窄带位置。

由于 LTE CRS 也用于 RSRP/RSRQ 或信道状态信息（CSI，Channel Stated Information）测量，终端设备必须获取 LTE CRS 的功率信息，所以，网络必须指示 LTE CRS 功率信息。由于 RSRP/RSRQ 或 CSI 测量通常发生在正确解码 SIB1-NB 消息之后，并且 SIB1-NB 消息的解调不需要 LTE CRS 功率信息，所以，LTE CRS 功率信息由 SIB1-NB 消息指示，即 LTE

CRS 与 NRS 间的功率偏置。

（3）RRM 测量

类似于传统 LTE 系统，NB-IoT 系统中终端侧 RSRP/RSRQ 测量的主要作用和目的是小区选择与小区重选，以及上行功率控制和终端所处覆盖等级的判断，其中，NB-IoT 终端判断所处覆盖等级具体包括：基站侧在 SIB2 消息中下发两个 RSRP 参考门限值，终端根据实际检测的 RSRP 值与网络侧下发的门限值进行比较，进而判断终端所处覆盖等级以及确定窄带随机接入信道的发送格式。

在传统 LTE 系统中，终端主要基于系统带宽中心 6 个 PRB 的 CRS 执行 RSRP/RSRQ 测量，该测量结果主要用于终端侧小区选择以及小区重选、上行功率控制等。RSRP/RSRQ 测量性能的评估准则为测量精度，该精度将对系统性能产生一定的影响，如准确的小区选择或者精确的上行功率发送等。对于 NB-IoT 系统而言，其系统带宽缩减为一个 PRB，测量带宽也为一个 PRB，即相对于传统 LTE 而言，测量带宽大幅度缩减，因此 NB-IoT 终端需要考虑进行有效子帧间 RSRP/RSRQ 测量结果相关合并以保证 RSRP/RSRQ 测量的准确性。另外，NB-SSS 信号相对 NRS，可测量 RE 数量更多，RSRP/RSRQ 测量精度较高，但复杂度也有所增加。

3.1.6 中心频点

NB-IoT 有 3 种工作模式：带内（In-band）、保护带（Guard-band）和独立工作（Stand-alone）。下面分别介绍在这 3 种工作模式下的 NB-IoT 载波的中心频点问题。本节的 NB-IoT 载波均指包含同步信号的 NB-IoT 载波。

首先介绍带内工作模式下的中心频点问题。

在现有 LTE 系统中，系统带宽的中心频点在 DC 子载波上，DC 子载波的频率满足信道栅格（Channel Raster）的要求，即满足 100kHz 的整数倍。同步信号在系统带宽的中心 62 个子载波上发送（不包括 DC 子载波）。UE 在小区搜索的过程中，以 100kHz 的整数倍作为接收机的中心频点来检测同步信号。

NB-IoT 系统仍沿用现有的 100kHz 的信道栅格。NB-IoT 载波的中心频点在一个 PRB 的第 6 个子载波和第 7 个子载波的最中间，并且 NB-IoT 载波应和 LTE 中的一个 PRB 对齐。经计算，不同带宽下的 PRB 的中心频点（第 6 个子载波和第 7 个子载波的最中间的频点）和 100kHz 的整数倍的频点均不重合，与最近的 100kHz 的整数倍的频点存在一定的频率偏移。

对于 10MHz 和 20MHz 的系统带宽，频率偏移属于集合 {2.5，17.5，22.5，37.5，42.5}kHz；对于 3MHz、5MHz 和 15MHz 的系统带宽，频率偏移属于集合 {7.5，12.5，27.5，32.5，47.5}kHz。可以看出，任一 PRB 的中心频点都不能满足 100kHz 的整数倍，以及 100kHz 整数倍的最小频偏在偶数带宽时为 2.5kHz，在奇数带宽时为 7.5kHz。表 3-9 中给出了与信道栅格频率偏移最小的 PRB 索引。

表 3-9　与信道栅格频率偏移最小的 PRB 索引

系统带宽	3MHz	5MHz	10MHz	15MHz	20MHz
PRB 索引	2, 12	2, 7, 17, 22	4, 9, 14, 19, 30, 35, 40, 45	2, 7, 12, 17, 22, 27, 32, 42, 47, 52, 57, 62, 67, 72	4, 9, 14, 19, 24, 29, 34, 39, 44, 55, 60, 65, 70, 75, 80, 85, 90, 95

如果基站选择表 3-9 中的 PRB 发送同步信号的话，当 UE 按照信道栅格进行小区搜索时，UE 接收到的同步信号会固定产生 2.5kHz 或者 7.5kHz 的偏移。这对同步信号的检测性能会有一定的影响。

为了使 UE 能够使用 CRS 进行解调，eNB 在 MIB 中为 UE 通知 NB-IoT 载波的位置，由于 CRS 序列是从中心向两边产生的，因此，eNB 只需要通知 UE 其工作的 NB-IoT 载波相对于系统带宽中心的频率偏移即可。

对于保护带模式，保护带上的子载波应和 LTE 系统的子载波正交，避免对 LTE 系统产生干扰。因此，子载波的划分从传输带宽的边缘开始向两边划分，在保护带上，不必满足 PRB 对齐的条件。与带内模式类似，NB-IoT 载波的中心频点在连续 12 个子载波的第 6 个子载波和第 7 个子载波的最中间，NB-IoT 载波所在的连续 12 个子载波的中心频率与最近的 100kHz 整数倍的频率偏移小于等于 7.5kHz。eNB 在 MIB 中为 UE 通知其频率偏移为 {+2.5, -2.5, +7.5, -7.5} 中的一个。UE 可以利用该值对中心频点进行调整，使得 UE 的接收机和实际的 NB-IoT 载波对齐，避免后续过程中的接收性能受到固定频率偏移的影响。

对于 Stand-alone 模式，NB-IoT 载波的中心频点在连续 12 个子载波的第 6 个子载波和第 7 个子载波的最中间，中心频点满足 100kHz 的整数倍，没有频率偏移。

3.1.7　DL Gap

为达到 NB-IoT 系统最大 20dB 的覆盖提升需求，在 In-band 模式下，NPDCCH 需要 200 ～

350ms 重复传输，NPDSCH 需要 1200～1900ms 重复传输。在 Stand-alone 模式下，NPDCCH 需要 20～100ms 重复传输，NPDSCH 需要 200～300ms 重复传输。如果在覆盖增强场景时资源被 NPDCCH 或 NPDSCH 连续占用，将会产生以下两个问题：一是阻塞其他 UE 的下行授权和下行业务信道传输；二是阻塞其他 UE 的上行授权传输。

尽管 NB-IoT 在 In-band 和 Guard-band 模式下也支持多个 NB-IoT 载波操作，但是由于 NB-IoT 的多载波操作仅仅是半静态配置的，并不能有效地解决上述阻塞问题，并且对于不支持 NB-IoT 多个载波操作的场景，阻塞问题更为突出。

对于仅支持 NB-IoT 单载波操作时，如果下行资源被一个覆盖增强 UE 的 NDPCCH 以及其所调度的 NPDSCH 连续占用，此时该载波上其他 UE，尤其是不需要覆盖增强 UE 的下行业务传输会被阻塞，并且其他 UE 的 UL Grant 也会被阻塞进而导致上行资源浪费，如图 3-13 所示。

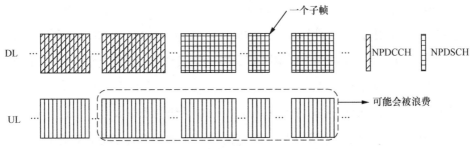

图 3-13　覆盖增强时下行资源被 NPDCCH 和 NPDSCH 连续占用示意

为解决阻塞问题，将具有较大重复传输次数的 NPDCCH 和 NPDSCH 映射至非连续的子帧中是一个有效的解决方法，即采用具有 DL Gap 的传输方式。考虑到如果 DL Gap 不具有周期性，则会对需要连续传输的信道，尤其是在普通覆盖或中等覆盖条件时，造成冲突影响。因此 DL Gap 以小区专有周期的方式定义。覆盖增强场景下 NPDCCH 和 NPDSCH 非连续传输示意如图 3-14 所示，在周期定义的调度窗中具有较大重复次数的 NPDCCH 和 NPDSCH 仅占用部分子帧资源，使得其他小覆盖增强的终端的 NPDCCH 和 NPDSCH 可以在调度窗其他子帧资源中传输。调度窗示意如图 3-15 所示，类似于将 LTE 系统带宽的频域调度范围转换到时域上进行调度。

由于调度窗概念描述起来比较复杂，DL Gap 最终是通过定义周期和周期内 DL Gap 大小的方式确定的。

对于极端覆盖 UE，DL Gap 子帧作为无效子帧；对于普通覆盖和中等覆盖的用户，DL Gap 子帧作为有效子帧。目的为防止大覆盖终端的 NPDCCH 和 NPDSCH 长时间连续传输阻塞普通覆盖和中等覆盖终端的下行信道传输。

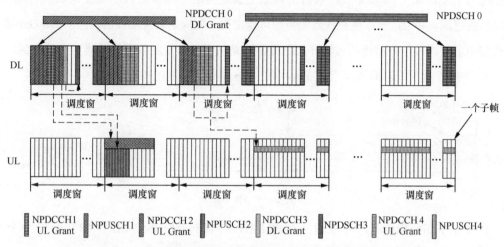

图 3-14　覆盖增强场景下 NPDCCH 和 NPDSCH 非连续传输示意

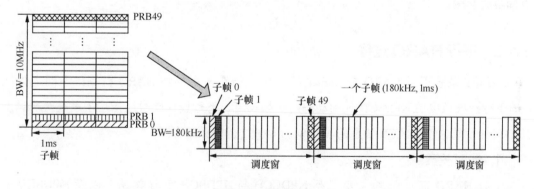

图 3-15　调度窗示意

通过周期和 DL Gap 长度定义无效子帧位置。该无效子帧仅针对重复次数 R_{max}（SIB 或 RRC 配置 NPDCCH 搜索空间的参数）大于等于阈值 X 的 NPDCCH 和 NPDSCH 应用（SIB 除外），X 为 SIB-NB 中 2bit 配置，取值集合为 $\{32, 64, 128, 256\}$。

当 NPDCCH/NPDSCH 重复传输执行 DL Gap 时（R_{max} 大于等于 X），与 DL Gap 重叠时延迟到之后的有效子帧中传输；而 R_{max} 小于 X 时，不执行 DL Gap 延迟传输。另外，DL Gap

也可以不配置。

DL Gap 起始子帧满足 $\left(10n_\mathrm{f}+\left\lfloor n_\mathrm{s}/2\right\rfloor\right)\bmod T_\mathrm{g}=0$，基于物理子帧定义，周期 T 由 SIB-NB 中 2bit 配置，取值集合为 {64，128，256，512}ms。DL Gap 长度为 {1/8, 1/4, 3/8, 1/2}·Gap Period，由 SIB-NB 中 2bit 配置。取值的确定主要是考虑尽量保证较小重复次数的传输可以连续传输完成，并且，较大重复次数的传输可以根据不同周期取值配置出相应的 DL Gap 取值留给较小重复次数下行信道的传输，因此取值也是从下行信道的重复次数集合中选取的。

如图 3-16 所示，以周期等于 256ms，DL Gap 大小为周期的 1/4 为例。

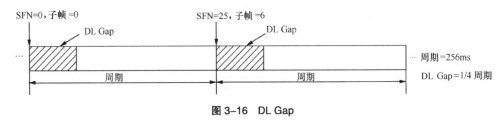

图 3-16　DL Gap

在支持 Multi-PRB 时，可以对于载波 PRB（传输 NPSS/NSSS/SIB1-NB）配置一个 DL Gap，对于其他 PRB 配置另一个 DL Gap，如果没有额外的配置，则其他 PRB 的 DL Gap 配置同载波 PRB。

3.1.8　下行 HARQ 过程

NB-IoT 系统下行 HARQ 与 LTE 系统一样，仍然采用异步 HARQ 机制。不同之处在于：下行授权调度的 NPDSCH 使用动态跨子帧调度，下行授权同时还指示了承载对所调度 NPDSCH 反馈 ACK/NACK 信息的 NPUSCH 格式 2 的时频域资源。

1.　定时关系

下行 HARQ 定时关系主要包括 NPDCCH 与 NPDSCH 定时关系，以及 NPDSCH 和 NPUSCH 格式 2 定时关系。

（1）NPDCCH 与 NPDSCH 定时

由于 NPDCCH 与 NPDSCH 是时分复用，位于不同的子帧中，以及一个子帧最多可以传输两个 NPDCCH，而 NPDSCH 最小占用一个子帧，采用固定定时会造成资源浪费或资源阻塞。因此，与 LTE 系统中 PDCCH 在同一子帧调度 PDSCH 不同，NPDCCH 需要跨子帧调度 NPDSCH。考虑到从搜索空间起始子帧开始指示调度定时间隔，会导致部分指示状态无效以及定时间隔取值不一定适用于 NPDSCH 重复传输，因此标准采用的调度定时间隔是从 NPDCCH 结束子帧至 NPDSCH 起始子帧定义的。通过定义 R_{max} 是否大于 128，给出两组调度定时间隔取值，即同时兼顾了小覆盖时可能的调度定时间隔取值与大覆盖时可能的调度定时间隔取值。其中，R_{max} 为 eNB 配置给终端 NPDCCH 的 R_{max} 参数。调度定时比特域（I_{Delay}）使用 3bit 在 $R_{max}<128$ 和 $R_{max} \geqslant 128$ 时分别指示 8 种可能的 NPDSCH 定时起始位置 k_0 中的一种，如表 3-10 所示。另外，考虑到 NB-IoT 终端成本较低、处理能力一般，因此放松解调时间要求，调度定时间隔的最小值为 4ms，即子帧 n 为 NPDCCH 传输的结束子帧，所调度的 NPDSCH 最快从 $n+5$ 子帧开始传输。

表 3-10 调度定时间隔

I_{Delay}	k_0	
	$R_{max}<128$	$R_{max} \geqslant 128$
0	0	0
1	4	16
2	8	32
3	12	64
4	16	128
5	32	256
6	64	512
7	128	1024

（2）NPDSCH 与 NPUSCH 格式 2 定时

NPDSCH 与 NPUSCH 格式 2 之间的定时由两个参数确定：时域偏移和时域偏移对应的起始位置。时域偏移和子载波偏移都是通过 DCI 指示的，对于具体的信令开销，针对两种不同的子载波间隔独立设计，这是因为子载波间隔不同，HARQ-ACK 传输对应的资源单元大小也不同。当子载波间隔为 3.75kHz 时，时域偏移用 1bit 指示，而子载波偏移用 3bit 指示；当子载波间隔为 15kHz 时，时域偏移和子载波偏移都用 2bit 指示。具体的取值如下：子载波间隔为 3.75kHz 时，子载波偏移的候选值为 {0, -1, -2, -3, -4, -5, -6, -7}，时域偏移为 {0, 8}ms；子载波间隔为 15kHz 时，子载波偏移的候选值为 {0, 1, 2, 3}，而时域偏移为 {0, 2, 4, 6}ms。

时域偏移对应的起始位置的方案为时域偏移相对于 NPDSCH 传输的结束位置 +12ms，如图 3-17 所示，假设时域偏移的值为 0，当 NPDSCH1 的结束子帧为无线帧 #0 子帧 #9，那么对应的 HARQ-ACK 在无线帧 #2 子帧 #2 上传输。其中，将子载波间隔为 15kHz 对应的时域偏移的值修改为 {0, 2, 4, 5}ms。

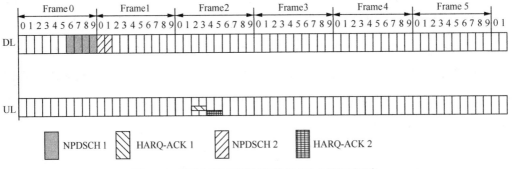

图 3-17　NPDSCH 与 NPUSCH 格式 2 之间定时示意

2. 资源分配

下行 HARQ 的资源分配主要涉及 NPDSCH 的资源分配和 NPUSCH 格式 2 的资源分配。

（1）NPDSCH 的资源分配

对于 NB-IoT 系统中 NPDSCH 的资源分配，由于 NPDSCH 最小占用资源为一个 PRB，因此无须频域资源分配，在时域上需要支持多个子帧的分配以支持不同大小的传输块，并且在时域上需要指示重复传输次数以通过能量累积支持覆盖增强，由子帧数量（N_{SF}）和重复次数（N_{Rep}）共同构成。即 NPDSCH 从下行调度定时起点开始，以 N_{SF} 为单位重复传输 N_{Rep} 次。

其中，下行资源分配比特域（I_{SF}）使用 3bit 指示共计 8 种可能的 NPDSCH 子帧数量（N_{SF}），以子帧为单位，如表 3-11 所示。

表 3-11　NPDSCH 的子帧数量（N_{SF}）

I_{SF}	N_{SF}
0	1
1	2
2	3
3	4
4	5
5	6
6	8
7	10

其中，下行重复次数比特域（I_{Rep}）使用 4bit 指示共计 16 种可能的 NPDSCH 重复次数（N_{Rep}），如表 3-12 所示。

表 3–12　NPDSCH 的重复次数（N_{Rep}）

I_{Rep}	N_{Rep}
0	1
1	2
2	4
3	8
4	16
5	32
6	64
7	128
8	192
9	256
10	384
11	512
12	768
13	1024
14	1536
15	2048

（2）NPUSCH 格式 2 的资源分配

对于 NPUSCH 格式 2 的资源分配，由于对应的 RU 大小和个数固定，所以资源分配时只需要指示时频位置即可，这里主要讨论频域资源分配。当然，NPUSCH 格式 2 也要通过重复传输而达到通过能量累积支持覆盖增强，所以还需要配置重复次数。

频域资源分配包含两个方面，一是基线子载波，二是频域偏移。

对于基线子载波的分配，当子载波间隔为 15kHz 时，子载波索引为 0 的子载波为基线子载波；而当子载波间隔为 3.75kHz 时，子载波索引为 45 的子载波是基线子载波。主要是避免 3.75kHz 的 PUSCHformat 2 和 15kHz 的 PUSCH format 2 之间的相互阻塞。

为了支持覆盖增强，需要指示重复传输次数，重复传输次数通过高层参数配置。当 HARQ-ACK 是针对 Msg4 PDSCH 传输的反馈时，通过高层参数 ack-NACK-NumRepetitions-

Msg4 配置具体的值，其他情况下，通过高层参数 ack-NACK-NumRepetitions 配置具体的值。

3. MCS 和 TB Size、RV

考虑到下行业务不是 NB-IoT 的主要应用，为了降低终端成本，PDSCH 也采用了 TBCC 方案，同时，下行也不支持多个 RV 版本。

NB-IoT 对峰值速率要求不高，为了节约终端成本，有必要重新设计调制编码方案（MCS，Modulation and Coding Scheme) 和 TBS 表。

NB-IoT 协议中采用了表 3-13 所示的下行 MCS 表。表 3-13 中使用了 Rel-8 版本的 MCS 表的前 10 个等级，即 QPSK 等级作为前 10 个等级。由于 NB-IoT 对峰值速率要求不高，同时，考虑到成本因素，所以没有必要采纳 16 QAM。另外，Rel-8 版本的另外 3 个等级（MCS 索引 10 ~ 12）修改为 QPSK 等级。In-band 模式只支持前 10 个等级，而 Stand-alone 和 Guard-band 模式则支持所有 13 个等级。这主要是因为不同模式下每个 RB 的可用 RE 数量是不同的。对于 NB-IoT 下行，最低和最高传输速率分别为 16kbit/s 和 227kbit/s。

表 3-13　NB-IoT 下行 MCS 表

NB-IoT MCS Index (LTE Rel-8 MCS Index) I_{MCS}	Modulation order Q_m	NB-IoT TBS Index (LTE Rel-8 TBS Index) I_{TBS}
0(0)	2	0(0)
1(1)	2	1(1)
2(2)	2	2(2)
3(3)	2	3(3)
4(4)	2	4(4)
5(5)	2	5(5)
6(6)	2	6(6)
7(7)	2	7(7)
8(8)	2	8(8)
9(9)	2	9(9)
10	2	10(10)
11	2	11(11)
12	2	12(12)

与 MCS 表对应，NB-IoT 协议中采用了表 3-14 所示的下行 TBS 表。表 3-14 是基于 Rel-8 版本的 TBS 表设计的。截取了原 TBS 表中 I_{TBS} 0 ~ 12 以及 N_{PRB} 1 ~ 6, 8, 10 的行列，采用 3bit

资源分配域 I_{SF} 和 4 个比特的 I_{TBS} 来指示 TBS。特别需要说明的是，协议中并没有采用 Rel-8 版本的 TBS 表 N_{PRB} 这一记号，而是采用资源分配域 I_{SF}，I_{SF} 与调度子帧数目 N_{SF} 有一一对应的关系。这里为了描述方便，直接采用了 N_{SF} 作为 TBS 表的列变量。之所以 N_{SF} 支持 1～6 后又选用 8/10，是为了能在低码率支持稍大 TBS。一个稍大 TBS 不需要在高层被分割为更小的码块也能采用低码率进行一次性传输，对降低开销和时延，以及提高性能都是有好处的。

表 3–14　NB-IoT 下行 TBS 表

I_{TBS}	N_{SF}							
	1	2	3	4	5	6	8	10
0	16	32	56	88	120	152	208	256
1	24	56	88	144	176	208	256	344
2	32	72	144	176	208	256	328	424
3	40	104	176	208	256	328	440	568
4	56	120	208	256	328	408	552	680
5	72	144	224	328	424	504	680	—
6	88	176	256	392	504	600	—	—
7	104	224	328	472	584	680	—	—
8	120	256	392	536	680	—	—	—
9	136	296	456	616	—	—	—	—
10	144	328	504	680	—	—	—	—
11	176	376	584	—	—	—	—	—
12	208	440	680	—	—	—	—	—

另外，NB-IoT 下行最大 TBS 被定义为 680，所以大于 680 的 TBS 被修改或者删除。NB-IoT 系统中每个 RB 的可用 RE 不同于 LTE TBS 表设计的 RE 数量假设，因此 TBS 表每一行的实际频谱效率与 LTE 不同。

4. 下行功率分配

eNodeB 通过下行功率分配确定每个 RE 上的下行发射能量。

NB-IoT 下行链路支持单天线端口传输和两天线端口发射分集传输，并且 NPDSCH 仅采用 QPSK 调制，因此，NB-IoT 协议采用了比较简单的同时有利于保证传输性能的下行功率分配策略。

具体的，在一个 NB-IoT 小区内，UE 可以认为下行 NRS 的 EPRE 在 NB-IoT 下行系统带宽以及所有包含 NRS 的子帧范围内是恒定的，直到 UE 接收到不同的 NRS 功率信息。其中，下行 NRS 的 EPRE 可以根据高层参数 nrs-Power 指示的 NRS 发射功率得到，这里 NRS 发射功率定义为 NB-IoT 系统带宽内所有携带 NRS 的 RE 上的功率（单位为 W）的线性平均。

由于下行信道每个 RE 上的发射能量相同，有利于下行解调接收，所以，当 NRS 天线端口为 1 时，UE 可以认为 NPBCH、NPDCCH、NPDSCH 的 EPRE 与 NRS EPRE 之比均为 0dB；当 NRS 天线端口为 2 时，UE 可以认为 NPBCH、NPDCCH、NPDSCH 的 EPRE 与 NRS EPRE 之比均为 -3dB。

另外，当 NB-IoT 小区使用 In-band 模式，并且 LTE CRS 天线端口数与 NRS 天线端口数相同时，LTE CRS 可以用于 NB-IoT 下行解调和 / 或测量。需要考虑的问题是，是否需要将 LTE CRS 相对于 NRS 的功率差异通知给 NB-IoT UE。如果 LTE CRS 用于 RSRP 和 RSRQ 测量，则有必要获取该功率差异信息；如果 LTE CRS 用于数据解调，获取该功率差异信息有利于提升解调性能。因此，NB-IoT 协议支持 NB-IoT UE 使用 LTE CRS 和 NRS 进行下行解调和 / 或测量，支持在 SIB1 中指示 NRS 与 LTE CRS 之间的功率差异，如果 SIB1 没有指示该功率差异，UE 可以认为 NRS 和 LTE CRS 的 EPRE 相同。

由于 LTE 系统 PDSCH EPRE 与 CRS EPRE 之比 P_A 的取值包括：{-6, -4.77, -3, -1.77, 0, 1, 2, 3} dB，也就是说，LTE CRS 与 PDSCH 之间的功率差异的取值包括：{6, 4.77, 3, 1.77, 0, -1, -2, -3} dB。考虑到 NB-IoT 相对于 LTE 的功率提升（Power Boosting）有 0dB、3dB、6dB 3 种情形，如表 3-15 所示，NRS 与 LTE CRS 之间的功率差异的取值包括：{-6, -4.77, -3, -1.77, 0, 1, 1.23, 2, 3, 4, 4.23, 5, 6, 7, 8, 9} dB。

表 3–15　NRS 与 LTE CRS 之间的功率差异的取值

LTE CRS 与 PDSCH 之间的功率差异（dB）	NB-IoT 相对于 LTE 的 Power Boosting（dB）		
	0	3	6
-3	3	0	9
-2	2	5	8
-1	1	4	7
0	0	3	6
1.77	-1.77	1.23	4.23
3	-3	0	3
4.77	-4.77	-1.77	1.23
6	-6	-3	0

3.2　物理层上行链路

根据 NB-IoT 系统的需求，NB-IoT 终端的上行发射带宽是 180kHz。NB-IoT 系统在上行支持两种子载波间隔：3.75kHz 和 15kHz。对于覆盖增强场景，3.75kHz 子载波间隔比 15kHz 子载波间隔可以提供更大的系统容量，但是，在 In-band 场景下，15kHz 子载波间隔比 3.75kHz 子载波间隔具有更好的 LTE 兼容性。

无论是 Single-tone 还是 Multi-tone 的发送方式，NB-IoT 系统在上行都是基于 SC-FDMA 的多址技术。

NB-IoT 系统定义了以下上行物理信道：

– 窄带物理上行共享信道（NPUSCH）：

● 窄带物理上行共享信道格式 1：用于携带 UL-DSCH；

● 窄带物理上行共享信道格式 2：用于携带上行控制信息。

– 窄带物理随机接入信道（NPRACH）。

3.2.1　帧结构

对于 15kHz 子载波间隔，NB-IoT 上行帧结构和传统 LTE 相同。每个无线帧长为 10ms，对于 15kHz 子载波间隔，一个无线帧包含 20 个 0.5ms 长的时隙。

对于 3.75kHz 子载波间隔，NB-IoT 新定义了一个 2ms 长度的窄带时隙结构（NB-slot），则一个无线帧包含 5 个窄带时隙。每个窄带时隙包含 7 个符号，3.75kHz 对应的符号包含 $528T_s$，CP 长度为 $16T_s$，其中，假设 $T_s = 1/1.92\text{MHz}$。在 2ms 周期内，除了前面的 7 个符号，剩下的 $144T_s$ 作为一个保护间隔，用于最小化 NB-IoT 符号和 LTE SRS 之间的冲突，如图 3-18 所示。

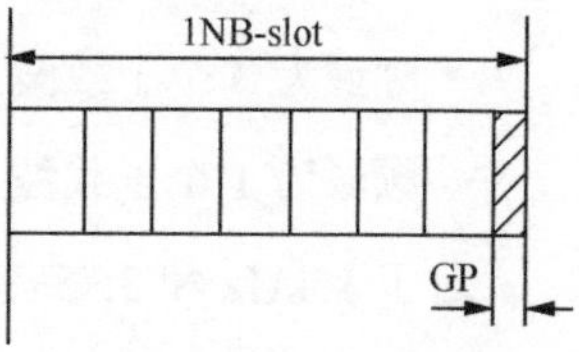

3.2.2　上行资源单元

NB-IoT 中，上行继续沿用了 LTE 的资源网格（RG，Resource Grid）和资源元素（RE，Resource Element）的概念，如图 3-19 所示。

图 3-18　2ms NB-slot 结构

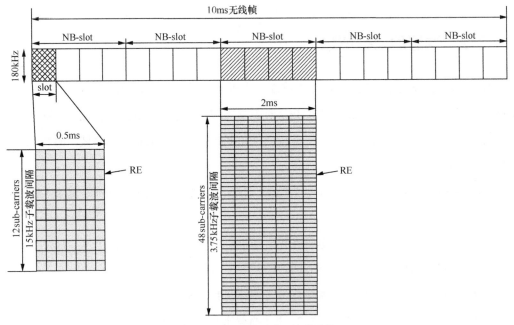

图 3-19 NB-IoT 上行 RG 的结构

除了 RG 和 RE 之外，NB-IoT 在上行还引入资源单元（RU，Resource Unit）的概念，上行数据的调度和 HARQ-ACK 信息的发送是以资源单元为单位的。

用于上行数据发送的资源单元的划分原则是对于不同的频域子载波数量的一个资源单元中有效的 RE 数量一致；同时要保证时域长度为 2 的整数幂，这样能在调度不同类型（不同的频域子载波数目）的资源单元时，降低资源碎片率。当子载波间隔为 3.75kHz 时，NB-IoT 系统只支持 Single-tone 的发送，频域占用 1 个子载波，时域占用 32ms。当子载波间隔为 15kHz 时，上行定义了以下几种用于数据发送的资源单元：

- 频域为 12 个子载波，时域为 1ms；

- 频域为 6 个子载波，时域为 2ms；

- 频域为 3 个子载波，时域为 4ms；

- 频域为 1 个子载波，时域为 8ms。

对于 15kHz 和 3.75kHz 两种子载波间隔，发送 HARQ-ACK 信息的资源单元都是只支持 Single-tone 发送。对于 15kHz 子载波间隔，发送 HARQ-ACK 信息的资源单元在时域上占用 2ms；对于 3.75kHz 子载波间隔，发送 HARQ-ACK 信息的资源单元在时域上占用 8ms。上行资源单元（RU）如图 3-20 所示。

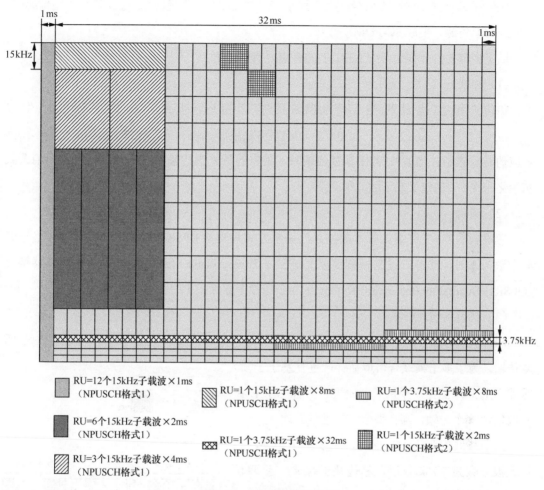

RU=12个15kHz子载波×1ms
（NPUSCH格式1）

RU=1个15kHz子载波×8ms
（NPUSCH格式1）

RU=1个3.75kHz子载波×8ms
（NPUSCH格式2）

RU=6个15kHz子载波×2ms
（NPUSCH格式1）

RU=1个3.75kHz子载波×32ms
（NPUSCH格式1）

RU=1个15kHz子载波×2ms
（NPUSCH格式2）

RU=3个15kHz子载波×4ms
（NPUSCH格式1）

图 3-20　上行资源单元（RU）

3.2.3 物理上行共享信道格式 1

与 LTE 不同，NPUSCH 格式 1 支持 Single-tone 和 Multi-tone 的传输。当子载波个数为 1 时，支持两种子载波间隔：3.75kHz 和 15kHz；当子载波个数大于 1 时，只支持 15kHz 的子载波间隔。其中，Single-tone 传输主要适用于低速率、覆盖增强场景，可以提供更低实现成本，Multi-tone 传输可以比 Single-tone 传输提供更大速率，也可以支持覆盖增强。

对于 NPUSCH 格式 1 对应的信道结构仍然采用现有 LTE PUSCH 的结构。只是子载波间隔为 3.75kHz 时，解调参考信号所在的位置略有不同。

NPUSCH 格式 1 的基带信号产生流程与 LTE PUSCH 相同，包含加扰、调制、传输预编码、映射到物理资源、生成 SC-FDMA 信号。

以下步骤的具体操作考虑 NB-IoT 的特点，具体如下。

（1）加扰

NB-IoT 的加扰过程与 LTE PUSCH 的加扰相同，其中，加扰序列的产生以 $c_{init} = n_{RNTI} \cdot 2^{14} + n_f \bmod 2 \cdot 2^{13} + \lfloor n_s/2 \rfloor \cdot 2^9 + N_{ID}^{Ncell}$ 为初始值，其中，n_s 是码字传输的第一个时隙对应的时隙索引。当 NPUSCH 重复传输时，码字的每 L 次传输，序列都要根据上面的公式初始化一次，L 的定义在下面具体介绍。

（2）调制

考虑到 NB-IoT 终端低成本的特点，调制方式只支持 BPSK 和 QPSK。具体为，当子载波个数为 1 时，支持二进制相移键控（BPSK，Binary Phase Shift Keying）和正交相移键控（QPSK，Quadrature Phase Shift Keying）；当子载波个数大于 1 时，只支持 QPSK。

（3）映射到物理资源

NPUSCH 映射到一个或多个 RU。NPUSCH 支持重复传输来实现大的覆盖范围。对于重复传输，为了多子帧联合信道估计，重复基于子帧 / 时隙，图 3-21 给出一个例子，如果一个 NPUSCH 在时域包含 m 个子帧，那么每个子帧重复 L 次。

当子载波间隔为 15kHz 时，重复基于子帧，当子载波个数为 3.75kHz 时，重传基于时隙。重复传输时，支持基于 RV 的循环。

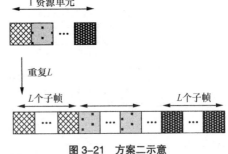

图 3-21　方案二示意

当映射到 N_{slots} 个时隙上的 NPUSCH 资源或者重复的 PUSCH 资源和任何 NPRACH-ConfigSIB-NB 配置的 PRACH 资源重叠时，重叠区域 N_{slots} 个时隙上的 NPUSCH 发送推迟到下一个和 NPRACH 资源没有重叠的 N_{slots} 个时隙位置。

3.2.4　物理上行共享信道格式 2

LTE 系统中，上行控制信息包含 HARQ-ACK 信息、SR 信息、CSI 信息。对于 NB-IoT 系统来说，使用随机接入实现调度请求就能满足需求，所以不需要额外上报 SR。而 NB-IoT

的终端通常都是静止的或者很低的速度移动，经历的信道变化不是很频繁，上报 CSI 的必要性也不大。所以 NB-IoT 系统中，上行需要发送的控制信息只包含 HARQ-ACK 信息。考虑到终端实现复杂度，确定沿用 NPUSCH 结构，使用 NPUSCH 格式 2 发送 HARQ-ACK，使得上行发送 HARQ-ACK 和数据可以采用相同的处理过程，从而实现简化终端。

NPUSCH 格式 2 的处理过程和 NPUSCH 格式 1 相同，不同的是，NPUSCH 格式 1 中采用的编码方式为 Turbo 码，Turbo 码不适合小比特的信息编码，需要发送的 HARQ-ACK 信息仅为 1bit，所以采用重复编码。对于 NPUSCH 格式 2，因为只需要发送 1bit HARQ-ACK 信息，所以调制方式为 BPSK。

3.2.5　物理随机接入信道

1. 信道结构和信号生成

NB-IoT NPRACH 的设计主要有两个方向：Multi-tone NPRACH 和 Single-tone NPRACH。

相比于 Multi-tone 传输，Single-tone 传输能够提供更高的功率谱密度，再考虑到并不是所有的 NB-IoT UE 都支持 Multi-tone 传输，因此，Single-tone NPRACH 被采用。

Single-tone NPRACH 的 Preamble 结构为基于 4 个 Symbol Groups 的 Preamble 方案。由于 Preamble 在每个 Symbol Group 内发送的信号都是相同的，因此可以保证频域上配置多条 NPRACH 时，NPRACH 之间的正交性，即无须在 NPRACH 之间配置保护带宽。这种结构的 Preamble 由于无法码分复用，因此在 NPRACH 容量会有一定的限制。

Preamble 采用 Single-tone 方式发送，子载波间隔为 3.75kHz，且默认配置支持跳频。Preamble 发送的最基本单位是 4 个符号组（Symbol Groups），其中，Symbol Group 包括一个循环前缀（CP，Cyclic Prefix）以及 5 个符号组，且 5 个符号组上发送的信号相同。

4 个 Symbol Group 的结构如图 3-22 所示，每个 Symbol Group 发送时占用的子载波相同，且 Symbol Group 之间配置两个等级的跳频间隔，$1^{st}/2^{nd}$ Symbol Group 之间、$3^{rd}/4^{th}$ Symbol Group 之间配置第一等级的跳频间隔，FH1 = 3.75kHz；$2^{nd}/3^{rd}$ Symbol Group 之间配置第二等级的跳频间隔，FH2 = 22.5kHz。Preamble 的所有 Symbol Group 上发送的信号都相同，且该信号为 "1"。

为支持灵活的小区覆盖，定义了两种前导格式，Preamble Format 0 和 Preamble Format 1。其中，Preamble Format 0 支持的 CP 长度为 66.7μs，对应半径为 10km 的小区覆盖；Preamble

Format 1 支持的 CP 长度为 266.7μs，对应 35km 的小区覆盖。

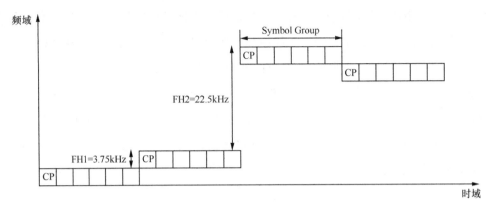

图 3-22　4 个 Symbol Group 的结构

Preamble 的基本单位是 4 个 Symbol Group，支持 N 次重复发送，其中，N 的取值为 {1，2，4，8，16，32，64，128} 且由高层配置。4 个 Symbol Group 内，根据 1st Symbol Group 的子载波索引，可以获知 2nd、3rd、4th Symbol Group 的子载波索引。Symbol Group 占用的子载波被限制在一个 PRACH Band 内，其中，PRACH Band 包含 $N_{sc}^{RA} = 12$ 个子载波。图 3-23 所示为 CP = 266.7μs 时，4 个 Symbol Group 子载波分配的示意。

子载波索引	第1个 Symbol Group	第2个 Symbol Group	第3个 Symbol Group	第4个 Symbol Group
11	PRACH#11	PRACH#10	PRACH#4	PRACH#5
10	PRACH#10	PRACH#11	PRACH#5	PRACH#4
9	PRACH#9	PRACH#8	PRACH#2	PRACH#3
8	PRACH#8	PRACH#9	PRACH#3	PRACH#2
7	PRACH#7	PRACH#6	PRACH#0	PRACH#1
6	PRACH#6	PRACH#7	PRACH#1	PRACH#0
5	PRACH#5	PRACH#4	PRACH#10	PRACH#11
4	PRACH#4	PRACH#5	PRACH#11	PRACH#10
3	PRACH#3	PRACH#2	PRACH#8	PRACH#9
2	PRACH#2	PRACH#3	PRACH#9	PRACH#8
1	PRACH#1	PRACH#0	PRACH#6	PRACH#7
0	PRACH#0	PRACH#1	PRACH#7	PRACH#6

图 3-23　NB-IoT PRACH 资源分配的时频资源，CP = 266.7μs

当 Preamble 重复 N（N 大于 1）次发送时，第一个 4 Symbol Group 中第一个 Symbol Group 的子载波索引由 UE 在可用的子载波集合中随机选择；其余 N-1 个 4 Symbol Group 中第一个 Symbol Group 的子载波索引都在第一个 4 Symbol Group 中第一个 Symbol Group 的子载波索引的基础上增加一个随机跳变量。同样要求所有 Symbol Group 占用的子载波被限制在一个 NPRACH Band 内。i^{th} Symbol Group 对应的子载波索引为 $n_{\text{sc}}^{\text{RA}}(i) = n_{\text{start}} + \tilde{n}_{\text{SC}}^{\text{RA}}(i)$，其中，$n_{\text{start}} = N_{\text{scoffset}}^{\text{NPRACH}} + \left\lfloor n_{\text{init}} / N_{\text{sc}}^{\text{RA}} \right\rfloor \cdot N_{\text{sc}}^{\text{RA}}$，$\tilde{n}_{\text{SC}}^{\text{RA}}(i)$ 由下面的公式确定：

$$\tilde{n}_{\text{sc}}^{\text{RA}}(i) = \begin{cases} \left(\tilde{n}_{\text{sc}}^{\text{RA}}(0) + f(t)\right) \bmod N_{\text{sc}}^{\text{RA}} & i \bmod 4 = 0 \text{ 和 } i > 0 \text{ 且 } t = i/4 \\ \tilde{n}_{\text{sc}}^{\text{RA}}(i-1) + 1 & i \bmod 4 = 1,3 \text{ 和 } \tilde{n}_{\text{sc}}^{\text{RA}}(i-1) \bmod 2 = 0 \\ \tilde{n}_{\text{sc}}^{\text{RA}}(i-1) - 1 & i \bmod 4 = 1,3 \text{ 和 } \tilde{n}_{\text{sc}}^{\text{RA}}(i-1) \bmod 2 = 1 \\ \tilde{n}_{\text{sc}}^{\text{RA}}(i-1) + 6 & i \bmod 4 = 2 \text{ 和 } \tilde{n}_{\text{sc}}^{\text{RA}}(i-1) < 6 \\ \tilde{n}_{\text{sc}}^{\text{RA}}(i-1) - 6 & i \bmod 4 = 2 \text{ 和 } \tilde{n}_{\text{sc}}^{\text{RA}}(i-1) \geqslant 6 \end{cases}$$

$$f(t) = \left(f(t-1) + \left(\sum_{n=10t+1}^{10t+9} c(n) 2^{n-(10t+1)} \right) \bmod \left(N_{\text{sc}}^{\text{RA}} - 1 \right) + 1 \right) \bmod N_{\text{sc}}^{\text{RA}}$$

$$f(-1) = 0$$

其中，

- $N_{\text{scoffset}}^{\text{NPRACH}}$ 为基站配置的 NPRACH 资源的起始子载波索引；
- n_{init} 由 UE 在索引为 $\{0,1,\cdots,N_{\text{sc}}^{\text{NPRACH}} -1\}$ 中随机挑选，其中，$N_{\text{sc}}^{\text{NPRACH}}$ 为基站配置的 PRACH 资源的子载波数量；
- $N_{\text{sc}}^{\text{RA}}$=12 个；
- $\tilde{n}_{\text{SC}}^{\text{RA}}(0) = n_{\text{init}} \bmod N_{\text{sc}}^{\text{RA}}$；
- 伪随机序列 $c(n)$ 按照 TS36.211 中的公式生成。其中，伪随机序列 $c(n)$ 生成器初始化使用的 $c_{\text{init}} = N_{\text{ID}}^{\text{Ncell}}$。

（1）随机接入信号生成

一个 Symbol Group 中 Preamble 的时域表达形式 $s_i(t)$ 为：

$$s_i(t) = \beta_{\text{NPRACH}} e^{j2\pi\left(n_{\text{SC}}^{\text{RA}}(i) + Kk_0 + 1/2\right)\Delta f_{\text{RA}}(t - T_{\text{CP}})}$$

其中，$0 \leqslant t < T_{\text{SEQ}} + T_{\text{CP}}$，$\beta_{\text{NPRACH}}$ 是 Preamble 发送的功率控制因子；

$k_0 = -N_{\text{sc}}^{\text{UL}}/2$，$N_{\text{sc}}^{\text{UL}}$ 为上行载波对应的子载波个数；

$K = \Delta f / \Delta f_{\text{RA}}$，$\Delta f$ 为上行的子载波间隔，Δf_{RA}=3.75kHz。

（2）资源配置

在 NPRACH Preamble 发送之前，NB-IoT UE 需要确定 NPRACH 配置信息。NB-IoT 定义了 3 个覆盖等级，因此系统消息中会广播与之对应的 3 套 NPRACH 配置信息，主要包括以下几点。

① NPRACH 重复次数

NPRACH 有 8 种可选的重复次数配置，分别是 {1, 2, 4, 8, 16, 32, 64, 128}。

② NPRACH 时域资源

NPRACH 时域资源采用周期配置，有 8 种可选的周期配置，分别为 {40, 80, 160, 240, 320, 640, 1280, 2560}ms。在确定的 NPRACH 时域周期内，通过配置相对于 NPRACH 时域周期起始位置的偏移量来确定 NPRACH Preamble 发送的起始时刻。其中，偏移量从 {8, 16, 32, 64, 128, 256, 512, 1024}ms 中选择；第一个 PRACH 时域周期起始位置是 Frame 0 Subframe 0。从起始时刻之后第一个 Subframe 开始占用连续的 Subframe 发送 NPRACH Preamble。

③ NPRACH 频域资源

通过高层配置的子载波个数"nprach-NumSubcarriers"和子载波偏置量"nprach-SubcarrierOffset"确定为 PRACH 配置的子载波索引，如表 3-16 所示。

表 3–16　NPRACH 配置的子载波索引

PRACH 配置的 子载波索引		子载波偏置量						
		0	12	24	36	2	18	34
子载波 个数	12	0～11	12～23	24～35	36～47	2～13	18～29	34～45
	24	0～23	12～35	24～47	—	2～25	18～41	—
	36	0～35	12～47	—	—	2～37	—	—
	48	0～47	—	—	—	—	—	—

需要指出的是，在 NB-IoT 中，上行有两种传输模式，Single-tone 和 Multi-tone，因此在随机接入过程中 Msg3 同样支持这两种传输模式。标准中通过 Preamble 发送时所占用的子载波索引来通知基站 UE 当前是否支持 Multi-tone 方式传输 Msg3，即在 PRACH 频域资源配置中引入了参数 nprach-SubcarrierMSG3-RangeStart（取值范围是 {0, 1/3, 2/3, 1}），并且通过公式 nprach-SubcarrierOffset +（nprach-SubcarrierMSG3-RangeStart·nprach-NumSubcarriers）计算得到预留给支持 Multi-tone Msg3 的 UE 的起始子载波索引。当 PRACH 重复次数配置为 {32,

64, 128} 时，默认不支持 Multi-tone Msg3。

④ 碰撞解决方案

如果多个覆盖增强等级的 PRACH 资源存在冲突时，所述冲突的 NPRACH 资源被高覆盖增强等级认定为无效 NPRACH 资源，所述冲突的 NPRACH 资源只被最低覆盖增强等级的 PRACH 使用。

2. 功率控制

NB-IoT UE 进行随机接入时，根据配置的 NPRACH 重复次数发送 Preamble，其中，NPRACH 重复次数支持 8 种配置：{1, 2, 4, 8, 16, 32, 64, 128}，eNB 最多可以配置 3 种 NPRACH 重复次数。

当需要通过多次重复发送来增强覆盖时，UE 通常需要采用最大发射功率。小区配置的重复等级中，最低重复等级的 UE 采用 NPRACH Power Ramping 机制进行功率控制，其他重复等级的 UE 采用最大发射功率。

具体的，对于所配置的最低重复等级，NPRACH 发射功率根据以下公式确定：

$$P_{NPRACH} = \min\{P_{CMAX\text{-}N,c}(i), \text{NARROWBAND\_PREAMBLE\_RECEIVED\_}$$
$$\text{TARGET\_POWER} + PL_c\} \text{ [dBm]}$$

其中，$P_{CMAX\text{-}N,c}(i)$ 是系统针对服务小区 c 在子帧 i 配置的 UE 最大发射功率，PL_c 是 UE 针对服务小区 c 估计的下行路径损耗。

对于所配置的最低重复等级以外的其他重复等级，NPRACH 发射功率（P_{NPRACH}）设置为 $P_{CMAX\text{-}N,c}(i)$。

对于 NPRACH Power Ramping，仍然沿用 LTE PRACH 的 Power Ramping 过程，并根据 NPRACH 和 LTE PRACH 的差异对 Power Ramping 过程以及参数取值做一些修正。具体 NPRACH Power Ramping 过程如下：

将 NARROWBAND_PREAMBLE_RECEIVED_TARGET_POWER 设置为：

preambleInitialReceivedTargetPower + DELTA_PREAMBLE + (PREAMBLE_TRANSMISSION_COUNTER–1) · powerRampingStep–10lg(numRepetitionPerPreambleAttempt)

其中，preambleInitialReceivedTargetPower 为 Preamble 初始目标接收功率，DELTA_PREAMBLE 为不同 Preamble Format 的功率需求差异，PREAMBLE_TRANSMISSION_COUNTER 为接入次数，powerRampingStep 为功率递增步长，numRepetitionPerPreamble Attempt 为

Preamble 重复次数。

- 由于 NPRACH 和 LTE PRACH 的链路预算差异较小，Preamble 初始目标接收功率参数 preambleInitialReceivedTargetPower 仍然重用 LTE 系统的取值。

- NPRACH 采用 3.75kHz 子载波间隔，提供两种 CP 长度即 66.7μs 和 266.7μs 用于支持不同的小区大小，也就是说，NPRACH 仅支持两种 Preamble Format，二者 CP 长度不同，序列长度相同，因此，对于这两种 Preamble Format，不需要额外的功率差异调整。上述 Power Ramping 公式中仍然保留了 DELTA_PREAMBLE 参数，并设置为 0。

- powerRampingStep 的取值范围与 LTE 系统相同，为 {0, 2, 4, 6} dB。

- 最低重复等级的 NPRACH 采用 Power Ramping，需要考虑最低重复等级配置的影响。如果最低重复等级配置为 1，NPRACH 与 LTE PRACH 的链路预算相当；如果最低重复等级配置不为 1，重复会使得 NPRACH 的 SNR 需求降低，那么，Preamble 初始目标接收功率可以降低，因此，在 NPRACH Power Ramping 公式中增加 -10lg(num RepetitionPerPreambleAttempt)，来调整重复次数配置带来的影响。

3.2.6　上行参考信号

因为 NPUSCH 以子载波为单位进行传输，而现有 LTE 解调参考信号是以物理资源块为基本单位，所以 NB-IoT 中无法重用 LTE 解调参考信号。

1. 时频结构

下面分别从时域结构和频域结构出发分析上行解调参考信号的时频结构。

（1）时域结构

对于 NPUSCH 格式 1，上行解调参考信号所占的 OFDM 符号个数和 LTE DMRS 相同，即每 7 个 OFDM 符号中有 1 个 OFDM 符号作为上行解调参考信号对应的 OFDM 符号。

当子载波间隔为 15kHz 时，采用和现有 LTE DMRS 相同的结构，即每 7 个 OFDM 符号中的第 4 个 OFDM 符号作为上行解调参考信号对应的 OFDM 符号；当子载波间隔为 3.75kHz 时，如图 3-24 所示。如果沿用现有 LTE 的导频结构，DMRS 将对应两个 LTE 子帧，而且会和 LTE SRS 的碰撞，所以将导频映射在第 5 个 OFDM 符号上，即如图 3-25 所示。

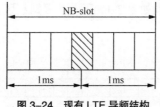

图 3-24 现有 LTE 导频结构

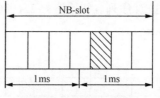

图 3-25 DMRS 示意图

对于 NPUSCH 格式 2，为了适应更低的 SNR，沿用 PUCCH 格式 1/1a/1b，即每 7 个 OFDM 符号中有 3 个 OFDM 符号作为上行解调参考信号对应的 OFDM 符号；当子载波间隔为 15kHz 时，和 LTE PUCCH Format1/1a/1b 的位置相同，即 7 个 OFDM 符号中的第 3 个、第 4 个和第 5 个 OFDM 符号作为上行解调参考信号对应的 OFDM 符号；当子载波间隔为 3.75kHz 时，考虑到 LTE SRS 的碰撞问题，上行解调参考信号对应的 OFDM 符号为每 7 个 OFDM 符号中的第 1 个、第 2 个和第 3 个 OFDM 符号。

（2）频域结构

对于 NPUSCH 的频域结构，主要针对子载波个数为 3 和 6 的场景，上行解调参考信号对应的子载波个数和数据相同，如图 3-26 所示，其中 NPUSCH 格式 1 分配的子载波个数为 3。

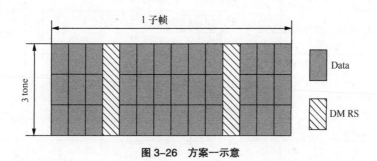

图 3-26 方案一示意

2. 序列

NPUSCH 格式 1 支持的子载波个数有 1, 3, 6, 12，所以下面基于子载波个数对 DM RS 序列进行介绍。

（1）子载波个数为 1

当子载波个数为 1 时，考虑到小区间干扰协调问题，引入新的 DM RS 序列，如图 3-27 所示，新序列的长度为 16。新序列由 PN 序列和 Hadamard 序列构成，其中，PN 序列为 LTE

中定义的 PN 序列且初始值为 35，16 长的 Hadamard 序列如表 3-17 所示，根据小区索引选择不同的序列。

图 3-27　NPUSCH DMRS 序列构成

表 3-17　$w(n)$ 的定义

u	$w(0), \cdots, w(15)$															
0	1	1	1	1	1	1	1	1	1	1	1	1	1	1	1	1
1	1	-1	1	-1	1	-1	1	-1	1	-1	1	-1	1	-1	1	-1
2	1	1	-1	-1	1	1	-1	-1	1	1	-1	-1	1	1	-1	-1
3	1	-1	-1	1	1	-1	-1	1	1	-1	-1	1	1	-1	-1	1
4	1	1	1	1	-1	-1	-1	-1	1	1	1	-1	-1	-1	-1	1
5	1	-1	1	-1	1	-1	1	-1	-1	1	-1	1	-1	1	-1	1
6	1	1	-1	-1	-1	-1	1	1	1	1	-1	-1	-1	-1	1	1
7	1	-1	1	1	-1	1	1	-1	1	-1	-1	1	-1	1	1	-1
8	1	1	1	1	1	1	1	1	-1	-1	-1	-1	-1	-1	-1	-1
9	1	-1	1	-1	1	-1	1	-1	-1	1	-1	1	-1	1	-1	1
10	1	1	-1	-1	1	1	-1	-1	-1	-1	1	1	-1	-1	1	1
11	1	-1	-1	1	1	-1	-1	1	-1	1	1	-1	-1	1	1	-1
12	1	1	1	1	-1	-1	-1	-1	-1	-1	-1	1	1	1	1	1
13	1	-1	1	-1	-1	1	-1	1	-1	1	-1	1	1	-1	1	-1
14	1	1	-1	-1	-1	-1	1	1	-1	-1	1	1	1	1	-1	-1
15	1	-1	-1	1	-1	1	1	-1	-1	1	1	-1	1	-1	-1	1

（2）子载波个数为 3/6

当子载波个数为 3/6 时，DM RS 序列对应的长度也为 3/6。对于具体序列，设计标准和 LTE DM RS 序列相同，即序列的 CM 满足要求，好的自相关和互相关特性。经过讨论，确定基于 QPSK 符号生成的序列作为候选序列，即 $r(n) = e^{j\varphi(n)\pi/4}$，$0 \leqslant n < N_{sc}^{RU} - 1$。根据统一的序列个数和评估方法，序列的互相关通过下面的公式计算：

$$\text{xcorr\_coeffs} = \text{NFFT} \cdot \text{IFFT}(\text{seq1} \cdot \text{conj}(\text{seq2}), \text{NFFT}) / \text{length}(\text{seq1})$$

经过评估，最终通过的 $\varphi(n)$ 如表 3-18 和表 3-19 所示。

表 3-18 子载波个数为 3 时的 $\varphi(n)$

u	$\varphi(0), \varphi(1), \varphi(2)$		
0	1	-3	-3
1	1	-3	-1
2	1	-3	3
3	1	-1	-1
4	1	-1	1
5	1	-1	3
6	1	1	-3
7	1	1	-1
8	1	1	3
9	1	3	-1
10	1	3	1
11	1	3	3

表 3-19 子载波个数为 6 时的 $\varphi(n)$

u	$\varphi(0), \cdots, \varphi(5)$					
0	1	1	1	1	3	-3
1	1	1	3	1	-3	3
2	1	-1	-1	-1	1	-3
3	1	-1	3	-3	-1	-1
4	1	3	1	-1	-1	3
5	1	-3	-3	1	3	1
6	-1	-1	1	-3	-3	-1
7	-1	-1	-1	3	-3	-1
8	3	-1	1	-3	-3	3
9	3	-1	3	-3	-1	1
10	3	-3	3	-1	3	3
11	-3	1	3	1	-3	-1
12	-3	1	-3	3	-3	-1
13	-3	3	-3	1	1	-3

因为序列长度较短，可用的根序列较少，所以建议引入循环移位来扩展可用序列，最终

通过了 DM RS 序列的生成方式为：

$$r_u(n) = e^{j\alpha n} e^{j\varphi(n)\pi/4}, \quad 0 \leqslant n < N_{sc}^{RU} - 1$$

其中，N_{sc}^{RU} 为子载波个数，当序列组跳变使能时，u 的值根据 3.2.6 节"序列组跳变"描述确定，当序列组跳变不使能时，通过高层信令配置 u 值，如果没有高层信令时，u 的值根据小区索引和可用序列个数确定。α 的值通过高层信令确定，具体如表 3-20 所示。

表 3-20 α 的定义

子载波个数为 3		子载波个数为 6	
threeTone-CyclicShift	α	sixTone-CyclicShift	α
0	0	0	0
1	$2\pi/3$	1	$2\pi/6$
3	$4\pi/3$	2	$4\pi/6$
		3	$8\pi/6$

（3）子载波个数为 12

当子载波个数为 12 时，直接沿用 LTE DMRS 序列。

NPUSCH 格式 2 对应的子载波个数为 1，所以直接沿用 NPUSCH 格式 1 子载波个数为 1 的 DM RS 序列即可。

NPUSCH 格式 2 对应的 3 个 OFDM 符号和 LTE PUCCH 一样，3 个 OFDM 符号通过 NPUSCH 格式 1 对应的 1 个 OFDM 符号 OCC 扩展得到，其中，OCC 序列采用 LTE 的 OCC 序列，考虑无法沿用 LTE OCC 序列选择方案，最终采纳了根据 $\left(\sum_{i=0}^{7} c(8n_s + i) 2^i\right) \bmod 3$ 确定 OCC 序列索引的方案，其中，$c_{init} = N_{ID}^{Ncell}$。

3. 序列组跳变

为了协调小区间干扰，LTE 系统中引入序列组跳变，所以序列组跳变同样适合于 NB-IoT 系统，所以对于 NPUSCH 格式 1 对应的参考信号，支持序列组跳变，具体为时隙（ns）对应的序列组 u 通过以下方式获得：

$$u = \left(f_{gh}(n_s) + f_{ss}\right) \bmod N_{seq}^{RU}$$

其中，$f_{gh}(n_s)$ 和 f_{ss} 的含义与 LTE 相同，N_{seq}^{RU} 是每个资源单元可用的参考序列格式，具体如表 3-21 所示。

表 3-21 $N_{\text{seq}}^{\text{RU}}$ 的值

$N_{\text{sc}}^{\text{RU}}$	$N_{\text{seq}}^{\text{RU}}$
1	16
3	12
6	14
12	30

3.2.7 SC-FDMA 信号生成

对于 $N_{\text{sc}}^{\text{RU}} > 1$，SC-FDMA 信号的生成方式与现有 LTE 类似，只是将现有 LTE 中 SC-FDMA 信号产生公式中的 $N_{\text{RB}}^{\text{UL}} N_{\text{sc}}^{\text{RB}}$ 用 $N_{\text{sc}}^{\text{UL}}$ 代替。

对于 $N_{\text{sc}}^{\text{RU}} = 1$，引入了旋转相移键控，重新定义了 SC-FDMA 信号的生成方式，即上行时隙中，SC-FDMA 符号 l 载波索引 k 上的时间连续信号定义为：

$$s_{k,l}(t) = a_{k^{(-)},l} \cdot e^{\text{j}\phi_{k,l}} \cdot e^{\text{j}2\pi(k+1/2)\Delta f(t - N_{\text{CP},l}T_{\text{s}})}$$

$$k^{(-)} = k + \left\lfloor N_{\text{sc}}^{\text{UL}}/2 \right\rfloor$$

其中，$0 \leqslant t < \left(N_{\text{CP},l} + N\right)T_{\text{s}}$，$\Delta f$=15kHz 和 Δf=3.75kHz 时对应的参数如表 3-22 所示。$a_{k^{(-)},l}$ 是 SC-FDMA 符号 #l 上的调制值，相位旋转 $\varphi_{k,l}$ 定义为：

$$\varphi_{k,l} = \rho\left(\tilde{l} \bmod 2\right) + \hat{\varphi}_k\left(\tilde{l}\right)$$

$$\rho = \begin{cases} \dfrac{\pi}{2} & \text{for BPSK} \\ \dfrac{\pi}{4} & \text{for QPSK} \end{cases}$$

$$\hat{\varphi}_k\left(\tilde{l}\right) = \begin{cases} 0 & \tilde{l} = 0 \\ \hat{\varphi}_k\left(\tilde{l}-1\right) + 2\pi\Delta f\left(k+1/2\right)\left(N + N_{\text{CP},l}\right)T_{\text{s}} & \tilde{l} > 0 \end{cases}$$

$$\tilde{l} = 0, 1, \cdots, M_{\text{rep}}^{\text{NPUSCH}} N_{\text{RU}} N_{\text{slots}}^{\text{UL}} N_{\text{symb}}^{\text{UL}} - 1$$

$$l = \tilde{l} \bmod N_{\text{symb}}^{\text{UL}}$$

其中，$\tilde{l}$ 是符号计数器，在一次传输的开始进行重置，在传输过程中对于每个符号递增。

一个时隙中的 SC-FDMA 符号从 l=0 开始按照 l 递增的顺序传输。在一个时隙中，SC-FDMA 符号 #l 的起始时间为 $\sum_{l'=0}^{l-1}(N_{\text{CP},l'} + N)T_{\text{s}}$。

表 3-22 N_{sc}^{RU}=1 对应的 SC-FDMA 参数

参数	Δf=3.75kHz	Δf=15kHz
N	8192	2048
循环移位长度 $N_{CP,l}$	256	160 for l=0 144 for l=1, 2, …, 6
k 的取值集合	$-24, -23, …, 23$	$-6, -5, …, 5$

对于 Δf=3.75kHz，在 T_{slot} 中剩余的 $2304T_s$ 不传输，用作保护带，避免和传统 UE 的 SRS 冲突。

3.2.8 UL Gap

由于 NB-IoT 终端的低成本需求，配备较低成本晶振的 NB-IoT 终端会在连续长时间的上行传输时，终端功率放大器的热耗散导致发射机温度变化，该温度变化将进而导致晶振频率偏移，这样会严重影响终端上行传输性能，进而降低数据传输效率。因此，为了纠正这种频率漂移，NB-IoT 中引入了 UL Gap，让终端在长时间连续传输中可以暂停上行传输，并且利用这段时间（UL Gap）终端切换到下行链路，利用 NB-IoT 下行链路中的 NB-PSS/NB-SSS/NRS 进行同步跟踪以及时频偏补偿，通过一定时间补偿后达成规范要求，比如频偏小于 50Hz，终端将切换到上行继续传输信号。

针对 NPUSCH，终端完成 256ms 的数据传输后，要配置 40ms 的 UL Gap 时间用来纠正频率漂移，剩下的数据顺延后再发送。

针对 NPRACH，标准规定终端完成 64 次 Preamble 重复发送后，要配置 40ms 的 UL Gap 时间用来纠正频率漂移，剩下的 Preamble 重复顺延后再发送。

3.2.9 峰均比降低

对于指定的功放，当输入信号功率较大时，更高的信号峰均比（PAPR，Peak Average Power Ratio）通常意味着输入信号需要更大的功率回退，以保证输入信号处于功放线性工作区。功率回退缩小了功放的效率，也缩小了发射信号的覆盖范围。NB-IoT 终端成本比较低，为了保证功放的效率和系统覆盖，采用旋转相移键控（Rotation PSK）方案来降低功放输入信号的峰均比。

NB-IoT 在上行配置单子载波（Single Tone）时支持旋转相移键控（Rotation PSK）调制方式，即 π/4-QPSK 和 π/2-BPSK。当 Rel-8 版本 LTE 标准中计算 G' 涉及的 Q_m 等于 1 和 2 时分别采用 π/2-BPSK 和 π/4-QPSK。如图 3-28 所示，P 为 Rel-8 版本 LTE 标准 36.211 中 QPSK 星座图上星座点 $(-\sqrt{2}/2, \sqrt{2}/2)$。π/4-QPSK（π/2-BPSK）通过对 QPSK（BPSK）星座图进行 π/4（π/2）的整数倍角度旋转，使相邻 OFDM 符号的最大相位跳变由 π 降至 3π/4（π/2），从而抑制了高频分量，降低时域信号的 PAPR。

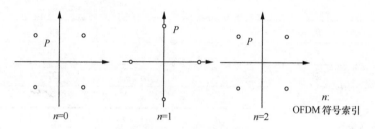

图 3-28　π/4 QPSK 示意

具体实现方法：在上行 SC-FDMA 基带信号产生时，DMRS 和数据 (Data) 采用相同的相位旋转方案。当调制方式为 π/2 BPSK 和 π/4 QPSK 时，分别对第 $\tilde{l}$ 个 OFDM 的复数点乘上 $\exp(j\pi/2\bmod(\tilde{l},2))$ 和 $\exp(j\pi/4\bmod(\tilde{l},2))$ 的相位旋转因子。其中，$\tilde{l}$ 从上行传输的第一个 OFDM 符号开始从 0 计数，且在传输过程中每遇到一个新的 OFDM 符号时，$\tilde{l}$ 加 1。

另外，波形的产生需要保证 OFDM 符号边界上的相变与采用的调制方式匹配，即当采用 π/2 BPSK 调制方式时，一个符号的尾部与后一个符号 CP 开头的相变为 ±π/2；当采用 π/4 QPSK 调制方式时，所述相变为 ±π/4 或者 ±3π/4。

表 3-23 列出了不同数目子载波下 π/2 BPSK 和 π/4 QPSK 的立方度量（CM，Cubic Metric）。π/2 BPSK 和 π/4 QPSK 的峰均比性能还可以参考其他提案。

表 3–23　旋转相移键控立方度量

调制方案	单子载波 π/2-BPSK	两子载波 π/4-QPSK	四子载波 π/4-QPSK	八子载波 π/4-QPSK	十二子载波 π/4-QPSK
相对立方度量（dB）	0.1	1.7	2.2	2.3	2.4

3.2.10　上行 HARQ 过程

由于 NB-IoT 系统上行数据传输的特点，所以上行支持异步 HARQ。由于不支持 PHICH

的发送，所以上行定时主要考虑 NPDCCH 和 NPUSCH 之间的定时。

1. 上行 HARQ 定时

上行 HARQ 定时所采用的方案和下行基本相同，不同之处是，只定义了一组调度定时的值。具体的，如果终端在下行子帧 n 上检测到对应的 DCI 格式 N0，那么在下行子帧 $n+k_0$ 对应的上行子帧开始 NPUSCH 传输，其中，k_0 的取值如表 3-24 所示。

表 3-24　k_0 的取值

I_{Delay}	k_0
0	8
1	16
2	32
3	64

2. 资源分配

对于 NPUSCH 格式 1，由于支持多种子载波个数，所以需要考虑频域资源分配，为支持不同大小的传输块，还需要配置对应的资源单元个数，需要指示重复传输次数，以通过能量累积支持覆盖增强。为获得较好的调度灵活性，频域资源分配采用动态指示的方案，当子载波间隔为 3.75kHz 时，NPUSCH 格式 1 只支持单子载波传输，所以只需要指示子载波位置即可。需要指示的子载波位置为 48，所以资源指示域为 6bit。当子载波间隔为 15kHz 时，NPUSCH 格式 1 支持单子载波和多子载波传输，所以需要指示子载波个数和起始位置，考虑信令开销，采用联合指示，如表 3-25 所示，从中可以看出，只需要 5bit 就可以指示子载波个数和起始位置。

表 3-25　资源分配示意

5bit	x：子载波个数，m：可用子载波起始位置索引
00000 ～ 01011	$x=1$，$m=1 \sim 12$
01110 ～ 10001	$x=3$，$m=1 \sim 4$
10010 ～ 10011	$x=6$，$m=1 \sim 2$
10100	$x=12$，$m=1$

关于资源单元个数，通过 DCI 中的资源单元个数域分配，具体如表 3-26 所示。

关于重复次数，通过上行重复次数比特域（I_{Rep}）分配，具体如表 3-27 所示。

表 3-26　资源单元的个数

I_{RU}	N_{RU}
0	1
1	2
2	3
3	4
4	5
5	6
6	8
7	10

表 3-27　重复次数的取值

I_{Rep}	N_{Rep}
0	1
1	2
2	4
3	8
4	16
5	32
6	64
7	128

3. MCS、TB Size 和 RV

上行是 NB-IoT 的主要业务方向。为了降低终端成本，上行采用了 π/4-QPSK 和 π/2-BPSK 两种调制方式来降低 PAPR。NB-IoT 上行还引入了资源单元（RU）的概念。RU 占用的子载波数有多种可能，即 1、3、6、12。一个 RU 子载波数 N_{sc}^{RU} 等于 1 情形下的 RE 数目小于 N_{sc}^{RU} 大于 1 情形下的 RE 数目。这些原因导致上行 MCS/TBS 表的设计与下行有所不同。

上行 MCS 的最大特点是针对不同的 N_{sc}^{RU} 独立设计。对于 N_{sc}^{RU} 大于 1 的情形，上行 MCS 与下行 MCS 相同，调制方式为 π/4-QPSK。对于 N_{sc}^{RU} 等于 1 的情形，协议采用了表 3-28 的 MCS。其中，I_{MCS} 0 ~ 1 为 π/2-BPSK 调制方式，其余等级为 π/4-QPSK 调制方式。

表 3-29 是 NB-IoT 上行 TBS，不区分 N_{sc}^{RU} 不同取值。采用 3bit 资源分配域 I_{RU} 和 4bit

的 I_{TBS} 来指示 TBS。I_{RU} 与调度的 RU 数目 N_{RU} 有一一对应的关系。这里为了描述方便，直接采用了 N_{RU} 作为 TBS 的列变量。上行最大 TBS 为 1000，这与下行是不同的。对于 NB-IoT 上行 15kHz 子载波间隔情形的单个子载波配置，最低和最高传输速率分别为 1.33kbit/s 和 20.83kbit/s；对于 12 个子载波的多个子载波配置，最低和最高传输速率分别为 16kbit/s 和 250kbit/s。对于 3.75kHz 子载波间隔情形的单载波配置，一个子帧的时长为 15kHz 的 4 倍，最低和最高传输速率分别为 0.33kbit/s 和 5.21kbit/s。

表 3-28 N_{sc}^{RU} 等于 1 的情形，NB-IoT 上行 MCS

I_{MCS}	Q_m	I_{TBS}
0	1	0
1	1	2
2	2	1
3	2	3
4	2	4
5	2	5
6	2	6
7	2	7
8	2	8
9	2	9
10	2	10

表 3-29 NB-IoT 上行 TBS

I_{TBS}	N_{RU}							
	1	2	3	4	5	6	8	10
0	16	32	56	88	120	152	208	256
1	24	56	88	144	176	208	256	344
2	32	72	144	176	208	256	328	424
3	40	104	176	208	256	328	440	568
4	56	120	208	256	328	408	552	680
5	72	144	224	328	424	504	680	872
6	88	176	256	392	504	600	808	1000
7	104	224	328	472	584	712	1000	
8	120	256	392	536	680	808		
9	136	296	456	616	776	936		

续表

I_{TBS}	N_{RU}							
	1	2	3	4	5	6	8	10
10	144	328	504	680	872	1000		
11	176	376	584	776	1000			
12	208	440	680	1000				

NB-IoT 上行传输支持两个冗余版本（RV，Redundancy Version），即 RV0 和 RV2。初始 RV 通过 DCI 信令中的 RV 域指示。上行还支持 RV 循环（RV Cycling）。以 B 个连续的 NB-IoT 上行时隙为一个循环单元，连续的两个循环单元采用不同的 RV。这里 $B = LN_{RU}N_{slots}^{UL}$，且 $L = \min\left(4, \lceil N_{Rep}/2 \rceil\right)$。$N_{Rep}$ 为重复次数，且通过 DCI 信令中的重复次数域指示。根据链路仿真，两个RV与4个RV的性能非常接近，所以，NB-IoT上行仅支持两个RV。

4．上行功率控制

关于 NPUSCH 上行功率控制，在 NB-IoT 协议讨论过程中，采用类似于 LTE PUSCH 的部分路损补偿功率控制机制是共识，不过，在一些具体细节上仍然存在明显差异，需要考虑和解决，主要体现在以下几个方面。

（1）子载波级别功率控制

LTE PUSCH 基于物理资源块（PRB，Physical Resource Block）进行上行功率控制，而 NB-IoT 采用 180kHz 窄带，上行支持 Single-tone 传输和 Multi-tone 传输。

（2）不同子载波间隔的功率差异

NB-IoT 上行 Single-tone 传输支持两种子载波间隔，分别是 3.75kHz 和 15kHz，对于相同的目标 SINR 需求，二者需要的目标接收功率不同。因此，为了在上行传输资源带宽参数 M 中反映 3.75kHz 和 15kHz 子载波间隔的功率差异，以 15kHz 子载波间隔为基准，当采用 3.75kHz 子载波间隔时，M 设置为 1/4。

（3）闭环功率控制

考虑 NB-IoT 的业务应用场景，通常情况下终端接入后完成一个数据包的发送会重新进入休眠状态，业务非常稀疏，持续时间也比较短，闭环功率控制必要性不大，另外闭环功率控制需要在 DCI 中携带传输功率控制命令，占用一定开销；标准最终决定不支持闭环功率控制。

（4）上行控制信息的功率控制

NB-IoT 上行没有类似于 LTE PUCCH 的控制信道，上行控制信息 ACK/NACK 也通过 NPUSCH 发送，并且，仅采用 Single-tone 传输、BPSK 调制和重复编码。对于 NB-IoT 上行控制信息的功率控制，确定上行控制信息与 NPUSCH 发送数据共用同一套功率控制过程，并且路损补偿因子取值为 1，即上行控制信息采用全路损补偿。

综上所述，NB-IoT PUSCH 上行功率控制机制总结如下。

对于 UE 在上行时隙 i 向服务小区 c 进行 NPUSCH 传输的发射功率 $P_{\mathrm{NPUSCH,c}}(i)$，如果 NPUSCH 资源单元的重复次数大于 2，则：

$$P_{\mathrm{NPUSCH,c}}(i) = P_{\mathrm{CMAX,c}}(i) \text{（dBm）}$$

也就是说，对于需要通过多次（大于 2 次）重复来增强覆盖的 UE，采用最大发射功率；否则，

$$P_{\mathrm{NPUSCH,c}}(i) = \min \begin{cases} P_{\mathrm{CMAX,c}}(i), \\ 10\lg(M_{\mathrm{NPUSCH,c}}(i)) + P_{\mathrm{O\_NPUSCH,c}}(j) + \alpha_c(j) \cdot PL_c \end{cases} \text{（dBm）}$$

其中，

- $P_{\mathrm{CMAX,c}}(i)$ 是系统针对服务小区 c 在上行时隙 i 配置的 UE 最大发射功率。

- 当采用子载波间隔为 3.75kHz 的 Single-tone 传输时，$M_{\mathrm{NPUSCH,c}}(i)$ 取值为 1/4；当子载波间隔 15kHz 时，$M_{\mathrm{NPUSCH,c}}(i)$ 的取值范围为 {1, 3, 6, 12}。

- $P_{\mathrm{O\_NPUSCH,c}}(j)$ 为 $P_{\mathrm{O\_NOMINAL\_NPUSCH,c}}(j)$ 和 $P_{\mathrm{O\_UE\_NPUSCH,c}}(j)$ 之 和，其 中，$j \in \{1,2\}$；$j=1$ 对应于基于动态调度授权的 NPUSCH 传输或重传，此时，$P_{\mathrm{O\_NOMINAL\_NPUSCH,c}}(j)$ 和 $P_{\mathrm{O\_UE\_NPUSCH,c}}(j)$ 均由高层信令配置；$j=2$ 对应于随机接入响应授权的 NPUSCH（Msg3 消息）传输或重传，此时，$P_{\mathrm{O\_NORMINAL\_NPUSCH,c}}(2) = P_{\mathrm{O\_PRE}} + \Delta_{\mathrm{PREAMBLE\_Msg3}}$，其中，$P_{\mathrm{O\_PRE}}$ 即高层信令指示的随机接入过程功率控制参数 preambleInitialReceivedTargetPower，$\Delta_{\mathrm{PREAMBLE\_Msg3}}$ 由高层信令配置，$P_{\mathrm{O\_UE\_NPUSCH,c}}(2) = 0$。

- 当 $j=1$ 时，对于 NPUSCH 格式 1 即通过 NPUSCH 发送数据，$\alpha_c(j)$ 由高层信令配置，对于 NPUSCH 格式 2 即通过 NPUSCH 发送上行控制信息，$\alpha_c(j)=1$；当 $j=2$ 时，$\alpha_c(j)=1$。

- PL_c 是 UE 估计的下行路径损耗，根据 NRS 发射功率 nrs-Power 与 UE 高层滤波处理后的 NRSRP 测量结果计算得到，即 PL_c=nrs-Power-UE 高层滤波处理后的 NRSRP 测量值，单位为 dB，其中，NRS 发射功率 nrs-Power 由高层信令指示。

功率余量（Power Headroom）可以为 eNodeB 上行业务调度提供参考，例如，可以用于供 eNodeB 确定在不超过最大发射功率的前提下 UE 能够使用的上行带宽，避免为 UE 分配过多的资源。

考虑到 NB-IoT 的业务应用场景，通常情况下终端接入后完成一个数据包的发送会重新进入休眠状态，业务非常稀疏，数据包比较小，传输时间也比较短，因此，如果按照 LTE 系统的功率余量报告（PHR，Power Headroom Report）机制，终端进行上行数据传输时报告功率余量，则对于本次数据传输，所报告的功率余量并无法使用，而上一次数据传输时报告的功率余量，可能由于间隔时间较长，对本次数据传输也失去了使用价值。

因此，决定在随机接入过程消息 Msg3 中支持 NPRACH 重复等级配置最低的 UE 进行功率余量报告，使用 2bit，支持 4 个功率余量取值用于报告。其中，使用 2bit 主要是为了控制开销，降低对 Msg3 的影响。

功率余量是按照 NPUSCH 采用 Single-tone 以及 15kHz 子载波间隔发送数据时的发射功率进行功率余量计算，并按照功率余量取值映射表进行报告。即不管实际采用的子载波间隔是多少，均按照 NPUSCH 采用 Single-tone 以及 15kHz 子载波间隔发送数据时的发射功率进行功率余量计算。

具体的，当 UE 在上行时隙 i 向服务小区 c 发送 NPUSCH 时，功率余量按照下述公式计算：

$$PH_c(i) = P_{CMAX,c}(i) - \{P_{O\_NPUSCH,c}(1) + \alpha_c(1) \cdot PL_c\} \text{（dB）}$$

其中，$P_{CMAX,c}(i)$、$P_{O\_NPUSCH,c}(1)$、$\alpha_c(1)$ 以及 PL_c 如上节所述。进一步的，计算得到的功率余量需要进行向下近似，得到最接近的 PHR 值，并由物理层传递给高层用于报告。

·第**4**章·

Rel-14
NB-IoT

NB-IoT

4.1　简介

在 Rel-14 NB-IoT 增强中，主要引入了定位和多播功能，增强了多载波功能和 NB-IoT 移动性。此外，为了进一步降低 NB-IoT 系统的功耗和时延，提高传输效率，引入了两 HARQ 进程以及更大的上下行传输块大小（TBS，Transport Block Size）。

4.2　定位增强

Rel-14 中讨论的 NB-IoT 定位技术，包括观察到达时间差定位法（OTDOA，Observed Time Difference of Arrival）和上行到达时间差定位法（UTDOA，Uplink Time Difference of Arrival），最终 3GPP Rel-14 NB-IoT 增强中引入了基于 OTDOA 的定位技术。

4.2.1　NB-IoT 定位参考信号

为了支持基于 OTDOA 的定位技术，3GPP RAN1 考虑设计专用的窄带定位参考信号（NPRS，Narrowband Positioning Reference Signal）。

1. NPRS 图样

NPRS 图样设计主要有两种方案：

方案 1：在传统的 LTE 定位参考信号（PRS）基础上的增强设计，沿用传统的 LTE 定位参考信号的生成公式。对于独立工作（Stand-alone）模式和保护带（Guard-band）工作模式，通过相同的公式生成前 3 个符号上的 NPRS 图样，如图 4-1 所示。

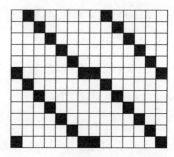

　　方案 2：新 NPRS 图样设计如图 4-2 所示。将一个子帧上发送 NPRS 的 RE 分为 6 组，每个符号上的 2 个 RE 分给 1 组以支持复用因子 6。通过给相邻的小区分配不同的 NPRS RE 组，从终端的角度来看，可以最小化相邻的小区 NPRS 碰撞的发生。

图 4-1　LTE PRS 扩展至独立工作模式和保护带工作模式

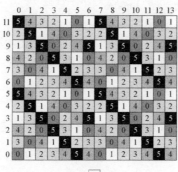

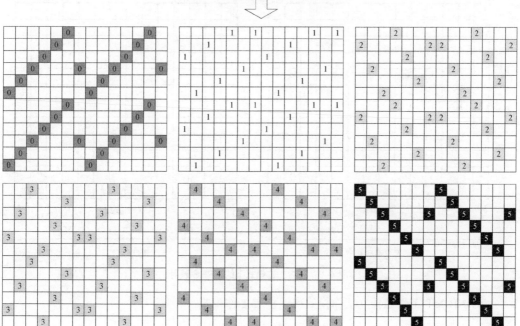

图 4-2　新 NPRS 图样设计

两种 NPRS 图样设计方案在性能上差异不大，标准最终决定采用方案 1，即基于传统的 LTE 定位信号的增强方案。

NPRS 通过天线端口 p 发送，时隙 n_s 中（子载波索引为 k，符号索引为 l）位置上对应的 NPRS 的表达式 $a_{k,l}^{(p)}$ 为：

$$a_{k,l}^{(p)} = r_{l,n_s}(m')$$

其中，NPRS 使用的天线端口 p 为端口 2006。

－ 若 NB-IoT 工作在带内工作模式：

$$k = 6m + (6 - l + v_{\text{shift}}) \bmod 6$$

$$l = \begin{cases} 3,5,6 & \text{如果 } n_s \bmod 2 = 0 \\ 1,2,3,5,6 & \text{如果 } n_s \bmod 2 = 1 \text{ 和}(1 \text{ 或 } 2 \text{ PBCH 天线端口}) \\ 2,3,5,6 & \text{如果 } n_s \bmod 2 = 1 \text{ 和}(4 \text{ PBCH 天线端口}) \end{cases}$$

$$m = 0,1$$

$$m' = m + 2\,n'_{\text{PRB}} + N_{\text{RB}}^{\max,\text{DL}} - \tilde{n}$$

其中，n'_{PRB} 为 NPRS-SequenceInfo 指示的 NB-IoT 载波所在的 LTE PRB index；当 n'_{PRB} 所对应的 $N_{\text{RB}}^{\text{DL}}$ 为奇数时，$\tilde{n}=1$；n'_{PRB} 所对应的 $N_{\text{RB}}^{\text{DL}}$ 为偶数时，$\tilde{n}=0$。如图 4-3 所示，$v_{\text{shift}} = 3$。

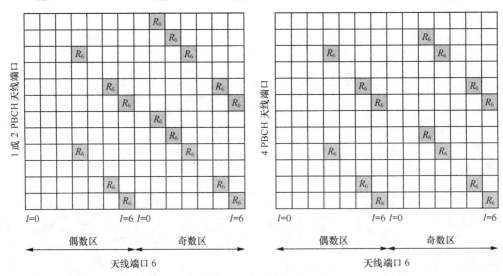

图 4-3　带内工作模式下的 NPRS 映射

－ 若 NB-IoT 工作在独立工作模式或保护带工作模式：

$$k = 6m + (6 - l + v_{\text{shift}}) \bmod 6$$

$$l = 0,1,2,3,4,5,6$$

$$m = 0,1$$
$$m' = m + N_{RB}^{\max,DL} - 1$$

$v_{shift} = N_{ID}^{NPRS} \bmod 6$，如果高层没有配置 N_{ID}^{NPRS}，则 $N_{ID}^{NPRS} = N_{ID}^{Ncell}$。PBCH 天线数量由高层配置。如图 4-3 所示，$v_{shift} = 0$。如果高层没有配置 nprsBitmap，则每个时隙中符号 5、6 不用作 NPRS 发送。

2. NPRS 序列

NPRS 序列取自于 Rel-14 LTE 定位序列（Sequence）中连续的两个元素。

当 NB-IoT 载波工作在独立工作模式或保护带工作模式，2 长 NPRS 序列为 Rel-14 LTE 定位序列中心的 2 个元素；

当 NB-IoT 载波工作在带内工作模式，2 长 NPRS 序列为 Rel-14 LTE 定位序列中的 2 个元素，且所述 2 个元素为 NB-IoT 载波所在的 LTE PRB index 对应的 Rel-14 LTE 定位序列中的 2 个元素，通过参数"NPRS-SequenceInfo"来指示 NB-IoT 载波所在的 LTE PRB index，NPRS-SequenceInfo 取值如表 4-1 所示。

表 4-1　NB-IoT 载波所在 LTE PRB index，NPRS-SequenceInfo 取值

NPRS-SequenceInfo	LTE PRB index n'_{PRB}（N_{RB}^{DL} 为奇数）	NPRS-SequenceInfo	LTE PRB index n'_{PRB}（N_{RB}^{DL} 为偶数）
0 ~ 74	-37, -36, ···, 37	75 ~ 174	-50, -49, ···, 49

NPRS-Sequence $r_{l,n_s}(m)$ 按照下面的公式生成：

$$r_{l,n_s}(m) = \frac{1}{\sqrt{2}}\big(1 - 2 \cdot c(2m)\big) + j\frac{1}{\sqrt{2}}\big(1 - 2 \cdot c(2m+1)\big), \quad m = 0,1,\cdots,2N_{RB}^{\max,DL} - 1$$

其中，n_s 是无线帧中的时隙号，l 是时隙中 OFDM 符号的序号。PN 序列 $c(i)$ 按照 TS36.211 中 7.2 节规定的方法生成，并且每个 OFDM 符号开始时 c_{init} 按照下式初始化：

$$c_{init} = 2^{28} \cdot \left\lfloor N_{ID}^{PRS}/512 \right\rfloor + 2^{10} \cdot \left(7 \cdot \left(n_s + 1\right) + l + 1\right) \cdot \left(2 \cdot \left(N_{ID}^{PRS} \bmod 512\right) + 1\right) + 2 \cdot \left(N_{ID}^{PRS} \bmod 512\right) + N_{CP},$$

其中，$N_{ID}^{PRS} \in \{0,1,\cdots,4095\}$，如果高层没有配置 N_{ID}^{PRS}，则 $N_{ID}^{PRS} = N_{ID}^{cell}$；$N_{CP} = 1$。

3. NPRS 配置

包含 NB-IoT 定位参考信号的子帧称为 NPRS 子帧。NPRS 子帧由高层配置，每个 NB-IoT 载波分别配置一套 NPRS 配置参数。NPRS 子帧首先需要是无效的 NB-IoT 下行子帧，

NPRS 子帧不会出现在包含 Rel-13 窄带物理下行控制信道（NPDCCH）、窄带物理下行共享信道（NPDSCH）、物理广播信道（PBCH）、窄带主同步信号（NPSS）、窄带辅同步信号（NSSS）等的 NB-IoT 下行有效子帧中。标准中支持两种 NPRS 配置参数，分别为 PartA 和 PartB。

PartA 用来指示一个 NPRS 定位时机（NPRS occasion）中的 NPRS 子帧，通过比特位图形式指示，比特位图长度为 10bit 或 40bit，比特位配置为 "1" 代表 NPRS 子帧；比特位配置为 "0" 代表非 NPRS 子帧。

PartB 通过 T_{NPRS} 指示 NPRS occasion 的配置周期，T_{NPRS} 取值可以为 $\{160, 320, 640, 1280\}$ms；通过 N_{NPRS} 指示 1 个 NPRS occasion 中包括的 NPRS 子帧数量，N_{NPRS} 取值可以为 $\{10, 20, 40, 80, 160, 320, 640, 1280\}$；通过 αT_{NPRS} 指示 NPRS occasion 的起始子帧偏置，其中，

$$\alpha \in \left\{0, \frac{1}{8}, \frac{2}{8}, \frac{3}{8}, \frac{4}{8}, \frac{5}{8}, \frac{6}{8}, \frac{7}{8}\right\}。$$

NB-IoT 锚定载波（Anchor Carrier）以及非锚定载波（Non-Anchor Carrier）都支持 PartA 和 / 或 PartB，但是当 NB-IoT 载波工作在带内工作模式时并不支持只配置 PartB。如果 PartA 和 PartB 都配置了，则只有被 PartA 和 PartB 都指示为 NPRS 子帧才算作 NPRS 子帧。

UE 在接收 NPRS 时，不会接收 NPRS 所在带宽之外的其他参考信号。

如果 NB-IoT 锚定载波上仅仅支持 PartB 的 NPRS，则需要通过高层信令指示锚定载波上 SIB1-NB 的重复发送次数，以避免终端误将 SIB1-NB 子帧当作 NPRS 子帧。

4. 静默图样

为了消除小区间定位参考信号的相互干扰，通过 NPRS 静默序列来设置 NB-IoT 定位参考信号的静默图样。PartA 和 PartB 分别配置 NPRS 静默序列。

NPRS 静默序列是长度为 2、4、6 和 16bit 的比特流。针对 PartA，比特流的 1 个比特对应 10 个连续子帧；针对 PartB，比特流中的 1 个比特对应 1 个 NPRS occasion。

4.2.2　NB-IoT 定位架构

NB-IoT 重用传统 LTE 的定位架构和协议，NB-IoT 终端需要支持轻量级表示协议（LPP，Light Weight Presentation Protocol）。

终端定位架构如图 4-4 所示，其中，演进的服务移动定位中心（E-SMLC，Evolved Serving Mobile Location Center）提供定位相关计算。UE 与 E-SMLC 间的定位协议为 LPP。

LPP 的传输与 NAS 信令类似，通过 RRC 信令来承载。通过 LPP，UE 与 E-SMLC 间交互定位能力、辅助数据、定位相关的测量、位置信息等。

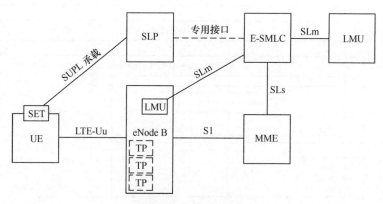

图 4-4　终端定位架构

LTE 支持 LPP 主要用于连接态的定位，但 Rel-14 NB-IoT 出于终端省电和简化的考虑，最终只同意支持空闲态的定位，为此对 LPP 本身做了一些适应性的修订。

4.2.3　NB-IoT 定位过程

Rel-14 NB-IoT 立项最初，曾讨论过多种定位方式，如增强型小区标识（E-CID，Enhanced Cell-ID）、OTDOA、UTDOA 等方式。确定可用于 NB-IoT 的定位方法，应综合考虑其精度、复杂度、功耗等问题。

标准讨论过程中，部分公司认为 NB-IoT 应主要支持空闲态测量，原因在于连接态测量相比空闲态测量没有明显优势，而且连接态可用于测量的资源较少，执行连接态测量，终端需持续监听 PDCCH，导致终端耗电较高，另外连接态测量还需考虑间隔（Gap）配置，较为复杂。更可行的方案是，终端在连接态接收测量配置，然后在空闲态测量，再通过连接建立将测量结果上报给网络。当需要终端做空闲态测量时，网络可以将连接态终端主动释放到空闲态。另一些公司则认为空闲态和连接态测量都可以支持。但是标准最终还是确定，在 Rel-14 阶段仅支持空闲态定位相关的测量，即参考信号时间差（RSTD，Reference Signal Time Difference）和参考信号接收功率（RSRP，Reference Signal Receiving Power)/参考信号接收质量（RSRQ，Reference Signal Receiving Quality）的测量。空闲态 OTDOA 的定位测量过程如图 4-5 所示。

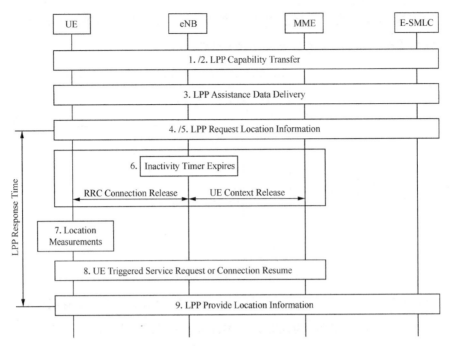

图4-5 空闲态 OTDOA 的定位测量过程

为实现辅助终端更高效地执行定位相关测量，网络可以为终端配置定位辅助数据。在 LTE 中，定位相关的辅助数据通过专用 LPP 信令来传输，如图4-6所示。

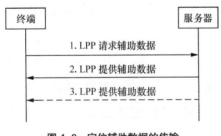

图4-6 定位辅助数据的传输

由于 Rel-14 NB-IoT 只支持空闲态的定位测量，与 LTE 相比，在测量状态和定位需求上都存在差异性，标准进一步讨论了 NB-IoT 是否可以重用 LTE 的辅助数据传输方法。对空闲态测量采用广播方式来传输辅助数据可能更加高效，但是考虑到辅助数据较大，而系统消息受到带宽限制不能过大，再有对于小区边缘处于覆盖增强模式的终端可能需要更多的重复次数，而更多重复次数的系统消息对其他覆盖较好的终端而言又是不必要的资源浪费，为此标准最终同意通过 LPP 方式传输定位辅助数据。

对于收到过定位辅助数据和定位请求的终端，何时触发定位测量是另一个要讨论的问题，可能的方式是基站触发或终端触发。由于 NB-IoT 仅支持空闲态定位，基站可以在连接释放消息中包含定位使能指示，或者，基站可以通过寻呼消息更加实时地指示终端开始测量。但标准讨论后采用最简单的方案，对处于连接态的 UE 不会引入额外的 RRC 信令来主动释放

RRC 连接，也不会增强连接释放信令或寻呼信令，终端仍按现有机制释放到空闲态后启动定位相关的测量。

 ## 4.3　多播传输增强

Rel-14 NB-IoT 引入支持下行广播业务传输的需求。为满足该需求，要求支持 SC-PTM 功能，但需对 NB-IoT 进行适配。

为支持单小区多播（SC-PTM，Single-Cell Point-to-Multipoint）传输，NB-IoT 定义了两个逻辑信道：单小区多播控制信道（SC-MCCH）和单小区多播业务信道（SC-MTCH），分别用于 SC-PTM 控制信息（如 SC-MTCH 的调度参数和 G-RNTI 等）和实际的组播业务的传输。所有的组播控制 SC-MCCH 和组播业务 SC-MTCH 在 NPDSCH 上发送，用于调度 NPDSCH 的下行控制信息（DCI，Downlink Control Information）在 NPDCCH 上发送。调度 SC-MCCH 和 SC-MTCH PDSCH 的 DCI 分别是通过 SC-RNTI 和 G-RNTI 加扰。

4.3.1　SC-PTM 架构

Rel-13 中传统的单小区广播功能 SC-PTM 主要为支持对业务感兴趣的终端分布于不连续的小区下，且站点间不同步使得不存在大的 MBSFN 区域的场景而引入。SC-PTM 重用了如图 4-7 所示的架构，在 SC-PTM 模式下，用户数据通过 BM-SC 而非 PGW 传输到终端。

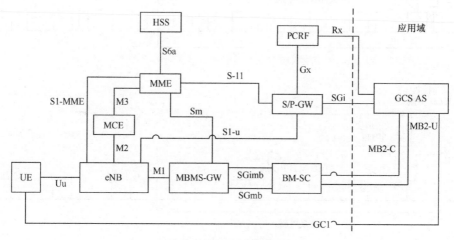

图 4-7　SC-PTM 系统架构

传统 SC-PTM 中，终端在空闲态和连接态都可以接收多播业务，但如果让 NB-IoT 也在连接态接收多播业务，终端需要同时监听专用搜索空间以及用于 SC-MCCH 和 SC-MTCH 的搜索空间，对现有物理层有影响。另外考虑到 NB-IoT 终端通常在连接态保持时间比较短，因此 Rel-14 中仅支持终端在空闲态接收多播业务。进一步的，为了保证业务性能和用户体验，还需要支持空闲态的业务连续性。

4.3.2 SC-PTM 调度

传统 SC-PTM 中，SC-MCCH 和 SC-MTCH 均采用动态调度方式。在 Rel-14 NB-IoT 讨论中，SC-MTCH 沿用动态调度方式很快达成一致，以获得足够的调度灵活性。

对于 SC-MCCH 消息传输，各公司有着不同意见。NB-IoT 中，如果 SC-MCCH 仍然采用动态调度方式，在每个 SC-MCCH 重复周期内，终端都需要监听每个 PDCCH 子帧，在较差覆盖条件下，控制信道和数据信道都需要重复较多次才能被终端接收到，这对终端耗电会有较大影响。因此有公司建议对 SC-MCCH 考虑半静态或无 PDCCH 的调度方式，即终端无须监听 PDCCH，而是在半静态配置的子帧上接收 SC-MCCH 消息。动态和半静态的 SC-MCCH 调度方式对比如图 4-8 所示。

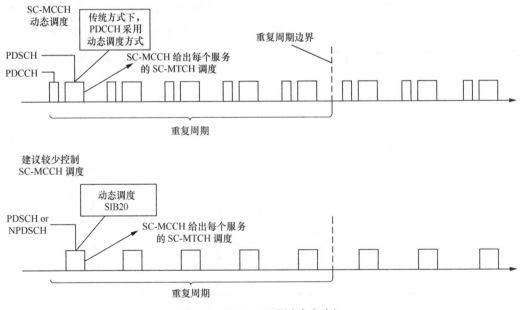

图 4-8 SC-MCCH 调度方式对比

半静态调度方式显然会减少终端对 PDCCH 信道的监听，有助于终端省电，但通过系统消息广播静态配置参数，对不接收多播业务的终端而言是额外开销，可能的替代方式是类似 SPS 的方式，然而 Rel-14 NB-IoT 当时并不支持 SPS 功能。最终协议对 SC-MCCH 还是沿用动态调度的方式。

1. SC-MCCH 调度

（1）SC-MCCH 的搜索空间设计

对于调度 SC-MCCH 的搜索空间的设计方法，有以下两种备用方案：

- 方案 1：重用 Type-1 CSS（寻呼消息）设计；
- 方案 2：重用 Type-2 CSS（Msg2/Msg3）设计。

对于方案 1，在搜索空间中的每一个重复次数只对应一个候选集，并且所有候选集都开始于该搜索空间的开始时刻。该方式的好处是低功耗和低的盲检测复杂度，因为只有开始于搜索空间开始时刻的候选集需要被检测。另外，方案 1 支持检测的重复次数比方案 2 多，从而方案 1 具有比方案 2 更优的资源利用效率。对于方案 2，候选集不局限于搜索空间开始和更多的候选集将被搜索，所以方案 2 提供了相比方案 1 更好的 DCI 传输的灵活性。

考虑到用于调度 SC-MCCH 的候选集通常具有较多的重复次数，采用方案 2 只能提供非常有限的调度灵活性且还是以增加的功率损耗为代价。基于以上原因，调度 SC-MCCH 的搜索空间重用 Type-1 CSS 设计（方案 1）被标准采纳。类似于调度单播信道的搜索空间的配置，调度 SC-MCCH 搜索空间的配置参数（α_{offset}、R_{max} 和 G）由高层提供。另外，从灵活性角度考虑，上述 α_{offset} 取值范围扩展为 $\{0, 1/8, 1/4, 3/8, 1/2, 5/8, 3/4, 7/8\}$。

（2）SC-MCCH 的调度和跳频

为简化设计和减少功耗，SC-MCCH 传输限制于 1 个 NB-IoT 载波（不支持跳频）。类似于单播，下行传输间隔（DL Gap，Downlink Gap）配置也适用于承载 SC-MCCH 的 NPDSCH 以及 SC-MCCH 只允许在配置的组播有效子帧上发送，其中，组播的有效子帧的配置通过高层提供。从配置的灵活性，以及减少组播控制 / 业务和单播控制 / 业务之间的干扰角度，允许组播的有效子帧的配置与单播的有效子帧的配置相同或不同。

（3）SC-MCCH 的 DCI 设计

由于调度 SC-MCCH 的搜索空间重用 Type-1 CSS 设计已被确认，所以调度 SC-MCCH 的 DCI 重用 DCI 格式 N2 的字段自然也被标准采纳，如表 4-2 所示。其中，NPDSCH 默认开始于 NPDCCH 传输结束后的第 5 个子帧（与寻呼消息类似），TBS 最大是 2536bit。

表 4-2　调度 SC-MCCH 的 DCI 的内容

字段	大小（bit）
资源分配	3
调制编码方案	4
NPDSCH 重复次数	4
DCI 重复次数	3

2. SC-MTCH 调度

（1）SC-MTCH 的搜索空间设计

对于调度 SC-MTCH 的搜索空间的设计，也有以下两种备用方案：

– 方案 1：重用 Type-1 CSS（寻呼消息）设计；

– 方案 2：重用 Type-2 CSS（Msg2/Msg3）设计。

对于方案 1，在搜索空间中的每一个重复次数只对应一个候选集，并且所有候选集都开始于该搜索空间的开始时刻。该方式的优点是低功耗和低的盲检测复杂度，因为只有开始于搜索空间开始时刻的候选集需要被检测。另外，方案 1 支持检测的重复次数比方案 2 多，从而方案 1 具有比方案 2 更优的资源利用效率。对于方案 2，候选集不局限于搜索空间开始和更多的候选集将被搜索，所以方案 2 提供了相比方案 1 更好的 DCI 传输的灵活性。

至少当 R_{max} 不是非常大时，采用方案 2 能够提供较大的 SC-MTCH DCI 传输或调度的灵活性，调度 SC-MTCH 的搜索空间重用 Type-2 CSS 设计（方案 2）被标准采纳。类似于调度单播信道的搜索空间的配置，调度 SC-MTCH 搜索空间的配置参数（α_{offset}、R_{max} 和 G）由 SC-MCCH 提供。另外，从灵活性和避免不同 SC-MTCH 之间冲突的角度，上述 α_{offset} 取值范围扩展为 $\{0, 1/8, 1/4, 3/8, 1/2, 5/8, 3/4, 7/8\}$。

（2）SC-MTCH 的调度和跳频

为简化设计和减少功耗，SC-MTCH 传输限制于 1 个 NB-IoT 载波（不支持跳频）。

为提高 SC-MTCH 容量，不同的 SC-MTCH 能够在不同的 NB-IoT 载波上发送。类似于单播，DL Gap 配置也适用于承载 SC-MTCH 的 NPDSCH 以及 SC-MTCH 只允许在配置的组播有效子帧上发送，其中，组播的有效子帧的配置通过高层提供。从配置的灵活性，以及减少组播控制 / 业务和单播控制 / 业务之间的干扰角度，允许组播的有效子帧的配置与单播的有效子帧的配置相同或不同。

NB-IoT SC-MTCH 只支持一个 HARQ 进程且不支持 HARQ 重传。

（3）SC-MTCH 的 DCI 设计

由于调度 SC-MTCH 的搜索空间重用 Type-2 CSS 设计已被确认，所以调度 SC-MTCH 的 DCI 重用 DCI 格式 N1 的字段自然也被标准采纳，如表 4-3 所示。与 DCI 格式 N1 不同的是，为进一步改善 SC-MTCH 的调度灵活性，调度时延的取值不再依赖于 R_{max} 值，最终确定的取值范围为 {0, 4, 8, 12, 16, 32, 64, 128}。其中，TBS 最大为 2536bit。

表 4-3　调度 SC-MTCH 的 DCI 的内容

字段	大小（bit）
资源分配	3
调制编码方案	4
NPDSCH 重复次数	4
DCI 重复次数	2
调度时延	3

3. 冲突处理机制

考虑到多播业务与单播业务共存的情况，标准讨论确定以下优先级处理原则，其他场景则主要依赖终端实现：

- MT（寻呼信号）vs SC-PTM：被呼业务的寻呼接收比 SC-PTM 具有更高优先级；

- MO (Except Signalling) vs SC-PTM：依赖终端实现；

- MO Signalling vs SC-PTM：起呼业务的信令发送具有更高优先级。

具体的，当 NB-IoT 终端正在监听 Type-1 CSS 或接收承载 Paging 的 NPDSCH 时，或者，当 NB-IoT 终端正在接收或发送随机接入消息时，终端不需要监听调度 SC-MCCH 或 SC-MTCH 的搜索空间，也不需要接收承载 SC-MCCH 或 SC-MTCH 的 NPDSCH。

考虑到 NB-IoT 终端的低成本特性，终端不需要同时监听调度 SC-MCCH 的搜索空间和调度 SC-MTCH 的搜索空间；正在接收承载 SC-MTCH 的 NPDSCH 时，终端不需要监听调度 SC-MTCH 的 NPDCCH 搜索空间；正在接收承载 SC-MCCH 的 NPDSCH 时，终端不需要同时监听调度 SC-MCCH 的 NPDCCH 搜索空间；当正在监听调度 SC-MCCH 的 NPDCCH 搜索空间或正在接收承载 SC-MCCH 的 NPDSCH 时，终端不需要同时监听调度 SC-MTCH 的

NPDCCH 搜索空间或接收承载 SC-MTCH 的 NPDSCH。

当承载 SC-MTCH 或 SC-MCCH 的 NPDSCH 与 NPSS/NSSS、NPBCH 或系统信息块（SIB，System Information Block）冲突时，NPDSCH 被推迟；当调度 SC-MTCH 或 SC-MCCH 的 NPDCCH 搜索空间与 NPSS/NSSS、NPBCH 或 SIB 冲突时，NPDCCH 被推迟；从一个调度 SC-MTCH 或 SC-MCCH 的 NPDCCH 搜索空间的结束到下一个调度 SC-MTCH 或 SC-MCCH 的 NPDCCH 搜索空间的开始至少间隔 4ms。

4.3.3 SC-PTM 配置参数获取

在确定了 SC-MCCH 和 SC-MTCH 的调度方式后，还需确定相关配置信息的获取方式。在传统的 SC-PTM 中，SC-PTM 调度的配置信息通过如图 4-9 所示的方式传输。即 SC-MCCH 消息的调度信息通过 SIB20 消息配置，每个 SC-MTCH 的调度信息则通过 SC-MCCH 消息配置。

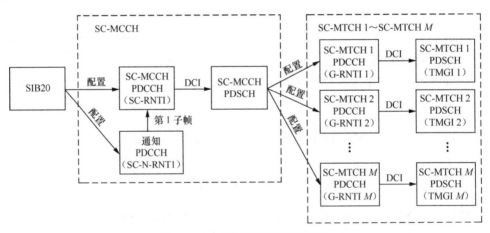

图 4-9　SC-PTM 调度配置信息传输

标准另外支持 SC-MCCH 消息的变更通知机制。当终端尚未开始接收多播业务时，终端需要依靠 SC-MCCH 变更指示来判断是否接收 SC-MCCH 消息。标准规定 SC-MCCH 的变化只能发生在特定无线帧，在一个修改周期内，相同的 SC-MCCH 消息会重复传输多次。修改周期通过 SIB20 配置。当网络需要修改某些 SC-MCCH 信息时，它会在 SC-MCCH 消息传输的第一个重复周期的第一个子帧上发送变更指示。因此当终端收到变更指示后，如果希望接收多播业务，则终端会从当前子帧开始接收新的 SC-MCCH 消息。但是当终端已经通过 SC-

PTM 接收多播业务时，标准要求终端在每个修改周期的开始都要获取 SC-MCCH 消息而并非依赖变更指示。

由于 NB-IoT 对覆盖增强和节省耗电有很高要求，需要对上述 LTE 中获取 SC-MCCH 消息的机制进行优化。

对于终端尚未开始接收业务的场景，标准讨论中，部分公司建议在调度 SC-MCCH 的每个 PDCCH（使用 SC-RNTI 加扰）的 DCI 中引入 1bit 变更指示信息。当 NB-IoT 终端收到指示 SC-MCCH 消息发生变化的信息后，可以在当前子帧开始尝试获取更新后的 SC-MCCH 消息。但另一些公司建议利用 PDCCH 上传输的直接标识信息（Direct Indication Information）（使用 P-RNTI 加扰）来传输变更指示，比较后认为后一种方案会使得 SC-MCCH 的变更周期非常长，而且还要求终端针对 SC-PTM 的苏醒时机与针对 Paging 的苏醒时机关联起来，并不合理。标准最终采用在调度 SC-MCCH 的 PDCCH 的 DCI 中引入变更指示的方式。

对于终端正在接收业务的场景，现有标准中让终端在每个修改周期都获取 SC-MCCH 消息的方式显然会造成过高的耗电，此外考虑到在 Rel-14 多载波配置场景下，标准讨论初始阶段就同意了 SC-MCCH 和 SC-MTCH 可以在不同载波上调度，调度载波信息通过系统信息来配置。如果 SC-MCCH 和 SC-MTCH 在不同载波上调度，按现有机制，终端为了接收 SC-MCCH 消息会中断当前对业务的接收，如果要求基站在调度 SC-MCCH 的时候就不调度 SC-MTCH，会降低 SC-PTM 传输效率。为此标准引入了基于业务的 SC-MCCH 变更指示，即在调度 SC-MTCH 的每个 PDCCH 的 DCI 中引入 1bit 变更指示信息，而且该变更指示仅仅需要指示与当前正在接收的业务的相关配置是否发生变化。如果正在接收业务的终端根据该指示信息判断 SC-MCCH 将要发生变化，则终端会在下个修改周期的起点开始接收新的 SC-MCCH 消息。

在上述优化基础上，标准进一步支持在调度 SC-MTCH 的 PDCCH 中引入信息指示下一个修改周期是否有新的业务将要广播，可选的，如果终端对新业务感兴趣，可以在下一个修改周期转去接收新的业务。

4.3.4　SC-PTM 传输

1. SC-MCCH 传输

由于 NB-IoT 支持的带宽较小，标准讨论首先确定需要减少 NB-IoT 支持的业务数量，从现有的单小区支持 1023 个业务减少到 64 个业务。

现有 SC-PTM 中每个小区只广播一条 SC-MCCH 消息，讨论过程中有公司建议引入针对不同覆盖等级（重复次数）的多条 SC-MCCH 消息，每条 SC-MCCH 消息只与某一个覆盖等级的 SC-PTM 配置相关联，不同覆盖等级的 SC-PTM 配置包含在不同 SC-MCCH 消息中发送，这样就不要求 SC-MCCH 消息总是以最大重复次数发送。另外，考虑到 NB-IoT 支持的 TBS 较小，这样可以使得每条 SC-MCCH 消息只需包含少量的 SC-MTCH 相关信息，终端只需解调较小的 SC-MCCH 消息即可。

考虑到 SC-MCCH 的变更不频繁，另外，即便 SC-MCCH 消息使用最大重复次数发送，覆盖较好的终端一旦收到 SC-MCCH 消息就可以停止解调，多数公司认为引入多个 SC-MCCH 消息相比现有机制的收益有限，且这种方式还会引入额外的复杂度，例如，如果没有优化的 SC-MCCH 变更指示机制，终端很可能还是会需要解析多条甚至全部的 SC-MCCH 消息，有可能比解析一条较大的 SC-MCCH 消息开销更大。最终标准没有引入多个 SC-MCCH 消息，但考虑到 NB-IoT 中 TBS 受限的实际情况，支持对一条 SC-MCCH 消息划分多个分片进行传输的方式。

现有 SC-MCCH 调度机制如图 4-10 所示。SC-MCCH 消息在 SC-MCCH 重复周期的 sc-mcch-duration 内被调度。在这个时间周期内终端监听 SC-RNTI 加扰的 PDCCH 并进一步解调相应的数据信道传输。图 4-10 中 SC-MCCH 消息被分成 4 个 TB 块传输，每个 TB 块是独立调度的。

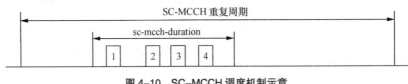

图 4-10　SC-MCCH 调度机制示意

考虑到 NB-IoT 有限的带宽、终端的节电需求以及 SC-MCCH 在较差覆盖下的传输效率，应尽量减少终端对控制信道的解调，为此讨论中有公司提出以下 3 种改进的 SC-MCCH 传输选项。

● 选项 1：类似 SC-MTCH DRX 传输机制的 SC-MCCH 传输机制

在图 4-11 中，除了现有的 sc-mcch-duration 定时器，还需引入一个新的针对 SC-MCCH 的 Inactivity 定时器，两个定时器的启动 / 停止条件与 SC-MTCH DRX 机制中的相应定时器一样。终端只在 sc-mcch-duration 定时器或 Inactivity 定时器运行期间才会监听 PDCCH 信道。

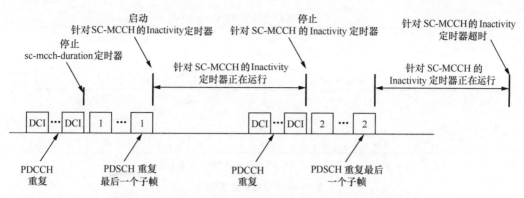

图 4-11　类似 SC-MTCH DRX 传输机制的 SC-MCCH 传输机制

● 选项 2：一个 DCI 调度所有 SC-MCCH 分片的传输方式

如图 4-12 所示，使用一个 DCI 指示所有 SC-MCCH 分片的调度信息。分片个数以及相邻分片传输之间的间隔等信息，可以包含在 SIB20 中，也可以包含在调度该 SC-MCCH 消息的 DCI 中。

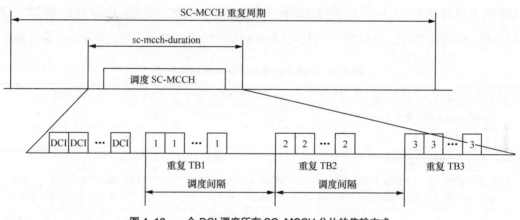

图 4-12　一个 DCI 调度所有 SC-MCCH 分片的传输方式

● 选项 3：TB 级别交织方案

该选项中，包含不同 TB 的子帧交织在一起发送。如图 4-13 所示，包含 TB 块 1/2/3/4 的 4 个子帧在一个调度周期内会重复发送多次。对于覆盖条件好的终端，采用这种交织发送方式可以让终端被唤醒去解调控制信道的次数更少、更省电。为应用该选项，需要通过信令，如 SIB20 或调度 SC-MCCH 的 DCI，来指示 UE 关于交织的 TB 的数量等信息。利用这些信息，UE 可以区分出包含相同 TB 的子帧。

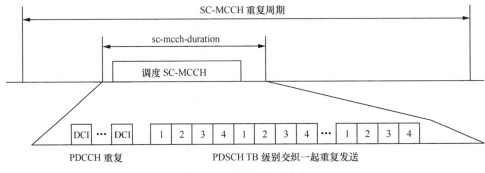

图 4-13 TB 级别交织方案

最终标准采纳了与现有标准最接近的基于 DRX 机制的选项 1 传输方式。

2. SC-MTCH 传输

标准讨论最初，多个厂家都认为需要考虑 SC-MTCH 传输的可靠性问题。NB-IoT 中典型的多播业务为软件更新，假设软件更新的业务数据大小为 200kB，UDP/IP 包的最大长度为 1500B，考虑当前调制的编码方案（MCS，Modulation and Coding Scheme）和可靠性要求，物理层 PDSCH 典型的 BLER 为 0.1，即便物理层进一步增强或分配更多资源，PDSCH 的 BLER 也最多被降低到 0.01。基于上述假设，可以通过表 4-4 计算 NB-IoT 中软件更新业务的传输成功率。

表 4-4 终端进行软件更新的成功率估计

	NB-IoT	传统 LTE
多播数据包大小（软件更新业务）	200kB	
UDP/IP 包最大长度	1500B（以太网）	
UDP/IP 包总个数	$200 \times 10^3/1500 = 133$ 个 UDP/IP 包	
DL TBS 的最大长度（包括 2 字节的 RLC 包头和 2 字节的 MAC 包头）	680bit（MCS 4～12） 256bit（MCS 0）	12 960bit（仅使用 20 个 PRB，LTE 最多可支持 110 个 PRB）
每个 UDP/IP 包所需的 TB 数量	至少 19 个 TB（MCS 4～12） 至少 54 个 TB（MCS 0）	大概率只需一个 TB
PDSCH BLER 假设	0.01	0.01
物理层 TB 传输成功率（假设物理层通过多次重复来提高 BLER）	0.99	0.99
UDP/IP 包传输成功率	$0.99^{54} = 0.581$（MCS 0） $0.99^{19} = 0.826$（MCS 4～12）	$0.99^1 = 0.99$
UE 成功接收所有多播包的概率	$0.581^{133} = 4.3 \times 10^{-32}$（MCS 0） $0.826^{133} = 9 \times 10^{-12}$（MCS 4～12）	$0.99^{133} = 0.263$

通过以上计算可以看出，在 NB-IoT 的物理配置下，由于 TB 大小比传统 LTE 小很多，一个 UDP/IP 包可能需要被分成最多 54 个 TB 传输，传输失败概率叠加后，会使得传输可靠性相当低。一方面与传统 LTE 中 SC-PTM 主要用于节目多播不同，软件更新对可靠性的要求更高，任何一个 TB 丢失都可能导致软件更新失败。另一方面考虑到 NB-IoT 不支持现有多播中的 HARQ 机制，所以更难达到较高的传输可靠性，实际情况应比上述计算结果更为严重。综上所述，大部分公司认为需要考虑 NB-IoT 中 SC-MTCH 传输可靠性问题并考虑解决方案。

有公司倾向于基于反馈机制的解决方案，有公司则认为 RAN 侧的物理层盲重传已经可以提供较高的传输可靠性，如 3 次重传有如表 4-5 所示的计算结果。此外，更高层的前向纠错码（FEC，Forward Error Correction）机制可以使得更高层的 IP 包做合并接收，如 FLUTE 机制可以提供单向链路上无反馈的可靠传输，所以无须引入 RAN 侧的反馈机制。

表 4-5　SC-PTM 传输可靠性估算

物理层 TB 传输成功率	$1 - 0.01^3 = 0.999999$
UDP/IP 包传输成功率	$0.999999^{54} = 0.999946$ (MCS 0) $0.999999^{19} = 0.999981$ (MCS 4 ～ 12)
UE 成功接收所有多播数据包的概率	0.9928 (MCS 0) 0.9975 (MCS 4 ～ 12)

在多次重传基础上，仍有可能存在少量终端由于覆盖较差始终无法成功完成接收，为保证这些终端的可靠接收，第一种方式是基于单播或高层的 FEC 机制，第二种方式则是基于空中接口的反馈 / 重传机制。第二种方式是最有效的实现方式，对 SC-PTM 引入 HARQ 机制，实现 TB 级别的反馈和重传。不需要触发 RRC 连接建立，终端耗电更少。但最终由于增益有限以及复杂度问题，RAN2 决定不引入空口反馈等增强方案，传输可靠性主要靠物理层重传保证。标准另外同意对不同的 SC-MTCH 业务支持灵活配置不同的覆盖增强重复次数。

3. RAN 级别的会话启动 / 停止指示

现有多播业务支持通过应用层业务宣告流程来向终端指示用户授权描述信息（USD，User Subscription Description），该信息中也包含了业务的启动 / 停止时间，可以帮助终端准确判断何时开始或何时停止接收业务，但该信息是可选发送的。此外，考虑到 NB-IoT 中多播业务主要是软件更新，某些情况下，可能需要尽快启动软件更新，如果要求终端频繁地获取 USD 信息以便尽快知道软件更新的开始时间，对终端耗电有较大影响，为此多家公司都建议引入 RAN 侧关于多播业务真实开始时间的指示，但也有公司认为现有应用层机制已经足够满足需求，最终标准未在空中接口引入该启动指示。

在之前标准中，多播业务停止流程如图 4-14 所示。其中，MME-MCE 间的 MBMS 会话停止请求（MBMS Session Stop Request）消息可选包含业务实际结束时间，当 eNB 接收到 MCE 发来的 MBMS 会话停止请求消息时，eNB 会停止该业务，即更新 SC-MCCH 消息移除任何与被停止业务相关的业务配置信息。

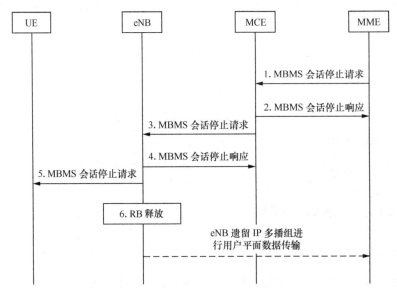

图 4-14　之前标准中，多播业务停止流程

考虑到 SC-MCCH 消息的更新周期，即便 eNB 有办法得到业务的实际结束时间，eNB 更新 SC-MCCH 消息的时机与业务实际结束时间也不太可能正好对齐，有可能在基站发送更新的 SC-MCCH 消息之前业务已停止。业务实际结束时间与终端获取更新的 SC-MCCH 消息之间可能存在如图 4-15 所示的时间间隔。

终端在收到更新的 SC-MCCH 消息之前，会继续连续监听控制信道来获取业务调度信息，这会为终端带来不必要的耗电，因此有必要为 NB-IoT 终端考虑解决方案。为此标准引入了 RAN 侧会话停止指示且允许该指示重复发送。在会话停止指示的具体发送方式上，可能的选项包括定义新的 MAC CE，或使用调度 SC-MTCH 的 DCI 中的 1 个比特。显然使用

DCI 的方式对空口开销更小，但标准化这种方式需要物理层和高层交互，为不影响标准进度，RAN2 采纳了 MAC CE 的方式，并且定义了新的脚本设置现场标识（LCID）"10111"。

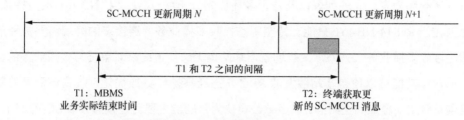

图 4-15　业务实际结束时间与终端获取更新的 SC-MCCH 消息之间的间隔

4. 基于 DRX 机制的 SC-MTCH 接收

现有 LTE 中 SC-MTCH 的接收采用 DRX 机制，NB-IoT 也继续沿用。考虑到 NB-IoT 的 PDSCH 重复传输过程中，基站不会开始于该 SC-MTCH 的下一次传输调度，因此 UE 无须监听 PDCCH，据此有公司建议优化 DRX 相关定时器的启动和停止时机。Rel-13 NB-IoT 中，单播业务的 DRX 定时器已经做了相应的优化，即：

- 在包含相应 PDSCH 接收的最后重复的子帧之后的下一个 PDCCH 时机的第一个子帧中，启动 drx-InactivityTimerSCPTM；
- 当 PDCCH 指示有下行传输时，停止 drx-InactivityTimerSCPTM。

高层协议将该优化沿用到多播业务的 DRX 机制中，如图 4-16 所示。

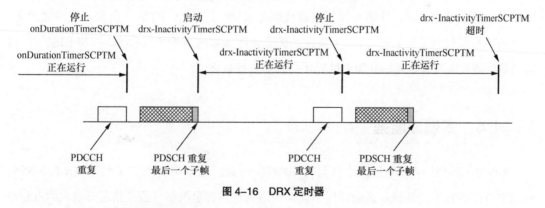

图 4-16　DRX 定时器

5. RLC UM 模式支持

尽管 NB-IoT 的单播业务不支持 RLC UM 模式，但标准讨论过程中认为广播业务具有不同的特性和需求，并同意对 SC-PTM 支持 RLC UM 模式。

6. MBMS Interest Indication

LTE 标准中，终端可以在连接态通过 MBMSInterestIndication 消息上报它感兴趣的多播业务信息（载频列表、业务列表以及是否多播优先），有公司建议对 NB-IoT 也支持该功能，主要原因在于 Rel-14 NB-IoT 只能支持空闲态接收多播业务，连接态的终端需要被释放到空闲态才能接收多播业务，另外，某些场景下基站也无法知道终端对单播与多播业务的优先级处理，引入该功能可以使得基站触发的 RRC 状态迁移操作更加优化，收到该消息的基站可以将终端及时主动释放到空闲态。但多数公司认为该功能主要对连接态接收 SC-PTM 有益处，NB-IoT 连接态时间短，因此对 NB-IoT 收益不大，最终标准未采纳该功能。

4.3.5 SC-PTM 移动性

标准讨论对 NB-IoT 沿用基于 SIB15 的 SC-PTM 移动性，还重点讨论了涉及 SC-PTM 的小区排序机制，即通过引入偏移量来使得终端可以以较高优先级选择发送多播业务的小区。部分公司建议引入载频级偏移量，有些公司则认为既然多播业务是配置到小区级别的，为避免具有较高优先级的载频上不存在发送多播业务的小区，建议引入小区级偏移量。但是考虑到小区级偏移量有可能造成终端选择非最高排序（基于信号质量）的小区来接收多播业务，那么当终端在该小区进入连接态接收单播业务时，会造成不期望的干扰。最终标准只引入载频级偏移量，该偏移量对邻区和服务小区载频都是增量。对具有广播业务的载频可以设置该偏移量，基于该偏移量，终端可以优选该载频并选择合适的 SC-PTM 小区来接收多播业务。当该偏移量取值为无限大时，UE 无条件的优选正在接收或者希望接收 SC-PTM 的载波，只有当前所属载波没有合适的驻留小区时才会选择其他载波。

4.4 多载波增强

Rel-13 NB-IoT 中，单频点小区只有 200kHz 带宽，这个带宽上除了传输 NB-PSS/SSS、NB-PBCH、SIB 的开销外，剩余可用于业务信道传输的容量很小（公共信道开销大约占到单频点小区的 40%）。为支持海量终端，需要采用多个频点来提高网络容量。为此 Rel-13 NB-IoT 中引入了多载波小区的概念，即多个频点组成一个小区，只有一个频点承载 NB-PSS/SSS、NB-PBCH、SIB，其他频点可以分担业务传输。这样，即节省了公共信道的开销，又减少了异频小区的数量。承载 SIB 的频点被称为锚定载波，其他载波则被称为非锚定载波。终端在空闲态驻留于锚定载波，只能在锚定载波上执行寻呼监听和随机接入。终端进入连接模式时可以被重配置到非锚定载波。如果没有进行载波重配，则终端默认驻留于锚定载波。连接模式承载于非锚定载波的终端，如果要发起随机接入过程，还需返回到锚定载波（发送 PRACH 前导会触发终端从非锚定载波切换到锚定载波）。

考虑到未来更丰富的应用中可能存在大量终端同时发起随机接入或监听寻呼的场景，此时锚定载波有可能成为瓶颈，由于其有限的容量而导致随机接入或寻呼性能变差。因此 Rel-14 NB-IoT 支持为随机接入和寻呼过程配置多个载波，终端可以选择锚定载波或非锚定载波来发起随机接入或寻呼过程。

4.4.1　多载波 PRACH

对于 NPRACH 在非锚定 NB-IoT 载波上的发送，与物理层有关的标准化内容包括：① 在以 PDCCH order NPRACH 为目的的 DL grant DCI 格式中定义了额外的字段用于锚定 / 非锚定 NB-IoT 载波的指示；② 通过 SIB-NB 指示一个非锚定载波上的用于 RAR 传输的有效下行子帧。其他标准化工作主要在高层。

1.　非锚定载波参数配置

为使得终端能够在随机接入过程中使用多载波，在基站通过系统信息为锚定载波配置多个覆盖等级的随机接入和寻呼资源的基础上，需要进一步通过系统信息为终端配置可用于随机接入过程的非锚定载波信息及其资源。

在标准讨论过程中，首先确定非锚定载波应区分上行载波和下行载波配置，同意支持配置最大 16 个载波，包括 1 个锚定载波和 15 个非锚定载波。其次需要配置可用于随机接入和寻呼过程的多个上行和下行非锚定载波的公共信息，这些配置信息与 Rel-13 NB-IoT 中用于业务传输的非锚定载波配置的信息基本相同，主要是载波的物理层相关参数。标准引入新的 SIB22-NB 消息来包含上述信息。

基于上下行非锚定载波列表，还需具体配置可用于随机接入过程的每个载波的资源信息。针对所有非锚定载波，在公共位置配置 RACH 资源参数。针对每个非锚定载波的 PRACH 资源配置，主要有以下 3 种配置方式被讨论：

选项 a: Flat list: 将每个非锚定载波针对每个覆盖等级的资源配置都独立映射为一个

PRACH 资源；

选项 b：Per 'carrier' list of NPRACH resources：为每个非锚定载波最多配置 3 个覆盖等级的 NPRACH 资源；

选项 c：Per 'coverage level' list of carrier configurations：为每个覆盖等级配置多个非锚定载波。

选项 a 是最扁平、最灵活的配置方式，但开销也最大，在考虑最大 15 个非锚定载波以及每个载波最多支持 3 个覆盖等级的情况下，最多会配置 45 个 PRACH 资源。选项 c 与选项 b 类似，分别按照覆盖等级或载波来组合资源配置，开销相对较小。选项 c 的理由是，目前锚定载波的 PRACH 资源是针对覆盖等级配置的，体现不同覆盖等级下对资源的不同需求，对非锚定载波而言，没有明显的需求要求不同载波针对同一个覆盖等级需要配置不同的资源，而且一旦配置不同资源，会使得终端在某个特定覆盖等级下载波选择的算法变得更复杂，因此采用以覆盖等级为基准的配置方式更为合理。进一步的，对选项 c 可以考虑更节省信令的优化方式，即为不同覆盖等级配置载波列表，其中包含多个非锚定载波，这些载波可以共享同一套与该覆盖等级对应的 PRACH 参数，而不必为每个载波都配置属于该覆盖等级的参数，是最节省信令的配置方式。

倾向于选项 b 的公司基本认可不同载波针对同一个覆盖等级应配置相同资源，但还是认为除了与资源相关的配置参数（如子载波个数）外，还有一些用于配置不同资源起始位置的参数（如随机接入资源起始时间、子载波偏移量等），是有可能需要配置为不同值的，以便将不同资源配置得更加离散化。基于这个考虑，选项 c 优化为多个载波共享同一个覆盖等级配置参数的方式并不合适，会失去应有的配置灵活性，引入不必要的配置限制。最终标准讨论采纳了选项 b 的基于载波的 PRACH 多载波配置方式。

为了进一步节省信令开销，参数配置允许采用增量配置的方式，标准曾讨论每个配置项参考前一个配置项（前一个非锚定载波的配置参数）来做增量配置的方式，但考虑到有可能不是每个非锚定载波都会全部配置 3 个覆盖等级的参数，可能存在无法参考前一个配置项做增量配置的问题，因此标准同意所有增量配置都参考锚定载波的配置来做。潜在的问题则在于，如果各个非锚定载波之间相同配置较多，但与锚定载波配置不同，则会出现较多重复配置，此时增量配置对减少信令开销的收益不明显。

2. PRACH 载波选择

Rel-14 标准讨论确定，支持配置最大 16 个载波（1 个锚定载波和 15 个非锚定载波）用于随机接入过程，终端需要在多个载波中选择其一来发起随机接入过程。标准讨论过程中，有多种载波选择算法被讨论。

最初有公司提出允许随机接入在所有锚定和非锚定载波间不均衡分布，即建议为不同非锚定载波配置不同权重（配置不同选择概率），同时这些载波的资源也可以配置为不相同（资源配置与权重配置可以是相关联的）。

对于上述载波选择算法，部分公司认为看不到为不同非锚定载波配置不同选择概率的需求。为相同覆盖等级提供资源的非锚定载波应该以相同的可能性被选择。而对于锚定载波，考虑到 Rel-13 终端仅能使用锚定载波做随机接入，而 Rel-14 终端可以同时使用锚定和非锚定载波用于随机接入，显然锚定载波的随机接入负荷会相对较重，因此有必要允许网络根据部署情况以及不同版本终端的应用情况，控制是否允许 Rel-14 终端使用锚定载波，即网络有必要为 Rel-14 终端广播一个锚定载波是否可用的开关配置。例如，当 Rel-13 终端较多而 Rel-14 终端较少时，可以禁止 Rel-14 终端使用锚定载波，这样既不会对锚定载波造成过大负担，也可以充分利用非锚定载波。更灵活的，可以为锚定载波配置一个选择概率，来更灵活地调节 Rel-14 终端选择锚定载波的可能性。

最终标准采纳了较为简单的终端基于概率在所有可用于随机接入的多载波中进行随机载波选择的算法。系统只对锚定载波配置选择概率 P_{anchor}，并按照概率 P_{anchor} 被随机选择，所有 N 个非锚定载波则按相同的 $(1-P_{anchor})/N$ 的概率被随机选择（N 为配置可用于随机接入的非锚定载波的个数）。

3. PDCCH order 载波指配

Rel-13 NB-IoT 支持 PDCCH order 触发的随机接入，Rel-14 引入非竞争随机接入过程。进一步的，在支持多载波随机接入功能后，基站需要在 PDCCH order 中携带载波序号来指定终端的初始覆盖等级以及发起随机接入的锚定或非锚定载波的序号。

此外，与终端更换覆盖等级后通过对该覆盖等级可用的子载波个数取模来选择新的子载波序号类似的方式，终端更换覆盖等级后，也需要对该覆盖等级可用的载波个数取模来选择新的载波序号。

为使基站能够区分终端是否支持使用非锚定载波发起随机接入，标准进一步在 UE-Capability-NB 中引入了新的终端能力 multiCarrier-NPRACH-r14，与其他终端能力一样，在连接建立完成之后上报给基站。

4. RA-RNTI 计算更新

随着多载波的引入，终端在随机接入资源选择上又增加了一个新的载波序号维度。根据多载波 PRACH 参数的配置，有可能存在处于相同覆盖等级的两个不同终端选择不同上行非锚定载波发起随机接入，且它们为接收 PDCCH 而监听的下行非锚定载波相同的情况，根据现有的 RA-RNTI 公式，这两个终端监听 PDCCH 所使用的 RA-RNTI 也相同，这会导致额外的冲突。为避免上述问题，标准同意在现有的 RA-RNTI 计算公式中引入载波 id（Carrier-id），即：

$$RA\text{-}RNTI = 1 + floor(SFN\_id/4) + 256 \times Carrier\_id$$

其中，SFN_id 是指定的 PRACH 的第一个无线帧的索引，而 Carrier_id 是与指定的 PRACH 资源关联的上行载波的索引。锚定载波的 Carrier_id 固定为 0。

4.4.2 多载波寻呼

对于寻呼（Paging）在非锚定载波上的发送，与物理层有关的标准化内容包括：① 锚定和非锚定 NB-IoT 载波都能够被选择作为 Paging 载波且终端根据 UE_ID 选择 Paging 载波；② 通过 SIB-NB 指示一个非锚定载波上的有效下行子帧。

1. 多载波寻呼权重因子

Rel-14 支持终端在锚定载波或非锚定载波上监听寻呼。4.4.1 节"非锚定载波参数配置"描述的多载波参数配置同样适用于多载波寻呼功能。进一步的，NB-IoT 支持在锚定载波和非锚定载波间分担寻呼负荷，即支持通过系统消息为所有载波配置用于寻呼载波选择的权重因子。终端依据包含权重因子的载波选择公式来选择监听寻呼的载波。

在寻呼权重因子的讨论过程中，讨论了绝对权重因子和相对权重因子两种方案。假设载波 i 的配置权重为 $W(i)$，则载波 i 的绝对权重值等于 $W(i)/W$，其中，W 是各载波权重之和。而载波 i 的相对权重值等于 $W(i)/W_i$，与绝对权重的区别在于 W_i 是到当前载波之前的各载波权重之和。从直观上看，相对权重可表示的范围更广，有些情况下用绝对权重无法表示。例如，若需表示各个载波配置相同权重，用相对权重较为简单，$W(i)$ 都配置为 1 即可；但是若 $W=16$ 并且用于寻呼的载波个数为 3 的话，将很难为这 3 个载波配置一个合适的绝对权重因子。另外，对于绝对权重值，W 应不小于可配置的最大寻呼载波个数，并且 $W(i)$ 的取值范围应为 $\{0, \cdots, W-1\}$。考虑到系统可配置的最大寻呼载波个数为 16，W 的最小值为 16，这样 $W(i)$ 的最大值为 15，需要 4bit 来表示，而相对权重没有这一限制。总体看来，相对权重相比绝对权重更灵活一些，最终标准采纳了相对权重的配置方式。

2. 寻呼载波选择

基于基站广播的寻呼载波配置，基站侧和终端侧将利用寻呼载波选择公式选择寻呼载波，并在确定的寻呼载波上接收寻呼消息。

在载波选择公式的定义过程中，首先需要确定 UE_ID 的定义，与传统的 LTE 类似，NB-IoT 的 UE_ID 也沿用了 IMSI 部分比特的定义，即 UE_ID = IMSI mod 16 384。由于 NB-IoT 配置多载波后，最大可用 PO 数可以超过 16 384，标准讨论过程中曾有公司建议使用更多 IMSI 比特，但考虑到这会导致在接口上暴露更多 IMSI 信息的安全问题，标准未采纳该方案。基于此，为了保证每个 PO 上均有用户分布，实现上需要保证配置的可用 PO 资源不超过 16 384，即 $nB \times \Sigma W(i) \leqslant 16\ 384$。

寻呼载波选择公式定义如下，终端选择满足该公式的最小寻呼载波序号 n：

$$\mathrm{floor}(\mathrm{UE\_ID}/(N \times \mathrm{Ns}))\ \mathrm{mod}\ W < W(0) + W(1) + \cdots + W(n) \tag{1}$$

其中，N 取值 $\min(T,\ nB)$，Ns 取值 $\max(1，nB/T)$，$N \times \mathrm{Ns}$ 可表示寻呼资源密度。$W(i)$ 为第 i 个寻呼载波的权重，W 为所有寻呼载波的权重之和，即 $W = W(0) + W(1) + \cdots + W(N_{n-1})$。

在上述载波选择公式的基础上，有公司进一步提出，基于固定 UE_ID（截取 IMSI 的部分比特）的载波选择方式会让终端总是选择某一特定载波，除非系统消息广播的权重因子发生变化。如果某终端移动性较低且选择的特定载波覆盖较差，可能导致该终端接收寻呼消息的成功率较低。但如果为了改变这种终端的寻呼载波选择结果就修改系统消息广播的权重因子，当这类终端较少时，对其他大量终端会造成不必要的影响，而且造成额外的空口信令负荷，所以频繁地修改系统消息并不是一个好方法。为此建议在上述载波选择公式中引入时域因子 A，例如：

$$[\mathrm{floor}(\mathrm{UE\_ID}/(N \times \mathrm{Ns})) + A]\ \mathrm{mod}\ W < W(0) + W(1) + \cdots + W(n) \tag{2}$$

根据该公式，当终端在不同寻呼时机选择寻呼载波时，有可能选到不同的载波，可有效避免长时间驻留在某个载波且寻呼性能较差的问题。标准讨论过程中，部分公司认同存在的问题，但认为无须新方案，通过修改系统消息，或者由网络保证所有配置的寻呼载波有一致的、较好的功率覆盖即可。但实际情况中当寻呼载波较多时，很难保证所有载波的发射功率都达到较高水平。也有公司提出可以用 S-TMSI 取代 IMSI 来计算 UE_ID，由于 S-TMSI 在每次跟踪区更新（TAU，Tracking Area Update）时会发生改变，这样使得终端的 UE_ID 也是一个可变值，则基于 UE_ID 的载波选择结果在 TAU 之后也会发生改变，使用 S-TMSI 还可以避免过多地暴露 IMSI 导致的安全隐患。但是使用 S-TMSI 最大的问题是 S-TMSI 并不总是可获得的，在紧急呼叫等场景下，终端可能没有 S-TMSI。

最终标准未能对上述解决方案达成一致，仍然采用如公式（1）的基于 IMSI 的寻呼载波选择公式。

3. 载波驻留

引入多载波后，空闲态终端可以在寻呼时机转去非锚定载波监听寻呼，但仍然只能在锚定载波驻留并接收系统消息，这会造成终端在载波间频繁跳变的问题，特别是寻呼时机配置较多时，终端的载波间跳变会更频繁，导致终端功耗增加。标准讨论中提到一种可能的优化方案是，允许终端驻留在选定监听寻呼的非锚定载波，只有当终端收到系统消息变更指示时（可能需要网络侧在非锚定载波上发送系统消息更新指示），终端才暂时跳回锚定载波接收更新后的系统消息。考虑到系统消息更新频率通常比寻呼消息发送频率要低很多，这种优化方案可以减少终端在锚定载波和非锚定载波之间的跳转。另外非锚定载波上可以发送 NRS，终端驻留非锚定载波也可以直接对该载波进行测量，相比终端驻留锚定载波只能通过锚定载波测量结果来估算非锚定载波测量结果而言，测量结果要更准确一些。由于时间限制，在 Rel-14 阶段未采纳该优化方案。

4.4.3 非锚定 NB-IoT 载波上的 NRS 配置

在保护带或独立工作模式下，对于 RRC 用户专有信令配置的非锚定 NB-IoT 载波，NB-IoT 终端假定 NRS 存在于下行子帧 $\{0, 1, 3, 4, 9\}$，不会认为 NRS 存在于其他下行子帧。

在带内工作模式下，对于 RRC 用户专有信令配置的非锚定 NB-IoT 载波，NB-IoT 终端假定 NRS 存在于下行子帧 $\{0, 4, 9\}$，不会认为 NRS 存在于其他下行子帧。

当 NB-IoT 终端在监听随机接入响应（RAR，Random Access Response）时，在带内工作模式下，假定 NRS 存在子帧 $\{0, 4, 9\}$ 以及下列有效下行子帧中：

被 Type-2 CSS 占用的有效子帧、在 Type-2 CSS 开始前的 10 个有效子帧、在 Type-2 CSS 结束后的 4 个有效子帧、被承载 RAR 消息的 NPDSCH 占用的有效子帧、在承载 RAR 消息的 NPDSCH 开始前的 4 个有效子帧、在承载 RAR 消息的 NPDSCH 结束后的 4 个有效子帧。

在独立工作模式或保护带工作模式下，假定 NRS 存在于子帧 $\{0, 1, 3, 4, 9\}$ 以及以下有效下行子帧中：

被 Type-2 CSS 占用的有效子帧、在 Type-2 CSS 开始前的 10 个有效子帧、在 Type-2 CSS 结束后的 4 个有效子帧、被承载 RAR 消息的 NPDSCH 占用的有效子帧、在承载 RAR 消息的 NPDSCH 开始前的 4 个有效子帧、在承载 RAR 消息的 NPDSCH 结束后的 4 个有效子帧。

当 NB-IoT 终端在监听 Paging 时，假定 NRS 存在于以下有效下行子帧中：

承载 Paging DCI 的 NPDCCH 候选集占用的有效子帧、在承载 Paging DCI 的 NPDCCH 候选集开始前的 10 个有效子帧、在承载 Paging DCI 的 NPDCCH 候选集结束后的 4 个有效子帧、被承载 Paging 消息的 NPDSCH 占用的有效子帧、在承载 Paging 消息的 NPDSCH 开始前的 4 个有效子帧、在承载 Paging 消息的 NPDSCH 结束后的 4 个有效子帧。

当 NB-IoT 终端监听多播业务时，假定 NRS 存在于以下有效下行子帧中：

被 SC-MCCH 或 SC-MTCH 搜索空间占用的有效子帧、在 SC-MCCH 或 SC-MTCH 搜索空间开始前的 10 个有效子帧、在 SC-MCCH 或 SC-MTCH 搜索空间结束后的 4 个有效子帧、被承载 SC-MCCH 或 SC-MTCH 的 NPDSCH 占用的有效子帧、在承载 SC-MCCH 或 SC-MTCH 的 NPDSCH 开始前的 4 个有效子帧、在承载 SC-MCCH 或 SC-MTCH 的 NPDSCH 结束后的 4 个有效子帧。

4.5　移动性增强

Rel-14 NB-IoT 的移动性增强议题主要考虑连接态下终端移动时如何保证业务连续性，另外，也讨论了空闲态移动性增强。

4.5.1　连接态移动性优化考虑

Rel-13 NB-IoT 对连接态移动性做了大幅简化，控制面／用户面（CP/UP）方案均不支持连接态测量及切换流程，CP 方案因为不支持接入层（AS，Access Stratum）安全也无法支持 RRC 重建立流程，主要支持基于无线链路失败（RLF，Radio Link Failure）恢复的连接态移动性。

标准讨论最初，针对 CP/UP 方案，不同公司分别从以下两个方面考虑移动性增强，并列出了相应的潜在解决方案，如表 4-6 所示。

表 4-6 连接态移动性优化的潜在方案

	优化基于 RLF 恢复的移动性	简化基于切换的移动性
UP 方案	– 方案 1，简化 RRC 重建立流程：考虑到现在 RRC 重建立流程需要 5 条信令交互，可以参考 RRC 恢复流程进行简化，即使用 RRC 连接恢复消息来响应 RRC 连接重建立请求消息，终端发送 RRC 连接恢复完成消息结束流程，这样只需要 3 条信令交互，可以节省 RRC 重配置相关的 2 条消息。 – 方案 2，提前或自主地连接挂起：目前基站只能在连接释放流程中挂起终端，后续终端再次有业务时可以使用 RRC 连接恢复流程。但是连接态 RRC 重建立流程如果失败的话，终端会被释放到纯粹空闲态并清空上下文，因终端当前已有业务需要传输很可能再次发起业务请求，此时终端只能做初始连接建立。为此可以考虑让基站在最初的连接建立流程中尽早为终端指定 Resume ID（如通过 RRCConnectionConfiguration 消息），这样当 RRC 重建立流程失败时，基站和终端可以挂起连接，存储相关上下文。或者如果基站没有提前指配 Resume ID，终端和基站可以按照双方约定好的规则自行生成 Resume ID，挂起连接并存储上下文。终端下次起呼时就可以使用 RRC 恢复流程了	如果确定对 NB-IoT 可以引入切换流程，则以下优化可以考虑： – 无测量的切换：如果可移动终端具有固定移动路线或有限的移动范围，可以考虑简化切换流程，不要求终端进行测量和上报，这样有利于简化终端处理及节电，源 eNB 可以基于终端在空闲态的测量结果或移动性历史信息选择合适的目标 eNB； – 带有简化测量的切换：对于移动范围非常灵活的终端，不支持测量的切换流程可能性能不佳，这样还是需要测量和上报，但是可以考虑对测量配置和上报内容进行简化； – RACH-Less 切换：在 Rel-14 LTE 移动性增强 WI 中，已经标准化了 RACH-Less HO 流程，即可以不执行到目标 eNB 的随机接入过程以便减少切换时延，降低终端功耗。可以考虑对 NB-IoT 也引入该优化
CP 方案	对 CP 方案而言，目前发生 RLF 只能触发 NAS 恢复流程并走 RRC 连接初始建立流程，对连接态业务而言这个过程的时延较大，导致业务中断时间长以及终端耗电，因此有必要考虑支持 RLF 触发的重建立流程	

由于讨论时间有限，上述大部分方案没有被讨论，多数公司仅支持为 CP 方案引入 RLF 触发的连接重建立流程。

4.5.2 CP 重建立

现有 CP 优化由 NAS 进行安全保护，没有 AS 安全，这样做的初衷是为了简化 NB-IoT 的信令流程，使得数据包能够被更快地传输。当同意为 CP 方案也支持基于 RLF 触发的 RRC 重建立后，有几种安全方案被提出，如表 4-7 所示。

表 4-7 基于 RLF 触发的 RRC 重建立的备选安全方案

	Option A：带有完整 AS 安全的重建立	Option B：带有部分 AS 安全的重建立	Option C：无 AS 安全的重建立
对比	选项 1：一次性 AS 安全； 选项 2：存储的 AS 安全	选项 3：使用基于 NAS 安全的 short MAC-I； 选项 4：由基站预指配 shortMAC-I；	选项 5：无效的 shortMAC-I 和 NCC

续表

基本流程	引入 AS 安全，在 SRB 建立完成后激活 AS 安全，可以重用现有的重建立流程； 选项 1 和选项 2 的主要差别在于，选项 1 在每次连接建立时都会请求激活 AS 安全。而选项 2 则只在附着时激活 AS 安全，随后将 AS 安全相关信息存储起来用于后续流程	不引入 AS 安全，重建立流程需要更新，引入新的机制用于生成 shortMAC-I（或某种新的 token）以及其他安全操作； 选项 3 基于 NAS 安全密钥来生成 shortMAC-I（或某种新的 token），选项 4 则由 eNB 来预先指定 short MAC-I	不引入 AS 安全，重建立流程需要更新，忽略所有安全相关的流程，例如不使用 shortMAC-I/NCC，以及跳过 AS 安全校验等； 不使用 shortMAC-I 的情况下，为解决 PCI 混淆问题，终端可以利用 shortMAC-I 的信令位置传递其他一些信息来帮助基站做识别，例如， 选项 5.1：引入 16bit 截断的 S-TMSI 或小区 ID 来取代重建立消息中的 shortMAC-I； 选项 5.2：引入 40bit 完整的 S-TMSI 或 28bit 完整的小区 ID 来取代重建立消息中的 shortMAC-I
	shortMAC-I 基于现有 AS 安全算法获取	shortMAC-I 基于 NAS 安全算法或 eNB 实现算法获得	shortMAC-I 被其他信息替代
	NCC 基于现有 AS 安全算法获得	既然不需要激活 AS 安全，NCC 可以被忽略	NCC 无效
	由于支持 AS 安全，可以为 SRB 使用完整性保护和加密	无法提供 SRB 的完整性保护和加密	无法提供 SRB 的完整性保护和加密
比较	优点：与现有重建立机制和安全需求保持一致，如果大部分 NB-IoT 终端可以同时支持 CP 和 UP 方案，则这种优化的实现复杂度较低； 缺点：支持 AS 安全激活流程会带来一定的信令开销	优点：AS 可以为终端提供一定的安全校验； 缺点：对 AS 安全支持较弱，并且将 AS 安全与 NAS 安全关联在一起也会引入额外的复杂度	优点：简单，对现有标准只需要少量澄清或修改； 缺点：对 AS 安全支持较弱

根据 3GPP 负责数据安全的工作组（SA3）的讨论，SA3 确认为了避免伪终端接入基站，必须考虑安全解决方案。因此上述选项 5 无须再讨论。另外支持完全的 AS 安全方案对现有 CP 方案简化信令开销的目标影响较大，支持公司也不多，选项 B 相关的方案讨论较多。其中一种是与 Option B 类似的，基于 AS 安全密钥和 NAS 算法获取 shortMAC-I 的方案，其流程如图 4-17 所示。

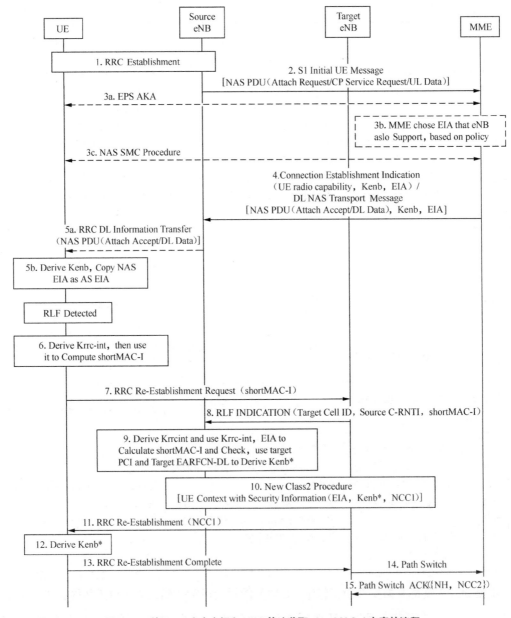

图 4-17　基于 AS 安全密钥和 NAS 算法获取 shortMAC-I 方案的流程

SA3 讨论过程中，还出现了另一类基于 NAS 密钥的方案，需要引入新的 S1 接口，到 MME 做安全校验，其流程如图 4-18 所示。

SA3 从对核心网影响、基站影响、终端影响，对安全密钥生成，对 RRC 消息和下行业务数据保护，对上行业务数据保护，以及信令开销等多个方面对上述两类、多个方案进行了对比，最终建议采纳基于 NAS 密钥以及在 MME 做安全校验的方案。

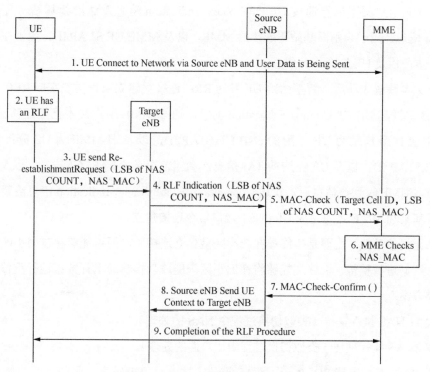

图 4-18   基于 NAS 密钥的方案的流程

针对 CP 优化，考虑终端在不同基站重建立的场景，RAN3 还引入了如图 4-19 所示的终端上下文获取流程。

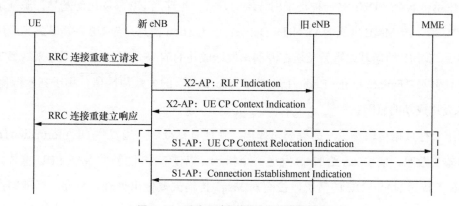

图 4-19   重建立过程终端上下文获取流程

新基站收到 UE 上报的 RRC 连接重建请求后，在 X2 接口触发 RLF Indication 消息，其中，携带 UE 的 C-RNTI，shortMAC-I 以及重建小区的 ECGI 用于在旧基站上识别和验证 UE。旧基站将 CP 用户文本信息通过 UE CP Context Indicaiton 消息发送给新基站，其中，包含 GUMMEI 信息，用于识别旧基站所连接的 MME，以及 MME UE S1 AP ID，用于在旧基站识别用户文本，以及 UE 安全相关信息。

用户文本获取成功后，新基站给 UE 发送 RRC 连接重建立消息实现空口 RRC 重建，同时在 S1 接口发起 UE CP Context Relocation 消息，通知 MME 用户文本已经迁移到新基站。该消息中包含新基站为 UE 分配的 eNB UE S1AP ID，以及旧 MME 为 UE 分配的 Source MME UE S1AP ID，以及 UE 注册的 TAI 信息，和当前服务小区 ECGI 信息，以及 UE 安全相关信息。MME 收到该信息后，发送 Connection Establishment Indication 消息给新基站，以此实现新基站和 MME 之间完成 UE 的 S1 接口信令连接建立。

所谓无损移动性，主要是指终端在新小区重建立连接后，网络能够将在旧小区未成功传输的下行数据进行重传，而终端能够将在旧小区未能成功传输的上行数据进行重传。提案中出现两类方案：

方案 1：NAS 执行重传（类似切换过程中 NAS 的处理）；

方案 2：AS 执行重传（类似切换过程中用户面的处理）。

由于 CP 方案不支持 PDCP，上述 AS 重传方案改动可能较大，另外运营商倾向于 NAS 重传方案，最终决定支持方案 1，该方案对 AS 基本无影响，主要影响在 S1 和 X2 接口。

关于 NAS PDU 的数据前传，RAN3 讨论过程中提出了两种方式，一种是在 UE 文本迁移过程中携带 NAS PDU；另一种是采用传统的方式，也即当 UE 移动出源基站，源基站收到 NAS PDU 后，给 MME 发送 NAS NON-Delivery Indication 消息，当 UE 在新基站完成用户文本迁移后，MME 给新基站重新发送在源侧未发送成功的 NAS PDU。标准最终采纳第二种方式，并且引入"Failure in the Radio Interface Procedure"的失败原因值，用于指示源侧 NAS PDU 未发送成功的原因。

对于上行数据传输场景，另有公司提出，在现有标准中，当发生 ULInformationTransfer 消息传输失败时，需要 AS 给 NAS 发送一个指示，以便 NAS 能触发 NAS PDU 重传。但是对于 Msg5 传递 NAS PDU 的情况，没有对 Msg5 传输失败做出处理。为此，标准同意引入 RRC 连接建立完成消息传输失败的异常处理。有公司另外提出，由于 NAS 会连续地传递

NAS PDU 到 AS，当 Msg5 传输失败时，NAS 无法确定哪些 NAS PDU 已经传输成功，而哪些 NAS PDU 尚未传输成功，希望 AS 能将尚未传输成功的 NAS PDU 的信息（如 NAS PDU 的序号）也通知 NAS。但其他公司认为这个信息终端 NAS 的缓冲区可以通过实现获知，不需标准定义。

4.5.3　RLF 触发条件优化

标准讨论过程中还讨论了如何优化 RRC 重建立触发条件，即如何更早地触发 RRC 重建立流程。现有 RRC 重建立流程有以下触发条件：无线链路失败（RLF）、重配置失败或完整性校验失败。当 UE 移动时，通常会发生 RLF 触发的重建立。有公司提出，可以引入一些新的触发条件，如连接态小区重选或小区改变。但存在的问题是为支持连接态小区重选需要首先支持连接态测量，这会引入额外的复杂性，对性能提升也不大。如果能够支持连接态测量，显然支持切换流程会更好。RRC 重建立的触发条件的方案对比如表 4-8 所示。

表 4-8　RRC 重建立的触发条件的方案对比

影响分析	选项	
	选项 1：RLF 触发的 RRC 重建立	选项 2：小区改变触发的重建立
是否需要连接态测量	否	是
重建立中断时间 $T_{UE-re-establish\_delay\_NB-IoT} = 100ms + N_{NB-Iot-freq} \cdot T_{search\_NB-IoT} + T_{SI\_NB-IoT} + T_{PRACH\_NB-IoT}$	选项 1 与选项 2 之间关于中断时间的差异可能来自于 T_{search_NB-IoT}（UE 搜索目标小区所需要的时间）。根据 RAN4 标准 36.133 描述，如果目标小区已知（如果终端在过去 5 秒测量过一个小区，则这个小区可以认为已知，否则认为是未知的），则 T_{search} = 0 ms。如果目标小区未知，并且信号质量足够好，使得终端在做小区检测第一次尝试时就能成功，则 T_{search} = 80ms。否则，根据信号质量（Q），这个时间可能有如下值：若 $Q \geq$ -6dB，T_{search} = 1400 ms；若 -15dB $\leq Q <$ -6dB，T_{search} = 14 800 ms。对于可移动终端，通常不会停留在覆盖非常差的区域，因此，比较合理地可以认为对未知目标小区的测量时间通常为 T_{search} = 1400 ms	
	移动性场景下，RRC 重建立的目标小区很可能与源小区不相同，在没有连接态测量的情况下，假设 T_{search} = 1400 ms	因为有连接态测量的支持，可以假设 T_{search} = 0ms
终端功耗	要比较选项 1 与选项 2 之间关于终端功耗的差异可能比较困难。对于选项 1，虽然它的 T_{search} 时间比较长，但它只需要在 RLF 之后进行一次测量即可。而选项 2 的 T_{search} 时间虽然比较短，但是在找到合适的目标小区触发重建立之前，终端可能要进行多次连续测量。因此有可能选项 2 的终端耗电比选项 1 更高	

影响分析	选项	
	选项 1：RLF 触发的 RRC 重建立	选项 2：小区改变触发的重建立
终端复杂性	没有额外复杂性，只需要遵循现有 RRC 重建立流程	引入连接态测量（测量配置等）并为 RRC 连接重建立引入新的触发条件，会引入额外复杂性
业务连续性	NB-IoT 主要用于小的不频繁数据传输，这意味着终端传输数据过程中发生移动的概率不会太高，因此我们认为业务连续性不是特别重要。反之，如果业务连续性变得非常重要，那么上述两种基于 UE 的移动性方案都不合适，引入网络控制的切换方案更合适	
	数据传输中断主要由 RRC 重建立流程本身造成，包括小区选择、SIB 获取、信令交互等	除了 RRC 重建立流程本身造成的中断外，还需考虑由于要在数据传输过程做同频异频测量而引入的测量 Gap 所造成的数据传输中断

综上所述，小区重选 / 小区改变触发的 RRC 重建立相比现有 RLF 触发的重建立在节省终端耗电和业务连续性上没有明显的收益，但却会引入额外的终端复杂性。最终标准未采纳任何包含邻区测量的 RRC 重建立触发条件优化方案。

进一步的，考虑到连接态发生 RLF 有更详细的触发条件，标准讨论过程中又提出了一些 RLF 触发条件优化方案，例如，使用和现有机制类似的快速 RLF 机制，或引入新的快速 RLF 机制，或者定义新的提前 Q_{out} 和提前 Q_{in} 事件触发等，最终 RAN4 采纳了新的提前 Q_{out} 和提前 Q_{in} 事件触发，相应地在高层需要终端上报相关信息来用于基站重配连接参数，如改变 NPDCCH 重复次数等。

4.5.4 空闲态专用载波偏移量优化

Rel-13 NB-IoT 中已经支持以下负荷分担策略：

- 业务释放时通过 RRCConnectionRelease-NB 消息中 redirectedCarrierInfo 指定负荷比较轻的载波（只能重定向到锚定载波），从而将 UE 重定向到低负荷载波。该方案需要 Q_{Hyst} 参数的配合，避免 UE 从 redirectedCarrierInfo 指定的载波再重选到其他载波。此外，与 LTE 中指示降低原驻留载波的优先级不同，NB-IoT 直接指定某个目标载波。
- 通过动态调整 SIB5 中广播的小区重选的频率偏置参数（$Q_{offsetfrequency}$），使得高负荷频点的 $Q_{offsetfrequency}$ 设置得比较高，低负荷频点的 $Q_{offsetfrequency}$ 设置得比较低，以便 UE 尽量重选到负荷比较低的频点。

Rel-13 讨论过程中，就有公司提出上述机制中的频率偏置参数对小区下所有终端都是公共的，主要是为了引入一些频率间的移动性，但是当负荷分担功能激活时，这个机制无法保证终端总是"黏着"在某个系统指定让终端重选过去的 NB-IoT 载波上。为此建议引入一个新的终端专用的载频 offset。该方案在 Rel-13 NB-IoT 讨论阶段未被采纳，在 Rel-14 阶段又再次被提出，并取得多家公司的支持。但是为了避免这个 offset 设置过于激进产生负面影响，协议最终在引入 offset 的同时，附加一个定时器用于指示 offset 的生效时长。

当终端通过释放消息收到该参数后，对于非 SC-PTM 场景的小区重选过程，给专用载波之外的所有载波的 Q_{offset} 中减去一个专用偏移量，以便终端能降低其他载波优先级而优先驻留在专用载波上。

4.5.5　异 RAT 间的空闲态移动性过程

Rel-13 中不支持从 NB-IoT 无线接入技术（RAT，Radio Access Technology）移入到其他 RAT 或者从其他 RAT 移入至 NB-IoT RAT 的移动性管理，当 MME 检测到 UE 从 NB-IoT RAT 移入到其他 RAT 或者 MME 检测到 UE 从其他 RAT 移入到 NB-IoT RAT，MME 需请求 UE 进行重新附着，这样也就导致 UE 的业务中断。Rel-14 为使 UE 在不同 RAT 间发生移动时业务不中断，在核心网侧引入了移动性的支持。UE 在 NB-IoT 小区与宽带 E-UTRAN 小区之间移动时，UE 会触发跟踪区更新过程，NB-IoT 小区与宽带 E-UTRAN 小区所对应的 TAC 不能相同，另外，MME 分配的 TAI 列表中不能既包含宽带 E-UTRAN 对应的跟踪区 TAI 又包含 NB-IoT 对应的跟踪区 TAI。

4.6　两 HARQ 进程以及更大 TBS 的支持

在 Rel-13 NB-IoT 中，考虑到设备复杂度，只支持单 HARQ 进程。为了进一步降低 NB-IoT 系统的功耗和时延，提高传输效率，在 Rel-14 引入两 HARQ 进程以及更大的 TBS。

4.6.1　NB-IoT 单 HARQ 进程支持更大的 TBS

通过扩大 TBS 可以增加 NB-IoT 的吞吐量，Rel-14 阶段将 NB-IoT 的最大上下行 TBS 扩大到 2536bit，扩大后的下行 TBS 和上行 TBS 分别如表 4-9 和表 4-10 所示。

表 4-9　NB-IoT 下行 TBS 表格

I_{TBS}	I_{SF}							
	0	1	2	3	4	5	6	7
0	16	32	56	88	120	152	208	256
1	24	56	88	144	176	208	256	344
2	32	72	144	176	208	256	328	424
3	40	104	176	208	256	328	440	568
4	56	120	208	256	328	408	552	680
5	72	144	224	328	424	504	680	872
6	88	176	256	392	504	600	808	1032
7	104	224	328	472	584	680	968	1224
8	120	256	392	536	680	808	1096	1352
9	136	296	456	616	776	936	1256	1544
10	144	328	504	680	872	1032	1384	1736
11	176	376	584	776	1000	1192	1608	2024
12	208	440	680	904	1128	1352	1800	2280
13	224	488	744	1128	1256	1544	2024	2536

表 4-10　NB-IoT 上行 TBS 表格

I_{TBS}	I_{RU}							
	0	1	2	3	4	5	6	7
0	16	32	56	88	120	152	208	256
1	24	56	88	144	176	208	256	344
2	32	72	144	176	208	256	328	424
3	40	104	176	208	256	328	440	568
4	56	120	208	256	328	408	552	680
5	72	144	224	328	424	504	680	872
6	88	176	256	392	504	600	808	1000
7	104	224	328	472	584	712	1000	1224
8	120	256	392	536	680	808	1096	1384
9	136	296	456	616	776	936	1256	1544
10	144	328	504	680	872	1000	1384	1736
11	176	376	584	776	1000	1192	1608	2024
12	208	440	680	1000	1128	1352	1800	2280
13	224	488	744	1128	1256	1544	2024	2536

从表4-9和表4-10可以看出，为了支持最大 TBS 为 2536，I_{TBS} 扩展到 13，但是这不影响现有资源分配的大小。

4.6.2　NB-IoT 支持两 HARQ 进程

关于 NB-IoT 支持两 HARQ 进程的时序关系，主要针对以下两种方案进行了讨论。

方案 1：考虑到终端处理的时延，需要考虑限定两个 NPDSCH 之间的间隔，NPDCCH 和 NPDSCH 之间的间隔等，具体如图 4-20 所示。

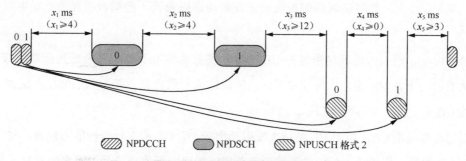

图 4-20　两 HARQ 进程时序方案 1

方案 2：沿用 Rel-13 NB-IoT 单 HARQ 进程的时序关系，如图 4-21 所示。

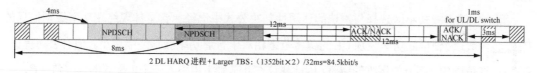

图 4-21　两 HARQ 进程时序方案 2

标准采纳的 NB-IoT 两 HARQ 进程的时序沿用 Rel-13 NB-IoT 单进程的时序关系，并增加了下述限制。

对于下行两进程，两 HARQ 进程中的任意一个进程重用 Rel-13 的时序关系和调度时延。在接收 1 个 DL Grant 后，支持两进程的 Rel-14 终端要求继续监听任意包含能在第一个 NPDSCH 发送开始至少 2ms 前结束（$x_1 \geqslant 2ms$）的候选集的 NPDCCH 搜索空间。NPUSCH 和任意下一个下行接收的间隔要求 $\geqslant 1ms$。

对于上行两进程，在接收 1 个 UL Grant 之后，支持两进程的 Rel-14 终端要求继续监听任意包含能在第一个 NPUSCH 格式 1 发送开始至少 2ms 前结束的候选集的 NPDCCH 搜索空间。

为了支持两 HARQ 进程，通过 DCI 中增加 1bit 来指示 HARQ 进程 ID。

从简单性的角度出发，两 HARQ 进程下支持的 TBS 和单 HARQ 进程下相同，也就是使用相同的 TBS 表格。

4.7 低功率终端

在 Rel-14 立项中，建议针对形状限制的小电池（如纽扣电池）的功率消耗问题，引入新的低功率 UE 级别。并需要网络侧提供对低发射功率以及较小的耦合损耗的低功率级别 UE 的支持。

经过讨论，新引入的低功率级别 UE 的最大发射功率为 14dBm。考虑到低功率级别 UE 的最大发射功率是 UE 能力，与频带无关，所以达成一致意见，新引入的低功率级别 UE 的能力按 UE 来上报，不再区分频带。

对低功率级别 UE，由于 UE 的最大发射功率较小，UE 的上行传输能力较弱，与普通功率级别 UE 相比，要想达到相同的无线覆盖范围，需要上行物理层使用更多的重复次数来补偿；或者，如果要使用与普通功率级别终端相同的上行物理层重复次数，需要收缩无线覆盖范围。经过讨论同意对于低功率级别 UE，可以收缩 UE 覆盖范围。

现有空闲态模式小区选择与重选的适用性判决公式中已经包含了体现终端功率级别信息的 $P_{powerclass}$ 参数，会使得低功率级别 UE 的覆盖范围相对于普通功率级别终端更小。但有公司提出，$P_{powerclass}$ 取值固定，不方便运维的调整，因此建议在此基础上再引入一个可配置的偏移量（P_{offset}）。

关于上下行不平衡问题，由于引入低功率级别 UE 影响的只是 UE 的上行性能，对下行性能没有任何影响，所以对于覆盖增强场景，与普通功率级别 UE 相比，相同上行重复次数的情况下，低功率级别 UE 的覆盖范围缩小后，下行需要的重复次数更小。标准讨论过程中，有公司曾建议由终端在 Msg1 或 Msg3 将终端低功率级别特性上报给 eNB，当 eNB 收到随机接入前导确定终端的覆盖等级，并基于 Msg1 或 Msg3 发现终端是低功率级别终端后，可以适当调整终端的下行覆盖等级，即调低 Msg2 或 Msg4 的发送重复次数，有利于节省网络资源。在 Msg1 上报终端能力通常需要考虑随机接入资源分段方式，而且可能影响随机接入资源的使用效率，较为复杂；另一种考虑是在引入多载波配置后，让低功率级别终端使用一个专用非锚定载波接入网络以便网络能够尽早识别该类终端。当然如果低功率级别终端较少，也会造成该非锚定载波利用率不高的问题。标准讨论倾向于在 Msg3 上报终端能力，至少可以解决 Msg4 下行重复过多问题。后续由于 RAN3 已经支持 eNB 在 Msg3 之后从 MME 侧获取 QoS 等能力信息，相应的，也可以拿到低功率级别特性信息，这样就不需要终端通过 Msg3 上报能力信息了。当然这样做的一个问题是，基站收到 Msg3 之后先通过 S1 接口获取能力信息，再发送 Msg4 会造成额外时延。但为了避免引入重复的功能，最终标准同意 PRACH 过程不考虑 UE 的上下行不平衡问题，Msg3 之后 eNB 通过 Iu 口获取 UE 的低功率级别特性，基站可以基于 UE 的低功率级别特性来优化配置下行专用信道的物理层重复次数。

另一个需要讨论的问题是，低功率级别终端的覆盖等级确定问题。NB-IoT 中上行物理层重复次数按覆盖等级配置，而覆盖等级是通过 UE 测量的 RSRP 值与网络配置的覆盖等级判决门限相比较来确定。由于低功率级别 UE 的上行发射功率相对于普通功率级别 UE 来说较小，相同物理层重复次数的情况下，对应的覆盖范围更小。考虑到现有网络中的覆盖等级判决门限是针对功率等级为 23dBm 的 UE 来配置的，所以，对于低功率级别 UE，有必要将覆盖等级判决门限进行校正，可以固定校正 $14-\min(P_{\max}, 23\text{dBm})$dB，既可以保证低功率级别的 UE 使用相同的上行重复次数。另外，考虑到 $P_{\max}$ 可能配置的比 14dBm 更小，此时不同功率级别 UE 的上行发射功率都为 $P_{\max}$，就不需要再针对低功率级别 UE 来校正覆盖增强等级（CEL，Coverage Enhancement Level）门限了，所以最终的校准量为 $\min\{0, (14-\min(23, P_{\max}))\}$。

关于低功率级别 UE 接入现有网络的问题，由于现有网络（如 Rel-13 网络）不会针对低功率级别 UE 来优化下行物理层重复次数配置，所以低功率 UE 接入现有网络会浪费较多的下行资源。有公司建议对低功率级别 UE 只允许在满足较好覆盖的小区驻留门限时才在普通小区驻留，但另有公司提出这可能会造成覆盖空洞，经过标准讨论，容忍该问题且不引入标准优化。

4.8　覆盖增强授权

由于覆盖增强是通过物理层的多次重复来获得覆盖增益，而物理层的多次重复会占用网络的无线资源。为此运营商希望能对终端使用覆盖增强功能进行必要控制，如进行授权，并以此可以实现针对覆盖增强授权的差异化计费。核心网考虑的需求包括：

- 在 TAU/RAU 过程中，支持覆盖增强授权的 UE 将相关 UE 能力传给移动性管理实体（MME，Mobility Management Entity）/SGSN；如果终端支持覆盖增强授权功能，则 MME/SGSN 将覆盖增强授权的用户签约信息通过 NAS 消息传递给 UE；
- MME 通过 S1 口消息将覆盖增强授权指示传递给 eNB，用于 eNB 对覆盖增强授权功能的执行判决；
- UE 基于终端的覆盖增强授权签约信息决策是否以覆盖增强模式接入网络中。

RAN2 对核心网上述需求进行了讨论，同意支持以下功能：

- 覆盖增强授权决定终端是否被允许使用覆盖增强小区选择 / 重选准则。未获得覆盖增强授权的 UE 不允许驻留在覆盖增强模式，终端只可以处于普通覆盖模式；
- 获得覆盖增强授权的终端仍可以使用现有的小区重选流程和准则；
- 增强覆盖授权不会影响连接模式移动性的准则（留给网络实现处理）。如果某些连接态流程用到空闲模式操作（如 RRC 重建），则覆盖增强授权相关准则可适用；
- 高层协议仅修改覆盖增强判决门限，即引入针对未授权 UE 的对小区驻留门限的偏移量。偏移量的基准值范围为 {5，10，15，20}dB。关于终端是否使用覆盖增强授权由 NAS 层开关决定。在小区驻留判决公式中，增加了以下覆盖增强授权的门限偏置。

$$Srxlev = Q_{rxlevmeas} - Q_{rxlevmin} - P_{compensation} - Q_{offset_{temp}}$$

其中，$Q_{rxlevmin}$ 是小区内最低要求接收功率，如果终端未授权覆盖增强，且 $Q_{offset_{authorization}}$ 有效，则 $Q_{rxlevmin} = Q_{rxlevmin} + Q_{offset_{authorization}}$。

现有标准仅要求终端在做小区驻留判决时按照是否被授权而决定是否能够驻留某小区，这种要求只对合法终端有效，某些恶意或非法终端还是有可能不顾是否被授权而按照覆盖增强模式驻留并接入小区，为此仍需网络提供必要的拒绝或释放机制。标准讨论定义了由 MME 将终端是否被授权使用覆盖增强的信息通过 S1 接口下行消息传给 eNB，eNB 自己实现相应的控制保护机制。

4.9 释放辅助指示

由于 NB-IoT 终端有强烈的省电需求，因此如何让终端在业务结束时快速回到空闲态以便省电有许多讨论。核心网已经支持终端在 NAS 发送释放辅助信息（RAI）给 MME（如指示当前为最后一个上行数据包），MME 收到该信息后如果判断没有下行数据需要发送，则可以尽快释放终端，但该方案仅适用于 CP 方案。在 Rel-13 NB-IoT 讨论过程中，就由多家公司提出过 RAN 侧可支持同时适用于 CP 优化和 UP 优化的释放辅助信息，如通过 RRC 上行信令指示，终端和基站隐式直接释放（不发送释放消息）、新增 PDCP 释放指示控制包等。在讨论中争议最大的部分是如何判断业务结束（例如，后续没有数据包），以及 AS 如何能够获取这个信息。部分运营商认为 NB-IoT 业务模式多样化，如果不合适地过早释放可能会导致更多的空口信令和终端耗电。最终 Rel-13 NB-IoT 没有同意引入 AS 的释放辅助指示。

Rel-14 讨论阶段，受市场需求驱动，多家公司再次重提通过空中接口发送释放辅助信息的方案。简化方案是通过 MAC 的 BSR = 0 来通知 eNB 在未来一段时间内没有上行数据 / 信令发送也不预期接收下行数据 / 信令。在此基础上，有公司建议标准明确未来一段时间的具体长度，如 10s，但另外的观点是无论未来一段时间定义多长，UE 都无法精准预测未来一段时间是否会有数据收发，所以标准化的意义不大。还有建议同时引入一个禁止定时器来防止终端频繁发送 BSR。

引入 AS 释放辅助指示后，对 CP 优化可能存在 AS 和 NAS 重复的 RAI 上报，有公司认为 AS 和 NAS 的 RAI 上报是相互独立的，AS 的 RAI 上报更灵活，重复上报的问题可以避免。

最终 Rel-14 在 MAC 层协议中支持终端如果在未来一段时间内没有上下行业务，则发送 BSR = 0 来辅助网络进行释放，但没有引入 BSR 上报禁止定时器，且对未来一段时间的长度不做标准化。

4.10　使用 CP 优化的 UE 间的差异化服务质量

为了使 NB-IoT eNodeB 能够对不同使用控制面优化的 UE 请求接入时进行差异化资源分配，Rel-14 NB-IoT 系统支持 eNodeB 向 MME 请求提供 UE 的信息（包括 QoS 参数和 UE 无线能力）。由 MME 发送的 UE 信息包括无线接入承载级的 QoS 参数和 UE 无线能力。如果 UE 已经激活多个 EPS 承载，MME 仅向 eNodeB 发送一条承载所对应的 QoS 参数信息；MME 根据 QCI 对应的优先级来选择到底发送哪条承载的 QoS 参数信息，为了 UE 能够更顺利地接入网络，MME 将最高优先级承载对应的 QoS 参数发送给 eNodeB。eNodeB 可以基于

UE 相关信息对不同 UE 进行差异化资源分配。具体的实现方式如图 4-22 中步骤 3 所示。

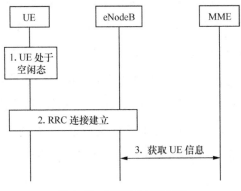

图 4-22 获取 UE 信息过程

 ## 4.11 可靠性数据传输

Rel-13 中引入的非 IP 数据传输（NIDD）是一种不可靠传输。在 Rel-13 中没有机制使业务能力开放功能实体（SCEF，Service Capability Exposure Function）获知数据是否成功发送至 UE（这些情况可能发生在，例如，当 UE 无线链路中断或者 UE 移出了覆盖区时）。在 Rel-13 中 UE 也无法确认上行数据是否已经成功发送至 SCEF（这些情况可能发生在，例如，当 T6a/b 连接中断或者 SCEF 发生过载时）。因此在 Rel-14 中引入了 NIDD 可靠性传输机制，在 Rel-14 中共有两种方式实现可靠性传输：

- 逐跳确认方式：每个接口的链路层都通过确认模式来实现可靠性传输，每一节点都使用重传机制来保证可靠性传输；
- UE 与 SCEF 间使用 RDS 机制来实现可靠性传输：UE 与 SCEF 可通过 RDS 协议来获知上行数据或者下行数据是否成功发送。当 UE 或者 SCEF 没有收到所请求的确认数据，UE 或者 SCEF 可以进行重传数据。UE 与 SCEF 在建立 PDN 连接时可以通过协议配置选项 PCO 的方式来协商是否启用 RDS 方式。

第5章

Rel-15
NB-IoT

NB-IoT

5.1　简介

在 Rel-15 NB-IoT 增强中，为了进一步降低功耗，引入了唤醒信号（WUS，Wake up Signal）和半静态调度；为了降低功耗和时延，引入了随机接入过程中的数据提前发送（EDT，Early Data Transmission）、降低系统捕获时间以及物理层调度请求（SR，Scheduling Request）；此外，Rel-15 NB-IoT 还引入了窄带测量精度提升、NPRACH 覆盖范围增强、时分双工（TDD，Time Division Duplex）支持以及独立工作模式的增强。

5.2　终端功耗降低

5.2.1　唤醒信号

唤醒信号在 Rel-15 阶段被采纳为 NB-IoT 终端空闲状态寻呼时的节电信号。

1. WUS 的功能

唤醒信号是 NB-IoT 终端空闲状态监听寻呼前要监听的节电信号。在现有的协议中，终端需要在寻呼时机（PO，Paging Occasions）醒来监听 NPDCCH，判断是否有其寻呼消息。但由于寻呼业务不频繁，这一过程带来了相当大的 UE 功耗。Rel-15 NB-IoT 期望通过引入 WUS 降低这种终端功耗，一方面是因为接收 WUS 相比监听 NPDCCH 的功耗更低；另一方面对于配置 eDRX 终端可通过一个 WUS 映射多个 PO 来进一步节能。

除了唤醒功能外，3GPP 针对 WUS 是否还可以提供同步功能进行了讨论。多数公司支持 WUS 提供同步功能，因为现有同步信号是离散传输的，终端为了获得下行同步需要一直处于接收状态，这就是导致终端在获得同步时消耗的功率较大的原因。如果 WUS 有同步功能，那么可以更有效地降低终端功耗。少部分公司反对 WUS 提供同步功能，认为 WUS/DTX 的发送取决于寻呼信息的发送概率，当没有寻呼信息发送时，基站不发送 WUS，此时终端无法获得同步；而且每个 DRX 内终端都需要进行 RRM 测量，这就需要终端保持同步，而 WUS 无法提供；对于 eDRX，终端从深睡苏醒之后需要进行小区确认，WUS 也无法提供。经过讨论，达成下述共识：对于低移动性的终端，可以放松对 RRM 测量的要求，此时 WUS 可以为空闲态的终端提供同步功能。在空闲态，WUS 能在最多 N 个 DRX cycle 的时长内为终端提供时频同步。N 值可配，取值可为 {1, 2, 4, 8}，配置 N 时需要满足 N 个 DRX cycle 的时长小于等于 10.24s。

2. WUS 的配置

WUS 的配置主要包含以下几个方面：

（1）WUS 和 PO 的关系

在 1 个 DRX cycle 中，1 个 WUS 用于通知终端是否需要监听其对应的 1 个 PO。在 1 个 eDRX cycle 中，默认的 UE 配置 WUS 和 PO 是一对一的映射关系，也就是说 1 个唤醒信号用于通知在这个 eDRX cycle 内终端去监听其对应的 1 个 PO。可选的 UE 配置是 WUS 和 PO 呈一对 N 的映射关系，也就是说 1 个 WUS 用于通知在这个 eDRX cycle 内终端去监听其对应的 N 个 PO，N 值是可配的。

（2）WUS 和相应 PO 上终端的关系

多个终端可能对应 1 个 PO，WUS 和对应 PO 上终端的关系有以下两种：

- Alt 1：WUS 对应相应 PO 上的所有终端；

- Alt 2：WUS 对应相应 PO 上的部分终端。

对于 Alt2，相当于把对应 1 个 PO 上的终端分组，每组对应 1 个 WUS。经过讨论，决定 Rel-15 版本中不支持 Alt 2。

（3）WUS 时长

唤醒周期的配置方法类似于 NPDCCH 搜索空间的配置，即配置最大唤醒时长（Maximum WUS Duration）和 WUS 时长候选集，实际传输的唤醒周期小于最大唤醒周期。

对于最大唤醒周期配置，考虑到 WUS 和 NPDCCH 有相同的覆盖而 WUS 承载的信息比

DCI 少，3GPP 标准采纳了根据寻呼 NPDCCH 对应的 R_{max} 和 Scaling Factor 确定最大唤醒周期的方案，其中，Scaling Factor 为 3bit，具体的值为 {1/128, 1/64, 1/32, 1/16, 1/8, 1/4, 1/2}。

引入 WUS 时长候选集可以减少终端检测复杂度，从 1ms 到最大唤醒周期间，不要求终端监听除了 2 的指数倍之外的其他 WUS 时长值。其中，实际传输的 WUS 是和最大 WUS 时长的起始位置对齐的。

（4）WUS 和 PO 的非零间隔

WUS 和 PO 之间的非零间隔（Non-Zero Gap）的定义为 WUS 的结束位置和 PO 的起始位置之间物理子帧（也称为绝对子帧）的个数。Gap 主要用于：① 终端解 WUS；② 终端从深睡 / 浅睡中醒来。考虑到终端的处理模块不同，会导致所需的 Gap 不同。基站需要根据终端处理能力配置 Gap，所以终端需要上报最小 Gap 的取值。对于 DRX，最小 Gap 的值为40ms；对于 eDRX，终端上报的最小 Gap 的值为 {40ms, 240ms, 1s, 2s}。

对于 DRX，终端根据基站配置的 Gap 值确定实际 WUS 和 PO 之间的 Gap，Gap 值从 {40, 80, 160, 240}ms 中配置。对于 eDRX，基站会配置短间隔（Short Gap）值，Short Gap 值可从 {40, 80, 160, 240}ms 中配置，Short Gap 可等于或大于 DRX 配置的 Gap；此外，eDRX 可另外配置长间隔（Longer Gap）值，长间隔值可从 {1, 2}s 中配置。对于 eDRX，终端根据以下规则确定实际 WUS 和 PO 之间的 Gap：

- 对于 eDRX，如表 5-1 所示，如果同时配置了短间隔（G1）和长间隔（G2），并且配置的间隔（情况 1 配置 G1，情况 2 配置 G2）和终端上报的 WUS 和相应 PO 间的最小间隔相同；

表 5-1　eDRX 情形下 WUS 和 PO 之间的间隔配置

终端上报的 WUS 和相应 PO 间的最小间隔能力	终端期待 WUS 的间隔是 G1	终端期待 WUS 的间隔是 G2
情况 1: {40ms 或 240ms}	是	否
情况 2: {1s 或 2s}	否	是

- 如果配置的间隔（情况 1 配置 G1，情况 2 配置 G2）和终端上报的 WUS 和相应 PO 间的最小间隔不同：

  ● 如果基站配置的间隔大于终端上报的WUS和相应PO间的最小间隔，终端根据配置的长间隔来监听WUS。终端可等到所配置间隔的最后检测寻呼；

  ● 如果基站配置的间隔小于终端上报的WUS和相应PO间的最小间隔，终端不会用配置的长间隔来监听 WUS 而只用短间隔来监听 WUS。

根据上述结论，高层提供了以下针对锚定载波的唤醒信号配置信息。该信息通过 SIB2 消息的信元 RadioResourceConfigCommonSIB-NB IE 提供：

```
RadioResourceConfigCommonSIB-NB-r13 ::= SEQUENCE {
    ......
    [[ nprach-Config-v1530        NPRACH-ConfigSIB-NB-v1530        OPTIONAL,    -- Need OR
        dl-Gap-v1530              DL-GapConfig-NB-v1530            OPTIONAL,    -- Cond TDD
        wus-Config-r15            WUS-Config-NB-r15               OPTIONAL     -- Need OR
    ]],
    ......
}


WUS-Config-NB-r15 ::=                       SEQUENCE {
    maxDurationFactor-r15                   WUS-MaxDurationFactor-NB-r15,
    numPOs-r15                              ENUMERATED {n1, n2, n4}              DEFAULT n1,
    numDRX-CyclesRelaxed-r15                ENUMERATED {n1, n2, n4, n8},
    timeOffsetDRX-r15                       ENUMERATED {ms40, ms80, ms160, ms240},
    timeOffset-eDRX-Short-r15               ENUMERATED {ms40, ms80, ms160, ms240},
    timeOffset-eDRX-Long-r15                ENUMERATED {ms1000, ms2000}         OPTIONAL, -- Need OP
    ...
}
WUS-ConfigPerCarrier-NB-r15 ::=  SEQUENCE {
    maxDurationFactor-r15                   WUS-MaxDurationFactor-NB-r15
}

WUS-MaxDurationFactor-NB-r15 ::= ENUMERATED {one128th, one64th, one32th, one16th, oneEighth,
oneQuarter, oneHalf}
```

该配置信息中首先提供了 WUS 信号相对 PO 的时间偏移量，即表示 WUS 信号发送最大持续时间结束点与第一个关联 PO 之间的时间间隔值，如图 5-1 所示。此外考虑到不同类型终端解调 WUS 信号的能力可能有所不同，该参数按照不同 DRX 周期来配置，即提供 timeOffsetDRX、timeOffset-eDRX-Short、timeOffset-eDRX-Long 参数。

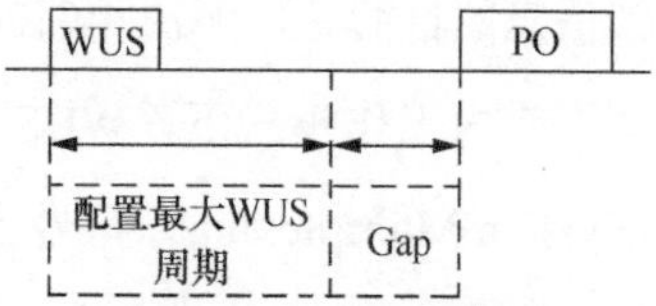

图 5-1　WUS 时间关系

numPO 参数体现 WUS 与 PO 的对应关系。对于 DRX UE，1 个 WUS 信号对应 1 个 PO。对于 eDRX UE，1 个 WUS 信号可对应多个 PO，根据上述 RRC 信令中的 numPOs-r15 参数配置，可知默认 1 个 WUS 信号对应 1 个 PO，但也可配置 1 个 WUS 对应 2 个或 4 个 PO。参数 maxDurationFactor 为 WUS 信号发送持续时间，以 R_{max} 的一定比例表示。基站还在 SIB22-NB 消息中提供非锚定载波上 WUS 信号的配置信息，有些信息需要按载波配置，即不同非锚定载波可以有不同取值，目前 SIB22-NB 仅会为不同载波的 WUS 信号配置 maxDurationFactor 参数，即发送最大间隔参数，以便适配不同载波的覆盖情况。

3. WUS 的序列设计

考虑到接收唤醒信号的终端处于空闲态，有可能处于失同步的状态，WUS 的序列设计采用类似 NSSS 结构。若 WUS 的实际时长是 M 个子帧，那么在子帧 $0, 1, \cdots, M-1$ 上的 WUS 序列 $w(m)$ 定义为：

$$w(m) = \theta_{n_f, n_s}(m') \cdot e^{\frac{j\pi u n(n+1)}{131}}$$

其中，$m = 0, 1, \cdots, 131$，$m' = m + 132x$，$n = m \bmod 132$，$u = \left(N_{ID}^{Ncell} \bmod 126\right) + 3$，$\theta_{n_f, n_s}(m')$ 定义如下：

$$\theta_{n_f, n_s}(m') = \begin{cases} 1, & \text{如果} c_{n_f, n_s}(2m') = 0 \text{和} c_{n_f, n_s}(2m'+1) = 0 \\ -1, & \text{如果} c_{n_f, n_s}(2m') = 0 \text{和} c_{n_f, n_s}(2m'+1) = 1 \\ j, & \text{如果} c_{n_f, n_s}(2m') = 1 \text{和} c_{n_f, n_s}(2m'+1) = 0 \\ -j, & \text{如果} c_{n_f, n_s}(2m') = 1 \text{和} c_{n_f, n_s}(2m'+1) = 1 \end{cases}$$

$c_{n_f, n_s}(i)$ 是扰码序列，在 WUS 序列开始处初始化为：

$$c_{\text{init\_WUS}} = \left(N_{ID}^{Ncell} + 1\right)\left(\left(\left\lfloor 10n_{f\_startPO} + \left\lfloor \frac{n_{s\_start\_PO}}{2} \right\rfloor \right\rfloor \bmod 2048 + 1\right)2^9 + N_{ID}^{Ncell}\right)$$

其中，$10n_{f\_startPO} + \left\lfloor \frac{n_{s\_startPO}}{2} \right\rfloor$ 为 WUS 对应 PO 的子帧信息，WUS 序列中携带对应 PO 子帧信息的目的是，解决相邻 PO 对应的 WUS 的时域位置相同或重叠导致的冲突问题。

带内工作模式下，WUS 在子帧内后 11 个正交频分复用（OFDM，Orthogonal Frequency Division Multiplexing）符号上发送，但是对于保护带工作模式和独立工作模式，WUS 在子帧内所有 OFDM 符号上发送，后 11 个符号上的 WUS 信号和带内工作模式下相同，将第 8、9 和 10 个符号上的信号拷贝到前 3 个 OFDM 符号上发送。

4. WUS 和其他信号 / 信道之间的冲突处理

在带内工作模式下，当 WUS 和发送 CRS 的 RE 发生冲突，将打掉冲突 RE 上的 WUS。

当 WUS 和系统消息（SIB1/ 其他 SI）冲突，发送 SIB1-NB 和其他 SI 的子帧上的 WUS 发送将丢弃。当 WUS 信号落在不携带 SIB1-NB 的非 NB-IoT 下行子帧上，WUS 推迟发送，这说明对应的子帧不计入最大 WUS 传输时长和实际 WUS 传输时长，但不意味着实际 WUS 时长结束到第一个关联 PO 开始之间的间隔减少了。

5. 带 WUS 的寻呼过程（网络侧）

引入 WUS 功能后，UE 需要通过信元 UE-RadioPagingInfo-NB 在 UE Capability 中向 MME 上报对 WUS 的支持能力，MME 将其能力在 UE Context 中保存起来。

当下行数据到达，触发 MME 通过 S1AP 发送寻呼消息时，MME 将在该寻呼消息中通过信元 UE Radio Capability for Paging -NB IE 携带终端支持 WUS 的能力信息发给基站。

eNB 在接收到寻呼消息后并解析出 UE 对 WUS 的支持能力后，将根据 WUS 的配置，确定是否可在最近的 PO 前发送寻呼消息，还是等到下一个 WUS 周期再发送寻呼消息。如最近 PO 之前的 WUS 位置未发送 WUS，则终端不会监听最近 PO，那么基站将等到下一个 WUS 周期，计算 WUS 发送位置，并发送 WUS，接着在与 WUS 信号关联的 PO 位置发送寻呼消息。当基站给终端发送空口寻呼时，如果判断被寻呼终端支持 WUS 解调，则基站可在终端监听的 PO 前先发送 WUS。

高层协议讨论过程中，有公司提出 MME 可能需要知道 WUS 配置信息中的 timeOffset 信息，以避免 MME 发送寻呼消息的间隔过小使得 UE 来不及完成 WUS 解调。还有公司认为为了减少 eNB 对寻呼消息的缓存，可能也需要 MME 获知 WUS 配置信息。但最终为了尽量减少标准影响，在 Rel-15 阶段不要求 MME 感知 WUS，MME 按原有方式发送寻呼消息即可。

另外，在系统消息更新场景下，如果开启针对 N 个 PO 的 WUS 发送的功能，需要考虑 WUS 可能造成的更新指示发送延迟问题。如果基站利用直接指示信息（DCI，Direct Indication Information）来发送指示系统消息发生变更的信息，那么基站应在 DCI 发送之前的 WUS 位置发送 WUS，以便 UE 能够及时监听 NPDCCH 来获取系统消息变更的指示信息。但如果系统消息发生变更前刚好存在一个 WUS 位置，基站因为没有寻呼而未发送 WUS，那么接下来的几个 PO 位置终端可能都不会监听 NPDCCH，即便基站发送 DCI，也会导致接收延迟或失败。因此，一种可能的方案是将某个 PO 设置为固定的备份 PO，无论之前是否发送过 WUS，都要在这个 PO 前增加 WUS 发送，来缓解因错失 WUS 机会导致的 WUS 发送延迟问题。但讨论中也有公司认为某个修改周期内如果发生了系统消息更新，基站应发送多次系统消息变更指示而不是一次，因此错过一个 WUS 位置的影响不大。最终标准没有针对该问题引入新的优化。

6. WUS 及寻呼检测接收（终端侧）

当终端支持 WUS，并且通过系统消息获取了小区的 WUS 配置信息，终端会尝试监听 WUS。对于配置了 DRX 的终端，在每个 PO 时机之前先检测 WUS，如果存在，则进一步监听 PO。对于配置了 eDRX 的终端，终端按照基站配置的 WUS 与 PO 间的映射关系，进行 WUS 检测与 PO 监听，具体的，以 WUS 与 PO 间的对应关系为 1∶4 为例，如果终端在某个 WUS 位置未检测到 WUS，那么终端在接下来的 4 个连续 PO 位置均不监听 NPDCCH。如果终端在 WUS 位置检测出 WUS，那么终端将监听其对应的 4 个连续 PO 位置上的 NPDCCH 直至检测出寻呼消息或系统消息变更指示为止。

进一步的，对于 eDRX 终端且 WUS 与 PO 的映射配置大于 1 的场景，如果 UE 在一个 WUS 周期内发生小区选择，在新小区内，UE 将开始监听前一个 WUS 映射的剩余 PO 直至下一个 WUS 之前或 PTW 结束之前（二者取小），目的是为了防止 UE 错过寻呼。

5.2.2 MO 数据提前发送

Rel-15 立项目标提出在随机接入过程中传输上下行用户数据。标准讨论之初，部分公司分析了 Msg1/Msg3 传输上行数据、Msg2/Msg4 传输下行数据的可行性。根据分析可见，Msg1 传输上行数据的方案复杂性高，决定 Rel-15 阶段仅支持 Msg3/Msg4 传输上下行数据，即 EDT 功能，并且所有的覆盖增强等级都支持 EDT 传输。

1. 使用 Msg1 传输数据的简要分析

在 Rel-15 早期，曾讨论过无专用授权的上行数据传输，但主要针对连接态终端，即多个用户间使用共享的授权发送数据且前提是上行已同步。如果考虑空闲态终端使用非专用授权发送数据，会存在很多挑战，相应地有一些可考虑的方案，列举如表 5-2 所示。

表 5-2　空闲态终端发送数据的潜在方案分析

潜在挑战	解决方案
如果 UE 不满足上行时间同步条件，可能需要新波形或新流程	Alt 1：定义一个新的波形来获取上行同步。因为需要引入较大的物理层改动，对于 LTE 技术来讲可能不太适用； Alt 2：使用 LTE PRACH Preamble，且 PRACH Preamble 会同时携带载荷（PRACH 之后跟随 PUSCH）； Alt 3：UE 记忆最后一次连接的 TA，使得它保持与其他用户的正交性，但这要假设 UE 自从完成上次上行传输后没有"漂移过"，对于只有不频繁小数据传输应用的 UE 而言，这个要求可能较难满足，因为 UE 可能大量时间都处于空闲态

续表

潜在挑战	解决方案
链路自适应问题，至少需要提前确定初始的上行链路 MCS，以及确定初始覆盖等级或重复次数	UE 有可能根据"历史信息"在不同的初始 MCS/覆盖等级参数间做出选择，还需要 UE 通过上行链路信令将 MCS 告知 eNB： • 可能需要独立分开的上行控制信令； • 可能隐含需要 PRACH 序列分段，通过不同 PRACH 序列指示终端相关信息
功率控制	初始发送功率可能是盲选择的（开环方式），或基于历史信息选择
冲突解决	上行传输需要在 Msg1 包含某种形式的 UEID 以便进行冲突解决
数据载荷	考虑到 RRC 连接尚不存在，DRB/PDCP/RLC 尚未建立，数据载荷可以是 NAS 消息并由 NAS 进行完整性保护和加密

表 5-3 所示为一个 Msg1 中传输上行数据的组成结构。

表 5-3　Msg1 上行数据传输的一种结构

PRACH 前导	UE ID	上行控制信息	数据（NAS PDU）

简而言之，由于包含上行数据和控制信息的 Msg1 远大于简单的随机接入前缀，在上行同步无法满足的情况下，Msg1 传输失败率增加，不仅不能带来增益还会造成额外的干扰，导致冲突概率也增加，进而导致资源使用效率的严重下降。物理层在没有上行同步的情况下解调长数据包的复杂度也会非常高。为了解决上行时间同步问题，可能需要设计新格式的、允许在上面包含载荷的 NPRACH，例如，引入更长的循环前缀（CP，Cyclic Prefix）。

另一种考虑是无竞争的 Msg3 传数据方案，可以理解为一种空闲态半持续调度（SPS，Semi-Persistent Scheduling）方案。在待传输数据为不频繁小数据的场景下，可以允许 eNB 为 UE 分配非竞争 PRACH 资源进行接入，即 eNB 为每个 UE 分配预先定义好的时域、频域、周期或传输模式信息，使得 UE 可以在专用随机接入资源上接入系统。预定义的资源可以只在预先设定好的时间窗内出现，这样可以增加 UE 成功获取并使用该资源的概率。另外可以使用专用控制信道发送单独的 ACK 指示来替代冲突解决 MAC 协议数据单元（PDU，Protocol Data Unit），进一步减小时延。使用这种方案可能需要 eNB 预先知道 UE 的传输模式，可由 UE 在初始附着时提供或通过别的方式向网络指示预计多长时间之后 UE 会有下一次数据发送。这样 eNB 可以在当前流程中为 UE 指示将来可以使用的专用物理随机接入信道（PRACH，Physical Random Access Channel）资源或资源索引。如果认为 eNB 很难提供这种完全免竞争的 PRACH 资源，一种混合的方式可以是由 eNB 仅分配一个预定义时间窗，在这个时间窗内 UE 执行基于竞争的随机接入。在大量终端同时接入网络时，eNB 可以通过将不同 UE 分布到不同时间窗的方式来均衡可能存在的随机接入冲突。

上述方案的复杂度都比较高，在 Rel-15 阶段未被详细讨论。

2. EDT 基本流程

标准讨论过程中，多家公司提出通过 Msg3 来提前传输用户数据（EDT, Early Data Transmission），不需要 UE 转移到连接态，因为可以节省以下相关信令流程而带来增益：

- RRC Configuration in Msg4 (about 200bit);

- Msg5;

- RRC Release;

- RLC ACK for Msg5 and RRCConnectionRelease;

- Physical Layer Feedback and PDCCH Monitoring for Above Messages。

另外一些公司则更倾向于使用传统流程，或者至少优先考虑将 UE 转入连接态，之后可以进一步增强释放流程。这些公司认为多数典型 IoT 应用中，终端会有多个数据包需要传输，或者存在潜在的下行数据（如应用层对上行用户数据的确认），如果让 UE 在执行 EDT 后维持在 RRC_IDLE 态，可能会出现 UE 再次发起连接建立/恢复或被寻呼的情形。支持终端维持在空闲态的公司则认为多数场景下，即便有多个数据包需要发送，每次只需要发送一个数据包，且两次数据包传输之间可能间隔较长时间。EDT 方案如果可以让 UE 在 RRC_IDLE 态连续收发一段时间数据包，还是可以获得减少信令交互的增益的。进一步的，讨论中也认为 UE 可以根据一些信息比较准确地决定只在需要发送单个或少量数据时才触发 EDT 流程，基站也可以根据来自 UE 或网络侧的信息决定是将 UE 维持在 RRC_IDLE 态，还是将 UE 转移到 RRC_CONNECTED 态。对于 UE 只期待一个下行确认数据的场景，考虑到 NB-IoT/eMTC 大多是时延不敏感的应用，可以让 eNB 适当等待一段时间，等收到下行确认数据后再将数据和 Msg4 一起发送并将 UE 维持在 RRC_IDLE 态，这样既可以获得 EDT 节省信令并减少 UE 功耗的增益，又能一定程度降低 UE 被随后寻呼的可能性。最终标准同意在 UE 满足一定条件时可以发起 EDT 流程，基站也可以通过发送不同的 Msg4 来控制 UE 进入 RRC_CONNECTED 态或是维持在 RRC_IDLE 态，如果基站通过 Msg4 让 UE 维持在 RRC_IDLE 态，则 UE 不需要发送 Msg5 给基站。

为了尽量减少对高层的影响，NAS 可以认为 UE 短暂地进入 EMM_CONNECTED 态随后又进入 EMM_IDLE 态，即 EDT 功能对 NAS 透明。从核心网来看，也可以认为 eNB 和 MME 之间仍然需要执行 S1 接口（以及 UE 上下文）的建立 / 释放或恢复 / 挂起。

标准讨论过程中，关于如何在 Msg3、Msg4 中携带数据，以及是定义新的 Msg3、Msg4 消息还是对现有 Msg3、Msg4 消息进行扩展有过一些讨论并很快达成了一致。为协议清楚起见，对 CP 方案，为 EDT 功能引入新的 RRCEarlyDataRequest 消息（Msg3）/RRCEarlyDataComplete 消息（Msg4），上行用户数据包含于 NAS PDU 中，并内置于上行 RRCEarlyDataRequest 消息中发送给 eNB。如果 eNB 很快收到下行用户数据，如应用层对上行用户数据的确认，可放于 NAS PDU 中，并内置于下行 RRCEarlyDataComplete 消息中发送给 UE，让 UE 维持在 RRC_IDLE 态。对 UP 方案，在基本 EDT 流程中使用现有的 RRCConnectionResumeRequest 消息（Msg3）/RRCConnectionRelease 消息（Msg4），用户数据放于 DTCH/DCCH，与在 CCCH 上传输的 RRC 消息在 MAC 层复用在一起发送，UE 收到 RRCConnectionRelease 消息后进入 RRC_IDLE 态。eNB 也可以在 Msg4 中发送 RRCConnectionSetup/RRCConnectionResume 消息为 UE 建立或恢复连接并将 UE 转移到 RRC_CONNECTED 态。

对 UP 方案来说，由于需要将用户数据放在数据无线承载（DRB，Data Radio Bearer）中，与 RRC 消息复用在 Msg3 中传输，且用户数据有较高的安全要求，因此与传统 UP 方案的 RRC 连接恢复流程不同，UE 需要在发送 Msg3 之前就恢复 UE 上下文，重激活 AS 安全并恢复所有 SRB/DRB。eNB 接收到新的 Msg3 之后，也需要首先获取 UE 上下文并恢复所有 SRB/DRB，之后才能由 RLC/PDCP 做进一步的处理。需要指出的是，eNB 的 MAC 层在进行解复用的时候，由于尚未恢复 UE 上下文，无法知道专用逻辑信道配置，可能无法处理 DTCH 上的 MAC PDU，eNB 需要先解出 CCCH 上的 RRC 消息并发送给高层，由高层获取 UE 的 Resume ID 并恢复 UE 上下文，之后才能根据这些信息解析 DTCH 上 MAC PDU。

基于上述基本结论，Rel-15 NB-IoT 对 EDT 的基本功能定义为，当高层请求建立或恢复 RRC 连接以便发起起呼数据业务（非信令或 SMS 业务），且上行数据包大小小于或等于系统消息中指示的 TB 包大小，则允许 UE 在随机接入过程中执行一次上行链路数据传输，且可选地可以跟随一次下行链路数据传输。

（1）CP-EDT 基本流程

用于 CP 方案的 EDT 功能具有以下特征：

－ 上行用户数据放于 NAS 消息中，并内置于上行 RRCEarlyDataRequest 消息中，在

CCCH 上传输；

- 下行用户数据放于 NAS 消息中，并内置于下行 RRCEarlyDataComplete 消息中，在
  CCCH 上传输；

- 无须转移到 RRC 连接态。

用于 CP 方案的 EDT 流程如图 5-2 所示。

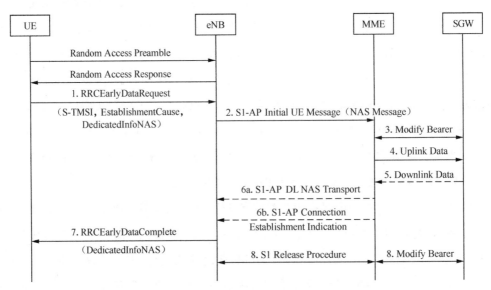

图 5-2　CP-EDT 的基本流程

0. 当收到来自高层的用于起呼数据的连接建立请求时，UE 发起提前数据传输流程，并选择使用为 EDT 配置的随机接入前缀。

1. UE 在 CCCH 上发送内置了用户数据的 RRCEarlyDataRequest 消息。

2. eNB 触发 S1-AP Initial UE Message 流程，将 NAS 消息转发给核心网并建立 S1 连接。eNB 可以在该流程中指示这次连接是由 EDT 触发的。

3. MME 请求 S-GW 重激活 UE 的 EPS 承载。

4. MME 发送 Uplink Data 给 S-GW。

5. 如果有可用的 Downlink Data，S-GW 会发送 Downlink Data 给 MME。

6. 如果从 S-GW 收到 Downlink Data，MME 通过 DL NAS Transport 流程将数据转发给 eNB，并可以指示是否还期待其他数据。否则，MME 可以触发 Connection Establishment

Indication 流程并指示是否还期待其他数据。

7. 如果预期没有其他数据，eNB 在 CCCH 上发送 RRCEarlyDataComplete 消息给 UE，让 UE 维持在 RRC_IDLE 状态。如果在第 6 步收到 Downlink Data，eNB 会将 Downlink Data 内置于 RRCEarlyDataComplete 消息中发送给 UE。

8. S1 连接被释放，EPS 承载被去激活。

注：如果 MME 或 eNB 决定将 UE 转移到 RRC_CONNECTED 态，会在第 7 步中发送 RRCConnectionSetup 消息来将 UE 回退到传统的 RRC 连接建立流程。eNB 将丢弃在 Msg5 中收到的长度为 0 的 NAS PDU。

（2）UP-EDT 基本流程

用于 UP 方案的 EDT 功能具有以下特征：

- （在上次连接中），UE 已经通过携带 Suspend 指示的 RRCConnectionRelease 消息获得 NextHopChainingCount 参数；
- 上行用户数据在 DTCH 上传输，与在 CCCH 上传输的 RRCConnectionResumeRequest 消息复用在一起；
- 可选的，下行用户数据在 DTCH 上传输，与 DCCH 上传输的 RRCConnectionRelease 消息复用在一起；
- 重用 shortResumeMAC-I 作为认证令牌来保护 RRCConnectionResumeRequest 消息，该 shortResumeMAC-I 通过在上次 RRC 连接中提供的保护密钥来获取；
- 上下行用户数据都被加密，密钥通过在上次 RRC 连接的 RRCConnectionRelease 消息中提供的 NextHopChainingCount 参数来获取。
- RRCConnectionRelease 消息使用新获取的密钥来进行完整性保护和加密。
- 无须转移到 RRC 连接态。

用于 UP 方案的 EDT 流程如图 5-3 所示。

0. 当收到来自高层的用于起呼数据的连接恢复请求时，UE 发起提前数据传输流程，并选择使用为 EDT 配置的随机接入前缀。

1. UE 发送 RRCConnectionResumeRequest 消息给 eNB。UE 会在消息中包含它的 resume ID、resumeCause 以及 shortResumeMAC-I。UE 恢复所有 SRB 和 DRB，使用在上次连接的 RRCConnectionRelease 消息中提供的 NextHopChainingCount 来获取新的安全密钥并重建 AS

安全。用户数据被加密后将放于 DTCH 上，与 CCCH 上的 RRCConnectionResumeRequest 消息复用在一起发送。

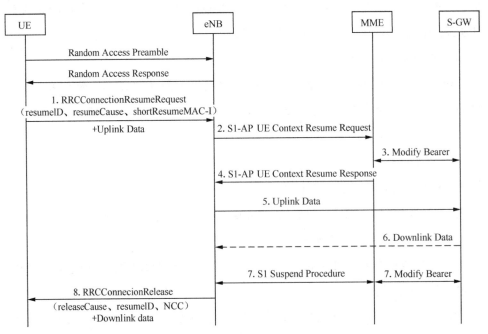

图 5-3　UP-EDT 的基本流程

2. eNB 触发 S1-AP Context Resume 流程来恢复 S1 Connection 并重激活 S1-U 承载。

3. MME 请求 S-GW 重激活 UE 的 S1-U 承载。

4. MME 向 eNB 确认 UE 的上下文已恢复。

5. Uplink Data 被递送给 S-GW。

6. 如果有可用的 Downlink Data，S-GW 将 Downlink Data 发送给 eNB。

7. 如果预期没有来自 S-GW 的其他数据，eNB 可以发起 S1 连接的挂起流程并去激活 S1-U 承载。

8. eNB 发送 RRCConnectionRelease 消息给 UE，让 UE 维持在 RRC_IDLE 状态。消息中包含设置为 rrc-Suspend 的 releaseCause、resumeID、NextHopChainingCount 以及 drb-Continue ROHC，UE 会将这些信息存储下来。如果在第 6 步收到 Downlink Data，eNB 会将加密的 Downlink Data 放在 DTCH 上，与放在 CCCH 上的 RRCConnectionRelease 消息复用在一起发送给 UE。

注：如果 MME 或 eNB 决定将 UE 转移到 RRC CONNECTED 态，会在第 7 步中发送 RRCConnectionResume 消息来将 UE 回退到传统的 RRC 连接恢复流程。此时，RRCConnectionResume 消息会使用在第 1 步获取的密钥进行完整性保护和加密，且 UE 会忽略 RRCConnectionResume 消息中包含的 NextHopChainingCount 参数。Downlink Data 可以放在 DTCH 上，并与 RRCConnectionResume 消息复用在一起发送给 UE。

3. EDT 关键问题

（1）PRACH 区分问题

在 EDT 功能中，UE 需要通过某种机制向网络指示其需要通过 Msg3 发送上行用户数据，以便基站能够分配合适的上行授权。既然 Msg3 是随机接入过程中的第 2 条上行消息，很自然地可以考虑使用 Msg1 来显式或隐式地提供这个指示，如使用 NPRACH 资源分段方式。

显然，如果在现有资源上划分出一段资源给 EDT UE 专用，可以认为传统终端可用的 NPRACH 资源减少，可能导致冲突增加。另外，现有 NPRACH 资源已经做了多个分段用于多种区分目的，如用时频域资源区分不同覆盖等级，用频域资源区分使用 Single-tone 或 Multi-tone 方式传输 Msg3。频域的 NPRACH 资源已经很有限，可能不适合再进一步划分用于 EDT 功能。可以考虑对时域资源进一步分段，但这样会造成时延，或者也可以分配单独的载波专用于 EDT。不过无论哪种方式，针对 EDT 功能划分专用或预留 NPRACH 资源，如果小区下支持或使用 EDT 功能的 UE 很少，都会在一定程度上造成资源浪费。

为此有公司提出一种 Dual Grant 的方案，即 UE 无须通过 Msg1 向基站指示，Rel-15 UE 可以和之前版本的 UE 使用相同的 NPRACH 资源，eNB 在 Msg2 中向所有 UE 至少提供两种 UL Grant，例如，Regular UL Grant 和额外的、更大的 UL Grant（Regular UL Grant 包含在 RAR 中，额外的 UL Grant 可能放在 MAC PDU 中原来填充（Padding）的位置），支持 EDT 的 UE 可以使用较大的 UL Grant 发送包含用户数据的 Msg3，eNB 盲检不同大小的 Msg3。对该方案主要存在以下质疑：

- eNB 不能通过 Msg1 区分 UE，只能为所有 UE 都提供 Regular UL Grant 和 Larger UL Grant 两种格式的 UL Grant。目前，一个 MAC PDU 可以包含多个 UE 的 RAR，为了尽可能减少新的 UL Grant 的长度，可能要去掉针对该 UL Grant 的标识信息，那么就意味着一个 MAC PDU 中包含的额外的更大 UL Grant 需要和 RAR 的数目一样多，以便一一对应。在 MAC PDU 长度不变的情况下，这意味着一个 MAC PDU 中包含的 RAR 个数会减少，会导致 UE 接收 Msg2 延迟甚至超时，在随机接入数量较大时，可能进一步加剧冲突。

- 如果小区下支持 EDT 的 UE 比较少，eNB 在 Msg2 中发送的 Larger UL Grant 可能很少有机会被用到，但 eNB 仍需预留相应资源并执行对应的盲检，这对 eNB 的资源使用效率有较大影响。

RAN2 最终讨论同意为 EDT 划分专用的 NPRACH 资源（preamble/time/frequency/carrier domain），终端使用该专用资源来指示其请求使用 EDT 功能。

另外，有讨论建议 UE 在指示请求使用 Msg3 发送数据时，进一步指示待发送数据的大小，以便 eNB 分配更合适的 UL Grant。多数公司认可这种指示有一定好处，如果 eNB 仅知道 UE 需要通过 Msg3 发送数据但不知道具体大小，eNB 有可能分配较小 UL Grant，假设 UE 待发送数据大于 UL Grant，则 UE 要么需要回退到传统的连接建立流程，要么需要对待发送数据进行分段（Segmentation）进行多次传输。另个，如果 UE 待发送数据较小，甚至远小于 UL Grant，UE 需要在 Msg3 中添加不必要的 Padding，这会降低 Msg3 的传输效率，增加 UE 功耗。但是更详细的指示显然会导致更严重的 NPRACH 资源分段。最终的共识是在 Rel-15 阶段只考虑简单设计，不支持对 NPRACH 资源进一步划分来详细指示待发送数据的大小，Padding 问题可以通过其他方案解决。

（2）EDT 触发问题

基于 NPRACH 资源分段机制，Rel-15 只支持一种有效载荷（Payload）格式的 EDT 请求，并由基站来限定这种 Payload 格式。基站广播针对 EDT 并按覆盖等级来配置的最大 TB size，UE 需要基于所处的覆盖等级将自己的待发送数据与 eNB 广播的按覆盖等级配置的最大 TB size 进行比较，只有待发送数据小于最大 TB size 时，UE 才可以通过 Msg1 发送 EDT 请求。

（3）Msg3 比特填充问题

现有标准中，在初始接入时，Msg3 至少要传递 NAS UE 标识，但不传递 NAS 消息。eNB 在 RAR 中不应提供小于 88bit 的 UL Grant。MAC 子层根据 RLC 子层发到 CCCH 上的数据来构造 Msg3 PDU，并存储于单独的 Msg3 Buffer（相比 UL Buffer 有更高优先级）中。MAC 实体从 Msg3 Buffer 中取得 MAC PDU 并指示物理层根据收到的 UL Grant 来传输 Msg3。Msg3 和 Msg4 使用 MAC 层 HARQ 机制，且 Msg3 不仅使用 MAC 层的 HARQ，UE 还可以在没有收到来自 eNB 的 MAC 层响应时执行消息重传。一旦 UE 发送 Msg3，它会启动 mac-ContentionResolutionTimer，并监听 NPDCCH 等待接收 Msg4 或用于 Msg3 重传的 UL

Grant。如果 UE 在定时器超时时未收到 Msg4，会导致冲突解决失败，UE MAC 层会重新尝试随机接入。如果收到 Msg4 但冲突解决不成功，UE 也会重启随机接入过程。注意在连续的随机接入尝试中，UE 会从 Msg3 Buffer 中取得 Msg3 PDU 而不会重新生成新的 Msg3 PDU。如果是需要重传 Msg3 的情况，eNB 会通过（N）PDCCH 给 UE 发送新的 UL Grant，而不会发送 Msg4（此时 mac-ContentionResolutionTimer 尚未超时），UE 仍然是从 Msg3 Buffer 中取得 PDU，并使用新提供的 UL Grant 来发送该 PDU。

Padding 问题是在 UE 根据其收到的 UL Grant 构造 / 重构造包含 Msg3 的 MAC PDU 时产生的，Padding 由 MAC 子层来做。在 EDT 中，Msg3 的 MAC PDU 可能大于或小于提供的 UL Grant。因此会存在以下几种可能需要 Padding 的情况，且这些情况在 CP 或 UP 方案中都有可能出现。

- 情况 1：UL Grant 大于容纳所有待传输上行数据所需要的大小（UL Grant > UL Data），此时会因为需要 Padding 而造成上行资源浪费。例如，基站分配了 1000bit 用于传输 Msg3 的 UL Grant，但 UE 实际只有 100bit 待传输数据（因为没有细化的 PRACH 分段机制使 UE 向基站更准确地指示待传输数据的大小），即便加上可能的包头仍然远小于 UL Grant，MAC 层会添加大量 Padding。由此导致更长的传输时间、更大的功耗和传输时延，耗费更多的系统资源，当 UE 处于深度覆盖场景时由于需要多次重复传输，会使得上述问题更严重。

- 情况 2：如果 Msg2 中收到的 UL Grant 不足以容纳已包含用户数据的 Msg3 PDU（传统 Grant < UL Grant < UL Data），此时 UE 可能需要回退到原来的流程，即发送传统 Msg3 消息，但 UL Grant 又可能比传统 Msg3 要大（甚至大很多），因此也需要进行 Padding，导致不必要的资源浪费。

- 情况 3：UE 还有可能收到大于或小于 Msg3 Buffer 中的 Msg3 PDU 的重传 UL Grant。

在讨论过程中，多数公司认为上述情况 1 是允许存在的，因为此时 UE 还是可以使用 EDT 来传输用户数据，仍然可以获得使用 EDT 的增益。对于 Padding 问题可以考虑进一步的解决方案。但是对于情况 2，应该是不允许存在的情况，因为此时 UE 不仅不能使用 EDT，还会在传输传统 Msg3 时添加 Padding，只会造成 UE 功耗和系统资源浪费。对于情况 3，多数公司理解基站应该为重传分配与首传相同的 UL Grant，或者认为与现有 HARQ 机制一样，不需要额外地考虑解决方案。

为解决情况 1 的问题，有观点认为 eNB 广播的每个覆盖等级的最大 TB Size 就是基站能够保证为请求使用 EDT 的 UE 提供的 TB Size。例如，基站广播 CEL_0 的最大 TB Size 为 800bit，如果 UE 处于 CEL_0，且 UE 待传输的 Msg3 小于或等于 800bit，UE 可以通过 Msg1 发起 EDT 请求，则基站必须通过 Msg2 为 UE 提供 800bit 的 UL Grant。如果基站无法提供 800bit 的 UL Grant，则基站只能提供用于传输传统 Msg3 的 TB Size，例如，88bit 的 UL Grant。采用这种方案，相应的情况 2 的问题也可以避免。但另有观点认为，从基站角度来看，应允许基站根据自己的资源情况进行分配，即允许 eNB 分配介于传统 Msg3 和基站广播的每个覆盖等级的最大 TB Size 之间的 UL Grant 值，这样在 UE 待发送数据较小时（可能对应大部分场景），UE 仍然有机会使用 EDT 功能。如果认为每个覆盖等级的最大 TB Size 一定就是保证 TB Size，那在网络资源不足时，eNB 很可能对所有 EDT 请求都只分配传统 Msg3 对应的 UL Grant，或者 eNB 会倾向于将广播的每个覆盖等级的最大 TB Size 设置的比较小，这样会限制 UE 发送 EDT 请求的场景。无论哪种方式，都会导致 EDT 使用的可能性降低。经过讨论对比，标准最终采纳了每个覆盖等级的最大 TB Size 就是基站能够保证为请求使用 EDT 的 UE 提供的 TB Size 这一结论。目前，通过系统消息广播的按覆盖等级配置的最大 TB Size（edt-TBS）有 {b328, b408, b504, b584, b680, b808, b936, b1000} 8 种取值。如果 UE 请求 EDT 但基站不能为 UE 分配最大 TB Size 的 UL Grant 时，基站即为 UE 分配传统大小的 TB Size。

进一步的，物理层协议支持为每个最大 TB Size（同时也是 eNB 如果支持 EDT 请求时应该分配的 UL Grant）定义多个子格式，UE 可以选择一个 Padding 最少的 TB Size 格式，此时 eNB 需要对 UE 可能采用的较小 TB Size 进行盲检。

（4）Msg3 的分段（Segmentation）问题

根据前述 EDT 触发条件，可知 UE 需要根据 SIB 广播的针对每个覆盖等级的最大 TB Size 来决定是否可以发送 EDT 请求。由于标准已经确定不支持通过 NPRACH 资源细分来指示不同的待发送数据大小，就需要处理基站发送的 UL Grant 小于 UE 实际待发送数据的情况，直接的方式是支持 Msg3 Segmentation。讨论中提到以下两种方式：

- 方式 1：UE 仅通过 Msg3 发送一部分用户数据，UE 同时向 eNB 指示还有其他数据待发送，eNB 可以将 UE 转移到 RRC_CONNECTED 态继续发送剩余数据；
- 方式 2：eNB 仍然可以将 UE 维持在 RRC_IDLE 态，eNB 和 UE 保持 C-RNTI 一段时间，

UE 仍然监听公共搜索空间来获取对剩余上行数据的 UL Grant 并传输上行数据。

标准讨论认为，首先，用 EDT 传输大数据，或者如果 UE 仍然需要转移到 RRC_CONNECTED 态，EDT 能带来的减少连接释放、减少 RRC_CONNECTED 态监听控制信道的增益就降低了；其次，NAS PDU 通常较小，需要分段的场景很少；再次，CP 优化的数据包含在 CCCH 的 RRC 消息中，使用 SRB0 发送，SRB0 采用 RLC TM 模式，支持分段比较困难；最终，RAN2 决定对 CP 优化不支持 Msg3 分段。对 UP 优化，由于用户数据是放在 DTCH 的 MAC PDU 中发送，通过 RLC AM 模式支持分段是可行的。但仍然有质疑，由于基站在收到 Msg3 之前无法区分使用 CP 优化和 UP 优化的 UE，则基站会因为存在支持分段的 UE 而倾向于在 Msg2 中分配较小的 UL Grant，导致使用 CP 优化的 UE 回退到使用普通连接建立流程的可能性也增加，也会使得 EDT 增益受影响。基于上述考虑，部分公司建议不考虑 UP 分段方案。

后续随着进一步明确基站广播的按覆盖等级配置的最大 TB Size 是保证 TB Size，只要终端按照规定预置条件触发 EDT，就不会存在 UE 收到的 UL Grant 大于传统值又小于待发送数据的情况，因此对 Msg3 进行分段的需求又降低了。尽管也有公司提到还需要考虑 Msg3 构造之后又有新数据到达的情况，最终还是决定对 UP 优化也不支持上行数据分段，相应的，UE 在 EDT Msg3 携带的 DPR 字段中总是设置 DV 值为 0。

4. UL Grant for Msg3

作为背景技术，首先列出现有 MAC RAR 格式及 RAR 中 UL Grant 的格式。MAC RAR 格式参见 36.321，如图 5-4 所示。

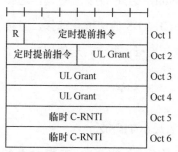
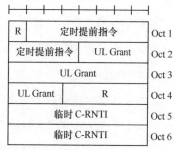

（a）传统 LTE　　　（b）对于 PRACH 覆盖增强等级 2 或 3　　　（c）对于 NB-IoT 终端

图 5-4　Rel-14 MAC RAR 的格式

UL Grant 的格式如表 5-4 所示。

表 5–4 Rel–14 RAR Grant Content 的比特域（LTE 或者 eMTC）

DCI Contents	CEmodeA	CEmodeB
Msg3 PUSCH 窄带索引	$N_{\mathrm{NB}}^{\mathrm{index}}$	2
Msg3 PUSCH 资源分配	4	3
Msg3 PUSCH 重复次数	2	3
MCS	3	0
TBS	0	2
TPC	3	0
CSI Request	1	0
UL Delay	1	0
Msg3/4 MPDCCH 窄带索引	2	2
零填充	$4-N_{\mathrm{NB}}^{\mathrm{index}}$	0
总比特数	20	12

对于 NB-IoT，高层向物理层指示 15bit 的 UL Grant，这 15bit 从 MSB 到 LSB 依次有以下含义：

– 上行子载波间隔 Δf（1bit）：'0' 代表 3.75kHz，'1' 代表 15kHz；

– 子载波指示 I_{sc}（6bit）；

– 调度时延（I_{Delay}）（2bit）；

– Msg3 重复次数 N_{Rep}（3bit）；

– MCS（3bit）。

标准讨论中，认为使用 Rel-13 NB-IoT 中已经定义的 TBS 取值范围内的部分 TBS 值来支持 Msg3 中传输上行数据是可行的，其中最大的 TBS 为 1000bit，另外 TBS 值的具体选择还需要参考用户数据包的大小。对 NB-IoT，可从 Rel-13 NPUSCH TBS 值中进行选择，且可以至少支持 5 种 MCS/TBS/RU 的组合，即考虑利用现有 RAR UL Grant 中空闲未使用的 5 个 MCS/TBS/RU 状态。

协议高层讨论有以下考虑：

– 小于 320bit 的 TB Size 没有太大益处，支持 320bit 左右的最小 TB Size；

– 对于需要多少种 TB Size 的问题，在没有明确用例的情况下，不需要向 UE 提供太多 TB Size。毕竟支持的 TB Size 越多，需要向 UE 指示的可能的 MCS/TBS/RU 状态就越多，开销越大。但即便对于 eNB 广播的为每个覆盖等级配置的最大 TB Size（最大为 4

个），如果 eNB 能支持多种格式 TB Size，可能也会为 eNB 带来更大的灵活性，eNB 可以基于已知应用可能的数据大小来进行灵活配置，支持 8 个候选的 TB Size，为每个覆盖等级配置的最大 TB Size 可以从这 8 个候选 TB Size 中选择；

– 针对 Msg3 Padding 问题，EDT UL Grant 应允许 UE 根据实际数据大小在一套 TB Size 中选择最合适的 TB Size（及对应的 MCS，Repetition 次数，RU 数量等），作为 eNB 的盲检选择。在每个覆盖等级对应的最大 TB Size 下，最多允许 4 个可能的 TB Size。

最终讨论决定，物理层允许 UE 使用与这个最大 TB Size 相对应的任意 TB 值，基站可以进行盲检。为了降低 eNB 盲检的复杂度，物理层进一步为与每个覆盖等级的 edt-TBS 定义了可用于有限个数的更小 TB Size。

高层通过信令 edt-SmallTBS-Enabled 来指示是否允许使用小于最大 TBS 的其他 TBS，具体流程包括：

– 当 edt-SmallTBS-Enabled 配置为 False 时，则允许的 TBS 值只可以是配置的最大 TBS；

– 当 edt-SmallTBS-Enabled 配置为 True 时，则允许的 TBS 值允许使用小于最大 TBS 的 TBS，并且：

- 当 edt-SmallTBS-Subset 配置为 True 时，则允许的 TBS 值为 2 个（其中包括一个最大 TBS），如表 5-5 所示；

- 当 edt-SmallTBS-Subset 配置为 False 时，则允许的 TBS 值最多为 4 个（其中包括一个最大 TBS），如表 5-5 所示。

表 5-5　支持 Msg3 NPUSCH EDT 的 TBS

edt-TBS	edt-SmallTBS-Subset	允许的 TBS 值
408	未配置	328, 408
504	未配置	328, 408, 504
504	使能	408, 504
584	未配置	328, 408, 504, 584
584	使能	408, 584
680	未配置	328, 456, 584, 680
680	使能	456, 680
808	未配置	328, 504, 680, 808
808	使能	504, 808

edt-TBS	edt-SmallTBS-Subset	允许的 TBS 值
936	未配置	328, 504, 712, 936
936	使能	504, 936
1000	未配置	328, 536, 776, 1000
1000	使能	536, 1000

Rel-15 协议对 3bit MCS field 重新做了定义。在 Rel-13 NB-IoT 中，MAC RAR 中 MCS filed 的定义如表 5-6 所示。

表 5-6　传统（Rel-13）Msg3 的 MCS 和 TBS 关系

I_{MCS}	调制方式（I_{sc}=0, 1,…, 11） 3.75kHz 或 15kHz 子载波间隔	调制方式（I_{sc}>11） 15kHz 子载波间隔	N_{RU}	TBS
'000'	π/2 BPSK	QPSK	4	88bit
'001'	π/4 QPSK	QPSK	3	88bit
'010'	π/4 QPSK	QPSK	1	88bit
'011'~ '111'	保留			

针对 Rel-15 Msg3 EDT，利用了表 5-6 I_{MCS} 中保留的 5 个 MCS 状态，对于 I_{MCS}='011' ～ '111'，MCS 和调制方式的关系如表 5-7 所示，N_{RU} 根据表 5-8 确定。

表 5-7　Msg3 EDT 的 MCS 和调制方式关系

I_{MCS}	调制方式（I_{sc}=0, 1,…, 11） 3.75kHz 或 15kHz 子载波间隔	调制方式（I_{sc}>11） 15kHz 子载波间隔
'011'	π/4 QPSK	QPSK
'100'	π/4 QPSK	QPSK
'101'	π/4 QPSK	QPSK
'110'	π/4 QPSK	QPSK
'111'	π/4 QPSK	QPSK

表 5-8　Msg3 EDT 的 N_{RU} 和 TBS 关系

I_{MCS}	N_{RU}		
	TBS = 328, 408, 504 或 584	TBS = 680	TBS = 808, 936 或 1000
'011'	3	3	4
'100'	4	4	5

续表

I_{MCS}	N_{RU}		
	TBS = 328, 408, 504 或 584	TBS = 680	TBS = 808, 936 或 1000
'101'	5	5	6
'110'	6	8	8
'111'	8	10	10

对于各种最大 TBS 配置，具体的对应关系为：

- 对于1000bit最大TBS：$I_{RU} = 3, 4, 5, 6, 7$；

- 对于936bit最大TBS：$I_{RU} = 3, 4, 5, 6, 7$；

- 对于808bit最大TBS：$I_{RU} = 3, 4, 5, 6, 7$；

- 对于680bit最大TBS：$I_{RU} = 2, 3, 4, 6, 7$；

- 对于584bit最大TBS：$I_{RU} = 2, 3, 4, 5, 6$；

- 对于504bit最大TBS：$I_{RU} = 2, 3\ 4, 5, 6$；

- 对于408bit最大TBS：$I_{RU} = 2, 3, 4, 5, 6$；

- 对于328bit最大TBS：$I_{RU} = 2, 3, 4, 5, 6$。

其中，I_{RU} 到 N_{RU} 的对应关系如表 5-9 所示。根据配置的最大 TBS 以及 "MCS Index" 状态确定 RU 数量。不管 UE 实际的 TBS 取值为多少，Msg3 EDT 发送时都需要占满配置的 RU。

表 5-9　NPUSCH 的资源单元数（N_{RU}）

I_{RU}	N_{RU}
0	1
1	2
2	3
3	4
4	5
5	6
6	8
7	10

即使开启了 Msg3 EDT 功能，并且终端也请求了 EDT，但基站可以不响应终端的 EDT 请求，并且要求 UE 回退到 Rel-13 传统 Msg3 传输。通过 MAC RAR 的 UL Grant 中的 3 比特

"MCS Index"可以实现上述功能，即当 UL Grant 中的 3 比特"MCS Index"指示为 0 ～ 2 时，表示基站不响应终端的 EDT 请求并且要求终端回退到 Rel-13 传统 Msg3 传输，当 UL Grant 中的 3 比特"MCS Index"指示为 3 ～ 7 时，表示基站响应终端的 EDT 请求。

在 Msg3 EDT 重传的流程中，通过调度 Msg3 EDT 重传资源的 DCI 可以指示：（1）终端回退到 Rel-13 传统 Msg3 传输流程；（2）终端继续按照 Msg3 EDT 流程重传 Msg3 EDT。

针对（1），调度 Msg3 EDT 重传资源的 DCI 中 I_{MCS} 配置为 $0 \leqslant I_{MCS} \leqslant 2$，即 MCS 的配置参考传统 RAR UL Grant 中的配置。针对（2），调度 Msg3 EDT 重传资源的 DCI 中 I_{MCS} 配置为 $I_{MCS}=15$，也就是一种不属于传统的 MCS，用来指示 UE 继续使用 EDT 方式重传 Msg3。

5. EDT 实际 TBS 的重复次数

（1）首次传输

Msg3 EDT 发送时的重复次数大于等于 $\text{TBS}_{Msg3}/\text{TBS}_{Msg3,\,max} \cdot N_{Rep}$ 的整数倍 L（用作 Cyclic Repetition 的参数）的最小值，其中，N_{Rep} 是在相应的 MAC RAR 中配置的重复发送次数，对应的是最大 TBS；TBS_{Msg3} 是 Msg3 中实际承载的 TBS；$\text{TBS}_{Msg3,\,max}$ 是配置的最大 TBS。

- 当 Msg3 EDT 配置的子载波间隔是 15kHz 时，如果 $N_{Rep} \geqslant 8$，则 $L=4$，否则 $L=1$；
- 当 Msg3 配置的子载波间隔是 3.75kHz 时，$L=1$。

（2）重传

Msg3 EDT 重传时，终端选择的实际 TBS 取值和通过 RAR 调度的 Msg3 中承载的实际 TBS 相同。当终端选择的实际 TBS 小于配置的最大 TBS 时，Msg3 EDT 重传的重复次数的选择方法和首次传输相同，由于 DCI 中可以配置最大 TBS 所对应的 Msg3 EDT 重复发送次数，因此这里只强调选择方法相同，而实际重传时 TBS 对应的重复发送次数不一定和首次传输相同。

（3）EDT 定时（Timing）

不管终端实际发送 Msg3 EDT 的重复次数是否为 RAR 或 DCI 中指示的 Msg3 NPUSCH 的重复次数，检测 Msg3 重传 DCI 或 Msg4 的起始时刻都基于 RAR 或 DCI 中指示的 Msg3 NPUSCH 的重复次数来确定。

6. EDT 安全问题

标准讨论过程中，大部分公司认可 CP 方案 EDT 功能主要依赖 NAS 的安全，传输的数据也由 NAS 安全机制来提供保护，不存在其他安全问题。讨论中另外提到在下行，有可能存在 UE 无法判断与之通信的 MME 是否是真实的 MME 的问题，但如果 NAS UE 必须接收一个来自 MME 的响应，那可以将这个响应包含在 Msg4 带给 UE，以此来帮助终端校验网络侧的安全。

在普通 UP 方案中，UE 会在每次接收 Msg4（RRCConnectionResume）的时候接收新的 NCC 参数并生成其他相关安全密钥。对于 UP-EDT 功能，UE 需要在发送 Msg3 之前就恢复 UE 上下文，重新激活所有 AS 安全相关参数以便执行加密和完整性保护操作。对于 RRC 消息部分，与传统流程类似，UE 可以使用存储的旧的 K_{RRCint} 来生成 shortResumeMAC-I 用于保护 Msg3（RRCConnectionResumeRequest 消息），但是对于用户数据部分，需要使用新的 K_{UPenc} 来做加密。为此 UE 需要有一个存储的 nextHopChainingCount（NCC），来更新 K_{eNB} 并进一步获得新的 K_{RRCint}、K_{RRCenc}、K_{UPenc}。

在最初的讨论中，大部分厂家认为 eNB 可以在上次连接释放 / 挂起时给 UE 发送一个新的 nextHopChainingCount，以便 UE 存储下来供下次连接恢复并使用 EDT 传输数据时使用。但有公司分析认为，只要 UE 有存储的 NCC，即便是使用过的 NCC（eNB 没有再次提供 NCC），UE 也可以根据当前激活的 K_{eNB} 来获取 K_{eNB}* 并进一步获取新的 K_{UPenc}（这种方式称为 Horizontal Derivation）；当然如果 UE 有存储的未使用的 NCC，则 UE 可以使用 NCC 来获取 K_{eNB}* 并进一步获取新的 K_{UPenc}（这种方式称为 Vertical Derivation）。因此需要明确只有使用在上次连接过程中通过 RRCConnectionRelease 消息提供的 nextHopChainingCount，才能避免源基站和终端的不一致。为此有公司建议 RRCConnectionRelease 消息总是携带 nextHopChainingCount，但未被认可，最终的共识是 RRCConnectionRelease 消息可选携带 nextHopChainingCount，而只要基站没有在 RRCConnectionRelease 消息中携带 nextHopChainingCount，即认为终端没有存储的 NCC，终端不能发起 UP-EDT 流程。

前面提到与传统流程类似，UE 可以使用存储的旧的 K_{RRCint} 来生成 shortResumeMAC-I，不过既然 UE 可以更新 K_{eNB}* 并获取新的 K_{RRCint}、K_{RRCenc}、K_{UPenc}，也可以考虑用新的 K_{RRCint} 来生成 shortResumeMAC-I，但有分析认为，这会造成 UE 与 eNB 不一致，因此建议还是使用旧的 K_{RRCint} 来生成 shortResumeMAC-I，而且认为这对旧 eNB 实现简单，不需要重新生成密钥。

部分公司倾向于使用旧的 K_{RRCint}，另一些公司则倾向于使用新的 K_{RRCint}，并且认为和 NR 当前讨论的结论是一致的。最终根据 SA3 工作组的意见，为与传统流程一致，RAN2 同意使用旧的完整性保护密钥来生成 shortResumeMAC-I。目标基站如何校验 shortResumeMAC-I 由实现决定。

对于 UP 方案，另外讨论了 Msg3 中 16bit shortResumeMAC-I 是否足够的问题。在 EDT 基本流程中，基站发送 Msg4 给 UE 并将 UE 维持在 RRC_IDLE 态，UE 不需要发送 Msg5 给 eNB，基站仅凭 Msg3 校验用户，此时可能存在 UE 侧的攻击者风险，即攻击者可能猜出 16bit 的 shortResumeMAC-I 并构造恢复请求消息发送给基站，包含伪造的用户数据，如果 eNB 没有收到过原始的 RRCConnectionResumeRequest 消息，则 eNB 无法识别出伪造的 RRCConnectionResumeRequest 消息和用户数据，eNB 会将该用户数据传给核心网。为此有公司建议在 Msg3 中使用更长的 32bit 完整 MAC-I，另外还建议在 MAC-I 的计算方法中引入更频繁变化的 Temporary C-RNTI 作为新的因子，以便进一步增加安全性。SA3 认可上述 Msg3 的风险是存在的，使用更长的 shortResumeMAC-I 有一定好处，但同时也认为如果已经使用了 PDCP 安全，现有安全性也是可以接受的。最终 RAN2 同意继续使用 16bit 的 shortResumeMAC-I。

与传统 UP 方案恢复流程的 Msg4 仅有完整性保护不同，EDT 场景下由于 UE 发送 Msg3 之前已经恢复 AS 安全，Msg4 也可以进行加密保护，而且考虑到 Msg4 中会传输包含 Resume ID 的 RRCConnectionRelease 消息以及可能的用户数据，这种加密保护还是有意义的。不过基站和 UE 可以有两种选择，要么使用 UE 发送 Msg3 之前刚生成的安全密钥，要么在 EDT 的 RRCConnectionRelease 消息中再次包含 NCC，UE 根据新的 NCC 再次生成安全密钥，考虑到后一种方式 UE 需要生成两次安全密钥，有一定复杂度，最终标准仅支持使用发送 Msg3 之前生成的安全密钥。

对于 EDT 的失败或回退场景，也需要考虑 NCC 的处理，主要有以下几种场景涉及。

- 如果 UE 收到 RRCConnectionReject 消息作为对 RRCConnectionResumeRequest 消息的响应，则 UE 应清除存储的 NCC。但最终决定，如果 UE 收到携带挂起指示的 RRCConnectionReject 消息，可以继续使用相同的密钥来生成 shortResumeMAC-I 并发起下一次恢复流程。

- 如果基站发送 RRCConnectionSetup 消息作为对 RRCConnectionResumeRequest 消息的响应，则 UE 可以清除所有安全上下文。RRCConnectionSetup 在 CCCH (SRB0) 上发送并不做保护。

- 如果基站发送 RRCConnectionResume 消息作为对 RRCConnectionResumeRequest 消

息的响应，则 UE 可以忽略消息中携带的 NCC，UE 在连接态继续使用发送 Msg3 之前获取的安全密钥。

- 如果 UE 在收到 Msg4 之前发生回退，例如，在 Msg2 中收到传统的 UL Grant 回退到传统的连接恢复流程，则 UE 继续使用已激活的 AS 安全，并将忽略 RRCConnectionResume 消息中携带的 NCC。

- 如果 UE 在发起 EDT 之后但尚未收到 RAR 消息之前决定回退，即 UE 使用非 EDT 随机接入前缀发起下一次尝试，有公司建议 UE 可以继续使用已恢复的 AS 安全，其他一些公司认为这会导致基站和终端不一致，或者需要 UE 在 Msg3 中额外携带一个指示来说明自己是否已恢复 AS 安全，最终大部分公司倾向于简单处理，即只要 UE 使用非 EDT 随机接入前缀，UE 就要回退到传统的连接恢复流程。

7. EDT 其他 RAN 影响

（1）RRC 连接相关定时器

由于 EDT 中 Msg3 和 Msg4 都有可能携带数据，传输时间增加，连接建立相关的定时器（冲突解决定时器，T300 等）很可能需要相应延长时间。另外，EDT 流程也考虑 eNB 可以在收到 Msg3 之后先完成 S1 接口流程（将上行数据发送给 MME）并等待可能的下行数据，之后再发送 Msg4 给 UE，这其中的时延可能需要一并考虑。在讨论过程中，部分公司也提出，即便 UE 只期待一个对上行数据的下行确认，可能网络侧获取这个下行确认的时延也会比较大，或者很不确定，因此认为连接建立定时器没必要包含对下行确认的等待，此时 eNB 可以将 UE 转移到 RRC 连接态。但另一些公司则认为应用层的这个响应会很快，如果能够通过 Msg4 将这个下行确认带给 UE，可以避免将 UE 转移到 RRC 连接态造成的功耗和信令开销。

为此需要评估在设置连接建立相关定时器时需要考虑的可能时延，结论是：

- 如果网络侧没有下行数据，或已有一个或一个以上下行缓存数据，网络侧可以将这些数据尽快发送到 eNB，这里需要考虑的时延是 S1 接口信令时延的 2 倍，即 20ms；

- 如果 UE 有一个期待的下行响应 PDU 要发送，这里需要考虑的时延则是回传时延（包括 eNB<-->MME<-->SGW<-->PGW<-->Server 之间的时延）加上应用层处理时延之和的 2 倍，由于应用层处理时延未知，这个时延没有明确的取值范围。

因此最终结论是将 mac-ContentionResolution 扩展到最大值为 sf10240，将 T300 定时器扩展到最大值为 120s。

（2）MAC-RRC 交互

在高层触发 EDT 之后，如果 MAC 层根据 UL Grant 判断无法在 Msg3 携带用户数据，只能回退到传统的 Msg3，则需要 MAC 向 RRC 反馈一些信息，进一步需要 RRC 层指示 MAC 层重新生成 MAC PDU。最终 RAN2 同意在 RRC/MAC 层有一些概要的描述，但不会详细标准化 RRC/MAC 层间交互。

- UE 判断上行数据大小是否适配 EDT 由 UE 实现决定，UE 如何构造包含所有上行数据的 MAC PDU 并保证其小于等于 EDT-TBS 中广播的 TBS 由 MAC 层决定。

- 由 MAC 层来校验是否对选定的覆盖等级存在 EDT NPRACH 资源，且是否 MAC PDU 适配该覆盖等级的 TB Size。在选择随机接入前缀前，如果预期 Msg3 大小与选定覆盖等级的 TB Size 不匹配，或者选定覆盖等级不存在 EDT NPRACH 资源，MAC 实体要向 RRC 层指示不能使用 EDT。如果选定覆盖等级不存在 EDT NPRACH 资源，无论其他覆盖等级是否存在 EDT NPRACH 资源，MAC 实体也要向 RRC 层指示不能使用 EDT。

- RRC 层标准化 UE 收到 MAC 层关于不能使用 EDT 的指示之后的 UE 行为，如 UE 继续使用原有的 RRC 消息。

- RRC 消息的构造/重构造由 UE 实现决定。

- 如果覆盖等级改变，UE 需要重新评估发起 EDT 尝试的条件。

关于是否需要标准化 AS-NAS 间交互，例如，是否可将 NAS 释放辅助指示（RAI）传递到 AS，辅助 UE 判决是否发起 EDT 流程。或者当 UE 发现 UL Grant 不足以发送携带数据的 Msg3 时，可由 AS 通知 NAS 重新组包，最终 RAN2 讨论同意 AS-NAS 间交互主要留给终端实现。

8. EDT 的 S1 流程

在 EDT 流程中，eNB 收到 Msg3 后，需要提前触发 S1 接口的建立或恢复流程，并将上行数据发送到核心网。对 CP-EDT 讨论了以下两种方案。

- 方案 1：MME 收到携带 NAS PDU 的第一条 S1 上行消息（S1 Initial UE Message）后，如果 MME 根据 NAS RAI 信息以及自己的缓存情况，判断没有或者只有一个或少量下行数据需要发送给 UE，则 MME 直接发送包含 DL NAS PDU 的 S1 UE Context Release Command 消息给 eNB，eNB 据此判断可以将 UE 维持在 RRC_IDLE 态并发送相应的 Msg4 给 UE，此时 MME 和 eNB 之间的 S1 接口也释放，eNB 回复 S1 UE Context Release Complete 消息给 MME。如果收到第一条 S1 上行消息后 MME 判断有更多下行数据要发送给 UE，则 MME 发送 S1 DL NAS Transport 消息给 eNB（可以包含或不包含下行 NAS PDU），完成 S1 接口建立，eNB 据此判断需要将 UE 转移到 RRC_CONNECTED 态并发送相应的 Msg4 给 UE。具体流程如图 5-5 所示。

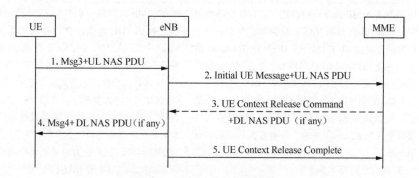

图 5-5　S1 UE 上下文释放方案 1

- 方案 2：MME 收到携带 NAS PDU 的第一条 S1 上行消息（S1 Initial UE Message）后，如果 MME 根据 NAS RAI 信息以及自己的缓存情况，判断没有或者只有一个或少量下行数据需要发送给 UE，MME 发送 S1 DL NAS Transport 消息给 eNB，但消息中包含一个新的结束指示（End Indication），用于告知 eNB 没有更多下行数据需要发送。eNB 据此判断可以将 UE 维持在 RRC_IDLE 态并发送相应的 Msg4 给 UE。之后 eNB 发送 S1 UE Context Release Request 消息给 MME 来触发一个 eNB 发起的 S1 接口释放流程。具体流程如图 5-6 所示。

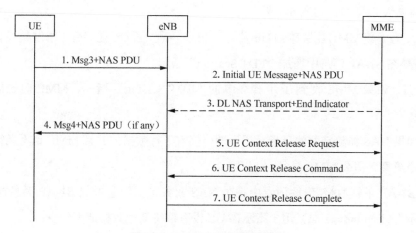

图 5-6　S1 UE 上下文释放方案 2

两种方案的对比如表 5-10 所示。

表 5-10　S1 UE 上下文释放方案比较

	优点	潜在问题
方案 1	1. 与现有 MME 处理流程接近，现有核心网流程中，如果 MME 根据 NAS RAI 判断没有更多的下行数据，则 MME 在发送 S1 DL NAS Transport 消息之后会立即触发 S1 接口释放。本方案可以视为 MME 将两条下行 S1 消息合并在一起发送； 2. eNB 收到 S1 UE Context Release Command 消息后可以认为 S1 接口已释放，eNB 同时将空口接口维持在 RRC_IDLE 态，不存在接口上的状态不一致； 3. S1 接口只需要 3 条信令	即便 MME 只发送一个 NAS PDU 给 eNB，但如果这个 NAS PDU 较大，空口有可能无法放在一条 Msg4 中发送给 UE，eNB 需要将 UE 转移到连接态，并将 NAS PDU 拆分成多个数据包依次发送，而此时 S1 接口已释放，可能需要重建 S1 接口。但是在 CP 优化中，考虑复杂度，上行 NAS PDU 已经不允许做分段，空口 Msg4 如果要对携带的 NAS PDU 做分段，需要首先讨论分段机制是否可行。另外空口下行携带数据的能力也是比较明确的，MME 完全可以仅对比较小的 NAS PDU 触发释放流程
方案 2	可以避免方案 1 的问题	1. 对 MME 改动较大，不再由 MME 触发释放，而改由 eNB 触发释放； 2. eNB 将空口释放到空闲态，S1 接口已建立完成，存在一段时间的不一致； 3. S1 接口需要 5 条信令

RAN3 讨论认为方案 1 无法应对 MME 发给 eNB 的唯一下行 NAS 数据需要在空口拆包发送的问题，进而采纳了信令略为复杂的方案 2。

9. EDT 对核心网的影响

EDT 对核心网的影响很小，以 CP 优化为例，MO-EDT 流程较原有 CP 优化流程的差别体现在步骤 2 及步骤 11，如图 5-7 所示。

步骤 2：为了使 MME 能够感知 UE 发起了 EDT 流程，当 UE 在步骤 1 中发起了 EDT 流程，eNodeB 需要在 S1-AP 消息中增加 "EDT Session" 指示。

步骤 11：如果 MME 收到了步骤 2 中的 "EDT Session" 指示，MME 向 eNodeB 发送 S1-AP 消息。

（1）如果 NAS 释放辅助信息指示了不期待接收下行数据，并且 MME 也不期待 UE 发送的其他信令消息，那么 MME 必须：

- 在 S1-AP 下行 NAS 传输消息中携带 NAS 业务接受消息并且 S1-AP 消息携带 "结束指示"（End Indication）用于指示该 UE 没有期待其他数据或者信令；
- MME 发送 S1 连接建立指示消息，消息中携带 "结束指示" 用于指示该 UE 没有期待其他数据或者信令。

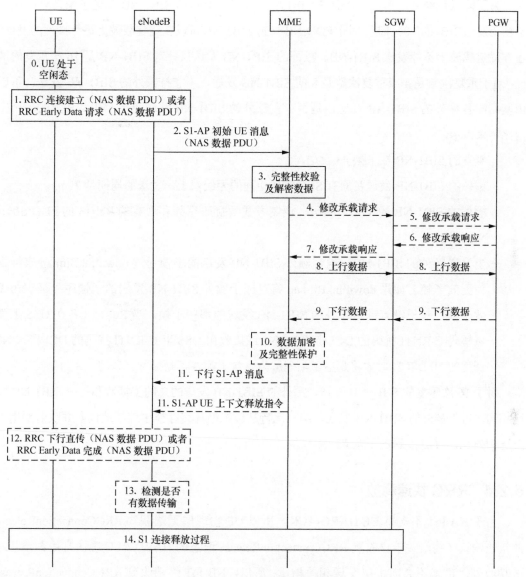

图 5-7　MO 控制面数据传输流程

（2）如果 MME 认为该 UE 存在其他的待发送数据或者信令时，MME 发送 S1-AP 下行
NAS 传输消息或者初始文本建立请求消息，消息中不携带"结束指示"。

5.2.3　系统获取时间减少

为了降低系统获取时间，Rel-15 NB-IoT 引入了在 Rel-13 SIB1-NB 发送子帧之外的额外子帧上发送 SIB1-NB 的机制。对于 FDD NB-IoT，SIB1-NB 可以在锚定载波上进行额外的发送，在非锚定载波上不能发送 SIB1-NB。额外的 SIB1-NB 发送只针对 SIB1-NB 是 16 次重复的情况；对于重复次数是 4 或重复次数是 8 的 SIB1-NB 发送，不支持额外的 SIB1-NB 发送。可以由基站配置额外的 SIB1-NB 发送，是否存在额外的 SIB1-NB 发送通过 MIB-NB 上的 1 个空闲比特来指示。

- 额外的 SIB1-NB 在子帧 #3 发送。
- 额外的 SIB1-NB 发送在原有 SIB1-NB 相同的无线帧上，发送的周期是 20ms。
- 额外的 SIB1-NB 的 TBS，编码、调制方式及扰码序列和现有的 Rel-13 的 FDD SIB1-NB 相同。
- 当发送额外的 SIB1-NB，携带额外 SIB1-NB 发送的子帧通过 downlinkBitmap 来标识为无效子帧。如果 downlinkBitmap 将对应于额外 SIB1-NB 发送的子帧序号标识为无效子帧，对于没有携带额外的 SIB1-NB 发送的那些子帧，当 Rel-15 UE 在 USS 上尝试解码 C-RNTI 扰码的 DCI 格式 N0/N1 或接收由 USS 上 C-RNTI 扰码的 DCI 格式 N1 调度的 NPDSCH 时才将那些子帧理解为有效子帧。

对于 16 次重复的 SIB1-NB 发送，额外的 SIB1-NB 发送的总的子帧数和传统 SIB1-NB 发送相同。对于额外的 SIB1-NB 发送，编码比特从虚拟循环缓存器中连续地读取并映射到用于发送额外 SIB1-NB 发送的子帧 #3 中。

5.2.4　RRC 快速释放

由于 NB-IoT 不支持 UL HARQ-ACK，所以 UE 物理层无法获知 RRCConnectionRelease 的接收确认（终端关于已收到 RRCConnectionRelease 消息的 HARQ/RLC 确认）是否被基站成功收到，也就不会向上层发送相关指示；所以，NB-IoT 终端收到 RRCConnectionRelease 消息后总是延迟 10s（也为了保证最差覆盖下对 RRCConnectionRelease 消息的 HARQ/RLC 确认能够发送成功）再释放 RRC 连接，这个过程会消耗额外的 UE 功耗。

针对上述问题，标准讨论了以下几类解决方案。

- PDCCH DCI 指示 RRC 释放（方案 1）：UE 收到包含 RRC 释放指示信息的 PDCCH DCI 后立即释放 RRC 连接。
  - 优点：RRC 连接释放快，UE 无须监控承载 RRCConnectionRelease 消息的 PDSCH，节省 UE 功耗；
  - 缺点：基站可能无法准确判断终端是否已收到该 DCI，可靠性不高。
- DataInactivityTimer 超时触发 RRC 释放且不触发 NAS 复位（方案 2）：当终端没有发送数据或接收到数据时，启动或重启该定时器。当定时器超时，则自动释放 RRC 连接，无须发送或接收 RRCConnectionRelease 消息，但不触发 NAS 恢复流程。Rel-14 标准已支持该 DataInactivityTimer，上述新的快速释放流程的主要区别在于：UE 释放 RRC 连接的原因不同。现有的 DataInactivityTimer 主要解决潜在的终端与网络侧状态不一致问题，该定时器超时触发的 RRC 连接释放原因为 "RRCConnection Failure"，UE 会触发 NAS Recovery 过程（TAU 过程），这样 UE 反而耗电。而新引入的 DataInactivityTimer 未恢复 NAS，定时器超时触发的 RRC 连接释放原因可以为 "other"，UE 不会触发 NAS 恢复过程，有利于终端省电。
  - 优点：RRC 连接释放快，UE 无须监控承载 RRCConnectionRelease 消息的 PDCCH/PDSCH，节省 UE 功耗；
  - 缺点：UE 和 eNB 启动定时器的时机可能对不齐，导致 UE 和 eNB 的状态不一致。
- RLC not Poll（方案 3）：不设置 RLC PDU 中的 Poll bit，UE 收到 RRCConnectionRelease 消息，仅向 eNB 发送 HARQ-Ack 后，直接释放 RRC 连接。
  - 优点：RRC 连接释放快，UE 无须发送对 RRCConnectionRelease 消息的 RLC 确认（无须向对端 RLC 实体发送 STATUS PDUs 来确认或否认已接收到对端发来的 RLC PDU），也无须等待对 RLC 确认已发送成功的确认，节省 UE 功耗；
  - 缺点：可靠性也不太高。

针对上述方案 1 和方案 2，对 UP 优化、挂起指示、Resume ID 等现有 RRC 释放消息中包含的信息将没有机会发送，为此还需要将这些信息提前下发。可能的方案是将挂起指示、Resume ID 等信息放在 Msg4，即 RRC Setup/Resume/Re-establishment 等消息中下发给 UE，这样对于非 RRCConnectionRelease 消息触发的 RRC 连接释放（例如，DataInactivityTimer 未恢复 NAS 触发 RRC 释放、PDCCH DCI 指示 RRC 释放），UE 仍可以执行连接挂起操作，优点是避免 UE 因为接收不到 RRCConnectionRelease 中的必要消息而只能被彻底释放到空闲态，在终端下次连接建立时造成额外功耗。这是对方案 1 和方案 2 的必要补充。但讨论过程中有公司认为，挂起指示、Resume ID 等信息原来放在受安全保护的 RRCConnectionRelease 消息中，如放在 RRC Setup/Resume/Re-establishment 消息中，可能存在安全性问题。另有观点认为基站未必总是需要为终端重新指配 Resume ID，对于需要挂起的情况，基站可以不使用快速释放而仍然发送释放消息 RCConnectionRelease。但考虑到当终端在新的基站恢复后，新的基站在释放该终端时，一定需要为终端重新指配包含新基站 ID 的 Resume ID，因而提前指配 Resume ID 的场景一定是存在的。

通过多轮讨论，最终标准仅采纳了影响最小的方案 RLC not Poll 机制（方案 3）。

5.2.5　邻区测量放松

针对 NB-IoT 中绝大部分应用中终端都处于静止或半静止状态，且终端有很高节能需求的场景，本议题讨论了通过减少空闲态终端不必要的邻区测量，即对空闲态的 UE 进行邻区测量放松来达到 UE 节能的目的。

针对该优化目标，主要讨论了以下方案：

- 基于服务小区测量结果的变化量来触发邻区测量（方案 1）：即如果 UE 的服务小区无线质量测量结果变化量（当前测量值与测量参考值的差）小于预定义门限，且 UE 在服务小区驻留时长小于预定义时长，则终端可以不进行邻区测量。该方案与 GSM 标准中的策略类似。

  ● 优点：静止终端无须进行邻区测量而仅需要执行服务小区测量，对省电有利。

  ● 缺点：首先，主要适用于静止终端，不适用于移动终端。其次，即便对静止终端，虽然服务小区质量没变化，但网络环境（邻区质量）仍可能发生变化，此时终端无法及时感知，只能依靠每隔24小时必须执行一次的背景测量，终端不能及时重选到质量更好的小区。再次，对于支持PSM状态/eDRX的UE，因为服务小区测量间隔大，服务小区的质量变化可能被错过而导致未能及时启动邻区测量。最后，服务小区质量变化量门限的设置可能比较复杂，同一门限可能无法同时保证小区边缘和小区中心的终端都能避免不必要的测量并及时启动必要的测量。对于慢速移动的终端，原本处于小区中心的终端的服务小区质量变化很可能比原本处于小区边缘的终端的服务小区质量变化要剧烈。如果门限设置较大，小区边缘终端的服务小区质量变化可能始终无法超过门限，而此时服务小区周围已经有更好的邻区但终端无法启动测量。如果门限设置较小，小区中心终端服务小区的质量变化很容易超过门限，终端很容易启动邻区测量。

- 基于预定义时间段内 UE 重选次数来决定测量间隔的大小（方案 2）：该方案的思路是 UE 移动速度快则测量间隔小、测量快；UE 移动速度慢则测量间隔大、测量慢。所述移动速度判断可以参考 LTE 中基于 UE 速度的重选判断过程，即预定义时间段内 UE 重选次数越大，认为 UE 移动速度越快；预定义时间段内 UE 重选次数越小认为 UE 移动速度越慢。

  - 优点：对静态、半静态终端的测量放松都适用。网络环境（邻区质量）发生变化时终端也可以及时感知，UE 可以及时重选到质量较好的小区，服务小区和邻区测量均可以放松。

  - 缺点：首先，对邻区的测量不会完全停止而仅仅是放松，节电效果可能不及方案 1 明显。其次，UE 的移动速度判决可能不精确，移动速度判决相关的参数设置比较麻烦。UE 从静止变为移动时，测量可能不及时。再次，对于支持 PSM 状态/eDRX 的 UE，UE 移动状态判决也可能不准确。最后，对于只有一个小区的场景，对邻区的无效测量比较浪费。

- 基于 UE 实现（方案 3）：网络配置了测量放松指示，UE 检测出自己处于静止状态，则启动测量放松。如何放松基于 UE 实现。该方案的主要缺点在于无法进行测试。

经过讨论，RAN2 确定采用方案 1。

针对方案 1，进一步讨论了以下相关策略：

- 测量放松参数的配置方式。可能的选择是通过系统消息或专用信令。权衡参数配置的灵活性和信令开销，标准同意测量放松相关参数采用系统消息配置。

- 静止 UE 的邻区背景测量策略。本策略主要是考虑静止 UE 测量放松后，进行必要的背景测量以处理网络拓扑发生变更（比如邻区增加等）的场景。讨论过程中有提到预定义（硬编码）方式，由系统消息指示周期的周期性测量，和由系统消息变化触发的邻区测量等方式。经过讨论，标准同意静止 UE 的邻区背景测量采用硬编码策略，即每 24 小时必须测量一次。后续又有公司提出测量周期长短（一天还是一周）可能对终端功耗有影响，建议支持灵活配置。但经过计算对比发现，邻区背景测量每天启动一次和每周启动一次对 UE 的功耗开销影响差别很小，所以同意维持硬编码每 24 小时启动一次邻区背景测量的结论。

- 测量放松时同频测量和频间测量的启动策略。本策略主要是考虑现有测量中，由于同频测量和异频测量的 UE 开销不同，网络侧可以为同频测量和异频测量分别配置网络质量差的测量启动门限（$S_{IntraSearchP}$ 和 $S_{nonIntraSearchP}$）；对于测量放松时同频测量和异频测量是否有必要采用不同的启动门限，标准有过一些讨论。考虑到测量放松是在满足当前邻区测量变化量条件下的进一步放松，即不影响原有邻区测量的停止条件，所以测量放松时不必再区分同频邻区和异频邻区，只配置一个公共的测量放松条件即可，UE 测量放松引入后新的测量停止条件如下：

  ① UE 测量质量高于同频测量配置门限（$S_{IntraSearchP}$），则不进行同频测量；

  ② UE 测量质量高于异频测量配置门限（$S_{nonIntraSearchP}$），则不进行异频测量；

  ③ 如果 UE 根据条件①和条件②判断需要进行同频或异频测量，但测量放松条件满足，则 UE 也可以选择不执行同频或异频测量。

- 服务小区测量变化量门限（邻区测量启动门限）RSRP_δ 的配置策略。标准中主要讨论了以下两种策略：

  - 策略1：配置一个单独的RSRP_δ门限；
  - 策略2：配置一个RSRP_δ的范围（如δ_min、δ_max），UE基于服务小区和最好邻区的质量差D在（δ_min，δ_max）范围内选择合适的RSRP_δ门限(min (max (D，δ_min)，δ_max))。

  其中，策略 1 简单但是存在前述门限配置可能不合适的问题，而策略 2，基站只需要配置门限范围，可由终端适当考虑服务小区与邻区的质量差异来选择合适的门限。但标准最终采纳了简单的策略 1。

- 邻区测量已启动但尚未触发重选时，是否复位用于判定服务小区质量变化的 RSRP 测量参考值（$Srxlev_{Strongest}$）为当前值？为了避免 UE 长时间执行邻区测量但不发生重选的情况（如孤岛小区的场景），有厂家提出应及时更新 RSRP 测量参考值。标准中主要讨论了以下方式：

  - 当发生重选时，需复位RSRP测量参考值（$Srxlev_{Strongest}$）；
  - 当服务小区质量变好，即当$Srxlev > S_{IntraSearchP}$或者$Srxlev > S_{nonIntraSearchP}$时，需复

位RSRP测量参考值；

- UE启动邻区测量并执行一定次数（如10次）或一定时长（如5分钟）后，如果仍没有发生重选，则复位RSRP测量参考值。

通过讨论，最后同意当以下任意一个条件满足时，复位 RSRP 测量参考值：

- 当邻区测量启动但进行了5分钟后仍然没触发重选；
- 当服务小区的测量结果变好时；
- 小区重选完成后。

- 是否通过系统消息改变额外触发邻区测量。与测量相关的系统消息变化主要包括测量启动门限变化或邻区关系变化。按照当前的结论，测量放松是在无线质量低于同频和异频测量启动门限（$S_{IntraSearchP}$ 和 $S_{nonIntraSearchP}$）时基于服务小区的测量结果变化情况的进一步放松，所以如果修改了测量启动门限，是否启动测量按照新的门限判决即可；而邻区关系变化不会影响服务小区的测量结果。所以讨论后确认，系统消息变化无须额外触发邻区测量。

- 测量放松是否需要针对 UE 配置激活 / 去激活策略。标准讨论过程中有公司提出，为了针对不同终端，例如，具有不同移动特性或业务模式的终端，更灵活地使能放松测量，有必要引入针对终端的放松测量激活 / 去激活机制。有以下几种方式进行了讨论：

- 核心网根据终端业务特征或移动性特征，通过NAS信令为终端配置激活/去激活测量放松的指示。例如，若终端移动性高，则为终端配置去激活测量放松指示。
- 终端或USIM卡内写死，只要系统消息配置了测量放松相关信息，则终端就可以执行测量放松。

多数公司认为无须由网络侧配置测量放松激活 / 去激活指示，支持测量放松功能的 UE 都可以根据系统消息广播的测量放松配置来执行测量放松，以便更加节能。

5.3　频谱效率增强

5.3.1　半持久性调度

针对一些上行业务周期性上报的特点，为了降低资源分配的信令开销，Rel-15 NB-IoT

物理层引入了对上行半持久性调度（UL SPS，Uplink Semi-Persistent Scheduling）的支持。UL SPS for BSR 专门针对 BSR 上报配置 UL SPS 资源。UE 在需要发送 BSR 时，可以在 UL SPS for BSR 资源上直接发送 BSR。该策略与 LTE 中现有 UL SPS 策略类似。

UL SPS for BSR 发送是终端的一项可选功能，通过独立的能力指示信令配置。对于配置了 UL SPS for BSR 发送能力的 UE，在 RRC 连接态下支持 UL SPS for BSR with skipUplink，通过上行半静态调度来支持 BSR 的发送。

　– UL SPS 资源的周期，SPS C-RNTI 通过 RRC 信令配置。

　– SPS 的激活 / 去激活通过 UE 专用搜索空间以及 SPS C-RNTI 扰码的 DCI 来指示。

　– TBS 为 16bit。

激活 / 去激活 UL SPS for BSR 的 DCI 的各字段和大小与 DCI Format N0 是相同的。激活 SPS 的 DCI 和去激活 SPS 的 DCI 分别如表 5-11 和 5-12 所示。

表 5-11　激活 SPS 的 DCI 校验设置

DCI Format N0 字段名	设置值
冗余版本	'0'
HARQ 进程数（如两 HARQ 进程是配置的）	'0'
调制和编码方案	'0000'
资源分配	'000'
Flag for Format N0/Format N1 Differentiation	'0'

表 5-12　去激活 SPS 的 DCI 校验设置

DCI Format N0 字段名	设置值
冗余版本	'0'
重复数	'000'
子载波指示	全 '1'
调制和编码方案	'1111'
HARQ 进程数（如果两 HARQ 进程是配置的）	'0'
Flag for Format N0/Format N1 Differentiation	'0'

在高层讨论初期，提出了多种 SPS 方案，最终确定 Rel-15 仅考虑标准化 SC-PTM 的 SPS，但因为时间有限，没讨论 SC-PTM SPS 的方案细节，所有可以认为高层没有标准化上下行 SPS 的任何方案，仅针对上述物理层引入的 UL SPS for BSR 功能在高层协议做相应修

改。即通过 RRC 消息给 UE 配置 semiPersistSchedIntervalUL 和 semiPersistSchedC-RNTI 信息，eNB 通过 PDCCH DCI 对 UL SPS 进行激活（同时配置 UL SPS 的频域资源）和去激活。

5.3.2　调度请求（SR）增强

Rel-15 之前版本的 NB-IoT 不支持 PUCCH 及专用 SR 上报，UE 没有上行授权，但需要发送 SR 时只能通过触发基于竞争的 NPRACH 过程来进行 SR 上报，这个过程既浪费 UE 功耗又浪费无线资源。所以本议题希望引入物理层专用 SR 上报策略，降低 SR 上报的开销。

物理层支持以下两种调度请求上报方式。

（1）HARQ-ACK 携带 SR

当 UE 有下行数据时，SR 通过 HARQ ACK/NACK 携带。通过 Cover Code 将 SR 携带在 ACK/NACK 信号上。具体为：SR ON/OFF 通过两条长度为 16 的 Cover Code 携带在 ACK/NACK 数据符号上：

① [1 1 1 1 1 1 1 1 1 1 1 1 1 1 1 1] 用于标识 SR OFF；

② [1-1 1-1 1-1 1-1 1-1 1-1 1-1 1-1] 用于标识 SR ON。

（2）专有的物理层 SR 信号

当 SR 不在 HARQ-ACK 上携带，则需要通过专有的 SR 信号发送。在 Rel-15 阶段，专有的物理层 SR 信号不考虑携带 BSR 信息。专有的 SR 信号可考虑在 NPUSCH 资源或预留的 NPRACH 资源上发送。如果在 NPUSCH 资源发送，则需要进一步考虑 SR 信号和 NPUSCH 数据发送的冲突问题。为了避免和 NPUSCH 冲突，专有的物理层 SR 信号在 NPRACH 资源上通过基于 NPRACH 的信号发送，具体为：

- 专有的物理层 SR 通过 NPRACH Preamble Format 0/1/2 发送。
- 非竞争 RACH 资源用于专有的物理层 SR 的发送资源。资源的配置为 UE-Specific，配置方法和 NPDCCH order 配置类似：
  - Carrier Indication：范围为 {0, 1, …, 15}；
  - Subcarrier Indication：对于 NPRACH Format 0/1，范围为 {0, 1, …, 47}，对于 NPRACH Format 2，范围为 {0, 1, …, 143}；只有基于非竞争的 RACH 资源可以指示。
  - Repetition Number, I_{Rep} = {0, 1, 2, 3}，如表 5-13 所示。

表 5-13　重复次数

I_{Rep}	N_{Rep}
0	R_1
1	R_2
2	R_3
3	保留

● NPRACH Format 0/1/2 Indication：用于指示哪个NPRACH Resource被使用。

除非和其他的物理层发送/接收发生冲突，UE 要发送专有的物理层 SR 时会在第一个发送时机就发送。如果专有的物理层 SR 和 NPDSCH 冲突，则 SR 会保持挂起不发送。

针对上述物理层引入的两种 SR 上报方式，以及 UL SPS for BSR 功能，高层讨论了多种功能的共存问题。最终确定，使用非竞争 NPRACH 资源上报 SR 信号的功能与 UL SPS for BSR 不允许同时配置。通过 HARQ-ACK 携带 SR 的功能与使用非竞争 NPRACH 资源上报 SR 信号的功能、通过 HARQ-ACK 携带 SR 的功能与 UL SPS for BSR 均可以同时配置。考虑到通过 HARQ-ACK 携带 SR 的方案所需的 UE 功耗和系统资源都较少，应尽量使用，如果同时配置了通过 HARQ-ACK 携带 SR 的功能与使用非竞争 NPRACH 资源上报 SR 信号的功能，则优先判决是否可以通过 HARQ-ACK 携带 SR。

高层还讨论了专用 SR 资源的释放问题，在现有 LTE 中，如果 UE 在专用 SR 资源上发送 SR 的次数超过预配置门限（dsr-TransMax）但不成功，则会释放专用 SR 资源，进而触发基于竞争的随机接入过程。在标准讨论过程中，部分公司认为 NB-IoT 同样需要资源释放机制来处理专用 SR 发送失败场景。考虑到 timeAlignmentTimer 超时后，UE 总会发起 NPRACH 过程，且在 LTE 中，该定时器也用于释放专用 SR 资源，所以建议 NB-IoT 支持基于 timeAlignmentTimer 超时触发的专用 SR 资源释放机制。由于 NB-IoT 连接持续时间通常比较短，为简化考虑，不再引入其他的专用 SR 资源释放机制。另外需要说明的是，这里所述需要释放的专用 SR 资源针对上述三种功能而言，即包括通过 HARQ-ACK 携带 SR 的功能使能标志，预配置的用于传输 SR 的非竞争 NPRACH 资源以及 UL SPS for BSR 资源。

考虑到通过 HARQ-ACK 携带 SR 的方案所需的 UE 功耗和系统资源都较少，应尽量使用。但是由于上下行业务并不总是有固定关联，终端无法预测何时会有下行业务到达，即无法预测 HARQ-ACK/NACK 出现时机，当终端有一个专用 SR 要发送且当前没有用于确认下行业务的 HARQ-ACK/NACK 待发送，则终端只能发起普通的 PRACH 过程，即便随后很短时间内就有下行业务到达，终端也无法利用相应的 HARQ-ACK/NACK。为了尽量避免这种情况发生且考虑 NB-IoT 多是时延可容忍业务，有公司建议引入一个用于延迟普通 PRACH 过程发送的定时器，即如果终端配置并使能了该功能，当终端有一个 SR 待发送且此时终端没有其他专用 SR 资源可用，终端可以启动该定时器等待一段时间，在该定时器运行过程中，如果终端发现有针对下行业务的 HARQ-ACK/NACK，则终端使用附着方式发送专用 SR。只有当该定时器超时时（说明终端等待了一段时间仍然没等到下行业务传输），终端才会触发普通 PRACH 过程来发送专用 SR。但标准讨论过程中有公司认为该方案收益有限且有可能造成额外的业务时延，该方案没有被采纳。

对于专有的物理层 SR 信号方案，在其讨论通过的资源配置结构中，只配置了用于 SR 的非竞争 NPRACH 资源，没有配置 SR 周期，可以理解为 SR 周期等于 NPRACH 周期。而目前的竞争 NPRACH 资源和非竞争 NPRACH 资源只能配置相同的 NPRACH 周期，考虑到为保证竞争 NPRACH 的容量，NPRACH 周期不可能配置得很长，以 NPRACH 周期作为专用 SR 发送周期，会导致专用 SR 资源配置密度过高，而事实上专用 SR 并不需要频繁发送，因此会造成对 NPRACH 资源不必要的浪费。从实际需求出发，有观点认为专用 SR 周期可以配置得远远大于 NPRACH 周期，为保证容量，一个 NPRACH 的频域资源可以复用于多个 SR 用户，例如，SR 资源配置中包含 SR 周期配置，该周期可配置为 NPRACH 周期的 N 倍，而 N 个不同用户的 SR 资源配置中可以时分复用相同的 NPRACH 频域资源位置。部分公司认同前述问题以及所述方案的合理性，但由于讨论时间有限，该方案没有在 Rel-15 阶段标准化。

5.3.3　测量精度提升

该议题主要是通过引入新的测量对象（如 NPSS、NSSS），与 NRS 相结合，来提高 NB-IoT 的测量精度。

对于带内、保护带和独立工作模式，除 NRS 之外，可以考虑将 NSSS 用作提升测量精度。NPBCH 在各无线帧的子帧 #0 发送，由于 NPBCH 的工作 SNR 比 NSSS 和 NRS 的要高，所以 NPBCH 的测量没有 NSSS 和 NRS 可靠，会影响测量的精度。对于连接态的终端，考虑到 NPDCCH 和 NPDSCH 的性能比 NPBCH 要差，不考虑作为增强当前服务小区或邻区测量精度的候选方法。对于 NSSS 辅助的测量精度提升，由高层指示使用 NSSS 的可能性，通过高层信令把服务小区和邻区的 NSSS-NRS EPRE 比通知给终端。

基站用信令通知不同 Precoder 进行 NSSS 发送的连续 NSSS Occasion 的个数（nsss-NumOccasionDifferentPrecoder），终端在使用 NSSS 做测量的时候可能考虑上述信息。如果基站不通知 nsss-NumOccasionDifferentPrecoder，终端不能自行假定天线端口数。即 UE 不能假定在一个子帧上的 NSSS 和另一个子帧上的 NSSS 使用相同的天线端口。基站发送 nsss-NumOccasionDifferentPrecoder 信令并不能强制终端如何、何时以及在多少个子帧上终端必须测量 NSSS，测量精度也不能假定终端测量连续的 NSSS Occasion。

相应的，高层需要配置的测量参数如表 5-14 所示。

表 5-14　NSSS 辅助测量的高层参数

测量参数	描述	取值范围	配置级别
nrs-NSSS-PowerOffset	NRS 相对 NSSS 的功率比例，如果配置该参数，可以使用 NSSS 来取代 NRS 用于 RRM 测量	{−3, 0, 3, 空闲 }	小区级配置参数
nsss-NumOccasion DifferentPrecoder	eNB 可以发送多个连续的 NSSS 时机，每个 NSSS 传输可以具有不同的预编码	{2, 4, 8}	小区级配置参数

5.3.4　RLC UM 支持

在 NB-IoT Rel-13 版本标准化时，考虑到 NB-IoT 主要用来承载小数据传输，一般采用 RLC AM 模式，为了简化，不再支持 RLC UM 模式。在 NB-IoT Rel-14 版本引入 SC-PTM 时，由于多播不适合按用户反馈，所以为 SC-PTM 引入了 RLC UM 模式。在 NB-IoT Rel-15 立项时，考虑到 NB-IoT 已支持 RLC UM 架构，将 RLC UM 应用到单播业务对标准影响不大，所以建议单播业务也支持 RLC UM 模式。

该议题讨论过程中，主要涉及以下策略的选择：

- RLC UM 是否用于 SRB，即是否用于信令发送：在快速释放的议题讨论过程中，已有公司建议允许 SRB 使用 RLC UM 模式发送，则 RRCConnectionRelease 消息可以采用 RLC UM 模式发送，不需要上行 RLC 反馈，减少信令加快释放。但最后标准未采纳该建议，而是采纳了与该方案类似的不设置 RLC Poll bit 的 RRC 快速释放方案。

- PDCP SN 长度：7 比特还是 12 比特？由于 NB-IoT 中 RLC AM 模式的 PDCP SN 长度

已经缩短到只支持 7 比特，相应地考虑到 RLC UM 模式也是用于传输小数据，RLC-UM 模式的 PDCP SN 长度也只支持 7 比特。

- RLC SN 长度：5 比特还是 10 比特？考虑到 NB-IoT 只承载小数据，5 比特长度足够。另外，如果支持 10 比特，则 PDCP SN 也需要扩展。所以讨论决定 RLC SN 长度只支持 5 比特。

- 是否支持单向 RLC UM：这点主要是从用例角度考虑，经过讨论，认为 RLC UM 既可以配置双向，也可以配置上行单向和下行单向。

5.3.5　功率余量报告增强

Rel-14 及之前版本的 NB-IoT 中，功率余量报告（PHR，Power Headroom Report）只能通过 DPR MAC CE 中的 2 比特 PH 域来上报，所以同一覆盖等级下的 PHR 值只能区分 4 个粒度。PHR 上报值的个数太小导致上报的 PHR 值不精确。本议题希望通过增加 PH 粒度来提高 PHR 值的精确度。

1. PH 值上报粒度细化

对于 PH 值上报粒度的细化，所有公司都同意采用 DPR 中的两个预留比特来扩展 PH 值。主要的分歧在于需要几个扩展值以及如何区别原有 PH 值和扩展 PH 值。

根据现有的 DPR MAC CE 结构，如果需要新增的 PH 值数目小于等于 12，则只需要占用两个预留比特，通过 DPR 的预留比特可以隐含指示 DPR 类型，例如，若预留比特全为 0 表示是传统 DPR，预留比特不为 0 则表示包含了扩展 PH 值，当前 MAC CE 是扩展 DPR。但需要新增的 PH 值数目大于 12，如 16 个，则需要使用全部两个预留比特来提供扩展 PH 值，同时需要一个新的 LC-ID 来识别扩展 DPR。部分公司认为支持 12 个扩展值已经足够，但最终结论建议引入 16 个扩展值。

所有公司都支持通过系统消息中增加指示来激活扩展 DPR 上报功能，且不需要 UE 能力。如果基站指示可上报扩展 DPR，则 UE 可选择上报传统 DPR 或者扩展 DPR，基站通过 LC-ID 来识别不同的 DPR 类型。

2. 连接态 PH 值更新

现有 DPR 只能随着 Msg3 上报一次，连接模式如果保持较长时间，PH 值没有机会更新，可能会不准确。多数公司都认为有必要允许在 Msg3 之后也上报 PH 值。但少数公司认为长时间保持连接态的场景不多，在 Msg3 之后增加上报 PH 值的必要性不大。

关于 Msg3 之后如何上报 PH 值，方式 1 是引入新的连接态 BPR MAC CE，长度为 2 字节，可以同时包含 BSR 和 PHR；方式 2 则是将 DPR 和扩展 DPR 应用于连接态。方式 1 可以提供更高精度的 PH 值上报但开销大，方式 2 简单且开销小。

关于 Msg3 之后上报 PH 值的触发方式，一种建议是采用 LTE 中已有的下行路损变化触发策略，同时增加 prohibitPHR-Timer 来避免 PHR 频繁上报。但有公司认为 NB-IoT 不同于 LTE，其 RSRP 测量误差大（误差最大范围 ±15.3dB），路损变化可能不一定意味着 PH 值变化，所以基于下行路损变化来触发 PHR 上报对 NB-IoT 来说不合适。另外，考虑到 NB-IoT 主要用来传输小数据业务，数据传输时间短，在数据传输过程中 PH 值变化可能性小，而上行数据传输开始前都会有 SR 上报，所以可以考虑在每次 SR 后只上报一次 PHR 就够了。

在最后讨论阶段，部分公司提出立项范围只是要提高现有 PHR 上报精度，不涉及新的 PHR 上报场景，所以 Rel-15 未采纳 Msg3 之后增加上报 PH 值的建议。

5.3.6　UE 测量信息上报

该议题是由运营商提出的新需求，主要有以下两个优化目标：

- NB-IoT 不支持连接模式切换，也不支持无线质量测量上报，这样网络侧无法获知网络覆盖问题来进行网络优化。网络实现上只能通过终端上报的覆盖等级、业务信道质量等间接判断网络覆盖，覆盖等级粒度太粗。参考现有 LTE 中一般基于 NRSRP 和 NRS-SINR 来识别网络覆盖差的问题，运营商希望 NB-IoT 终端也能上报实际测量的 RSRP 值，如果 NRS-SINR 可获取的话也可以上报。另外，考虑到测量上报只是为了发现网络质量问题，可以引入一个测量上报门限来控制终端仅在网络质量变差，即测量结果低于配置门限时才上报。

- 由于外界干扰存在，导致 NB-IoT 小区上下行不平衡问题比较严重（如上行干扰大于下行干扰，外场测试结果显示最高相差 10 ~ 20dB），采用同一个 RSRP 质量门限（rsrp-ThresholdsPrachInfoList）映射得到的覆盖等级可能无法同时保证配置的上行重复次数和下行重复次数都合适，例如，可能下行合适，但上行重复次数偏小导致上行性能较差，容易接入失败；或者可能上行合适，但下行重复次数偏高导致资源浪费。因此运营商建议为上下行分别配置 RSRP 门限以便分别映射覆盖等级。

针对第一个需求，需要支持额外的测量上报，但对具体上报内容有很多讨论。部分公司认为可以上报服务小区的 RSRP 和 RSRQ 测量结果，上报 RSRP 还可以帮助网络更准确地判定下行重复次数，可以一并解决第二个需求，甚至于网络还可以根据上报结果以及网络配置的锚定载波和非锚定载波窄带参考信号（NRS，Narrowband Reference Signal）发射功率之间的偏移量来推断非锚定载波的实际覆盖质量。但运营商认为 RSRQ 分析干扰和噪声时没有 NRS-SINR 有效，但主要的困难在于 NRS-SINR 测量目前尚未标准化，现有 LTE 中也未支持连接态的 NRS-SINR 测量。也有公司指出 NRSRQ 和 NRS-SINR 有很强的相关性，所以上报 NRSRQ 也是可以的。

另外讨论了上报时机和上报触发条件，如果测量结果可以在 Msg3 中上报，则不仅可用于网络优化，还可以用于第一条下行消息重复次数的确定，但考虑 Msg3 长度非常受限，不能支持太高精度的测量结果上报，而 Msg5 长度不受限，可以包含更精确的测量结果，但 Msg5 上报不适用于 EDT 场景。最终 RAN2 采纳了简单方案，即在 Msg5 中引入 4 个比特的 RSRP 和 RSRQ 测量结果上报，主要用于网络优化。关于通过系统消息设置门限来触发上报的建议，多数公司认为目前 Msg5 上报开销不大，引入额外限制的必要性不大，最终标准只同意引入 1 比特的功能使能指示，该比特设置时，终端才需要在 Msg5 包含测量结果。

针对上下行不平衡的问题，标准最终同意终端可以自行确定一个下行重复次数并在 Msg3 中上报给基站，供基站分配资源时参考。

5.3.7　基站调度辅助信息增强（终端特征区分）

该议题目标在于提供业务相关 QoS 参数，以便网络侧有针对性地调度无线资源，提高网络资源效率，降低网络拥塞率。

1. 针对 UP 优化方案的 QoS 参数更新

考虑到现有 UP 优化方案连接恢复过程中没有 QoS 更新机制，基站只能使用终端上下文中保存的 QoS 信息来辅助调度。有公司建议在连接恢复流程相关的以下 S1 接口消息中增加 QoS 参数：

　- UE Context Resume Request；
　- UE Context Resume Response；

- PATH Switch Request；

- PATH Switch Request Acknowledge。

但经过讨论认为，QoS 参数更新还涉及 NAS 信令变更，有一定的复杂度，考虑到 NB-IoT 业务的 QoS 一般不会频繁更新，故而未采纳该建议。

2. 新增 QoS 参数

针对 UE 节能需求，有公司提出 DRX 参数、连接相关定时器以及 SPS 参数等配置时缺少 QoS 信息作为依据，因此有必要引入新的 QoS 参数，即终端特征区分参数。一些可能的参数如下：

- 通信模式；

- 周期通信参数，如周期通信指示、通信时长、周期长度、调度时长等信息；

- 静止状态或移动性指示；

- 需保证的误包率；

- 业务描述信息，如单包或多包交互，仅上行业务，上行业务接下行业务，典型数据包大小等；

- 功耗需求相关信息，如电池充电模式（易充电、不易充电等），目标生命周期等；

- 新的可用于反映典型 NB-IoT 业务需求的 QCI 值，例如，能反映时延要求和数据量的 QCI 信息；

- 覆盖增强需求相关信息；

- 终端上报的关于 RRC 不活动定时器的倾向值；

- 终端上报的连接态 DRX 参数的倾向值。

基于讨论，识别出周期通信参数、静止状态指示、业务描述信息和功耗需求相关信息可以做进一步讨论和定义。其中，针对功耗相关信息，有公司建议终端上报剩余电量以便基站调整资源分配，但未予采纳。

关于终端特征区分参数的获取，主要讨论了基于运营商需求的 QoS 策略，要求终端特征区分参数包含运营商识别码，UE 在 RRC 释放时把运营商识别码以及该识别码对应的终端特征区分参数发送给 MME。MME 在下次业务建立时再带给基站用于 eNB 决策。但讨论后该建议未被采纳。

基于终端特征参数，进一步描述了前述各参数的含义和粒度，如表 5-15 所示。

表 5-15　终端特征参数的描述

终端特征区分参数	参数描述
① Periodic Communication Indicator	用于标识终端是否具有周期性的通信业务的参数，如果不是周期性的，例如，可能仅是按需发起的［可选参数］
② Communication Duration Time	周期通信业务的持续时长参数［可选参数，可以和参数 1 联合使用］，例如，5 分钟
③ Periodic Time	周期通信的间隔参数［可选参数，可以和参数 1 联合使用］，例如，每小时
④ Scheduled Communication Time	终端可用于通信的时区以及星期、日期等信息［可选参数］，例如，时间：13:00-20:00，日期：周一
⑤ Stationary Indication	用于标识终端是静止还是移动的信息［可选参数］
⑥ Traffic Profile	数据传输类型信息，例如，单包传输、双包数据包传输、多包传输等［可选参数］： - 单包传输（上行或下行）； - 双包数据包传输（上行接后续下行，或下行接后续上行）； - 多包传输（多个上下行数据包）
⑦ Battery Indication	用于标识终端是否用电池供电、电池是否可充电或可替换，或是没有电池供电的信息［可选参数］： - 可充电 / 可替换电池； - 不可充电 / 不可替换电池； - 无电池供电

对于参数 5 和参数 7，可以准确地预定义，并将其作为开户参数的一部分可靠地提供，这些参数通常是静态的或半静态的，而且是关键参数，与其他参数没有依赖关系。对于业务模式相关的参数 1、参数 3、参数 4 和参数 6，部分公司认为许多 NB-IoT 应用具有预测性很高的流量模式，因此对于这些应用，也可以准确地预定义相关参数，并将其作为开户参数存储在 HSS 中，由核心网可靠地提供。所有参数均为静态或半静态。这其中，参数 3 和参数 6 是关键参数，与其他参数没有依赖性。参数 4、参数 5 可以与参数 3 结合使用。但另一些公司认为，终端有可能在不同时期具有不同业务描述文件，这会使得很难准确预测或配置这些参数。而基站有可能以所需要的粒度、可靠性和适用性更准确地观测到终端行为。开户信息中的参数和 RAN 侧 AS 上下文中存储的参数可以是两种互为补充的方案。

基于上述信息，进一步标准化了 S1/X2 接口上的终端特征区分参数相关信元。

5.3.8　接入控制增强

1. 基于覆盖等级的接入控制的可行性

在 NB-IoT 中，每个覆盖等级都对应不同的上下行重复次数。基站根据终端上报的覆盖等级为其分配无线资源，以满足传输可靠性的要求。越糟糕的覆盖环境需要的重复次数越多，消耗的无线资源也越多，这可以被视为 NB-IoT 中造成网络拥塞的一个新的原因。因此，对于存在大量 NB-IoT 设备的网络，为了提高网络资源管理效率，接纳尽可能多的用户并保证他们的用户体验，就需要新的机制来防止大量具有高覆盖等级的终端使用大量上下行重复尝试接入小区时造成的过载问题。

在 Rel-15 讨论之初，多家公司即支持引入基于覆盖等级的接入控制功能，而且方案有类似之处，但是也存在少数反对意见。标准首先讨论了现有机制（如 AB 或扩展等待时间）是否已足够解决 NB-IoT 中的网络过载问题。首先，使用传统的 AB 方法，只能将一些任意选定的 UE 限制接入。但通常情况下，大多数 UE 可能处于良好的覆盖范围内，任意选择 UE 不太可能仅把一个或几个消耗大部分资源的 UE 禁止接入，更大的可能是将许多覆盖良好且占用更少资源的 UE 禁止接入，这会导致需要很长时间才能缓解拥塞。其次，延长退避等待时间的方案也不是很可行，原因在于网络不容易预测退避定时器的合适值。由于 UE 很快会发起另一次尝试，设置太短的值对缓解拥塞用处不大，过大的值则有可能造成不必要的 UE 接入延迟，即便拥塞已经缓解。

也有公司提到网络还可以利用一些无线资源管理工具来实现拥塞控制的目的，例如，重配置不同覆盖等级的随机接入资源，但显然这不是缓解网络拥塞的有效手段。减少分配给高覆盖等级终端的资源，但又不禁止具有高覆盖等级的终端接入，只会使拥塞缓解变得更加困难和缓慢。相反，如果增加分配给高覆盖等级终端的资源，那么具有高覆盖等级的少数终端的接入失败可能会减少，但对于具有正常覆盖的终端则会因为可用资源变少而出现更严重的拥塞。总而言之，改变随机接入资源配置并不是一种合适的、能够"快速"缓解临时拥塞的手段。

标准讨论中另有反对意见认为，基于覆盖等级的接入控制仅对新终端生效，旧终端不受影响，对新终端是一种"不公平"的操作。其实，对于所有新版本引入的接入控制功能，例如，EAB、ACDC 等，都存在对新终端"不公平"的问题，不需要特别讨论。再有公司提到，引入该功能后，对具有相同接入等级（Access Class）的 UE，如果他们具有不同覆盖等级，将会具有不同的接入概率，这也可以认为是一种终端间的"不公平"。在网络已经（高度）拥塞的情况下，即使不对高覆盖等级的 UE 进行接入控制，UE 也无法获得良好的服务甚至可能根本无法获得任何服务。且由于 eNB 拥塞而资源不足，UE 的接入尝试被拒绝，UE 可能会反复尝试接入，造成很多不必要的功耗，对 UE 而言这是最糟糕的情形，应尽量避免。反之，如果网络能进行合适的拥塞控制，则可以最大限度地满足更多用户的接入需求。通过一个简单的例子可以看到，NB-IoT 中随机接入最大重复次数是 128 次，良好覆盖的 UE 可能只需要 1 次重复。如果将覆盖很差的 1 个 UE 禁止接入，理论上可以满足 128 个最好覆盖的 UE 的接入需求。总之，一方面，基于覆盖等级的接入控制的效果可以看作是对更多 UE 的公平，并且还可以优化网络资源管理以满足更多 UE 的需求。另一方面，在网络已经过载资源不足的情况下，直接限制少量具有大重复次数 UE 的接入，也可以减少这些 UE 不必要的接入尝试和不必要的耗电，对这些终端也有节能的好处。

最终标准同意引入基于覆盖等级的接入控制机制。

2. 基于覆盖等级的接入控制流程

对于基于覆盖等级的接入控制，一部分公司建议采用最简单的方案，即新引入的机制不影响原有机制的应用，而且新机制只针对覆盖等级做控制，不再考虑终端的接入类别。另外，因为基于覆盖等级的接入控制主要针对无线资源管理进行优化，不存在不同运营商间的策略差异，因此没有必要考虑针对不同 PLMN 配置不同参数。另一些公司则认为可以结合覆盖等级和接入类别，即可以更精细地对某一覆盖等级下、某几个接入类别的终端进行接入控制。

标准讨论中有公司建议不仅要考虑初始接入的接入控制，还需要考虑终端在随机接入过程中发生覆盖等级跳变时也进行接入控制，即如果终端在当前覆盖等级可以允许接入，但接入尝试失败后跳变到下一覆盖等级，如果新的覆盖等级是限制接入的，那么 UE 也应停止接入尝试。反对这种观点的公司认为，首先，覆盖等级跳变后接入受限和初始接入受限的场景不太一样，初始接入受限，是因为终端当前已经处于较差覆盖等级，而覆盖等级跳变时，终端所处的无线环境可能还是好的（与初始覆盖等级对应的无线质量），只是因为其他原因导致接入失败而不得不更换覆盖等级，使用更多重复次数，此时终端接入成功的概率应该还是很高的，限制接入的必要性不大。其次，如果对这种情况也使用接入控制，那么还要考虑一些额外措施来确保终端的接入成功率不能严重下降，例如，如果 UE 的下一覆盖等级是受限的被禁止跳变过去，那么 UE 可以进一步根据自己的信号质量情况来优化接入尝试，如将当前覆盖等级的信号质量范围区分高段（更好）和低段（更差），如果 UE 信号质量处于当前覆盖等级的高段，可以认为终端覆盖仍然良好，则 UE 可以适当增加在当前覆盖等级的接入尝试次数，多做一些尝试以便增加接入成功率，同时因为没有跳变至下一覆盖等级，也不会消耗太多资源。

标准讨论后期，有公司提出，NB-IoT 中覆盖等级的概念是由 NPRACH 资源重复次数来体现的，NPRACH 资源重复次数的确定在 MAC 层协议描述，而接入控制机制是在 RRC 层描述，直接根据 NPRACH 资源重复次数来做接入控制会需要引入额外的 RRC 与 MAC 层间交互，应尽量避免，此外还需尽量简化接入控制参数配置，以便减少系统消息开销。最终采纳了基于 RSRP 门限来做接入控制的协议实现方式，即新增的接入控制参数只定义 3 或 4 个取值，某个取值对应限制某个 RSRP 门限以下的资源不能被使用。采用这种方式，既可以避免直接将 MAC 层 NPRACH 重复次数作为判定条件，也可以通过限制某个覆盖等级及以下的资源不可用，来实现前述提出的在覆盖等级跳变时也需进行接入控制的建议。

具体流程上，NB-IoT 终端在发起 RRC 连接建立之前，先进行现有 AB 接入控制检查，检查通过了再进行基于 RSRP 门限的接入控制检查，若该检查也通过，才可以发起连接建立。

3. 其他负荷分担机制优化

针对 NB-IoT 网络拥塞控制，也有公司提出，如果在终端接入前，能将终端尽可能均衡地分布到不同小区，也可以避免接入拥塞问题的出现。现有 LTE 标准已经提供了与之相关的多种机制，例如，配置载波专用优先级，载波绝对优先级，或空闲终端重分布算法等。但这些方案均不涉及覆盖等级，有些公司提出可以针对覆盖等级，对这些负荷分担算法进行优化并用于 NB-IoT，如有以下方案。

- 调整 $Q_{rxlevmin}$ 进行准 CE 控制：该方案的目的是通过调整 $Q_{rxlevmin}$ 来缩小小区覆盖范围，以便终端只能以较好的覆盖等级驻留在某个小区。这种方案显然会导致覆盖空洞出现。
- RSRP 调整：该方案与前述调整 $Q_{rxlevmin}$ 的方案类似。UE 可以利用基站配置的偏移量来调整测试得到 RSRP 值，使得 UE 无法在较差覆盖等级的小区（如调整后的 RSRP 值非常低）驻留。该方案同样有可能导致覆盖空洞。

标准对上述方案只有简单讨论，但未引入任何相关优化。

5.4 新的应用场景

5.4.1 PRACH 覆盖增强

1. 新 NPRACH 格式

现有 NB-IoT 只支持两种 NPRACH 循环前缀长度（66.7μs 和 266.7μs，即格式 0 和格式 1），分别对应 10km 和 40km 小区最大覆盖半径，不能满足 NB-IoT 超远覆盖的需求，为此需要引入新的 NPRACH 格式。为支持 PRACH 覆盖范围增强，新的 FDD NPRACH 格式需要支持至少半径为 100km 的小区覆盖。新 NPRACH 格式同样采用独立运行跳频结构，如图 5-8 所示，具有如下特征：

- 子载波间隔为 1.25kHz；
- 循环前缀（CP）长度为 800μs，即占 1.25kHz 子载波间隔的 1 个符号；
- Preamble 由 6 个符号组组成；
- 每个符号组由 1 个 CP 和 3 个符号组成；
- 3 级跳频，跳频距离分别为 1.25kHz、3.75kHz、22.5kHz。
  - 第 1 和第 2 符号组之间的跳频间隔是 1.25kHz，第 5 和第 6 符号组之间的跳频间隔是 −1.25kHz。
  - 第 2 和第 3 符号组之间的跳频间隔是 3.75kHz，第 4 和第 5 符号组之间的跳频间隔是 −3.75kHz。
  - 第 3 和第 4 符号组之间的跳频间隔是 22.5kHz。

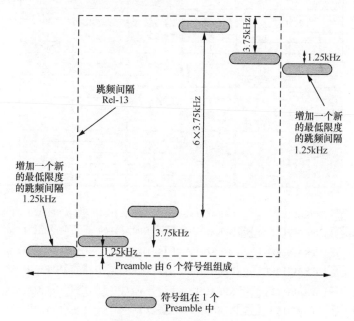

图 5-8　新 NPRACH 格式 Preamble 的结构示意

2. 新 NPRACH 的资源配置

新 NRPACH 格式在频域上配置的 NPRACH 带宽为 45kHz 的整数倍，即 {45，90，135，180}kHz，对应的 NPRACH 子载波数量为 {36, 72, 108, 144}。

图 5-9 所示为 45kHz NPRACH 带宽内 NPRACH 资源分配，其中包括了 36 个非重叠的 NPRACH。当NPRACH带宽包括多个45kHz时，每个45kHz的NPRACH带宽结构都和图5-9相同。

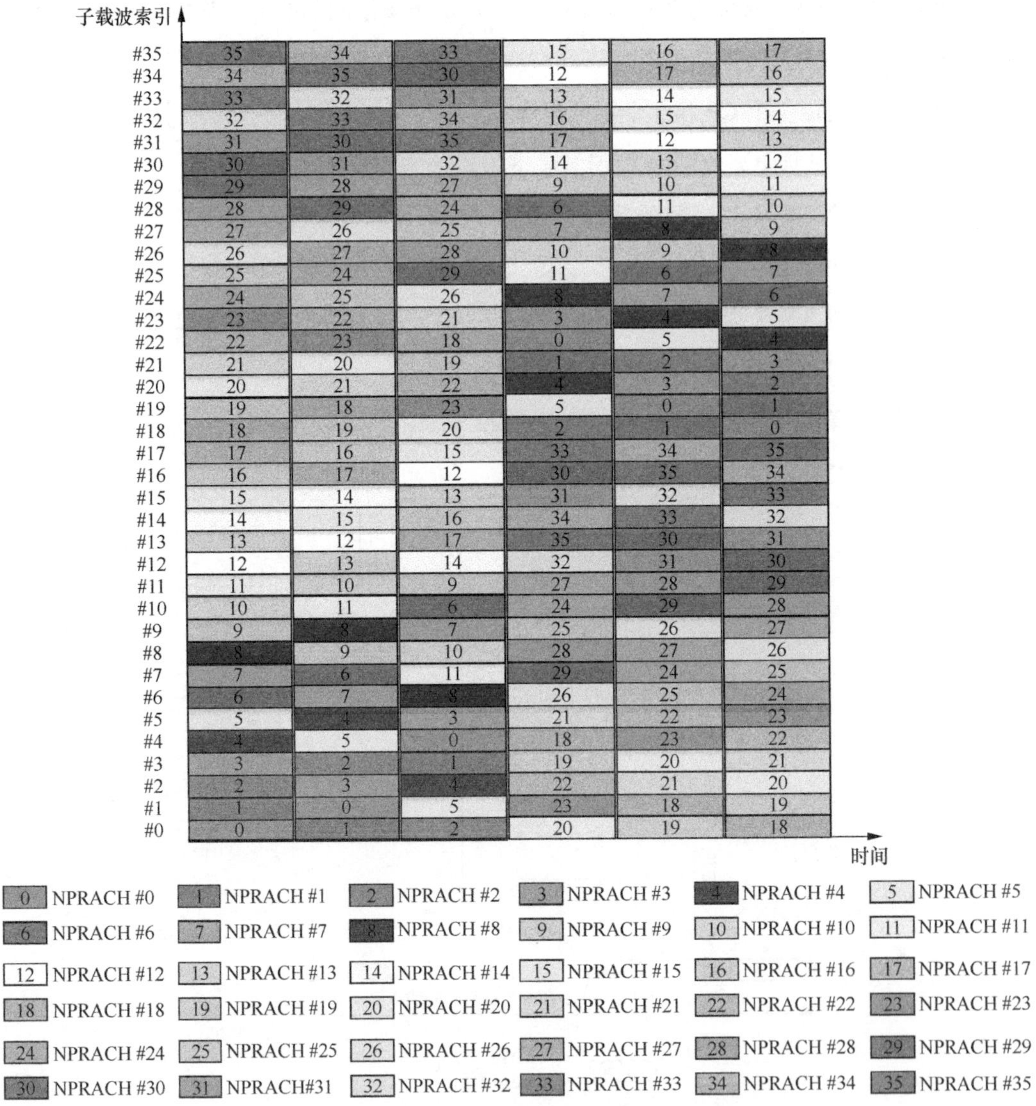

子载波索引

子载波索引						
#35	35	34	33	15	16	17
#34	34	35	30	12	17	16
#33	33	32	31	13	14	15
#32	32	33	34	16	15	14
#31	31	30	35	17	12	13
#30	30	31	32	14	13	12
#29	29	28	27	9	10	11
#28	28	29	24	6	11	10
#27	27	26	25	7	8	9
#26	26	27	28	10	9	8
#25	25	24	29	11	6	7
#24	24	25	26	8	7	6
#23	23	22	21	3	4	5
#22	22	23	18	0	5	4
#21	21	20	19	1	2	3
#20	20	21	22	4	3	2
#19	19	18	23	5	0	1
#18	18	19	20	2	1	0
#17	17	16	15	33	34	35
#16	16	17	12	30	35	34
#15	15	14	13	31	32	33
#14	14	15	16	34	33	32
#13	13	12	17	35	30	31
#12	12	13	14	32	31	30
#11	11	10	9	27	28	29
#10	10	11	6	24	29	28
#9	9	8	7	25	26	27
#8	8	9	10	28	27	26
#7	7	6	11	29	24	25
#6	6	7	8	26	25	24
#5	5	4	3	21	22	23
#4	4	5	0	18	23	22
#3	3	2	1	19	20	21
#2	2	3	4	22	21	20
#1	1	0	5	23	18	19
#0	0	1	2	20	19	18

时间

0 NPRACH #0 1 NPRACH #1 2 NPRACH #2 3 NPRACH #3 4 NPRACH #4 5 NPRACH #5
6 NPRACH #6 7 NPRACH #7 8 NPRACH #8 9 NPRACH #9 10 NPRACH #10 11 NPRACH #11
12 NPRACH #12 13 NPRACH #13 14 NPRACH #14 15 NPRACH #15 16 NPRACH #16 17 NPRACH #17
18 NPRACH #18 19 NPRACH #19 20 NPRACH #20 21 NPRACH #21 22 NPRACH #22 23 NPRACH #23
24 NPRACH #24 25 NPRACH #25 26 NPRACH #26 27 NPRACH #27 28 NPRACH #28 29 NPRACH #29
30 NPRACH #30 31 NPRACH #31 32 NPRACH #32 33 NPRACH #33 34 NPRACH #34 35 NPRACH #35

图 5-9　45kHz NPRACH 带宽内 NPRACH 资源分配示意图

新 NPRACH 格式的资源可以配置为和 Rel-13/14 的 NPRACH 资源重叠或不重叠。重用 Rel-13 中 nprach-StartTime、numRepetitionsPerPreambleAttemp、npdcch-CarrierIndex、nprach-SubcarrierMSG3-RangeStart 参数的取值。

- nprach-Periodicity 参数的取值范围为 {40, 80, 160, 320, 640, 1280, 2560, 5120 }ms；

- nprach-SubcarrierOffset 参数的取值范围为 {0, 36, 72, 108, 6, 54, 102, 42, 78, 90, 12, 24, 48, 84, 60, 18}，nprach-NumSubcarriers 参数的取值范围为 {36, 72, 108, 144}；

- nprach-NumCBRA-StartSubcarriers：4bit；

- 对应于 Rel-15 NPRACH 资源的 RAR 相关的 type2-CSS 配置参数与取值保持和传统 NPRACH 相同。

除了 NPRACH 格式 2 的配置参数外，高层另外讨论了以下问题。

（1）问题 1：NPRACH 格式 2 的资源配置

所有公司都同意增加一套独立的 NPRACH 格式 2 资源配置列表，参数结构类似于 SIB22 中针对非锚定载波的 NPRACH 资源配置。通过是否配置了 NPRACH 格式 2 资源来隐含指示是否使用 800μs 的循环前缀长度。

在 NPRACH 格式 2 资源具体配置方式讨论中，关于是否必须为所有覆盖等级都配置 NPRACH 格式 2 资源的问题，有些公司提出，支持 NPRACH 格式 2 的终端如果覆盖等级较好（如覆盖等级 0 或 1），很有可能处于离基站较近的位置，例如，位于 10km 或 40km 的小区半径范围内，应该允许终端使用 NPRACH 格式 0 或格式 1 的资源，这样可以缩短终端的随机接入过程时延，降低终端功耗，相应的，基站也可以对较好覆盖等级不配置 NPRACH 格式 2 资源，尽量避免资源碎片并减少资源配置的信令开销。

最终有如下结论：

- NPRACH 格式 2 资源可以只在部分覆盖等级上配置。但一旦低覆盖等级配置了 NPRACH 格式 2 资源，则更高覆盖等级必须配置 NPRACH 格式 2 资源，这样是为了保证终端在跳变覆盖等级时总有资源可用。

- NPRACH 格式 2 支持增量配置，即如果某个载波的某个覆盖等级配置了 NPRACH 格式 2 资源，但没配置其中某个参数，则这个参数参考第一个配置 NPRACH 格式 2 资源的载波上所述覆盖等级上相应参数的取值。如果所有 NPRACH 格式 2 资源都没有配置该参数值，则参考锚定载波上 NPRACH 格式 0/1 资源上所述覆盖等级上相应参数的取值。

- NPRACH 格式 2 选择：不支持 NPRACH 格式 2 的终端只能选择 NPRACH 格式 0/1 资源。支持 NPRACH 格式 2 的终端，如果选定覆盖等级上配置了 NPRACH 格式 2 资源，则选择 NPRACH 格式 2 资源，若没配置 NPRACH 格式 2 资源，则选择 NPRACH 格式 0/1 资源。

- NPRACH 格式 2 可用于 EDT 功能，相应的需要配置专用于 EDT 的 NPRACH 格式 2 资源。

- 考虑到 SIB22 中已经有太多非锚定载波资源需要配置，若再增加 NPRACH 格式 2 配置参数，很可能导致 SIB22 超出系统消息的 680bit 的长度限制（680bit），因此为 NPRACH 格式 2 增加一个新的 SIB 消息，这样还可以提高终端读取系统消息的效率，例如，仅 NPRACH 格式 2 参数变更时，终端可以避免读取包含 NPRACH 格式 0/1 资源配置参数的其他 SIB 消息。

（2）问题 2：现有终端在支持 NPRACH 格式 2 小区中的驻留问题

在一个支持 NPRACH 格式 2 的新小区中，其小区驻留门限，即 $Q_{rxlevmin}$，需要配置成较低的值，以便保证终端在 100km 位置处仍可以驻留该小区。但这里存在的问题是，现有终端（旧终端）在新小区中也能驻留且可以获取到 NPRACH 格式 0/1 资源配置参数并接入，但如果它与基站的距离超过了 NPRACH 格式 0/1 支持的最大覆盖范围，很可能出现上行失败而无法正常接入，且因为反复尝试随机接入过程导致更多耗电。为此，有公司建议为支持 NPRACH 格式 2 的终端引入一个新的、独立的小区驻留门限，如 $Q_{rxlevmin\_ECP}$，这样就可以把原有小区驻留门限配置成一个较高的值来限制旧终端在这种支持大覆盖的新小区的驻留范围，这个较高的值可以对应新小区中 10km 或 40km 覆盖范围处的信号质量值。新终端忽略该原有小区驻留门限 $Q_{rxlevmin}$，只遵循新的小区驻留门限 $Q_{rxlevmin\_ECP}$，该门限需配置较低的值，使得新终端在 100km 的范围内也可以驻留。

反对该建议的公司则认为，首先，旧终端即使在距离基站超过了 NPRACH 格式 0/1 的最大覆盖范围后，仍然有可能接入，只是失败率增加，这与小区上下行不均衡问题类似。现有 LTE 标准中已经考虑了这种问题并引入了 Chiba 方案，即当终端接入失败一定次数后，终端会通过增加该小区的重选偏置来降低该小区的重选概率。旧终端对支持 NPRACH 格式 2 的新小区可以采用类似处理。其次，对于提高 $Q_{rxlevmin}$ 配置值的操作，可能造成旧终端在

$Q_{rxlevmin}$ 对应的最大覆盖范围之外直接脱网，UE 脱网比前述驻留在网络中但发起随机接入失败率高、更耗电。支持引入新的小区驻留门限的公司则认为，对于 Chiba 方案，当 UE 移动到 NPRACH 格式 0/1 的最大覆盖范围之外，如果小区周围没有合适的邻区可驻留，则终端不仅选不到新的可用邻区，因为已将当前小区的重选概率降低，连当前小区也很难重新选择驻留，UE 同样很容易脱网。

由于上述两种方案都存在一定的缺陷，但 Chiba 是现有方案，最终 RAN2 决定不引入新的、独立的针对支持 NPRACH 格式 2 终端的驻留门限，即现有终端在距离基站超过 NPRACH 格式 0/1 的最大覆盖范围后仍可正常驻留，上行接入问题靠其他机制解决。

（3）问题 3：RAPID 指示

在现有 MAC 层协议中，RAR MAC 子头结构如图 5-10 所示。

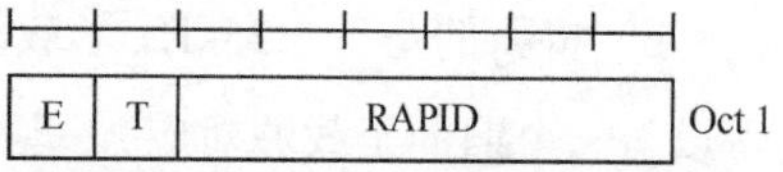

其中，RAPID 长度为 6bit，最多可以表示 64 个随机接入资源中的子载波。对 NPRACH 格式 0/1 而言，这个取值范围足够，因为其一个载波只支持 48 个子载波。

图 5-10　E/T/RAPID MAC 的子头结构

但 NPRACH 格式 2 的子载波间隔是 1.25kHz，所以一个载波最多支持 144 个子载波，6bit RAPID 就不够用了，需要进行扩展，至少扩展到 8bit。

RAPID 的取值范围扩展方式首先取决于 NPRACH 格式 0/1 和 NPRACH 格式 2 的资源是否会重叠。部分公司认为随机接入资源有限，限制资源间不能重叠会影响资源配置的灵活性，因此不应限制，相应的，可以有以下几种 RAPID 扩展方式。

- 由于 NPRACH 格式 0/1 的 RAPID 只有 48 个取值，所以对于 NPRACH 格式 0/1，6bit 的 RAPID 的高 2bit 取值不会是"11"，因此可以用 RAPID 的高 2bit 是否为"11"来表示是否使用了 NPRACH 格式 2。即如果 RAPID 的高 2bit 不为"11"，低 4bit 指示现有 RAPID；如果高 2bit 为"11"，则使用 RAPID 的低 4bit 以及 RAR 中 MAC 负荷的 4 个预留比特联合指示新的 RAPID。

- 同样用 RAPID 的高 2bit 是否为"11"来表示是否使用了 NPRACH 格式 2。如果使用了 NPRACH 格式 2，可以将两个连续的 RAR 中的 RAPID 的高 2bit 都设置为"11"，再用两个连续的 RAR 中的 RAPID 的低 4bit 联合指示新的 RAPID。

- 定义一个新的 16bit 的 RAR MAC 子头。

- 为 NPRACH 格式 2 引入新的 RA-RNTI：RA-RNTI 中包含 NPRACH Format 指示。这样，

只有使用 NPRACH 格式 2 的 UE 需要解析包含 NPRACH Format 指示的 RA-RNTI 对应的 MAC PDU。

另外一些公司则认为有必要限制资源间不能重叠。因为一旦允许重叠，如果 NPRACH 格式 2 子载波被占用，就会阻塞掉对应的一个 NPRACH 格式 0/1 的子载波，增加资源冲突概率，浪费 NPRACH 资源。此外，在同一资源上会出现两种 RAPID，为保证和现有 RAPID 的兼容性，RAPID 的扩展会比较复杂。而且，旧终端会解析 NPRACH 格式 2 的 RAPID，新终端也会解析旧格式的 RAPID，会导致终端不必要的耗电。相应的，可以有以下几种 RAPID 扩展方式：

a）将 RAR 中 MAC 负荷的 2 个预留比特用作最低位 2 比特，加上现有 6 比特 RAPID，得到扩展后的 8 比特 RAPID；

b）将新的基于 1.25kHz 子载波间隔的 144 个子载波每 3 个分为一组（共 48 组，每一组可以与一个旧的子载波对应），现有 48 个 RAPID 用来表示组 ID，另外使用 RAR 中 MAC 负荷的 2 个预留比特指示每个组内的子载波序号；

c）定义一个新的 16 比特的 RAR MAC 子头。

同样是采用 RAR 中 MAC 负荷的 2 个预留比特的方式，上述方案 a）和方案 b）仍然存在不同。基于方案 a），通过现有 RAPID 及 2 个预留比特来推导扩展 RAPID 的公式如下：

扩展的 RAPID 的子载波序号 = 现有 RAPID×4 + 2 个预留比特 "ER" 的取值；

基于方案 b）的公式如下：

扩展的 RAPID 的子载波序号 = 现有 RAPID×3 + 2 个预留比特 "ER" 的取值。

基于方案 a）的公式不能适用于所有资源配置场景。例如，在频域资源不重叠而时域资源重叠的配置场景下，可以将大于 24×3.75kHz = 90kHz 的频域资源位置配置给 NPRACH 格式 2，对于一个真实的 NPRACH 格式 2 的子载波序号，如 81，其扩展 RAPID 的取值为 "1010001"，即 RAR 中的 RAPID 比特值为 "10100"（对应 10 进制值 20），"ER" 比特取值为 "01"。但如果一个旧终端同时在 75kHz (20×3.75kHz) 的频域资源位置发起随机接入，它使用的子载波序号为 20，接下来这个旧终端会将前述基站发送给支持 NPRACH 格式 2 的终端的 RAR 误认为是自己的（因为 RAR 中的 RAPID 值为 20），由此导致不必要的冲突。

而基于方案 b）的公式，扩展 RAPID 与当前 RAPID 的关系如图 5-11 所示。

经过简单讨论，RAN2 首先确定 NPRACH 格式 0/1 和 NPRACH 格式 2 的时域资源不会重叠，在此基础上，对于 RAPID 扩展，RAN2 采用了最简单的前述方案 a)，即使用 RAR MAC 载荷中的 2 个预留比特作为最低 2 比特，与现有 6 比特 RAPID 合并组成 8 比特扩展 RAPID。由于旧终端和新终端不会同时监听 RAPID，不存在新旧终端解析同一个 RAPID 的冲突问题。

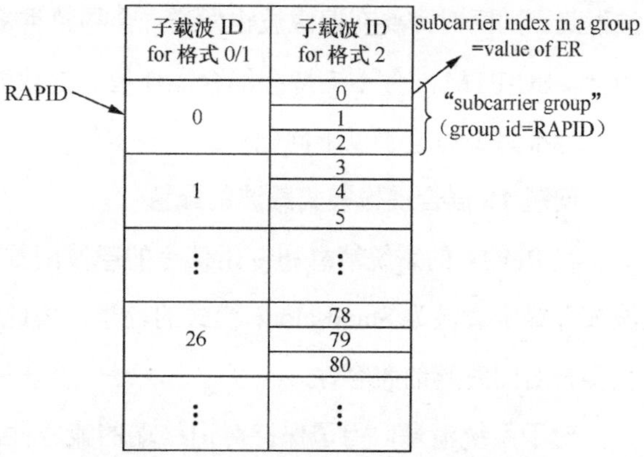

图 5-11　扩展 RAPID 与当前 RAPID 的关系

其他问题：

目前的 Timing Advance 取值范围已经可以支持 100km 小区半径需求，有公司提出可以进一步扩展 Timing Advance 的取值范围以便在未来支持 160km 的小区半径，但这一需求超出立项范围，且物理层的讨论已经同意的 800μs 循环前缀尚不能支持 160km 的小区半径，所以确定不支持 160km 小区半径，Timing Advance 取值无须扩展。

考虑到引入 NPRACH 格式 2 之后，基站若触发非竞争随机接入，有可能需要在 PDCCH order 中指示 NPRACH 格式 2 的随机接入资源，在此之前基站需要获知终端是否支持 NPRACH 格式 2 的能力。尽管目前 NB-IoT 不支持切换，连接模式的 NPRACH 格式通常会与初始接入时的 NPRACH 格式保持一致，但考虑到后续功能扩展，同意通过显式能力信息来让终端上报其对 NPRACH 格式 2 的支持能力。

5.4.2　独立运行模式增强

Rel-14 引入了多载波功能，但锚定载波和非锚定载波不能是任意的载波类型（Stand-alone 载波、In-band 载波或 Guard-band 载波），例如，锚定载波是 Stand-alone 载波，而非锚定载波是 In-band/Guard-band 载波，或相反的组合就不支持，这样会限制多载波小区的组网场景。因此在 Rel-15 立项中提出多载波小区中进一步支持 Stand-alone 载波与 In-band/Guard-band 载波的混合操作模式。

普遍观点认为需要对单播业务支持混合操作模式，对多载波寻呼和随机接入也应支持混合操作模式。对定位相关的 OTDOA 业务也应支持，但目前的 LPP 信令已经支持，不涉及标准改动。讨论较多的是 SC-PTM 业务。为了兼容旧终端，如果 SC-PTM 在混合操作模式的载波发送，则同时需要在旧载波也发送，会导致重复发送 SC-PTM 业务，浪费资源且没有增益，为此，SC-PTM 业务不支持在混合操作模式的载波上发送。

标准另外讨论了以下问题：

问题 1：混合操作模式载波的配置

在 Rel-14 的系统消息和专用信令的载波配置中，有些参数的使用条件排除了一些锚定载波或非锚定载波为 Stand-alone 模式的场景，为此需要在信令层面去掉这些限制条件，且应尽量保持对旧终端的兼容性。

对于系统消息，为了保持对旧终端的兼容性，将引入一个新的载波列表用于包含具有混合操作模式的载波列表。标准进一步要求：

- 基站配置的原有载波列表和新增的混合操作模式载波列表内的载波总数量不得超过 15 个（和原有载波列表的最大载波数量保持一致）。
- 任意一个给定载波只能出现原有载波列表内或混合操作模式载波列表内，不能同时出现在两个载波列表内。
- 旧终端只能使用锚定载波和原有载波列表内的非锚定载波来做寻呼和随机接入。
- 为支持原有载波列表和混合操作模式载波列表间寻呼和随机接入的负荷均衡，在系统消息中引入新的分布指示 pagingDistribution 和 nprach-Distribution。当该分布指示存在时，支持混合操作模式的终端可将原有载波列表和混合操作模式载波列表按序级联构成新的载波列表，用于寻呼和随机接入。为简单起见，此时终端不再将锚定载波用于寻呼和随机接入。如果该分布指示不存在且至少存在一种混合操作模式的载波时，支持混合操作模式的终端仅使用混合操作模式载波列表中的载波用于寻呼和随机接入。

问题 2：载波间隔及同步要求

现有多载波小区中，如果是 In-band/Guard-band 载波组成的多载波小区，各载波必须位于同一 LTE 小区内。若是 Stand-alone 载波组成的多载波小区，载波总间隔不得超过 20MHz，且锚定载波和非锚定载波之间保持同步。

针对 Stand-alone 载波与 In-band/Guard-band 载波组成的混合操作模式的小区，有公司提出，载波间隔约束主要是为了保证载波间信道衰落特性相同，考虑到锚定载波的测量结果可以应用到非锚定载波上，所以载波间隔只要保证非锚定载波和锚定载波的载波间隔不超过 20MHz 即可，不需保证总的载波间隔不超过 20MHz，但讨论过程中大多数公司认为没必要放宽载波间隔的约束关系。另有公司提出应该讨论 In-band/Guard-band 载波组成的多载波小区应允许不同载波位于不同 LTE 小区的情况，以增加布网的灵活性，但大多数公司也不认可。

最终讨论确定，对于 Stand-alone 载波与 In-band/Guard-band 载波组成的混合操作模式，载波间隔和同步要求与现有包含 Stand-alone 载波的操作模式一致，即载波总间隔不超过 20MHz，且非锚定载波和锚定载波之间保持同步。

问题 3：Msg3 上报 RSRP

现有标准支持基于锚定载波的无线质量测量结果来推导非锚定载波的无线质量。考虑到 Stand-alone 载波和 In-band/Guard-band 载波的 NRS 发射功率差别可能比较大，对于锚定载波和非锚定载波是混合操作模式的场景，锚定载波的测量结果可能不再适合用于推导非锚定载波无线质量。为此有公司建议终端在 Msg3 中上报精确的 RSRP 测量结果，有助于 eNB 基于 RSRP 和 nrs-PowerOffset 非锚定载波计算目标载波的实际 RSRP。但大多数公司认为实际部署中，锚定载波和非锚定载波通常是共覆盖的，RSRP 测量值应该差别不大。且 Rel-14 NB-IoT 已经做了优化，允许 Msg3 上报终端自己估计的下行重复次数供基站参考。最终 RAN2 未采纳 Msg3 上报 RSRP 的建议。

5.4.3　小小区

标准讨论之初，多数公司认为没有支持封闭用户组（CSG，Closed Subscriber Group）的需求，且市场上也没有 LTE CSG 的应用，因此决定不支持小小区的 CSG 功能。

标准进一步讨论了支持小小区的必要性。运营商研究机构提到，现有部署的 NB-IoT 宏蜂窝系统无法满足如地下室多层智能停车系统的覆盖需求，同时由于存在大量停车传感器，NB-IoT 系统的容量也略显不足。一种可能的扩大容量方式是使用 5MHz 的保护带操作模式，但由于不能使用 6dB 的功率提升，又无法实现 164dB 的覆盖增强要求。为此，有必要考虑支持小小区来扩大 NB-IoT 网络的容量和覆盖范围。有分析进一步指出，在传统的 LTE 中，支持小小区主要为了增加多层异构网络的系统容量，为此还需支持双连接架构。但在 NB-IoT 系统中，UE 能力有限且高吞吐量不是关键指标，因此没有必要支持 DC 架构。NB-IoT 终端最重要的问题是节电需求强烈且上行发射功率受限，因此在 NB-IoT 中支持小小区，主要目的应是扩大 NB-IoT UE 的上行覆盖范围，上行链路改善后，可以减少随机接入或业务传输失败，进一步降低终端功耗。

关于如何在 NB-IoT 中支持小小区，有以下几种可能的选项。

（1）选项 1：如图 5-13 所示，宏小区覆盖范围内存在若干小小区。每个小小区都有独立的 S1 接口与核心网连接。小小区具有独立的协议栈和完整小区功能。小小区可以采用与普通 NB-IoT 小区相同的方式进行配置，例如，配置一个锚定载波和多个非锚定载波，基于一定规则，终端可以任意选择小小区或宏小区驻留，接收系统信息并发起随机接入过程。

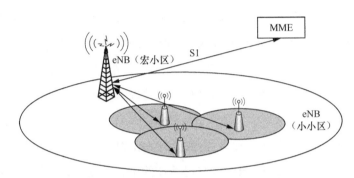

图 5-13　NB-IoT 中支持小小区（选项 1）

在选项 1 中，UE 将在所有临近的宏小区和小小区之间执行测量、小区选择或小区重选。通常来说，在部署小小区之后，会希望小小区周围的 UE 尽量尝试使用小小区资源，特别是其上行链路资源。但从终端角度来说，小小区的下行通常比附近宏小区的下行要差，如果仅考虑 RSRP 测量结果，则 UE 可能很难选择小小区驻留。一种可能的方式是，可以使用小区特定偏移来指示 UE 以更大倾向性选择小小区；另一种可能的方式是，可以分别为宏小区和小小区配置不同的小区选择 / 重选门限。但是，这两种方式都没有考虑真实的 UE 位置或无线环境测量结果，即具有较高特定偏移或较低选择门限的小小区可能并不是距离 UE 最近的小区。所以更合理的方式仍然是使用基于测量的方案来优化小小区选择 / 重选，例如，终端可以根据每个小区的 RSRP 测量结果进一步计算路径损耗值，该路径损耗值能反映上行覆盖条件，然后，UE 基于路径损耗值执行小区选择，或者终端综合考虑 RSRP 测量结果和计算得到的路径损耗值来执行小区选择，如只有当 RSRP 测量结果高于普通覆盖的门限时，终端才会进一步考虑路径损耗值。基于对路径损耗的额外考虑，终端将以更大的可能选择临近的小小区。在终端已经选择到合适的小区（宏小区或小小区）驻留之后，UE 将会根据现有 NB-IoT 机制执行系统消息获取、寻呼监听、随机接入和数据传输等。

因为小小区基站的发射功率低于宏基站，而终端最大发射功率不变，小小区中存在的典型的上下行覆盖不均衡问题也是需要考虑的。在原有 LTE 中已经有一些提案讨论上下行覆盖不均衡的问题，例如，网络可以通过减少最大 UE 发射功率和调整 UL 中的重复次数来适配上下行，但这可能会导致所有通道的链路预算都减少，为此可以考虑其他方案在小小区部署中更高效地解耦上行和下行操作。

（2）选项 2：如图 5-14 所示，在小小区部署中参考 Rel-13 NB-IoT 将非锚定载波用于单播业务的操作来解耦 DL-UL 操作。宏小区和小小区具有相同的小区标识，小小区配置非锚定载波，宏小区和小小区之间存在必要接口用于交换信息（类似 X2 接口）。

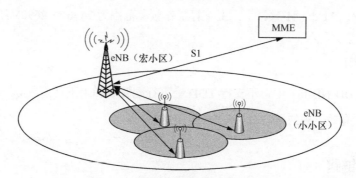

图 5-14　NB-IoT 中支持小小区（选项 2）

在该选项中，终端只能驻留在宏小区上以监视寻呼并发起随机接入过程。为了尽量充分利用小小区的资源，宏小区可以在随机接入过程中或之后（例如，通过 Msg4）将 UE 重新配置到小小区。这种过程类似于 Rel-13 NB-IoT 中 eNB 通过 Msg4 将 UE 重新配置到专用锚定或非锚定载波（与发送随机接入前导码的载波不同）的操作，但与 Rel-13 NB-IoT 中的锚定载波和非锚定载波具有相同的覆盖范围不同，这里小小区及其非锚定载波通常具有与宏小区及其锚定载波不同的覆盖范围。为此，在重新配置之前，宏小区有必要获得关于小小区的覆盖范围，特别是上行覆盖范围是否满足 UE 传输的信息。如果宏小区能够获得这样的信息，则它可以准确地将终端重配置到合适的小小区用于随后的数据传输。一种可能的信息交互方案是，小小区通过 X2 接口获得宏小区的 PRACH 资源配置并尝试接收终端的随机接入前导码传输，然后，小小区可以将前导码接收结果传送给宏小区。此外，考虑到宏小区的下行无线链路通常比小小区好，宏小区可能仅将终端的上行链路传输重新配置到小小区上。

（3）选项 3：参考 Rel-14 NB-IoT 中在非锚定载波上的寻呼和随机接入操作来优化小小

区部署中的上行和下行解耦操作。选项 3 与选项 2 的主要区别在于，选项 2 中是由小小区来测量终端的上行链路，选项 3 则是让终端将小小区作为非锚定载波来测量。

由于时间有限，对上述小小区相关提案未进行详细讨论，另外有公司认为上述部分问题可通过实现配置解决，所以最终同意在 Rel-15 中不进行相关标准化工作。

5.5　TDD NB-IoT

Rel-15 立项同意支持 TDD NB-IoT。与 FDD 相比，TDD 的上下行可用资源更加有限。TDD NB-IoT 工作在 band 41 频带上，上下行工作频率范围为 2496 ～ 2690MHz。

5.5.1　帧结构

在 Rel-15 TDD NB-IoT 中，不支持 TDD 上下行配置 0 和上下行配置 6。在 TDD NB-IoT 上行引入了上行有效子帧的概念。

5.5.2　上行链路

1. TDD NPRACH

（1）TDD NPRACH 格式

TDD NPRACH 至少支持 3.75kHz 子载波间隔 Single-tone（单子载波）跳频，NPRACH 符号长度为 266.67ms，采用二级跳频，跳频距离为 3.75kHz 和 22.5kHz。

TDD NPRACH 一共支持 5 种格式，如表 5-16 所示。其中，NPRACH Preamble 包含 P 个符号组，每种 NPRACH 格式由背靠背发送的 G 个符号组和保护时长（GT，Guard Time）组成，每个符号组由 $CP+N$ 个 NPRACH 符号组成。

表 5-16　TDD NPRACH 格式

格式	描述	G	P	N	CP 长度	标称小区大小（km）
0	2 个符号组加 GT 长度为 1 个上行子帧	2	4	1	4778 Ts （～ 155.5μs）	～ 23.3
1	2 个符号组加 GT 长度为 2 个上行子帧	2	4	2	8192 Ts （～ 266.7μs）	～ 40.0

续表

格式	描述	*G*	*P*	*N*	*CP* 长度	标称小区大小（km）
2	2 个符号组加 GT 长度为 3 个上行子帧	2	4	4	8192 *Ts*（～266.7μs）	～40.0
0-a	3 个符号组加 GT 长度为 1 个上行子帧	3	6	1	1536 *Ts*（～49.95μs）	～7.5
1-a	2 个符号组加 GT 长度为 2 个上行子帧	3	6	2	3072 *Ts*（～99.9μs）	～15.0

从总体上来说，NPRACH 格式可以划分为两类：

- 类型 1 的 NPRACH Preamble（NPRACH 格式 0、1、2）由 4 个符号组组成。其中，对于 NPRACH 格式 0、1、2，2 个背靠背发送的符号组加 GT 的长度分别为 1、2 或 3 个上行子帧，图 5-14 所示为 NPRACH 格式 1 的结构。

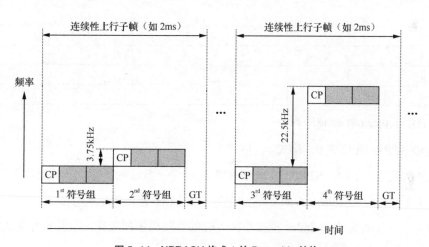

图 5-14　NPRACH 格式 1 的 Preamble 结构

- 类型 2 的 NPRACH Preamble（格式 0-a 和 1-a）由 6 个符号组组成。其中，对于 NPRACH 格式 0-a 或 1-a，3 个背靠背发送的符号组加 GT 的长度分别为 1 或 2 个上行子帧，图 5-15 所示为 NPRACH 格式 1-a 的结构。

（2）TDD 上下行配置和 TDD NPRACH 格式间的映射关系

TDD NB-IoT 只支持上下行配置 1、2、3、4 和 5，每种上下行配置支持的 NPRACH 格式如表 5-17 所示。

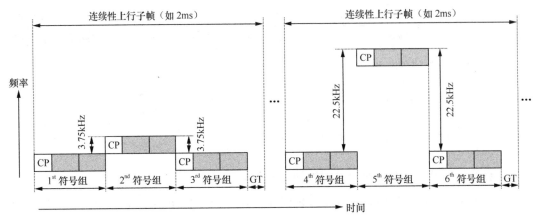

图 5-15　NPRACH 格式 1-a 的 Preamble 结构

表 5-17　TDD 上下行配置和 TDD NPRACH 格式间的映射关系

上下行配置	格式 0	格式 1	格式 2	格式 0-a	格式 1-a
1	√	√		√	√
2	√			√	
3	√		√	√	
4	√	√		√	√
5	√			√	

（3）TDD NPRACH 跳频图样

① TDD NPRACH 格式 0、格式 1、格式 2

当重复次数等于 1 时，NPRACH 跳频只能在 12 个子载波内进行，具体规则包括：

- 第 1 个符号组的 Tone Index（子载波序号）由 MAC 层随机选择；

- 第 3 个符号组的 Tone Index 根据小区专有的伪随机序列选择，小区专有的伪随机序列的初始化公式为 $c_{\text{init}} = N_{\text{ID}}^{\text{Ncell}}$；

- 根据表 5-18 确定第 2 个和第 4 个符号组的 Tone Index。

表 5-18　第 2 个和第 4 个符号组的 Tone Index

第 1 个符号组使用的 Tone Index	第 2 个符号组的跳频长度
0, 2, 4, 6, 8, 10	+3.75kHz
1, 3, 5, 7, 9, 11	−3.75kHz
第 3 个符号组使用的 Tone Index	**第 4 个符号组的跳频长度**
0, 1, 2, 3, 4, 5	+22.5kHz
6, 7, 8, 9, 10, 11	−22.5kHz

图 5-16 所示为 12 个子载波内的跳频图样，可以看到一共支持 12 个非重叠的 NPRACH，编号分别为 Index 0 ～ 11。其中，SG0、SG1 和 SG2、SG3 可以选择不同的 Index。

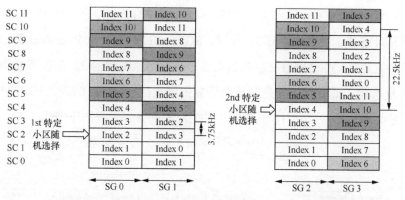

图 5-16　重复次数为 1 时，NPRACH 格式 0、1、2 的跳频图样

当重复次数大于等于 2 时，NPRACH 跳频只能在 12 个子载波内进行，跳频图样的具体规则包括：

- Preamble 第 1 次重复的第 1 个符号组的 Tone Index 由 MAC 层随机选择；
- 以消除相位误差为目标，奇数 Preamble 重复单元第 1 个和第 3 个符号组已按照给定 Tone Index 发送，则偶数 Preamble 重复单元中第 1 个和第 3 个符号组的候选 Tone Index 在表 5-19 中选择；
- 除了 Preamble 第 1 次重复的第 1 个符号组，其他 Preamble 重复中的第 1 个和第 3 个符号组的 Tone Index 根据小区专有的伪随机序列选择，小区专有的伪随机序列的初始化公式为 $c_{\text{init}} = N_{\text{ID}}^{\text{Ncell}}$。

表 5–19　偶数 Preamble 重复单元的候选 Tone Index

奇数 Preamble 重复单元	偶数 Preamble 重复单元
第 1 个符号组使用的 Tone Index	第 1 个符号组的候选 Tone Index
0, 2, 4, 6, 8, 10	1, 3, 5, 7, 9, 11
1, 3, 5, 7, 9, 11	0, 2, 4, 6, 8, 10
第 3 个符号组使用的 Tone Index	第 3 个符号组的候选 Tone Index
0, 1, 2, 3, 4, 5	6, 7, 8, 9, 10, 11
6, 7, 8, 9, 10, 11	0, 1, 2, 3, 4, 5

图 5-17 所示为 12 个子载波内的跳频图样，一共支持 12 个非重叠的 NPRACH。其中，

SG0、SG1 作为奇数 Preamble 重复单元（图中对应的是第 1 次重复）中 3.75kHz 跳频的第 2 个符号组，配置的 3.75kHz 跳频为 +3.75kHz，则在偶数 Preamble 重复单元（图中对应的是第 2 次重复）配置的 3.75kHz 跳频为 −3.75kHz，即 SG4 的子载波序号从 {1, 3, 5, 7, 9, 11} 中选择，图中 SG4 选择了子载波序号 5。同理，SG2、SG3 作为奇数 Preamble 重复单元（图中对应的是第 1 次重复）中 22.5kHz 跳频的第 2 个符号组，配置的 22.5kHz 跳频为 +22.5kHz，则在偶数重复次数（图中对应的是第 2 次重复）配置的 22.5kHz 跳频为 −22.5kHz，即 SG6 的子载波序号从 {6, 7, 8, 9, 10, 11} 中选择，图中 SG6 选择了子载波序号 9。

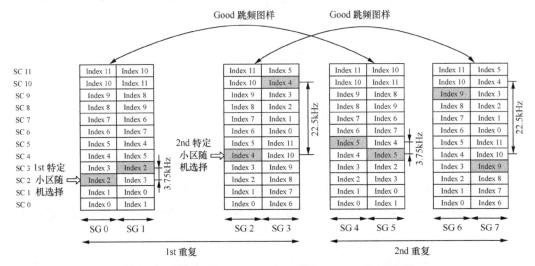

图 5-17　重复次数为 2 时，NPRACH 格式 0、1、2 的跳频图样

② TDD NPRACH 格式 0-a 和格式 1-a

TDD NPRACH 格式 0-a 和格式 1-a 的跳频图样的具体规则包括：

- Preamble 第 1 次重复的第 1 个符号组的 Tone Index 由 MAC 层随机选择；

- 1 个重复单元中第 2 个和第 3 个符号组的跳频图样从表 5-20 中选择。

表 5-20　1 个重复单元中第 2 个和第 3 个符号组的跳频图样

第 1 个符号组所用的 Tone Index	第 2 个和第 3 个符号组的跳频图样（在 1 个重复单元内）
0, 2, 4,6, 8, 10	+3.75kHz，−3.75kHz
1, 3, 5,7, 9, 11	−3.75kHz，+3.75kHz

- 除了 Preamble 第 1 次重复的第 1 个符号组，其他 Preamble 重复中的第 1 个和第 4 个符号组的 Tone Index 根据小区专有的伪随机序列选择，小区专有的伪随机序列的初始化公式为 $c_{init} = N_{ID}^{Ncell}$；

- 1 个重复单元中第 5 个和第 6 个符号组的跳频图样根据第 4 个符号组的 Tone Index 从表 5-21 中选择。

表 5-21 1 个重复单元中第 5 个和第 6 个符号组的跳频图样

第 4 个符号组使用的 Tone Index	重复单元中第 5 个和第 6 个符号组的跳频图样
0, 1, 2, 3, 4, 5	+22.5kHz，-22.5kHz
6, 7, 8,9, 10, 11	-22.5kHz，+22.5kHz，

图 5-18 所示为 12 个子载波内的跳频图样，可以看到一共支持 12 个非重叠的 NPRACH，编号分别为 Index 0 ～ 11。Index 索引相同的 SG 0 ～ SG 5 组成一条 NPRACH。

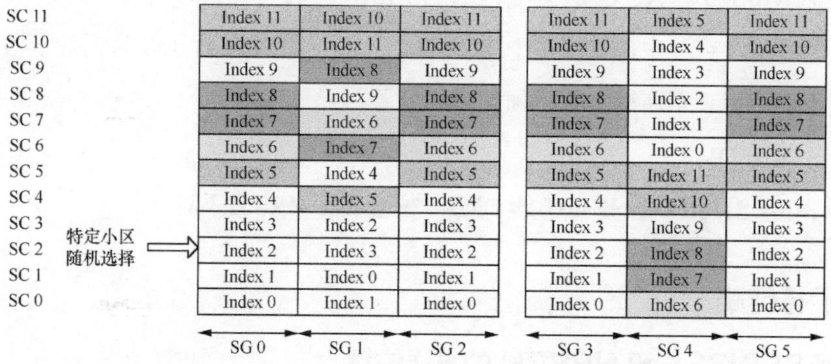

图 5-18 NPRACH 格式 0-1 和 1-a 的跳频图样

（4）TDD NPRACH 资源配置

TDD NPRACH 资源配置参数基本上沿用了 FDD NRPACH 的结构，只是在范围上做了一定的扩展，具体包括的配置参数如下：

- numRepetitionsPerPreambleAttempt，取值范围为 $\{1, 2, 4, 8, 16, 32, 64, 128, 256, 512, 1024\}$；
- nprach-Periodicity（$N_{\text{period}}^{\text{NPRACH}}$），取值范围为 $\{80, 160, 320, 640, 1280, 2560, 5120, 10\,240\}$ms
- nprach-StartTime（$N_{\text{start}}^{\text{NPRACH}}$），取值范围为 $\{10, 20, 40, 80, 160, 320, 640, 1280, 2560, 5120\}$ms

TDD NPRACH 在满足 $n_f \bmod \left(N_{\text{period}}^{\text{NPRACH}}/10\right)=0$ 的无线帧起始后 $N_{\text{start}}^{\text{NPRACH}} \cdot 30\,720 T_s$ 时间单元的第一个有效上行子帧上开始发送。

另外，考虑到 TDD 中连续的上行子帧数量有限，而 TDD NPRACH 格式发送时需要占用连续的 1、2 或 3 个上行子帧，因此，做出了如下的规定：

- 在所有 NPRACH 子帧上发送 NPRACH 格式 0 和格式 0-a，并与子帧边界对齐；
- 如果没有足够的连续有效上行子帧发送 G 个背靠背的符号组，则丢弃这 G（2 或 3）个符号组。

2. NPUSCH

（1）NPUSCH 传输支持的上下行配置

子载波间隔为 15kHz 时，所有 TDD 上下行配置都支持 NPUSCH 传输。

子载波间隔为 3.75kHz 时，只有 TDD 上下行配置 1 和 4 有 2 个连续的上行子帧，所以只有上下行配置 1 和 4 支持 NPUSCH 传输。

（2）RU 类型

子载波间隔为 15kHz 时，NPUSCH RU 的定义与 FDD NB-IoT 相同；子载波间隔为 3.75kHz 时，NPUSCH NB-Slot 和 RU 的定义与 FDD NB-IoT 相同。

当上下行配置 1 或 4 中，如果 2 个连续 UL 子帧中有 1 个上行子帧为无效子帧时，则 NB-Slot 推迟到下一个有 2 个连续上行子帧的发送位置。

（3）NPUSCH DMRS

TDD NB-IoT 沿用 FDD NB-IoT 的 DMRS 位置和 DMRS 序列。

5.5.3 下行链路

1. NPSS/NSSS 和 NPBCH 的发送位置

TDD NB-IoT 和 FDD NB-IoT 通过 NPSS 和 NSSS 间的不同相对位置来区分。从时域上看，NPSS 在每个无线帧的子帧 #5 上发送，NSSS 在偶数无线帧的子帧 #0 上发送。NPBCH 在每个无线帧的子帧 #9 上发送。NPSS/NSSS 和 NPBCH（MIB-NB）都在锚定载波上发送。

NPSS 占用 1 个子帧上的 11 个子载波，采用和 FDD 相同的掩码（Cover Code）。TDD NPSS 和 NSSS 序列采用与 FDD 相同的掩码。

2. SIB1-NB 以及其他 SIB 的发送

SIB1-NB 可以只在锚定载波上或者只在 1 个非锚定载波上发送，但不支持 SIB1-NB 同时在锚定载波和非锚定载波上发送。

TDD SIB1-NB 的发送周期与 FDD 相同，为 2560ms，1 个 SIB1-NB 传输块在 8 个 SIB-NB 子帧上发送。

对于 8 次或 16 次重复的 SIB1-NB 传输，通过 MIB-NB 来指示 SIB1-NB 在锚定载波还是非锚定载波发送。

如果 SIB1-NB 在锚定载波上发送，那么 SIB1-NB 发送的起始无线帧满足表 5-22 所示的要求。

表 5-22　锚定载波上 4/8 次重复的 SIB1-NB 发送的起始无线帧位置

NPDSCH 重复次数	PCID	NB-SIB1 重复的起始无线帧号（$n_f \bmod 256$）
4	PCID mod 4 = 0	1
	PCID mod 4 = 1	17
	PCID mod 4 = 2	33
	PCID mod 4 = 3	49
8	PCID mod 2 = 0	1
	PCID mod 2 = 1	17

对于锚定载波上的 16 次重复的 SIB1-NB 发送，SIB1-NB 可以在子帧 #0 或子帧 #4 上发送，对应的起始无线帧为：

－ 如果子帧 #0 用作 16 次重复的 SIB1-NB 发送，如表 5-23 所示。

表 5-23　锚定载波上 16 次重复的 SIB1-NB（子帧 #0）发送的起始无线帧位置

NPDSCH 重复次数	PCID	NB-SIB1 重复的起始无线帧号
16	所有 PCID	SFN mod 256 = 1

－ 如果子帧 #4 用作 16 次重复的 SIB1-NB 发送，如表 5-24 所示。

表 5-24　锚定载波上 16 次重复的 SIB1-NB（子帧 #4）发送的起始无线帧位置

NPDSCH 重复次数	PCID	NB-SIB1 重复的起始无线帧号
16	PCID mod 2 = 0	SFN mod 256 = 0
	PCID mod 2 = 1	SFN mod 256 = 1

对于在锚定载波上的 SIB1-NB 发送，重复次数、子帧序号和 TBS 通过 MIB-NB 上的 schedulingInfoSIB1 字段来指示，如表 5-25 所示。

表 5-25　锚定载波上的 SIB1-NB 发送，重复次数、子帧序号和 TBS

schedulingInfoSIB1 值	NPDSCH 重复次数	子帧序号	TBS
0	4	0	208
1	8	0	208
2	16	0	208
3	4	0	328
4	8	0	328
5	16	0	328
6	4	0	440
7	8	0	440

schedulingInfoSIB1 值	NPDSCH 重复次数	子帧序号	TBS
8	16	0	440
9	4	0	680
10	8	0	680
11	16	0	680
12	16	4	208
13	16	4	328
14	16	4	440
15	16	4	680

对于在非锚定载波上的 8 次或 16 次的 SIB1-NB 发送的起始无线帧位置如表 5-26 所示。

表 5-26 非锚定载波上 SIB1-NB 发送的起始无线帧位置

NPDSCH 重复次数	PCID	NB-SIB1 重复的起始无线帧号（n_f mod 256）
16	PCID mod 2 = 0	0
	PCID mod 2 = 1	1
8	PCID mod 2 = 0	0
	PCID mod 2 = 1	16

当 SIB1-NB 在非锚定载波上发送，每隔 1 个无线帧的相同无线帧上的两个子帧，即子帧 #0 和子帧 #5 用作 SIB1-NB 的发送。1 个 SIB1-NB 传输块在 16 个 SIB1-NB 上发送。16 个 SIB1-NB 无线帧携带从循环缓存器连续读出的 SIB1-NB 的编码比特。

当 SIB1-NB 在非锚定载波上发送，需支持下面的锚定载波和非锚定载波组合：

- 带内锚定载波 + 带内非锚定载波；
- 保护带锚定载波 + 保护带非锚定载波；
- 保护带锚定载波 + 带内非锚定载波（对于 differentPCI 和 samePCI）；
- 独立锚定载波 + 独立非锚定载波。

对于 SIB1-NB 在非锚定载波上发送的场景，通过 MIB-NB 上的 3bit 来联合指示其重复次数和 TBS。对于带内锚定载波 + 带内非锚定载波和独立锚定载波 + 独立非锚定载波，通过 1bit 来指示发送 SIB1-NB 的非锚定载波的频域位置：

- 对于带内锚定载波 + 带内非锚定载波，指示发送 SIB1-NB 的非锚定载波所在的 PRB 是与锚定载波所在 PRB 相邻的两个 PRB 中的哪一个；
- 对于独立锚定载波 + 独立非锚定载波，指示相对于锚定载波的两个相邻载波中的其中 1 个。

当锚定载波在保护带工作模式，SIB1-NB 在非锚定载波上发送，通过 MIB-NB 指示非锚定载波的下述可能位置：

- NB-IoT 非锚定载波和锚定载波在相同的保护带内相邻并靠近保护带外侧，即离 LTE 载波远的那侧；
- NB-IoT 非锚定载波在另一侧的保护带上并靠近 LTE 载波边缘；
- 和锚定载波同一侧的 LTE 载波边缘的带内 PRB（对于 5MHz 和 15MHz 的系统带宽，NB-IoT 带内和保护带载波间的偏置是 45kHz），锚定和非锚定载波 samePCI；
- 和锚定载波同一侧的 LTE 载波边缘的带内 PRB，锚定载波和非锚定载波 differentPCI。

如果非锚定载波是在和锚定载波对称位置的另一侧保护带上或在带内并且 samePCI，MIB-NB 需要进一步指示 LTE 的系统带宽是 5MHz 还是 15MHz 或者是 10MHz 还是 20MHz。

对于非锚定载波是带内 differentPCI 的情况，MIB-NB 需要进一步指示 LTE CRS 端口数。

对于独立锚定 + 独立非锚定的组合，锚定载波和 SIB1-NB 非锚定载波的频率间隔为 200kHz。

其他 SIB 可以在锚定载波或者在 1 个非锚定载波上发送，但必须发送在同一个 NB-IoT 载波上。

3. NRS 映射和 NRS 发送子帧位置

对于 TDD 普通子帧，NRS 映射和 FDD 相同。

对于特殊子帧配置 #3、#4 和 #8，NRS 映射在每个时隙的第 3 个和第 4 个符号上。

对于特殊子帧配置 #9 和 #10，NRS 映射在第一个时隙的第 3 个和第 4 个符号上。

对于特殊子帧配置 #1、#2、#6 和 #7，NRS 映射在第一个时隙的第 6 个和第 7 个符号上。

对于特殊子帧配置 #0 和 #5，不发送 NRS。

对于锚定载波和非锚定载波，终端根据下列规则来预期 NRS 在哪些子帧上发送：

- 对于锚定载波，在获取工作模式信息前（MIB-NB），终端假定 NRS 在子帧 #9 和不包含 NSSS 的子帧 #0 上发送；
- 对于发送 SIB1-NB 的锚定载波，在终端获取 SIB1-NB 前，终端假定 NRS 在不包含 NSSS 的子帧 #0、子帧 #9 以及子帧 #4（如果子帧 #4 配置来发送 SIB1-NB）上发送。在终端获取 SIB1-NB 后，终端假定 NRS 在其他任何有效下行子帧（包括支持 NRS 的特殊子帧）发送；
- 对于发送 SIB1-NB 的非锚定载波，在终端获取 SIB1-NB 前，终端假定 NRS 在子帧 #0 和子帧 #5 上发送。

4. NPDCCH 搜索空间和 NPDCCH/NPDSCH 的资源映射

TDD NPDCCH 重用 FDD 的搜索空间定义。对于 TDD NPDCCH USS 和 Type 2 CSS，重用 a_{offset} 的取值，但由于 TDD 下同一个无线帧中的下行子帧数量少，对 G 进行了扩展，修改后的 G 的取值范围为 {4, 8, 16, 32, 48, 64, 96, 128}。

对于特殊子帧，在带内工作模式下，NPDCCH/NPDSCH 可以在 DwPTS 符号大于 3 的特殊子帧上发送。对于保护带和独立工作模式，NPDCCH/NPDSCH 可以在所有特殊子帧配置下的 DwPTS 上发送。

对于没有重复的 NPDSCH 发送，根据所发送特殊子帧中的 DwPTS 符号上实际可用 RE 来做速率匹配。

对于有重复的 NPDSCH 发送，特殊子帧中的资源分配按照 TDD 普通子帧进行，在非 DwPTS 符号上的发送会被打掉。在 NRS RE 位置上的 NPDSCH 发送也会被打掉。用作 NPDSCH 发送的特殊子帧是算作 NPDSCH 重复次数的。

对于没有重复的 NPDCCH 发送，每个 NPDCCH 的速率匹配根据每个发送子帧 DwPTS 符号上的可用 RS 来进行。

对于有重复的 NPDSCH 发送，特殊子帧中的资源分配按照 TDD 普通子帧进行，在非 DwPTS 符号上的发送会被打掉。

特殊子帧中 NPDCCH/NPDSCH 的起始位置是 $l_{DataStart} = \min(2, l'_{DataStart})$，其中 $l'_{DataStart}$ 是系统消息提供的 eturaControlRegionSize。

在 TDD NB-IoT 中，由于 1 个无线帧中的下行子帧数目减少，DL-Gap 的周期（dl-Gap Periodicity）取值和 FDD 比要翻倍，即 {128, 256, 512, 1024} 个子帧，dl-GapThreshold 和 dl-GapDurationCoeff 定义与 FDD 相同。

5. OTDOA

对于 TDD NB-IoT，特殊子帧不用做 NPRS 发送。TDD OTDOA 基本重用 Rel-14 NB-IoT FDD OTDOA 的结构。针对 TDD 特点，只是在一些配置参数上做了一些扩展。

在 TDD NB-IoT 中，对于普通子帧上的 NPRS 发送，NPRS 生成和 NB-IoT FDD 相同。TDD NB-IoT 中的 PartA NPRS 配置除了位图长度之外，其他和 FDD 相同。TDD NB-IoT PartA 配置中 10ms 采用 8 比特位图，40ms 采用 32 比特位图，假定子帧 #1 和 #2 总是不用作 NPRS。

TDD NB-IoT 中 PartB OTDOA 的配置参数如下：

- 把 N_{NPRS} 扩展到 $\{40, 80, 160, 320, 640, 1280, 2560\}$ subframes；

- 把 T_{NPRS} 扩展到 $\{160, 320, 640, 1280, 2560\}$ ms；

- α_{NPRS} 与 FDD 相同。

5.5.4　TDD HARQ

和 FDD NB-IoT 一样，TDD NB-IoT 也可支持两 HARQ 进程。

（1）NPDCCH 和 NPDSCH 间的定时

TDD NPDSCH 和 NPDCCH 之间的 HARQ 定时沿用现有 FDD NB-IoT 中 NPDCCH 和 NPDSCH 之间的定时，下行调度时延定义为 4 个物理子帧 $+k_0$，其中，k_0 基于有效下行子帧，重用 FDD NB-IoT 中的调度时延值。其中，可以用于 NPDSCH 传输的可用特殊子帧，需要计入调度时延 k_0 中。

（2）NPDCCH 和 NPUSCH 格式 1 间的定时

FDD NB-IoT 中，NPDCCH 和 NPUSCH 格式 1 之间的定时是以下行有效子帧为单位的，对于 TDD NB-IoT 中不适用。TDD NB-IoT 中，对于 3.75kHz 和 15kHz 子载波间隔的 NPUSCH 格式 1 的上行调度时延，定义为 8 个物理子帧 $+k_0$ 有效上行子帧，k_0 的取值范围为 $\{0, 8, 16, 32\}$。

（3）NPDSCH 和 NPUSCH 格式 2 之间的定时

与 NPDCCH 和 NPUSCH 格式 1 之间的定时类似，NUSCH 格式 2 和 NPDSCH 之间的定时采用了 12 个物理子帧 $+k_0$ 有效上行子帧的定义。对于 3.75kHz 和 15kHz 的 NPUSCH 格式 2，k_0 的定义分别如表 5-27 和表 5-28 所示。

表 5-27　子载波间隔 =3.75kHz 时，NPUSCH 格式 2 的调度时延 k_0

ACK/NACK 资源域	k_0
$0 \sim 7$	1
$8 \sim 15$	9

表 5-28　子载波间隔 =15kHz 时，NPUSCH 格式 2 的调度时延 k_0

ACK/NACK 资源域	k_0
$0 \sim 3$	1
$4 \sim 7$	3
$8 \sim 11$	5
$12 \sim 15$	6

（4）上下行交错传输

TDD 系统支持上下行交错传输，但是只有支持两 HARQ 进程的终端才支持。考虑到终端处理能力，支持上下行交错传输时，对配置了两进程的终端，规定了以下限制：

- 在第 1 个 NPDSCH 发送开始前 2ms 到最后 1 个 NPUSCH 格式 2 发送结束之间不要求终端监听 NPDCCH；
- 在第 1 个 NPUSCH 格式 1 发送前 2ms 到最后 1 个 NPUSCH 格式 1 结束之间不要求终端监听 NPDCCH；
- NPDCCH/NPDSCH 接收和 NPUSCH 发送之间没有定义显式的用于确定最小间隔的保护时长，对于 15kHz 子载波间隔，在保护带和独立工作模式下，由于终端在上行子帧后紧跟的那个下行子帧中的第 1 个 OFDM 符号的部分时间上还在进行上行发送，允许终端跳过在这段时间上的下行接收。

5.5.5　定时器扩展和无线参数配置

RAN2 首先讨论了 TDD 中空口相关的定时器的扩展。

- T300、T301、T311、T-PollRetransmit：由于 TDD 上下行可用资源均少于 FDD，且这几个定时器均涉及空中接口上行和下行信令传输时延，所以需要扩展。在同一信令过程中，假设上行传输和下行传输消耗的时长一样，那么除了上下行配置 0/5/6 外，对于剩余配置，根据其上下行资源的配比，可分别计算得到上下行环回时延相比 FDD 的扩展倍数，可知最大扩展倍数约为 3.3 倍。因此有公司建议可将上述定时器均扩大 3.3 倍。另有一些公司认为，原来的定时器最大值偏大，已经存在余量，适当再扩一点即可，扩的太大浪费无线资源，对用户体验来说也很难接受，讨论后同意采用经验值来适当扩大这些定时器。
- T322、T-Reselection、DataInactivityTimer、TimeAlignmentTimer、Backoff Parameter（RAR BI）：因为这些定时器不涉及空中接口传输时延，所有讨论同意无须扩展。
- ra-ResponseWindowSize、mac-ContentionResolutionTimer：虽然这两个定时器受空中接口传输时延的影响，但大部分场景下现有定时器取值已经足够，扩展这两个定时器还会影响 RA-RNTI 计算公式，标准影响较大，所以需要慎重。讨论中还有公司建议可以通过系统消息灵活指示扩展范围。最后讨论决定，扩展虽然涉及 RA-RNTI 变更，但扩展还是有必要的，为简单起见，扩展后的最大值仍然是一个固定值，即 20.48s，定时器的实际取值为 Min (signaled value x PDCCH period，20.48s)。

- onDurationTimer、drx-RetransmissionTimer、drx-ULRetransmissionTimer、logicalChannel SR-ProhibitTimer、PeriodicBSR-Timer、retxBSR-Timer：由于这几个定时器是以 PP 为单位来定义的，且不涉及空中接口传输时延，所以无须扩展。

- HARQ RTT Timer：与物理层的 RTT 设计有关，无须扩展。

- T-Reordering：该定时器只与多进程有关（涉及重传时延和传输时长），但考虑到多进程只有在覆盖好且增加峰值速率的时候才会用到，且覆盖好时重复次数小，FDD 和 TDD 的传输时延差别不大，所以不需要扩展。

- T310：该定时器与 RLF 检测相关，由于 UE 检测 RLF 是以帧为单位的，TDD 中子帧变少不影响 RLF 的检测，所以不需要扩展。

- discardTimer：该定时器主要用于实时业务，NB-IoT 承载的是小数据非实时业务，因此无须扩展，但也有公司认为该定时器同样涉及上下行时延，有必要扩展。根据大多数公司建议，最终决定不进行扩展。

- T-PollRetransmit：该定时器也涉及空中接口上下行传输时延，需要扩展。

RAN2 另外基于物理层结论讨论了 TDD 的无线参数配置，主要涉及以下问题。

1. MIB/SIB1/ 其他 SIB 的位置确定：与 FDD 不同，TDD 的载波容量变少，为此 TDD 允许 SIB1 既可以在锚定载波也可以在非锚定载波上发送，其他 SIB 的位置通过 SIB1 指示，同样也是既可以在锚定载波也可以在非锚定载波上发送，但其他 SIB 必须位于同一载波上。为了避免 UE 解调 SIB 时频繁地在载波间跳变，也为了减少配置 SIB 发送位置的信令开销，有公司建议引入以下限制，即如果 SIB1 位于非锚定载波上，则其他 SIB 也位于 SIB1 的调度载波上而无须指示（一个载波的容量足以承载所有 SIB，且没有 SIB1 位于非锚定载波，其他 SIB 位于锚定载波的需求）；如果 SIB1 位于锚定载波上，则其他 SIB 可以在锚定载波或非锚定载波，具体通过指示确定。经过讨论决定：MIB/SIB1/ 其他 SIB 最多占用两个载波，但不增加更多其他约束。为了简化信令结构，SIB1 和其他 SIB 是否处于非锚定载波都在 MIB 指示，且只要有一个 SIB 在非锚定载波上，就通过 MIB 来配置非锚定载波的位置信息。即便是对 SIB1 在锚定载波的场景，也采用这种方式。也就是说，终端通过 MIB 来确定其他 SIB 是否在非锚定载波、在哪个非锚定载波，以及非锚定载波的操作模式信息等。但终端仍需通过 SIB1 来获取非锚定载波的位图信息。由于 MIB 中空余比特数有限，非锚定载波的位置信息只能采用简化设计，即只能使用锚定载波临近的非锚定载波。这个方式虽然对其他 SIB 的载波位置配置不太灵活，但也可以接受。

2. 参考原有 NB-IoT 中承载业务的非锚定载波的配置所需信息，承载 SIB 的非锚定载波需要配置如下信息。其中，操作模式相关的信息在 MIB 中配置，位图等信息在 SIB1 中配置：

- Carrier Frequency Information；
- Bitmap Information；
- eutraControlRegionSize for In-band 非锚定载波；
- indexToMidPRB for In-band samePCI case；
- eutra-NumCRS-Ports for In-band differentPCI case。

3. 考虑到如果 TDD 和 FDD 使用同一个 MIB 消息，尽管现有 MIB 消息中的字段在 TDD 中都要使用，但针对 TDD 在 MIB 消息中新引入的非锚定载波位置信息是 FDD 不需要的，且会占用 MIB 中的空闲比特，使得将来 MIB 针对 FDD 的扩展受限，另外考虑到 UE 不会同时接收 FDD 和 TDD 信息，为此决定为 TDD 增加一个专门的 MIB 消息。

4. FDD 的非锚定载波承载 PRACH/Paging 的策略重用到 TDD 模式。进一步的，对于 TDD 上下行载波绑定的特性，标准讨论了 PRACH 载波和用于监听 RAR 的 PDCCH 载波是否是同一个载波的问题，有公司建议 PDCCH 载波可以灵活地配置为其他载波，但另一些公司则认为必要性不大，基于此，同意 TDD 只配置一个载波列表，PRACH 载波和 Paging 载波同时使用该列表，每个载波既可以是 PRACH 载波，也可以是 Paging 载波。但为了尽量不影响 MAC 协议的资源选择流程描述，仍然采用与原来 FDD 相同的载波参数定义结构，即仍然区分上下行载波两个列表，只是针对 TDD 在字段描述上不再区分上下行。

5. 由于 TDD 中上下行共用一个载波，所以 RA-RNTI 中不再需要指示载波 ID。另外，由于 ra-ResponseWindowSize、mac-ContentionResolutionTimer 的最大值已扩展到了 20.48s，所以 RA-RNTI 中需要包含 H-SFN 信息。基于此，TDD 的 RA-RNTI 公式扩展为 RA-RNTI =1 + floor (SFN_id/4) + 256 · (H-SFN mod 2)。

6. 考虑到 NB-IoT 支持的 TDD 的上下行配置是现有 LTE TDD 配置的子集，且 NB-IoT TDD 会以 In-band 的方式与现有 LTE TDD 共存，所以 NB-IoT TDD 的 PO 位置计算重用现有 LTE TDD 的 PO 位置计算策略。

第6章

Rel-16
NB-IoT

NB-IoT

6.1 简介

为了进一步提升 NB-IoT 系统的网络操作、系统效率和降低终端功耗，Rel-16 NB-IoT 基于 Rel-15 的基础在提升上下行传输效率和降低终端功耗、调度增强、网络管理工具增强、多载波增强、移动性增强、与 NR 共存以及连接到 5GC 等方面做了增强。

在下行传输效率提升和降低终端功耗方面，在 Rel-15 引入唤醒信号降低终端功耗的基础上，Rel-16 引入了组唤醒信号来进一步降低终端功耗。在上行传输效率提升方面，Rel-16 NB-IoT 引入了预配置的上行资源用于空闲态 UE 数据发送，可进一步提升传输效率，降低终端功耗。此外，通过上下行支持多传输块调度的调度增强，Rel-16 NB-IoT 能降低数据调度的开销，提升系统效率。

在多载波增强方面，Rel-16 增强了非锚定载波接入时的 Msg3 质量上报功能，连接态支持在锚定载波和非锚定载波上的信道质量上报。此外，对非锚定载波上能支持非 Paging NPDCCH 子帧上的窄带参考信号发送，允许终端驻留非锚定载波且优化了非锚定载波上的测量。

随着 NR 的快速部署，NR 和 NB-IoT 共存问题的研究也变得越来越迫切。Rel-16 NB-IoT 对 NB-IoT 和 NR 共存中的资源冲突问题进行了充分的研究，为了降低共存时对 NB-IoT 和 NR 系统的影响，提出在 NB-IoT 非锚定载波配置时隙级和 / 或符号级的资源预留方案，在减少共存冲突的同时，保证 NB-IoT 锚定载波的性能，提升非锚定载波上的资源使用效率。

6.2　终端功耗降低

6.2.1　组唤醒信号

　　Rel-15 版本中引入的唤醒信号是针对一个寻呼时机上的所有终端。对于对应同一寻呼时机的所有处理能力相同的终端，如果处理能力相同的终端中有一个终端需要唤醒，那么对应的所有终端都会被唤醒。这样就会导致终端误唤醒率增加，带来额外的功耗。所以 Rel-16 版本中，引入组唤醒信号，相当于把对应同一个寻呼时机的所有终端再进行分组，并为每个组发送一条组唤醒信号，即组唤醒信号对应的是同一个寻呼时机上的一组终端。是否支持组唤醒信号取决于 eNB 和终端的能力。

1. 组唤醒信号的分组确定

　　引入组唤醒信号后，Rel-16 终端需要在其寻呼时机前监听自己所属 WUS 组的组唤醒信号。终端确定自己所属 WUS 组的组索引的方法包括：基于终端标识（UE_ID）、基于寻呼概率、基于终端标识和寻呼概率 3 种不同的分组方法。

　　基站广播 WUS 资源配置，该配置用于确定 WUS 分组情况以及各 WUS 分组对应的组唤醒信号，即 WUS 序列信息。当基站收到某个终端的寻呼消息时，需要确定这个终端所属的 WUS 组的组索引并发送对应的组唤醒信号；终端根据基站广播的 WUS 资源配置及 WUS 分组方法确定自己所属的 WUS 组并监听相应的组唤醒信号。

　　基于终端标识的分组方法是一种均匀的分组方法，通过在基站和终端侧共用一套计算 WUS 组组索引的计算公式，由终端计算出自己需要监听的组唤醒信号的 WUS 组的组索引，计算公式如下：

$$\text{UE sub-group ID} = \text{floor}\,(\text{UE\_ID}/(N \cdot N_s \cdot W))\ \text{mod}\ N_w$$

　　其中，$N = \min(T, nB)$，$N_s = \max(1, nB/T)$，W 为支持 WUS 组的载波权重之和，N_w 为基于终端标识进行分组的组唤醒信号的总和，UE_ID = IMSI mod 16 384。

　　基于寻呼概率的分组则是根据终端的寻呼概率来进行终端分组的方法，其中，寻呼概率为终端在寻呼时机被寻呼的概率，如果终端频繁被寻呼，则认为其寻呼概率高，反之则认为其寻呼概率低。

在前一种基于终端标识的均匀分组方式中，每个组的终端个数相同或接近，但一种不利情况是有可能高寻呼概率的终端和低寻呼概率的终端会分在同一个组，即他们需要监听同一个 WUS，此时高寻呼概率的终端的 WUS 会使得低寻呼概率的终端被频繁误唤醒。而在基于寻呼概率的分组方法中，具有相似寻呼概率的终端会分在同一个组，可以有效降低低寻呼概率终端被高寻呼概率终端的 WUS 误唤醒的概率，但存在的其他问题则是可能分组不均匀，如果具有某个寻呼概率的终端较多，会导致相应的寻呼概率组较大，组内终端彼此之间被误唤醒的可能性也增加了。

在基于寻呼概率的分组方法中，首先，终端和核心网通过 NAS 消息协商寻呼概率，基站广播寻呼概率的门限值信息以确定寻呼概率的各个分组，核心网下发的寻呼消息中携带终端的寻呼概率值，基站根据此寻呼概率值以及广播的寻呼概率门限值，确定终端所属的 WUS 组的组索引，进行 WUS 序列的发送；终端侧根据协商的寻呼概率值以及基站广播的门限值信息，确定自己的 WUS 组的组索引。另外，对于一部分未协商出寻呼概率的终端，可将它们归于一个最高寻呼概率组中。

基于终端标识和寻呼概率的两层分组方法则是先根据终端寻呼概率将其分到对应的寻呼概率组，再对该组中具有相同寻呼概率的终端基于终端标识进行分组。其优点是当某个寻呼概率组中终端数量较多时，可以进一步降低这些终端彼此之间的误唤醒概率。

为支持基于寻呼概率的分组，终端和网络侧需要获得一个统一的寻呼概率值，为此终端首先要与核心网通过 NAS 信令（如 TAU 过程、Attach 过程）协商确定寻呼概率值，其流程如图 6-1 所示。当某个终端的寻呼消息到来时，核心网将在下发给基站的寻呼消息中，携带终端的寻呼概率值，其流程如图 6-2 所示。

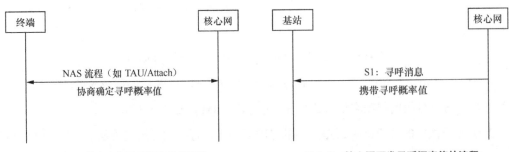

图 6-1 协商确定寻呼概率值的流程　　图 6-2 核心网下发寻呼概率值的流程

2. 组唤醒信号的复用关系和资源配置

Rel-15 中，关于唤醒信号的配置，为了满足不同终端的处理能力，一个寻呼时机前至多有 3 个唤醒信号。这 3 个唤醒信号和寻呼时机之间的时间间隔不同。下面讨论到的组唤醒信号的复用关系指对应相同时间间隔的组唤醒信号的复用关系。

对于 NB-IoT 系统，组唤醒信号之间的复用关系可能是时分复用和 / 或码分复用，如图 6-3 和图 6-4 所示，其中假设有两个组唤醒信号。

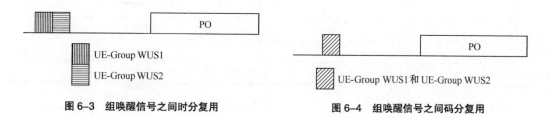

图 6-3　组唤醒信号之间时分复用　　　　图 6-4　组唤醒信号之间码分复用

如果组唤醒信号之间的复用关系是时分复用，那么组唤醒信号占用更多的下行资源，会对其他下行信道 / 信号造成阻塞。

如果组唤醒信号之间的复用关系是码分复用，当存在多个组需要唤醒时，基站需要发送多条组唤醒信号对应的序列，那么每条序列分到的功率就少，组唤醒信号的性能就有影响。为了解决这个问题，单序列码分复用被提出，如表 6-1 所示。即基站每次只需要发送一条序列，通过不同的序列表示需要唤醒的组合。表 6-1 例子中假设需要码分复用的组有 3 组。

表 6-1　单序列码分复用示例

需要唤醒的组	对应的序列
组 1	序列 1
组 2	序列 2
组 3	序列 3
组 1 和组 2	序列 4
组 2 和组 3	序列 5
组 1 和组 3	序列 6
组 1，组 2 和组 3	序列 7

表 6-1 中，此时无论终端处在哪个组，都需要检测 3 条 WUS 序列，以组 1 为例，需要检测序列 1、序列 4 和序列 7。随着组数的增加，终端需要检测的序列个数增加，这增加了

终端的检测复杂度。为了简化对终端的影响，标准最后规定终端至多检测两条序列，即组唤醒信号对应的序列和共同唤醒信号对应的序列。表 6-2 所示同样以 3 组为例，基站除了只唤醒一组的情况，都会发送序列 4，而终端也只需要检测两条序列，本组对应的序列和序列 4。

表 6-2　单序列码分复用示例

需要唤醒的组	对应的序列
组 1	序列 1
组 2	序列 2
组 3	序列 3
其他组合	序列 4

除了考虑组唤醒信号之间的复用关系，还需要考虑和传统唤醒信号的关系。有以下 3 种备选方案：① 时分复用；② 单序列码分复用；③ 时分复用加单序列码分复用。

组唤醒信号资源的配置决定以上 2 种复用关系，例如，如果只配置了 1 个组唤醒信号资源且这个组唤醒信号资源就是传统唤醒信号所在的资源，那么组唤醒信号之间以及组唤醒信号和传统唤醒信号之间的复用关系都是单序列码分复用。如果只配置了 1 个组唤醒信号资源且这个组唤醒信号资源不是传统唤醒信号所在的资源，那么组唤醒信号之间就是单序列码分复用，组唤醒信号和传统唤醒信号之间就是时分复用。标准最后采纳了以下 3 种唤醒信号资源配置：

- 1 个组唤醒信号资源，这个组唤醒信号资源和传统唤醒信号资源重叠；
- 1 个组唤醒信号资源，这个组唤醒信号资源立即出现在传统唤醒信号资源之前；
- 2 个组唤醒信号资源，其中第 1 个组唤醒信号资源和传统唤醒信号资源重叠，第 2 个组唤醒信号资源立即出现在第 1 个组唤醒信号资源之前。

3. 唤醒信号资源映射

当存在两个唤醒信号资源时，由于他们的时域位置不同，如果终端总是监听位于一个唤醒信号资源位置上的组唤醒信号，就会导致这类终端的功耗和总是监听位于另一个唤醒信号资源上的组唤醒信号的终端的功耗不同，这是因为两类终端唤醒的时间不同；而且如果终端总是在传统唤醒信号所在的资源位置上监听而且配置传统唤醒信号为共有唤醒信号，这些终端因为受传统唤醒信号的影响，误唤醒概率总是高于位于另一个唤醒信号资源位置上的终端，以上两点导致终端之间的不公平，所以通过引入改变唤醒信号资源映射的方式来解决不公平的问题。改变唤醒信号资源映射即在不同的寻呼时机，唤醒信号映射在不同的唤醒信号资源上。具体方案设计中，有以下两种方案：

- 方案 1：基于唤醒信号资源索引；
- 方案 2：基于组索引。

方案 1 中，如果基于唤醒信号资源索引改变资源映射，那么唤醒信号资源上的组数是可变的，例如，假设寻呼时机 k 时，唤醒信号资源 1 上有 2 个组唤醒信号，唤醒信号资源 2 上有 4 个组唤醒信号；那么资源映射改变后，在寻呼时机 k+1 时，唤醒信号资源 1 上有 4 个组唤醒信号，而唤醒信号资源 2 上有 2 个组唤醒信号；那么当唤醒信号资源 1 为传统唤醒信号所在的资源而且传统唤醒信号为共同唤醒信号时，组唤醒信号位于不同唤醒信号资源上时误唤醒概率不同。

方案 2 中，如果分组是基于组索引的，可以保证改变资源映射后唤醒信号上的组数不变，但是位于相同唤醒信号资源上的组改变。当基于寻呼概率分组时，这种方式会导致高低寻呼概率的组位于相同唤醒信号资源上。例如，假设寻呼时机 k 时，唤醒信号资源 1 上有 2 个组唤醒信号且对应的寻呼概率都比较低，唤醒信号资源 2 上有 2 个组唤醒信号且对应的寻呼概率比较高；那么改变资源映射后，会导致寻呼概率高和低的组处在相同唤醒信号资源上，这就影响基于寻呼概率分组的效果。

鉴于以上两种方案都无法满足所有场景，所以最终采纳的方案为：共有唤醒信号不是传统唤醒信号且分组是基于终端索引的，改变资源映射基于组索引，具体如下：

$$g = \left(g_0 + G_{\min} \cdot \mathrm{div}\left(\frac{\mathrm{SFN} + 1024 \cdot \mathrm{H\_SFN}}{T} \right) \right) \bmod G_{\mathrm{total}}$$

否则基于唤醒信号资源索引，具体如下：

$$m = \left(m_0 + \mathrm{div}\left(\frac{\mathrm{SFN} + 1024 \cdot \mathrm{H\_SFN}}{T} \right) \right) \bmod M$$

其中，T 是基于小区的 DRX 循环；SFN 和 H_SFN 分别是对应寻呼时机的起始无线帧索引和超帧索引；M 是唤醒信号资源总数，$m = 0, \cdots, M\text{-}1$ 是唤醒信号资源索引，如果 $N_{\mathrm{ID}}^{\mathrm{resource}} = 0$ 的唤醒信号资源也用于组唤醒信号，$m = N_{\mathrm{ID}}^{\mathrm{resource}}$，否则 $m = N_{\mathrm{ID}}^{\mathrm{resource}} - 1$。$g = \{0, \cdots,$

$G_{\text{total}}-1\}$ 是组索引，g_0 是初始组索引，G_m 是第 m 个唤醒信号资源上的组数，$G_{\text{total}} = \sum\limits_{m=0}^{M-1} G_m$，$G_{\min} = \min(G_0, G_1, \cdots, G_m)$。

4. 组唤醒信号的序列设计

组唤醒信号对应的序列通过传统唤醒信号（Rel-15 引入的唤醒信号称为传统唤醒信号，下同）加频域偏移量组成，具体如下，子帧 $x=0, 1, \cdots, M-1$ 的组唤醒信号的序列 $w(m)$：

$$w(m) = \theta_{n_f, n_s}(m') \cdot e^{-j\frac{\pi u n(n+1)}{131}} \cdot e^{j\frac{2\pi g m}{132}}$$

$$m = 0, 1, \cdots, 131$$

$$m' = m + 132x$$

$$n = m \bmod 132$$

$$u = (N_{\text{ID}}^{\text{Ncell}} \bmod 126) + 3$$

其中，对于没有配置组唤醒信号的终端，$g=0$；对于配置组唤醒信号的终端，$g = 14(N_{\text{group}}^{\text{WUS}}+1)$，其中，$N_{\text{group}}^{\text{WUS}}$ 为组唤醒信号对应的索引，具体取值在高层确定。除了组唤醒信号外，终端还需要检测共有唤醒信号，共有唤醒信号对应的序列可以是传统唤醒信号对应的序列（$g = 0$）或新的序列。现有标准规定除非组唤醒信号在传统唤醒信号的所在的资源上并且配置传统唤醒信号为共有唤醒信号之外，$g =126$。

$\theta_{n_f, n_s}(m')$ 的定义如下：

$$\theta_{n_f, n_s}(m') = \begin{cases} 1 & \text{如果} \quad c_{n_f, n_s}(2m') = 0 \quad \text{和} \quad c_{n_f, n_s}(2m'+1) = 0 \\ -1 & \text{如果} \quad c_{n_f, n_s}(2m') = 0 \quad \text{和} \quad c_{n_f, n_s}(2m'+1) = 1 \\ j & \text{如果} \quad c_{n_f, n_s}(2m') = 1 \quad \text{和} \quad c_{n_f, n_s}(2m'+1) = 0 \\ -j & \text{如果} \quad c_{n_f, n_s}(2m') = 1 \quad \text{和} \quad c_{n_f, n_s}(2m'+1) = 1 \end{cases}$$

其中，$c_{n_f, n_s}(i)$ 是扰码序列。每个寻呼时机至多对应 3 个唤醒信号间隔：DRX 间隔、eDRX 短间隔和 eDRX 长间隔。每个间隔上至多对应两个组唤醒信号资源，那么可能存在前一个间隔上的第 2 个组唤醒信号资源对应的检测窗和后一个间隔上的第 1 个组唤醒信号资源对应的检测窗重叠或部分重叠。图 6-5 所示为组唤醒信号示例，DRX 间隔对应的第 1 个组唤醒信号资源对应的检测窗与 eDRX 短间隔的第 2 个组唤醒信号资源对应的检测窗完全重叠。

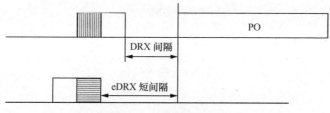

图6-5　组唤醒信号示意

如果两个资源上的组唤醒信号序列相同，就会导致组唤醒信号的错检。考虑到现有的序列中加扰序列初始化中还可以携带2bit信息，所以将组唤醒信号资源索引信息加入到扰码初始化公式中，具体如下：

$$c_{\text{init\_WUS}} = (N_{\text{ID}}^{\text{Ncell}} + 1)\left(\left(10n_{\text{f\_start\_PO}} + \left\lfloor \frac{n_{\text{s\_start\_PO}}}{2}\right\rfloor\right)\bmod 2048 + 1\right)\cdot 2^9 + N_{\text{ID}}^{\text{Ncell}} + N_{\text{ID}}^{\text{resource}}\cdot 2^{29}$$

其中，$N_{\text{ID}}^{\text{resource}}$是终端所在的组唤醒信号资源索引。对于不支持组唤醒信号的终端，$N_{\text{ID}}^{\text{resource}} = 0$；对于支持组唤醒信号的终端，$N_{\text{ID}}^{\text{resource}}$的值是在高层确定的。其他参数的设置参考5.2.1节唤醒信号的序列设计中的描述。

5. 组唤醒信号的持续时间和传输功率

Rel-15终端只需要检测传统唤醒信号对应的序列，而Rel-16终端可能需要检测两条序列。经过仿真，终端检测两条序列相比于只检测一条序列的性能差异较小，可以忽略。所以Rel-16终端假设监听组唤醒信号对应的持续时间、传输功率都与监听传统唤醒信号相同。

6. 组唤醒信号的高层参数配置

在Rel-15阶段，一个寻呼时机对应3种具有不同时间间隔（Gap）类型的终端，即DRX间隔、eDRX短间隔和eDRX长间隔（timeOffsetDRX、timeOffset-eDRX-Short、timeOffset-eDRX-Long）。根据前述章节描述的物理层组唤醒信号设计，可知Rel-16 NB-IoT中，针对每种时间间隔类型，最多可以提供两个组唤醒信号资源。这与Rel-15中只有一个小区级唤醒信号资源不同（个别参数可以配置成载波级别的）。为此在SIB2-NB消息的信元RadioResourceConfigCommonSIB-NB IE中，引入了新的Rel-16 GWUS资源配置。

```
RadioResourceConfigCommonSIB-NB-r13 ::= SEQUENCE {
    ......
    [[ nprach-Config-v1530        NPRACH-ConfigSIB-NB-v1530        OPTIONAL,    -- Need OR
       dl-Gap-v1530               DL-GapConfig-NB-v1530           OPTIONAL,    -- Cond TDD
```

```
        wus-Config-r15              WUS-Config-NB-r15            OPTIONAL      -- Need OR
    ]],
    ......
    [[
      gwus-Config-r16              GWUS-Config-NB-r16          OPTIONAL,    -- Need OR
    ......
    ]]
}
```

GWUS-Config-NB information element

```
-- ASN1START

GWUS-Config-NB-r16 ::= SEQUENCE {
    groupAlternation-r16            ENUMERATED {true}           OPTIONAL, -- Need OR
    commonSequence-r16              ENUMERATED {g0, g126}       OPTIONAL, -- Need OR
    timeParameters-r16             WUS-Config-NB-r15            OPTIONAL, -- Cond noWUSr15
    resourceConfigDRX-r16          GWUS-ResourceConfig-NB-r16,
    resourceConfig-eDRX-Short-r16  GWUS-ResourceConfig-NB-r16  OPTIONAL, -- Need OP
    resourceConfig-eDRX-Long-r16   GWUS-ResourceConfig-NB-r16  OPTIONAL, -- Cond timeOffset
    probThreshList-r16             GWUS-ProbThreshList-NB-r16
                                                OPTIONAL, -- Cond probabilityBased
    ...
}

GWUS-ResourceConfig-NB-r16 ::= SEQUENCE {
    resourcePosition-r16           ENUMERATED {primary, secondary},
    numGroupsList-r16              SEQUENCE (SIZE (1..maxGWUS-Resources-NB-r16)) OF
                                   GWUS-NumGroups-NB-r16            OPTIONAL, -- Need OP
    groupsForServiceList-r16       SEQUENCE (SIZE (1..maxGWUS-ProbThresholds-NB-r16)) OF
                                   INTEGER (1..maxGWUS-Groups-1-NB-r16)
                                                OPTIONAL -- Cond probabilityBased
}

GWUS-NumGroups-NB-r16 ::= ENUMERATED {n1, n2, n4, n8}

GWUS-ProbThreshList-NB-r16 ::= SEQUENCE (SIZE (1..maxGWUS-ProbThresholds-NB-r16)) OF GWUS-
Paging-ProbThresh-NB-r16

GWUS-Paging-ProbThresh-NB-r16 ::= ENUMERATED {p20, p30, p40, p50, p60, p70, p80, p90}

-- ASN1STOP
```

　　上述 Rel-16 GWUS 资源配置中，首先，最基本的 Rel-16 GWUS 资源的时域配置信息 gwus-TimeParameters 沿用了 Rel-15 WUS 的配置结构，即包括 WUS 序列最大持续时间

（Maximum Duration），各个时间间隔的时间偏移量（Time Offset），WUS 序列的发送功率等。如果系统已提供 Rel-15 WUS 资源配置，则 Rel-16 WUS 资源的时域配置信息无须携带，与 Rel-15 WUS 时域配置信息相同。只有在仅配置 Rel-16 WUS 的情况下，才需要携带该信息。

其次，因为 Rel-16 终端可以检测两条组唤醒信号，即一条所属 GWUS 组的组唤醒信号和一条共有唤醒信号，所以还需指示共有唤醒信号的信息。共有唤醒信号可以配置为 Rel-15 的 WUS 序列或 Rel-16 的组 WUS 序列。

再次，参见"唤醒信号资源映射"内容描述，当存在两个 GWUS 资源时，物理层支持动态改变组唤醒信号与 GWUS 资源的映射关系，为此高层引入一个用于使能改变唤醒信号资源映射方式的指示 groupAlternation-r16。

最后，为支持基于寻呼概率的分组方式，需要为所有终端广播用于划分各寻呼概率属于哪个寻呼概率组的门限值列表，该列表可以最多包含 maxGWUS-ProbThresholds-NB-r16 个条目，即最多有 maxGWUS-ProbThresholds-NB-r16 个门限，对应 maxGWUS-ProbThresholds-NB-r16+1 个寻呼概率组。该门限列表没有对不同时间间隔单独配置，意味着对不同时间间隔都有相同的划分方式。

上述参数可以视为一些公共配置参数，进一步的，resourceConfig-DRX-r16、resourceconfig-eDRX-short-r16 和 resourceConfig-eDRX-Long-r16 分别用于提供针对不同时间间隔的 GWUS 资源配置。其中，针对 DRX 间隔的 GWUS 资源配置必选携带，eDRX 短间隔的资源配置则可以复用 DRX 间隔的资源配置或重新配置。类似的，eDRX 长间隔的资源配置可以复用 DRX 间隔或 eDRX 短间隔的资源配置或重新配置。

在针对每种时间间隔的 GWUS 资源配置中，主要包含以下信息。

- 资源数目及每种资源下的组数目信息 numGroupsList-r16：通过该参数来配置一个或两个 GWUS 资源，并配置每个资源下的 GWUS 的总组数，该总组数只能配置为 1，2，4，8 的有限取值，这意味着 Rel-16 GWUS 最多配置两个资源及最多 16 个 GWUS 组。

- 为每个寻呼概率组配置的参数 groupForServiceList-r16：主要参数为每个寻呼概率组下的 GWUS 组数。当某个寻呼概率组内的 GWUS 组数大于 1，则意味着存在两级分组。各个寻呼概率组内的 GWUS 组数之和如果小于所有资源下的总组数，则差值部分用于基于终端标识的分组。

6.2.2 终端被呼的数据提前传输

Rel-15 NB-IoT 完成了终端起呼（终端有上行数据发送）的数据提前传输（MO-EDT）。Rel-16 NB-IoT 立项针对降低终端功耗目标，进一步提出支持终端被呼（网络有数据需要发送给终端）的数据提前传输（MT-EDT）。在讨论初期确定 MT-EDT 也不用于传输信令，主要用于传输下行用户数据，且倾向于传输可以包含在一个传输块中的用户数据。此外要同时考虑有或没有上行确认数据的场景。对于有上行确认数据的场景，一种典型场景可能是网络发送命令给终端，触发终端上报记录或报告给网络。

根据可以发送下行数据的不同时机，有以下 3 类方案。

（1）基于寻呼的方案

- 寻呼方案 A（Paging-A）：下行数据由寻呼消息承载；

- 寻呼方案 B（Paging - B）：专用 RNTI 由寻呼消息承载；

- 寻呼方案 C（Paging - C）：下行授权由寻呼消息承载；

- 寻呼方案 D（Paging - D）：下行数据由寻呼时机调度。

（2）基于 Msg2 的方案（DL Data after Preamble）

- 下行数据在随机接入前导之后发送。

（3）基于 Msg4 的方案

- Msg4 传输下行数据方案 A（Msg4–A）：基于 MO-EDT；

- Msg4 传输下行数据方案 B（Msg4–B）：流程增强。

基于寻呼的方案 A：以终端支持 CP 方案为例，下行数据包含在 NAS PDU 中，直接放在寻呼消息中从 MME 发送给基站。基站为终端分配非竞争随机接入资源，终端可以使用该资源来发送对下行数据的上行确认。寻呼方案 A 的流程如图 6-6 所示。

基于寻呼的方案 B：与基于寻呼的方案 A 相比，方案 B（如图 6-7 所示）的主要差别在于下行数据不是直接包含在寻呼消息中，寻呼消息中只包含 MT-EDT 指示，分配给终端的专用 RNTI 以及非竞争随机接入资源。终端收到寻呼消息后，可以监听该专用 RNTI 加扰的 NPDCCH 来获取下行调度，进而根据下行调度接收下行数据。与方案 A 类似，基站也会为终端分配非竞争随机接入资源用于终端发送对下行数据的上行确认。

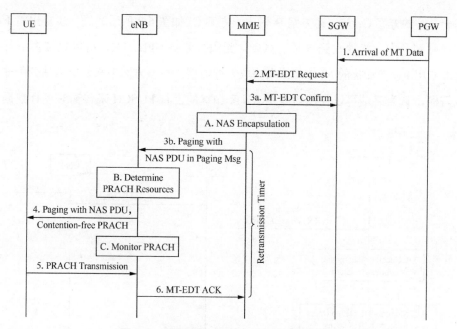

图6-6　寻呼方案A的流程（以CP方案为例）

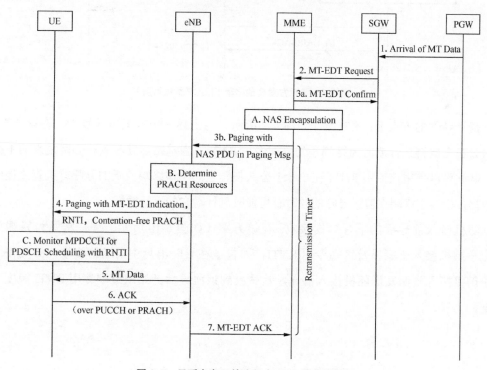

图6-7　寻呼方案B的流程（以CP优化为例）

基于寻呼的方案 C：与上述方案 B 相比，方案 C（如图 6-8 所示）进一步提出将下行授权包含在寻呼消息中，终端收到寻呼消息后，无须再监听 NPDCCH，可以直接在下行授权上接收终端专用 RNTI 加扰的 NPDSCH 来获取下行数据。在该方案中来要求基站分配非竞争随机接入资源，认为终端可以使用该专用 RNTI 加扰的上行 PUSCH 来传输对下行数据的上行确认。

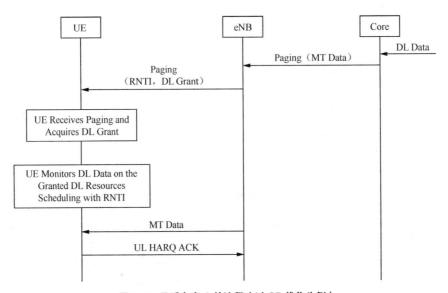

图 6-8　寻呼方案 C 的流程（以 CP 优化为例）

基于寻呼的方案 D：该方案（如图 6-9 所示）与上述 3 个方案差异较大。在该方案中，基站会在上次链接释放时为终端预先分配专用 RNTI，当基站后续收到核心网发来的下行数据，基站可以使用该专用 RNTI 在 Type1 公共搜索空间中该终端监听的寻呼时机直接调度下行数据，相当于终端在监听寻呼的同时有可能收到针对它的下行数据。

随机接入前导后的下行数据接收：在该方案（如图 6-10 所示）中，基站为终端分配非竞争随机接入资源以及终端专用 RNTI，并包含在寻呼消息中发送给终端。终端使用非竞争随机接入资源发送随机接入前导，基站收到该前导后开始用终端专用 RNTI 调度下行数据。

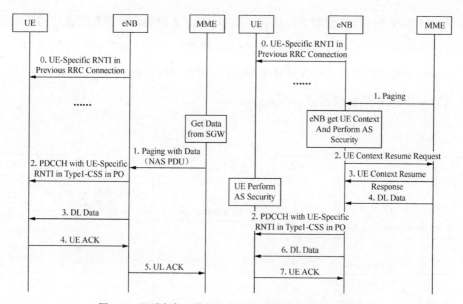

图 6-9 寻呼方案 D 的流程（以 CP 优化及 UP 优化为例）

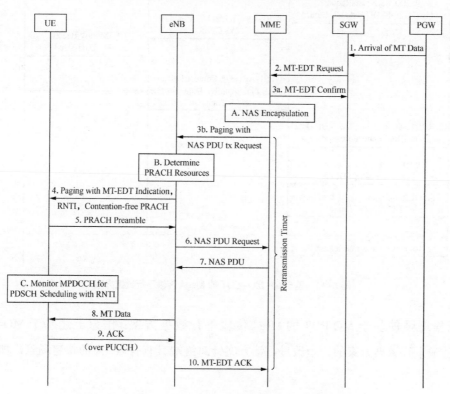

图 6-10 随机接入前导后的数据发送的流程（以 CP 优化为例）

基于 MO-EDT 的 Msg4 传输下行数据方案：这类方案也包含一些有细微差别的分支方案，总的来看，这类方案以 Rel-15 MO-EDT 流程为基础流程，寻呼消息中仅包含 MT-EDT 指示，终端根据该指示可以获知自己是否需要在 Msg4 中接收下行数据。针对 CP 方案和 UP 方案的流程分别如图 6-11 和图 6-12 所示。

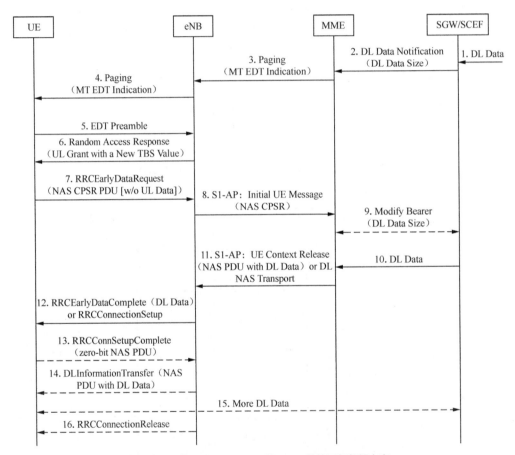

图 6-11　基于 CP MO-EDT 的 Msg4 传输下行数据方案

流程增强的基于 MO-EDT 的 Msg4 传输下行数据方案：作为上述基于 MO-EDT 的 Msg4 传输下行数据方案的一个改进，该方案针对终端具有有效 TA 的特定场景，如图 6-13 所示。

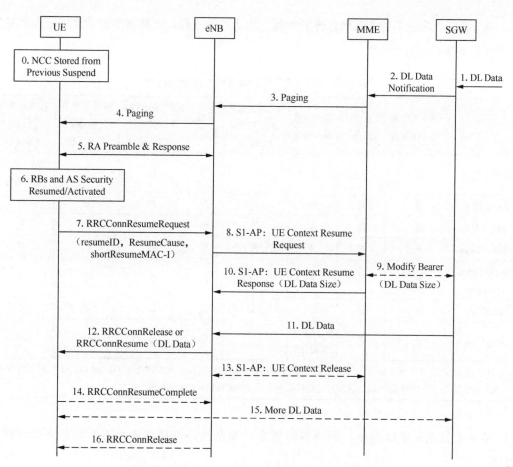

图 6-12　基于 UP MO-EDT 的 Msg4 传输下行数据方案

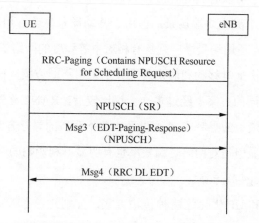

图 6-13　流程增强的基于 MO-EDT 的 Msg4 传输下行数据方案的流程

表 6-3 首先总结了各方案所包含的步骤，相比传统流程，仍然需要的步骤标记为"是"，不需要的步骤标记为"否"。

表 6-3　MT-EDT 各方案与传统流程的比较

	在寻呼时机内接收 PDCCH	接收寻呼消息	发送随机接入前导	接收 RAR 的 PDCCH+PDSCH	发送 Msg3	接收 Msg4 的 PDCCH+PDSCH	接收调度下行数据的 PDCCH	接收承载下行数据的 PDSCH
寻呼方案 A	是	是	否	否	否	否	否	否（连同寻呼消息）
寻呼方案 B	是	是	否	否	否	否	是	是
寻呼方案 C	是	是	否	否	否	否	是	是
寻呼方案 D	是	否	否	否	否	否	是	是
DL Data after Preamble	是	是	是	否	否	否	是	是
Msg4 - A	是	是	是	是	是	是	否	否
Msg4 - B	是	是	是（SR 而非前导）	是	是	是	否	否

UL HARQ ACK 没有包含在表中，因为所有方案都需要该步骤，差别在于有些方案中 UL HARQ ACK 可以包含在 CFRA 中发送，另一些方案中 UL HARQ ACK 可以包含在 PUSCH/PUCCH 中传输。

表 6-4 分别从电池寿命、网络资源效率、安全性、可靠性 4 个方面对各方案进行了对比。

根据上述方案比较，可以看到寻呼方案 D 和 Msg4-B 方案仅在静止终端场景下可行。寻呼方案 A/B/C 可以不限于静止终端场景，但用于移动场景时会占用较多网络资源，DL Data after Preamble 和 Msg4-A 适用场景最广且具有相对中等程度的网络资源开销和终端功耗。

部分公司认为可以接受对移动和静止终端分别采用不同方案，而另外一些公司则建议对静止和移动终端采用相同的方案。经过多次会议比较后，RAN2 首先确定排除对寻呼过程以及其他非目标终端影响最大的寻呼方案 A 以及收益不明显的寻呼方案 B，随后进一步排除对于节省终端功耗收益明显但是对网络资源效率也有明显不利影响的寻呼方案 C、寻呼方案 D 以及使用场景受限的 Msg4-B 方案。

之后针对 CP 优化和 UP 优化这两种传输方式，分别讨论了 Msg2-based 方案和 Msg4-A 方案的优缺点，并列出了主要的技术问题。

表6-4 MT-EDT 各方案之间的对比

	电池寿命	网络资源效率	安全性	可靠性
概述	终端发送上行传输的功耗大约是接收下行传输功耗的7倍。一般的，对于下行数据，相关的信令越少，特别是上行信令越少，则终端功耗越小	分析可从两个方面来进行：一方面，由于传输一个下行数据，相关这一方面的信令越高，网络资源效率越低，因此这一方面的分析基本与寻呼基本一致；另一方面，对寻呼过程而言，通常需要考虑在多个小区传输令或数据，因此需考虑在多个S1接口和Uu接口上的资源消耗	由于CP优化本就不支持AS安全，对安全问题的讨论主要针对各方案基于UP优化的流程而言的	该评估主要考虑针对目标终端的数据传输的可靠性。对于基于寻呼的方案，所有方案都支持针对下行数据的物理层/MAC层上行ACK（或者说重传请求可以代表NACK应答），但不支持RLC层的确认。由于缺少RLC/RRC层的确认，寻呼消息和下行用户数据的可靠性一般较差
寻呼方案A	本寻呼方案A中，由于无须完整的随机接入流程，流程步骤最少，特别是减少了上行传输步骤，因此对于寻呼所指向的目标终端，其终端功耗最少。但因该方案的主要包含一些控制信令以及下行用户数据，可能导致寻呼消息很大，影响寻呼容量。此外，非目标这个大的寻呼消息，对这些终端会产生额外的功耗和处理开销	该方案需要发送较大寻呼消息，该消息的一个或多个寻呼记录中包含有下行数据，特别是这个步骤覆盖盖差的场景下，寻呼消息需要使用大重复次数发送寻呼消息的场景。此外考虑寻呼区域的设置，可能存在多个需要发送寻呼消息的基站，这些基站多占用S1接口资源从核心网获取用户数据，这些资源也是浪费的，这对整个系统的寻呼容量以及网络资源效率都可能造成很严重的不利影响。此外，所有发送寻呼消息的基站都需要分配宝贵的非竞争随机接入资源（CFRA资源）给它们可以发送对下行数据的确认，与前述类似，这也会造成终端未驻留的那些基站所分配的CFRA资源的浪费。当然，如部分提案中描述的那样，如果该方案可以仅用于静止终端，那么上述大部分资源浪费是可以避免的	Paging-A/B/C/D具有以下共性的安全问题：第一，对于所有基于寻呼的方案，发送寻呼消息时，基站和寻呼消息尚未激活AS安全，终端也可以在收到寻呼消息后恢复上下文并激活AS安全，则允许基站再携带在寻呼消息中发送给终端，由此可以避免上述安全问题。基于此，认为该方案的安全问题不严重。但是也有公司指出，寻呼消息是终端收到数据包含在寻呼消息中或通过寻呼消息调度，终端用什么未来触发的AS安全激活仍然存在	对于本寻呼方案A，用户数据的可靠性最差。原因在于，一方面，包含用户数据的大寻呼消息更容易用户数据传输失败；另一方面，增加用户数据的传输可靠性只能依赖寻呼重传，而寻呼重传只能发生在特定的寻呼时机，使得重传时延超过可容忍的范围，就会最终导致数据传输失败

续表

	电池寿命	网络资源效率	安全性	可靠性
寻呼方案B	由于无须完整的随机接入流程，对于寻呼所指向的目标终端，该方案具有和寻呼方案A相似的节省终端功耗的效果。此外，由于该方案中下行用户数据是在寻呼消息后利用一个独立的PDSCH指配资源来发送，仅有目标终端需要监听并接收相关的PDCCH/PDSCH信道，该方案的寻呼消息中仅需包含少量控制面参数，可以大幅降低方案A中对非目标终端的不利影响	该方案存在与方案A相同的S1接口资源占用问题，但可以避免方案A中在多个基站发送大寻呼消息所造成的下行资源浪费问题。不过，收到寻呼消息后，即便只有一个终端需监听PDCCH/PDSCH来接收下行数据，发送寻呼消息的所有基站仍需要占用资源来调度下行数据，并预留CFRA资源用于监听终端发送的上行数据，因此可以认为寻呼方案B和寻呼方案A对网络资源（包括下行传输资源，专用RNTI和CFRA资源）造成的不利影响相似。 进一步比较，有可能会认为方案A将寻呼发送和下行数据发送合二为一，PDCCH/PDSCH的传输开销更少，但是考虑到如果某个寻呼记录包含大的用户数据，导致原有可以容纳下其他用户的寻呼记录的寻呼消息无法再容纳这些寻呼记录，这些寻呼需要通过调度另一个寻呼消息来传送，那么寻呼方案A最终的PDCCH/PDSCH的传输开销仍然与方案B类似或仅略好一点。 此外，与方案A类似，如果将下行数据发送给静止终端，那么上述大部分资源浪费是可以避免的	疑问。此外，如果终端移动到其他小区，新基站之前从旧基站需要在发送数据之前还需要在发送数据之前就能够在如此早的阶段就通过安全的方式恢复上下文，基站是否能够通过安全的方式恢复上下文对标准来说可能是很大的挑战。 第二，基于寻呼的各方案不仅需要考虑下行数据加密问题，还需要考虑能伪装成恶意攻击终端问题。由于寻呼消息未作加密，寻呼区域内的任何终端都可以读取寻呼消息中包含的CFRA资源，并伪装成目标终端向网络发送随机接入，其结果是网络无法确定数据是否真正送达目标终端。如果目标终端使用CFRA资源对下行数据的响应，该响应被进一步传送到核心网和应用层，核心网络不会再重复该下行数据，目标终端有可能错失该下行数据中所包含的重要应用层命令	寻呼方案B的数据传输可靠性要好于寻呼方案A，因为寻呼消息没有包含用户数据，不会太大，寻呼消息的可靠性不会受太大影响。此外，对于下行数据传输的部分，网络侧调度重传的灵活性较大，重传时的延迟不会太大
寻呼方案C	该方案的有益效果与寻呼方案B类似。此外，由于该方案中下行PDSCH资源指配通过寻呼资源指配直接发送给	该方案与方案B有类似的S1接口资源、下行资源，专用RNTI浪费问题，但是不存在CFRA资源浪费问题。此外，在有多个寻呼记录的场景下，方案C只需要一次PDCCH寻呼传输开销来调度寻呼消息，但方案A/B有可	正送达目标终端，如果目标终端并未收到数据，而伪终端使用CFRA资源发送对下行数据的响应，该响应被进一步传送到核心网和应用层，核心网络不会再重复该下行数据，目标终端有可能错失该下行数据中所包含的重要应用层命令	寻呼方案C中，接收寻呼消息和下行用户数据的可靠性与寻呼方案B类似。但是即便下行用户数据可以被终端接收到，如果不能保证TA始终有效，物理层的上行HARQ-ACK仍然有可能

续表

	电池寿命	网络资源效率	安全性	可靠性
寻呼方案 C	终端的，相比方案 B，可以节省寻呼消息后调度 PDCCH 的开销，因此其效果比方案 B 更好一些，当然，由于寻呼消息中包含控制面参数相比方案 B 又多了一些，对于对非目标终端节电的不利影响可能略大大于方案 B，但仍然大大好于方案 A	能需要两次甚至多次 PDCCH 开销来调度额外的寻呼消息或用于传输的 PDSCH。因此，寻呼方案 C 对网络资源的不利影响要少于方案 A 和方案 B。同样，寻呼方案 C 仅可用于目标终端，可以避免非目标终端，可以避免大部分资源浪费		传输失败，相比于寻呼方案 B 中使用非竞争确认的方式，可以认为上行确认的方式，可以认为为方案 C 的上行可靠性要差一些。如果将该方案用于静止 UE，则将方案 C 的上行可靠性问题是可以避免的
寻呼方案 D	若仅从 MT-EDT 的流程角度来看，该方案在寻呼时机仅需要监听下行数据，可避免终端监听寻呼的开销，该方案有更好的终端节电效果（实际效果还要取决于下行数据传输的概率）。此外，该方案中，控制面参数通过终端面消息发送给目标终端，不改动寻呼消息，因此对其他终端接收寻呼消息本身没有影响。但是考虑到 PO 时机非常有限，网络占用有限的 PO 时机使用专用机对其他终端使用专	在该方案中，基站需要在上次连接释放时就提前分配终端专用 RNTI 并一直预留，并在下次数据到达时，在寻呼时机发送数据给终端。因此只有上次连接释放的基站可以使用该方案，一方面这使得该方案对于 S1 接口和 Uu 接口资源占用较小，即资源占用仅限于较小。另一方面这也使得该方案仅仅适用于静止终端场景，移动终端场景不可用。此外，如果终端释放下行数据到达的间隔很稀疏的间隔很稀疏，在上次连接释放和下次寻呼之间的很长时间内，对该上次连接释放用 RNTI 的无调用下次寻呼之间的很长时间内，对该终端预留专用 RNTI 仅仅是一种资源浪费，与其他方案预留专用 RNTI 相比，这种长时间预留显著然对网络资源效率有更严重的不利影响。最后，方案 D 也有方案 A 类似的节省 PDCCH 开销的好处。但是与将方案 B 与方案		寻呼方案 D 中如何重传数据的方法还需进一步讨论，可能的方案是数据重传只能使用寻呼时机，那么与方案 A 类似，重传时延会降低数据传输可靠性。此外该方案的上行可靠性与方案 C 类似（同样的，如果该方案用于静止终端则可以尽量避免该上行可靠性问题）。由此可见，方案 D 的可靠性与方案 A 相近，要差于方案 B 和方案 D

续表

	电池寿命	网络资源效率	安全性	可靠性
寻呼方案D	用RNTI来调度PDCCH以及后续的PDSCH，这种下行数据传输可能会阻塞对其他用户的寻呼，由此造成的寻呼时延以及非目标终端的额外功耗可能会更加严重	A对比类似，方案D中，在寻呼时机发送的包含下行用户数据的大的PDSCH传输可能阻塞其他用户的寻呼消息发送，导致这些寻呼消息被延迟到下个寻呼时机发送，相应的PDCCH/PDSCH传输仍然存在		
DL Data after Preamble	由于该方案仍需终端发送上行随机接入前缀（仍保留部分随机接入过程），这些上行信令传输会导致较大终端功耗，因此该方案对省电终端的收益显然不如寻呼方案B/C/D	该方案对网络资源效率的不利影响较小，原因在于只有一个基站，即能够在非竞争寻呼接入资源上收到随机接入前缀用专用RNTI向终端发送下行用户数据，即数据可以直接发送给目标终端，这样可以避免在其他非竞争寻呼接入资源配用于传输大寻呼消息或用户数据的下行资源。而且该方案在非竞争寻呼的场景下依然具有这种对网络资源效率消耗较小的益处。但是对于该方案，在所有寻呼消息的基站上为终端预留专用RNTI和CFRA资源的流程依然无法避免。此外，该流程有更多步骤，上述基于寻呼的各方案具有更多浪费问题依然造成的对网络资源效率的不利影响也需要考虑	安全问题及解决办法与寻呼方案A相同	该方案的数据数据传输可靠性较好，因而可以尽量避免下行数据重传，在该方案的一个变形CFRA接入中，如果基站在收到CFRA接入前缀之后，在发送下行数据给终端之前，先发送一个RAR类似的消息给终端，则可以为终端更新TA来提高上行确认的传输可靠性
Msg4-A	由于仍需要完整的随机接入过程，基于Msg4发送数据的方案相比该发送数据的方案，几乎没有省电终端功耗的收益。	即便该方案不存在其他非终端驻留的基站上预留下行传输资源/终端专用RNTI/CFRA资源浪费的问题，但由于使用完整随机接入过程造成的信令开销仍然对网络资源效率有不利影响	无安全性问题	如果仅需要对下行用户数据发送上行物理层确认，该方案的数据的数据传输可靠性与传统流程接近。

续表

	电池寿命	网络资源效率	安全性	可靠性
Msg4-A	此外，基于 Msg4 的方案使用的是竞争随机接入资源来发送随机接入前缀，与使用 CFRA 资源的方案相比冲突可能性更高，也有可能导致额外功耗			但是与基于寻呼的各方案相比，该方案中包含完整接入流程，由此导致的数据重传时延可能也对高层数据可靠性略有影响
Msg4-B	该方案仍需要多步随机接入过程，因此对它的评估与 Msg4-A 方案类似。但是在该方案中，由于限定了终端有效的条件，随机接入前缀被 SR 替代，RAR 也可以不再发送，使得该方案相比 Msg4-A，可以产生一定节省终端功耗的额外收益	对网络资源的不利影响与上述基于 Msg4 发送数据的方案 A 类似	无安全性问题	在该方案中，随机接入前缀被 SR 替代，可能会存在与寻呼方案 C 类似的上行可靠性问题。但如果将该方案仅用于静止终端，则该问题可避免
总结	按目标终端功耗大小排序： Paging-A/Paging-D < Paging-C < Paging-B < DL Data after Preamble < Msg4-A/B 按对其他非目标终端的影响排序： Paging-A > Paging-D > Paging-C/Paging-B > DL Data after Preamble > Msg4-A/B	按 Uu 接口和 S1 接口资源占用排序： Paging-A/Paging-B > Paging-C > Paging-D > DL Data after Preamble > Msg4-A/B	按安全性问题严重性排序： Paging-A/Paging-B/Paging-C/Paging-D/DL Data after Preamble > Msg4-A/B	按传输可靠性排序： Paging-A/Paging-D < Paging-B/Paging-C < DL Data after Preamble/Msg4-A。 Msg4-B 需要终端具有有效 TA，如果这点不能保证，其可靠性无法保证

1. 基于 Msg2 的方案的主要问题

（1）#Msg0：寻呼消息扩展及开销优化

在基于 Msg2 的方案中，eNB 需要在寻呼消息中提供一些控制面参数，用于目标终端快速响应寻呼、基站识别目标终端并向该目标终端发送下行数据。为此寻呼消息中考虑包含以下信息：CFRA 资源及其重复次数（或初始覆盖等级）以及用于后续传输的专用 RNTI。这可能会在每个寻呼记录中增加 28bit（12bit CFRA 资源 + 16bit 专用 RNTI）的开销。增大的寻呼消息会影响寻呼容量，且对其他非目标终端的寻呼性能有影响，RAN2 需要考虑简单优化来减少寻呼消息的大小。

现有 PDCCH order 中 CFRA 资源包含的信息有 4bit NPRACH 资源的载波索引（Carrier Indication of NPRACH），6bit 分配的 NPRACH 资源的子载波索引（Allocated Subcarrier for NPRACH）和 2bit 重复次数（Repetition Number）。以上述信息为参考，标准讨论过程中，提到两种压缩方式，方式 1 是预定义载波索引或子载波索引的起始索引，寻呼消息中不需要包含完整的载波索引或子载波索引，只包含相对起始索引的偏移量，在起始索引上叠加偏移量得到完整索引。方式 2 则连偏移量也不发送，由终端根据 UE_ID 推导计算出偏移量（例如，取模运算）。我们认为方式 2 的主要问题是，在同一时间被寻呼的不同终端可能会推导出相同的偏移量，或者，如果仅存在一个 CFRA 资源池，该终端可能会推导出与已经通过 PDCCH order 分配给其他终端的资源相同的 CFRA 载波索引或子载波索引，所有这些问题将导致更多的随机接入冲突。

为此有以下的比特压缩建议：

- Carrier Indication of NPRACH-4bit，引入专用的 CFRA 载波索引池，仅发送相对该索引池中起始索引的偏移量，可以减少该信息所需的比特数，如减少至 2bit；
- Allocated Subcarrier for NPRACH-6bit，与载波索引类似，引入专用的 CFRA 子载波索引池，仅发送相对该索引池中起始索引的偏移量，可以减少该信息所需的比特数，如减少至 2bit 或 4bit；
- A Repetition Number-2bit，该信息仍需保留。

如前所述，考虑到 CFRA 资源可能会被不同功能所使用，例如，PDCCH order，物理层 SR 和 MT-EDT 功能，为了便于网络更合理地在不同功能之间分配 CFRA 资源，可以允许灵活设置偏移值的范围，对该偏移量范围的设定可以通过广播消息告知终端。例如，如果当前网络中几乎没有终端支持 MT-EDT，可以将偏移量的取值范围设置为很小的值，或仅设置偏移量的部分比特为有效位，反之，可以将偏移量的取值范围设置为很大的值。

类似的，对于终端专用 RNTI，也可以包含相对某个预定义 RNTI 起始值的偏移量，由终端自己计算得到最终使用的 RNTI。

另外，基站在发送寻呼消息时通常只能根据终端上次连接释放时的覆盖等级信息来判断当前发送寻呼消息所需要的重复次数，如果需要为终端分配 CFRA 资源，也只能根据该信息。但如果终端覆盖变好了，则使用该重复次数来发送 CFRA 随机接入可能是一种浪费，也增加终端耗电。一种可能的解决方案是，为终端分配具有不同重复次数的多套 CFRA 资源，让终端根据自己的实际覆盖情况进行选择。而且，分配多套 CFRA 资源也可以使得基站准确估计终端当前所处的覆盖等级，以便在后续发送下行数据时使用更合适的重复次数。

该方案的主要缺点是资源占用比较严重，应该让基站更灵活地使用该方案。例如，对于移动 UE，如上所述，寻呼中包含多套 CFRA 资源将非常有用，反之，如果某个 UE 处于静止状态，其覆盖条件很可能会保持稳定，则无须为此 UE 提供多套 CFRA 资源用于区分其覆盖等级。但该静止 UE 可能有其他请求需要尽早将其指示给网络，例如，是否有更多上行数据需要发送。因此，可以进一步在寻呼中引入多套 CFRA 资源的使用目的指示。基站可以为不同的 UE 分配具有不同区分目的的多套 CFRA 资源，以便 UE 可以根据自身需求选择合适的 CFRA 资源。例如，对于固定 UE，寻呼中的多个 CFRA 资源被标记为 Msg3 区分目的；而对于移动 UE，寻呼中的多个 CFRA 资源被标记为覆盖等级区分目的。

（2）#Msg1：上行 CFRA 发送

一般来说，分配的 CFRA 资源只在收到寻呼消息之后的下一个随机接入时机有效。需要讨论如何保证 UE 和基站对下一个随机接入时机（CFRA 资源的生效时间）有一致理解。RAN2 另外讨论确定不需要支持 CFRA 资源的重传以及功率抬升机制。进一步的，由于 CFRA 资源非常有限，需要澄清是否允许将相同 CFRA 分配给同一个小区或同一个跟踪区的多个用户。还需讨论如果基站检测到使用同一个随机接入前缀的多个 PRACH 传输，是否可以继续执行 MT-EDT。

还有一种情况，即终端发送非竞争随机接入之后很长之间没能收到 Msg2（相应的定时器已超时），则终端可以认为下行数据传输失败，终端也可以重新选择竞争随机接入资源或 MO-EDT 随机接入资源来发送随机接入前缀，有些公司认为这也可以视为一种终端发起的回退场景，而更多公司将这视为一种 MT-EDT 失败场景。此外，如果终端已发送非竞争随机接入但尚未收到 Msg2，终端又收到新的上行用户数据，终端也可以参考上述 MT-EDT 失败场景，直接触发传统随机接入或 MO-EDT 过程，这可以依赖于终端实现。

（3）#Msg2：下行数据传输及回退

终端在发送完非竞争随机接入后即开始等待接收下行数据，网络可以将下行数据封装在与 RAR 类似的 Msg2 中发送。Msg2 可能需要包含以下信息：RRC 消息、下行数据、TA 值。对 UP 优化，下行数据还需使用与 MO-EDT 相同的机制来做加密。此外，还需要考虑是否需要引入新的 RAR 响应窗（新的用于 RAR 窗的定时器）用于接收 Msg2 ？是否应引入新的 RAR 消息格式来同时提供 TA 和用于终端发送上行确认的上行授权，或是仍沿用现有机制（使用 TA MAC CE，上行授权通过 PDCCH 发送）？下行数据和新的 RAR 格式（或包含 TA 及上行授权的信令）是否可以使用不同 TBS 调度？网络如何确定 Msg2 中包含的上行授权的大小，例如，是可以依赖终端倾向信息，或参考 MO-EDT 中定义多种 TBS 大小并由基站盲检的机制，或定义最小 TBS 大小，或留给基站实现？Msg2 中 RRC 消息是否可重用现有 RRC 消息（例如，RRCEarlyDataComplete）来包含下行数据或定义新的 DL-DCCH RRC 消息？对 UP 优化，可能需要定义一个有完整性保护的新 RRC 消息来包含在 Msg2 中，该 RRC 消息中至少包含 Resume ID 和 NCC，还需进一步讨论该消息本身是否需要加密？针对下行数据的 HARQ 反馈，Msg2 中指示的 PUCCH 配置是否与用于 Msg4 的 PUCCH 配置相同？如果所有下行数据无法包含在一次下行传输中，网络可能需要触发回退，还需讨论是否可以使用 Msg2 包含回退指示？

（4）#Msg3：上行确认传输及终端触发的回退

终端在 Msg2 中收到下行数据后，至少应发送上行 HAQR ACK。但为了解决伪终端问题，部分公司认为还需讨论更高层确认。例如，是否使用现有 Msg3 中的 RRC 消息，或定义新的 UL CCCH RRC 消息来用作对 Msg2 中下行数据的高层确认？用作高层确认的上行 RRC 消息中是否还需要包含已做 NAS 安全保护的 NAS PDU（给 NAS 的确认）以及可能的 AS-NAS 交互。

对 UP 优化，如果支持 RRC 层确认，是否需要在 Msg3 中包含一个有完整性保护的 RRC 消息，是否需要采用与 Msg2 相同的安全机制来保护 Msg3 传输？是否允许终端在 Msg3 中指示有更多上行数据待发送？为简化流程，Msg3 发完上行确认后，Msg4 可能不总是必需的，AS 安全可以在收到对 Msg3 传输的底层确认之后释放。

如前所述，针对 Msg2-based 方案，回退场景有充分讨论。与 MO-EDT 类似，大多数公司认为 eNB 可能会在发送 Msg2 之前从 MME 获得有关更多下行数据的指示，然后可以通过 Msg2（基站收到随机接入前缀之后的第一个下行传输）指示终端回退到连接态，可以考虑的方式包括，使用现有 RAR 消息、增强的 RAR 消息，或在 Msg2 中包含 RRCConnectionSetup 消息。

有部分公司认为 MT-EDT 的场景可能与 MO-EDT 的场景不完全相同。如前所述，在某些场景下，终端仅在接收到下行数据（例如，网络命令）之后，才知道有（较大的）上行应用层数据需要发送（例如，报告或日常记录），且该信息只有终端自己知道。因此，上述基站触发的回退过程不再适用，即此时没有更多下行数据指示会使得基站触发回退流程，那么还需要额外考虑终端触发的回退。最简单的，如果终端判断有较大上行数据需要发送，终端可以在接收到带有下行数据的 Msg2 时发送传统 Msg3（RRC 连接请求或 RRC 恢复请求）。在交换了 Msg4 和 Msg5 之后，UE 进入 RRC_CONNECTED 态。基本流程示意如图 6-14 所示。

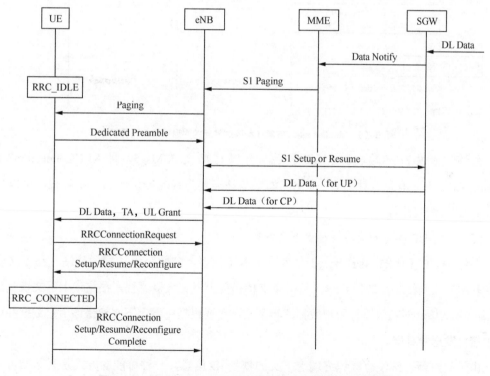

图 6-14　Msg2-based 方案支持终端发起的回退的基本流程示意

在上述流程中，由于终端在收到 Msg2 时已经建立或恢复了用于数据传输的无线承载，所以 Msg4 中的无线配置不是必要的。且由于基站已经可以通过 CFRA 资源识别 UE，因此也不需要通过 Msg4 执行竞争解决。再者，由于已经在 Msg2 之前建立或恢复了 S1 接口，因此也不需要 S1 过程。为此我们提出如图 6-15 所示的简化流程。

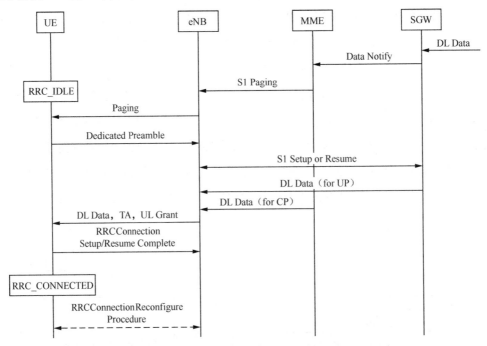

图 6-15 Msg2-based 方案支持终端发起的回退的简化流程示意

在该过程中，终端收到 Msg2 之后，可以直接发送 Msg5，即 RRCConnectionSetup/Resume Complete 消息。对于 UP 优化，如果基站需要为终端提供新的无线配置，可以后续执行 RRC 重配置流程。

（5）针对 UP 优化的提前终端上下文恢复

在针对 UP 优化的 Msg2-based 方案的基本流程中，多数公司认同，基站（在下文中称为新基站）收到终端发送的 CFRA 后需要支持提前上下文恢复流程，根据该上下文恢复终端 S1 接口并从核心网获取下行用户数据，新基站还需要根据终端上下文加密该用户数据并通过空中接口发送给终端。

由于此时新基站没有标识终端上下文的恢复 ID 信息，一种可能的方式是新基站可以根据从寻呼消息中得到的终端标识 S-TMSI 来恢复终端上下文，对于终端在同一个基站挂起连接并恢复连接的场景，该方案可行。但对于收到终端发送的 CFRA 的新基站不是终端上次挂起连接的那个基站（在下文中称为旧基站）的场景，新基站在本地查找不到与 S-TMSI 相关联的终端上下文，且由于 S-TMSI 中没有包含旧基站的信息，尽管标准已经支持基于恢复 ID 的基站间终端上下文获取流程，新基站也无法使用该流程。

一种可能的方式是终端上次挂起连接时，旧基站将终端恢复 ID 和一些必要的相关信息上载到 MME，MME 下一次将该信息通过 S1 寻呼消息带给新基站。该方案具有可行性，但主要问题在于一方面在核心网存储纯粹的无线参数不太合适；另一方面，MME 可能需要向登记区的多个基站发送 S1 寻呼消息，在这些消息中都携带相同的终端恢复 ID 会带来不必要的开销。

为此可以考虑一些其他的解决方案：

- 方案 1：在从终端收到 CFRA 之后，新基站向 MME 发送请求以获取终端上下文。

MME 查找到该终端上次连接挂起所在的旧基站信息，并触发旧基站将终端上下文"推送"到新基站。图 6-16 所示为示例过程。

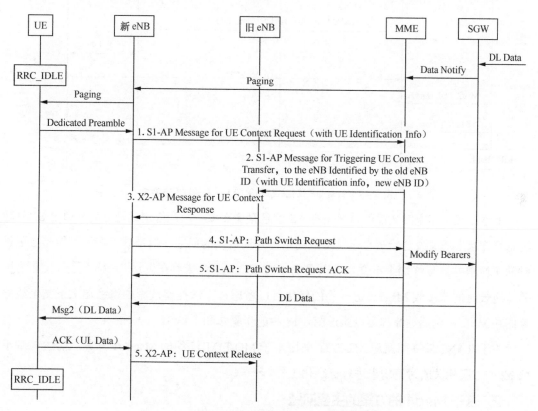

图 6-16　针对 UP 优化的提前终端上下文的恢复方案 1

- 方案 2：在从终端收到 CFRA 之后，新基站向 MME 发送请求以获取终端上下文。MME

查找到该终端上次连接挂起所在的旧基站并直接从旧基站获取终端上下文，然后，MME 用向新基站发送响应消息，包含从旧基站获取到的终端上下文。图 6-17 所示为示例过程。

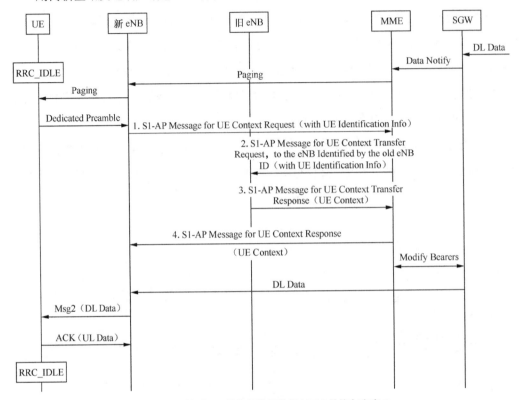

图 6-17　针对 UP 优化的提前终端上下文的恢复方案 2

上述方案 1 和方案 2 都可以避免将 AS 信息存储在核心网，特别是避免后续通过 S1 寻呼消息将终端上下文发送给多个基站造成的信令开销过大的问题。但是缺点在于可能需要更长时间来检索并恢复终端上下文，尤其是对于方案 2。这意味着在发送 CFRA 之后，UE 需要等待更长时间来接收 Msg2。进一步的优化可以考虑在上次挂起过程中将终端上下文上载并存储在 MME，则后续流程可以跳过图 6-17 中的步骤 2 和步骤 3。

由于 RAN2 最终同意对 MT-EDT 采用基于 MO-EDT 流程的 Msg4-A 方案，前述与基于 Msg2 的方案相关的讨论均未进行标准化工作。

2. 基于 Msg4 的方案的主要问题

对于 Msg4-A 方案，RAN2 首先同意了寻呼消息中应携带 MT-EDT 指示，以便终端判断是否执行 MT-EDT 流程还是采用传统的寻呼响应流程。此外要尽量重用 MO-EDT 现有流程。

（1）#1：对 CP 优化使用何种 Msg1/Msg3

对 CP 优化，即便 MT-EDT 流程的 Msg3 中无须包含上行用户数据，但核心网为减小影响，要求 Msg3 仍需要包含 NAS Service Request 信元，为此空中接口只能沿用 MO-EDT 的 Msg1/Msg3，接下来的主要问题是如何减少仅需包含 NAS Service Request 而没有上行数据的 Msg3 中的填充比特。标准讨论过程中，多个公司提出，基站收到 MO-EDT Msg1，在 Msg2 中分配用于传输 MO-EDT Msg3 的上行授权，为该上行授权引入新的 TBS Size，例如，比现有 MO-EDT 支持的 328bit 更小的 TBS，但出于简化的考虑，标准最终未采纳该方案。标准仅同意基站采用与 MO-EDT 相同的方式，在 Msg2 中为终端提供 EDT Msg3 上行授权。

（2）#2：对 UP 优化使用何种 Msg1/Msg3

对 UP 优化，Msg3 与用户数据是复用关系，当没有上行数据需要发送时，使用传统 Msg3 是开销最小的方式。为此，同意对 UP 优化的 MT-EDT 流程使用传统 Msg1（非 MO-EDT Msg1）/Msg3。由于这种 Msg3 与由 MO 或 MT 触发的传统 RRC 连接恢复流程中的 Msg3 相同，eNB 还需要一些其他信息来识别正在进行的流程是 MT-EDT。原因在于，在传统 RRC 连接恢复流程中，基站收到 Msg3 之后不会触发 S1 接口流程，只有在收到 Msg5 之后才会触发 S1 接口恢复流程，这显然不满足 MT-EDT 的要求。MT-EDT 流程与 MO-EDT 类似，需要基站在收到 Msg3 之后即触发提前的 S1 接口恢复流程。

一种可能的选择是让基站收到传统 Msg3 之后获取终端上下文，并将 S-TMSI 或其他一些 S1 接口信息与先前的寻呼消息中包含的 S-TMSI/MT-EDT 指示相比对，判断是否需要对该终端执行 MT-EDT 流程。但是标准讨论中认为需要避免与另一种可能混淆，即当终端接收到带有 MT-EDT 指示的寻呼，可能仍然希望以普通被呼的恢复原因来触发传统的恢复流程，那么此时 eNB 根据寻呼消息中携带过 MT-EDT 指示就判断该终端触发 MT-EDT 流程是错误的。

UE 接收 MT-EDT 指示但仍倾向于触发传统恢复流程的可能情况如下。

- 当 UE 接收到带有 MT-EDT 指示的寻呼时，没有缓冲上行数据。但是在 Msg1 传输之后和 Msg3 传输之前，一些 UL 数据到达。在这样的情况下，UE 可能倾向于触发传统恢复流程并且移动到 RRC_CONNECTED 态。

- 当 UE 接收到带有 MT-EDT 指示的寻呼时，有缓冲 UL 数据，但是 UL 数据的大小大于触发 MO-EDT 的阈值。UE 只能发送传统 Msg1，期望使用传统连接恢复流程恢复连接并进入 RRC_CONNECTED 态。

为了避免当终端使用传统 Msg1/Msg3 时，基站错误判断终端意图，标准最终采纳，在传统的连接恢复消息中引入新的恢复原因 MT-EDT。基站根据该恢复原因可以判断终端当前正在发起普通连接恢复流程还是针对 MT-EDT 的连接恢复流程。

（3）#3：上行确认数据传输问题

在方案选择初期，就有多家公司提出，尽量重用 MO-EDT 流程的 Msg4-A 方案的一个主要问题是如何传输针对下行数据的上行确认消息。在现有 MO-EDT 流程中，以上行数据传输为主，携带下行数据的 Msg4 通常是最后一条消息，终端收到 Msg4 后维持在空闲态，由此达到简化数据传输流程，节省终端功耗的目的。但在 MT-EDT 流程中，携带下行数据的 Msg4 很可能不是最后一条消息，很多场景下终端需要发送针对下行数据的上行确认消息甚至应用流程数据。最简单的方式是通过 Msg4 将终端回退到连接态，终端在连接态发送上行确认数据。与之相关的，就需要进一步讨论基站如何获知终端有上行确认数据要发送，可能的方式有：① 终端在 Msg3 中发送指示；② 基站从 MME 获取终端倾向或业务模式信息；③ 基于实现。参考 MO-EDT，可能会认为第一种方式比较准确。但通过对比我们可以看到，在 MO-EDT 中，由于 MO-EDT 由 UE 触发，基站可以假定终端侧不再有上行数据，同时可以基于来自核心网的更多下行数据指示或基站内部信息来比较准确地判断是否需要触发回退。但在 MT-EDT 情况下，有很大可能终端仅在接收到下行数据（例如，网络命令）之后，才会知道有上行确认数据需要发送，并且该信息仅终端知道。在这种情况下，终端无法在发送 Msg3 时就包含是否有上行确认的指示，而基站根据网络侧信息则认为不需要将终端回退，其结果就是基站无法在需要回退的场景下准确触发回退。此外，就算基站可以（盲目地）将终端回退，由于终端可能只有一个很小的上行确认数据需要发送，回退后终端将在一段时间内保持在连接态且没有进一步数据传输，这将导致不必要的 UE 功耗，大大降低重用 MO-EDT 流程所期望的简化流程及终端省电收益。

讨论中也提到另一种方案，即 Msg4 中包含带有下行数据的 RRCConnectionSetup 消息将终端回退到连接态，终端发送 Msg5（例如，RRCConnectionSetupComplete 或 ULInformation Transfer 消息）确认并携带上行反馈数据，基站再发送 Msg6，包含 RRCConnectionRelease 消息用于将终端快速释放到空闲态。该方案与前述方案存在类似问题，基站可能无法获得信息来准确判断是否要发送 Msg6 将终端快速释放到空闲态。

针对上述问题，我们认为无论对于 CP 优化还是 UP 优化，都有必要考虑其他更有效的方式，如图 6-18 和图 6-19 所示。

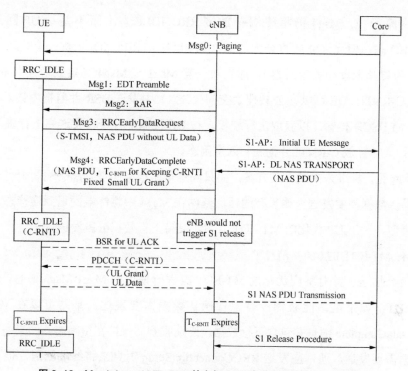

图 6-18　Msg4-based MT-EDT 的上行 ACK 发送方案（用于 CP 方案）

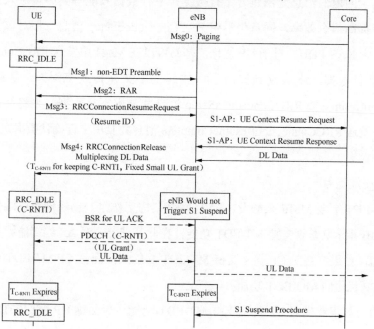

图 6-19　Msg4-based MT-EDT 的上行 ACK（用于 UP 方案）

在上述流程中，Msg4 仍将终端释放到 RRC_IDLE 态，而不是让 UE 回退到 RRC_CONNECTED 态，但允许终端将分配的 C-RNTI 保持在 RRC_IDLE 态一段时间（基站可以在 Msg4 中为终端配置相关定时器）。即在第一轮 Msg1 ～ Msg4 交换成功且竞争解决之后，UE 将存储 C-RNTI，UE 可以在公共搜索空间（CSS）中发送 BSR 并监视由该 C-RNTI 加扰的 PDCCH / PDSCH 传输，以获取上行授权。在 UE 根据上行授权发送完上行确认数据且定时器超时后，UE 释放 C-RNTI 并彻底转入空闲态。

为简单起见，标准未采纳上述方案，而只同意基站根据实现判断终端是否有更多下行数据或上行确认数据需要发送，如果有的话，基站在 Msg4 中将终端回退到连接态。此外，与 MO-EDT 类似，对于 UP 优化的 MT-EDT 方案，支持下行数据分段发送。

（4）#4：MT-EDT 的 Msg4 消息

前面已经描述了针对不同优化的 MT-EDT 流程所使用的 Msg1/Msg3 消息，对于 CP 优化的 MT-EDT，如果基站能获知没有上行确认数据需要发送，基站可以在 Msg4 中发送 RRCEarlyDataComplete 消息并包含下行数据，终端收到后保持在空闲态。如果基站获知有上行确认数据需要发送，通常应发送 RRCConnectionSetup 消息来将终端回退，但在 MO-EDT 流程中，该用于回退的消息无法包含下行数据，下行数据只能等到终端进入连接态后再发送，为进一步提高信令效率，同意仍沿用 RRCConnectionSetup 消息，但对该消息进行扩展使得它可以包含 NAS PDU。对于 UP 优化，基站可以在 Msg4 中发送 RRCConnectionRelease 消息并复用下行数据，终端收到该消息后挂起上下文并转入空闲态。基站也可以发送 RRCConnectionResume 或 RRCConnectionSetup 消息并复用下行数据，来将终端回退到连接态。终端可以发送 RRCConnectionResumeComplete 消息并复用上行确认数据之后终端转入连接态。

（5）#5：终端能力

由于 MT-EDT 需要 MME 来触发，SA2（网络架构工作组）已经同意终端需要通过 NAS 层信令向 MME 指示其是否支持 MT-EDT 功能，在此基础上，对 AS 终端能力有以下结论：

- 可选的，如果终端对 CP 优化支持 MT-EDT 功能（后面称 CP MT-EDT），它也应支持针对 CP 优化的 MO-EDT 功能；
- 可选的，如果终端对 UP 优化支持 MT-EDT 功能（后面称 UP MT-EDT），它也应支持针对 UP 优化的 MO-EDT 功能；

- 可选的，支持 MT-EDT 功能不需要 AS 能力指示；

- 应允许终端在 NAS 分别指示对 CP MT-EDT 和 UP MT-EDT 的支持能力。

（6）#6：RAN3 影响

由于最终同意对 MT-EDT 采用基于 MO-EDT 流程的 Msg4-A 方案，对 RAN3（基站接口工作组）的影响比较小，主要讨论了 S1 寻呼消息中包含的 MT-EDT 相关指示问题。在讨论早期已经决定，MT-EDT 由 MME 触发，最终是否可以发起由基站来决定。MME 可以在 S1 寻呼消息中包含 MT-EDT 指示来向基站指示有小的下行数据需要发送。但后续认为可以包含一个更细的数据大小的指示，以便基站根据无线条件来更准确地判断是否可以发起 MT-EDT 流程，如果 S1 寻呼消息中包含了下行数据大小信息，则可以不用再包含简单的 MT-EDT 指示。

由于 S1 寻呼消息不区分 NB-IoT 和 eMTC，S1 寻呼消息中的下行数据大小需要同时考虑 NB-IoT NB1 和 NB2 终端以及 eMTC M1 和 M2 终端的不同需求。标准讨论过程中提出了以下几种方案：

① 下行数据大小字段的取值采用 NB-IoT 和 eMTC 的最小支持能力，即 1000bit，如果有超出 1000bit 的下行数据，则 MME 不会触发 MT-EDT，该方案的缺点在于对于高能力的终端，应该发起 MT-EDT 而并未发起。

② 下行数据大小字段的取值采用 NB-IoT 和 eMTC 的最大支持能力，即 4096bit，只要小于 4096bit 的下行数据，MME 都可以触发 MT-EDT，该方案的缺点在于对于低能力的终端，有可能 MME 传递了下行数据大小而基站判断无法发起 MT-EDT，导致无谓的信令开销。

③ 下行数据大小字段的取值包含针对不同终端类型的不同支持能力，即定义两个长度的下行数据大小字段，在寻呼辅助信息中包含终端类型信息，MME 根据该类型信息进一步判断是否可以对某个终端发起 MT-EDT 并将其下行数据大小填在相应的字段中。该方案的缺点在于需要 MME 解析更详细的终端类型信息。

最终 RAN3 标准采纳了方案 2，RAN2 进一步同意终端需要在 UE Radio Paging Information Container 包含是否支持 Cat-M2 或 Cat-NB2 的信息。这些信息由终端上报到核心网，下次寻呼时核心网会将该信息携带在 S1 接口寻呼消息中发送给基站。根据这些信息，当核心网指示有较大下行数据时，基站可以判断为某些能力强的终端触发 MT-EDT 流程，即在空口寻呼消息中携带 MT-EDT 指示。如果核心网指示有较大下行数据但终端不支持 Cat-M2 或 Cat-NB2，则基站可以发起普通的寻呼流程。

6.2.3　基于预配置上行资源的上行数据传输

为了进一步提高上行的传输效率以及降低终端的功耗，Rel-16 NB-IoT 引入了基于预配置上行资源（PUR，Preconfigured UL Resources）的上行数据传输策略。

在基于 PUR 的上行数据传输的初期讨论中，提出了三种 PUR 类型：专用的预配置上行资源（Dedicated PUR，D-PUR）、基于竞争的、共享的预配置上行资源（CBS PUR，Contention Based Shared PUR）、基于非竞争的、共享的预配置上行资源（CFS PUR，Contention Free Shared PUR）。

针对 D-PUR，为 D-PUR 配置的资源以及解调参考信号（DMRS，Demodulation Reference Signal）都是终端专用的，并不会受到其他终端的同频干扰。因此，基于 D-PUR 的上行数据传输能够明显提高终端的传输性能。D-PUR 适合用于终端业务呈现规律的周期分布且需要传输的数据量比较固定的场景。

针对 CBS PUR，可以支持多个终端同时在相同的资源上发起上行数据传输，适合用于终端的业务呈现不规律分布（例如，突发性质的业务）的场景。由于 DMRS 并不是终端专用的，当发起上行数据传输的终端数量较多时，可能会导致多个终端选择相同的 DMRS，进而由于 DMRS 的碰撞导致这些终端的传输性能受到非常大的影响。如果接收端可以很好地解决上述问题，那么 CBS PUR 在提升上行整体频谱效率方面还是有显著增益的。

针对 CFS PUR，可以看作是一种折中的方案，支持多个终端同时在相同的资源上发起上行数据传输，同时，类似 D-PUR，CFS PUR 中为终端配置专用的 DMRS，这样就可以解决多个终端的 DMRS 碰撞问题。

1. PUR 工作状态

在初期的讨论中，使用 PUR 进行上行数据传输的方案既有用于连接态（RRC_CONNECTED）的，也有用于空闲态（RRC_IDLE）的。但是考虑到 NB-IoT 主要支持的业务类型为小包非连续传输，同时，NB-IoT 终端在连接态下已经支持窄带物理共享信道（NPUSCH，Narrowband Physical UL Shared Channel）用来传输上行数据，因此，无须再考虑连接状态支持其他的上行数据传输方案了。而在空闲态，虽然在 Rel-15 版本中引入了 EDT 技术，但 EDT 传输需要终端首先发起随机接入过程才能通过后续的 Msg3 来承载上行数据，EDT 比较适合突发性质的上行业务，同时，随机接入过程对 NB-IoT 终端来说功率损耗较大，不能忽略，所以，Rel-16 版本中引入了空闲态下的基于 PUR 的上行数据传输，可以进一步节省终端功率损耗。

2. 不同类型的 PUR 的传输性能对比

基于 D-PUR 的上行数据传输方案，由于其实现简单并且不存在同频干扰，在单用户传输性能方面有不错的表现，因此，D-PUR 被确定为必选方案，并且 D-PUR 的性能指标作为衡量其他两种方案（CBS PUR 和 CFS PUR）是否会被采纳的重要指标。

针对 CBS PUR，其存在的问题有：

（1）资源碰撞问题。由于 CBS PUR 是共享多个终端的，不可避免地会导致多个终端使用相同的 DMRS 情况，进而由于 DMRS 的碰撞会严重影响 CBS PUR 的性能。为了解决这个问题，一种方案是配置大量的 CBS PUR 的资源用来降低或者避免多个终端 DMRS 碰撞的问题，进而保证终端的传输性能。但是，分配的 CBS PUR 资源数量和 DMRS 碰撞概率之间并不是简单的线性关系，也就是说，为了使得 DMRS 碰撞概率下降 50%，需要分配的 CBS PUR 资源要远多于原始 CBS PUR 资源的两倍以上。因此，这种降低 DMRS 碰撞概率的方案会导致大量的 CBRS PUR 资源空置，进而使得整体频谱效率降低得非常严重。另一种方案是在同一个 CBS PUR 资源中配置更多的可用 DMRS，期望降低 DMRS 碰撞概率。类似第一种方案的分析，必须要配置大量的可用 DMRS 才行。考虑到 NB-IoT 这种系统，DMRS 序列的数量是有限的，分配大量的 DMRS 必然导致 DMRS 之间的正交性被破坏，进而会影响 CBS PUR 的传输性能。

（2）一旦 CBS PUR 传输出现碰撞，还需要引入碰撞解决机制，这也是一种资源开销，同样会导致 CBS PUR 的整体频谱效率降低。

（3）由于各个终端传输数据时需要的传输块大小、重复发送次数不尽相同，因此，接收端在接收检测时，需要盲检测很多种 { 传输块大小，重复发送次数 } 的组合，这样会明显增加接收端的接收检测复杂度。

基于以上的分析，决定 Rel-16 中不支持 CBS PUR。

针对 CFS PUR 的讨论，各家公司关注的重点在于：① 最多支持的复用用户的数量；② 与 D-PUR 相比，CFS PUR 的传输增益。上述问题需要通过仿真结果来分析。表 6-5 列举了 CFS PUR 的仿真参数配置和仿真假设。

表 6-5　CFS PUR 的仿真参数配置和仿真假设

参数	取值 / 描述
信道模型	ETU 1Hz
资源占用的带宽	3，6，12 个子载波
业务模型	固定模型（N 个终端占用相同的资源） 注：每个终端配置独立的解调参考信号
重复发送次数	1，2，4，8，16，32，64，128
传输块大小	各家公司自行配置
调制阶数	QPSK
接收天线数量	2
衡量指标	BLER（不支持 HARQ）
最大耦合损耗（dB）	164, 144, 124
终端选择	所有终端的最大耦合损耗（MCL，Maximum Coupling Loss）相同
接收端的接收算法	LMMSE
信道估计	实际的信道估计
频偏	[-50Hz，+50Hz] 内服从均匀分布
定时偏差	[-0.5，+0.5] 个循环前缀内服从均匀分布
功率失调参数	[-5dB，+5dB] 内服从均匀分布

　　从仿真结果中可以看到，当 CFS PUR 的重复次数小于 64 次时，CFS PUR 的性能要弱于 D-PUR。当 CFS PUR 的重复次数大于等于 64 次时，复用 UE 数量很多时，CFS PUR 的性能同样不如 D-PUR。从其他的一些仿真中可以看到，当 CFS PUR 复用两个终端时，每个终端的传输性能与 D-PUR 的性能接近，并且从整体的上行频谱效率方面考虑，CFS PUR 的性能要优于 D-PUR。

　　因此，最终 CFS PUR 得到了支持，但对其进行了一定的限制，即 CFS PUR 只在重复发送次数大于等于 64 次时并且复用最多两个终端时才可以使用。

3. PUR 对应的搜索空间配置

　　D-PUR 在后续标准化中被简称 PUR。为了保证空闲状态下基于 PUR 的上行数据传输性能，Rel-16 引入了 PUR 专用搜索空间。PUR 专用搜索空间的结构和 Rel-13 版本的用户专有搜索空间（USS，UE-Specific Search Space）的结构一致，通过表 6-6 中的几个参数联合确定的。

表 6-6　PUR 搜索空间参数配置

R_{max}	搜索空间中支持的窄带物理下行控制信道（NPDCCH，Narrowband Physical Downlink Control Channel）最大重复发送次数
G	用于计算搜索空间的周期
α_{offset}	搜索空间的起始子帧位置信息
pur-SS-window-duration	搜索空间的长度
PUR-RNTI	用于搜索空间中下行控制信息（DCI，Downlink Control Information）的加扰

为了支持 PUR 的终端首先需要配置专用的 RNTI，即 PUR-RNTI，终端在完成基于 PUR 的上行数据传输之后，直接在 PUR 专用搜索空间上检测 PUR-RNTI 加扰的 DCI，其中，承载了基站发送的针对 PUR 的响应消息（例如，物理层 HARQ-ACK、PUR 重传调度信息等）。基于 PUR 的上行数据传输只支持一个 HARQ 进程。PUR 专用搜索空间的起始位置位于 PUR 资源之后并且与 PUR 资源结束时刻的间隔为 3 个子帧，也就是说，如果 PUR 资源结束时刻所在的子帧索引为 n，则 PUR 专用搜索空间的起始子帧的索引为 $n+4$。

物理层的 HARQ-ACK 承载在 DCI 子帧 N0 中。承载物理层 HARQ-ACK 的 DCI 称为 "PUR L1 ACK DCI"。当 DCI 子帧 N0 中 "Modulation and Coding Scheme" 域的取值为 14 时，代表当前 DCI 为 "PUR L1ACK DCI"。同时，"PUR L1 ACK DCI" 中还可以承载以下信息：

- 1bit 的 ACK/Fallback（回退）指示信息；
- 6bit 的定时提前量调整信息；并且只有当 "PUR L1ACK DCI" 中 1 bit 的 ACK/Fallback 指示信息指示为 ACK 时才可以承载定时提前量调整信息；
- 3bit 的重复发送次数信息。

当终端收到 "PUR L1 ACK DCI" 并且 1bit 的 ACK/Fallback 指示信息指示为 ACK 时，则终端停止搜索空间检测。

当终端收到 "PUR L1 ACK DCI" 并且 1bit 的 ACK/Fallback 指示信息指示为 Fallback 时，

则认为相应的 PUR 传输失败了，并且终端停止搜索空间检测，执行随机接入流程或者 EDT 操作。

4. PUR 回退操作

在终端完成基于 PUR 的上行数据的首次传输之后，如果在 PUR 专用搜索空间上没有检测到任何信息，则终端需要执行随机接入流程或者 EDT 操作。

在终端完成基于 PUR 的上行数据的重传时，如果在 PUR 专用搜索空间上没有检测到任何信息，则终端确定基站没有成功接收上述 PUR 重传。进一步的，终端可以选择执行随机接入流程或者 EDT 操作。

5. PUR 的功率控制

PUR 的功率控制方案和 Rel-13 NPUSCH 相同，具体内容参考 3.2.10 节。

6. PUR 请求

由于 PUR 技术需要给 UE 预配置空闲态使用的专用资源，所以 PUR 技术只适用于空闲态 UE 的 TA 保持不变（UE 静止），且所承载业务的业务模式（例如，业务传输周期、数据包大小）固定的场景。

基站为 UE 预配置 PUR 资源时，需要知道 UE 的移动性特征和业务特征，以便判断业务是否适合使用预配置上行专用资源来传输。在标准讨论过程中，所述信息获取有两种观点：一种观点认为基站可以基于核心网提供的信息确定 PUR 资源配置，该观点认为在 Rel-15 标准中，S1AP 已经支持基于核心网签约信息的 UE 差异化信息传递（Subscription Based UE Differentiation Information）。基于核心网签约信息的 UE 差异化信息传递策略中，核心网可以向基站传递的信息包括：UE 是否为静止的，业务是否为周期性传输的业务以及周期业务的传输周期、传输时间段。只要在 S1AP 基于签约信息的 UE 差异化信息传递中增加数据包的大小的信息即可满足 PUR 资源配置的决策需求。另一种观点认为 UE 可以主动请求 PUR 资源配置信息，该观点认为 PUR 主要用于上行小数据包传输，UE 更容易获得准确的上行业务信息。

经过讨论，认为两种方式都可以支持。其中，基站基于核心网提供的信息确定 PUR 资源配置可以是基站的实现行为，不涉及特别的标准化；尽管基于核心网签约信息的 UE 差异化信息传递中没有包含数据包大小，但基站可以从分组数据单元（PDU）信息中推断出业务数据包的大小。所以标准重点讨论了 UE 主动请求 PUR 资源的过程。

各厂家提出的 UE 请求 PUR 配置的方式主要包括以下几种：UE 在空闲态主动发起 PUR 资源配置请求、UE 在 PUR 传输过程和 / 或 EDT 传输过程中携带 PUR 资源配置请求、UE 在连接态主动发起 PUR 资源配置请求。在 Rel-16 版本，RAN2 仅同意支持连接态 PUR 资源配置请求。

UE 在连接态主动发起 PUR 资源配置请求，仍然有两种选择：一种是重用 LTE 已有的 UEAssistanceInformation 消息，因为该消息中已经包含了业务的周期（Traffic Periodicity）、

业务的开始时刻（Timing Offset）、消息大小（Message Size）等信息；另一种是定义新的 PUR 资源配置请求消息。为了流程清晰，标准定义了新的 PUR 配置请求消息（PURConfigurationRequest），PUR 配置请求过程如图 6-20 所示。

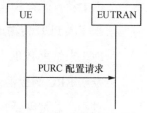

图 6-20　PUR 配置请求过程

关于 PUR 配置请求消息（PURConfigurationRequest）中包含的信息，讨论过程中提到了数据传输周期、数据包大小、数据传输的开始时刻、数据包传输的次数、是否需要层 2/ 层 3 确认、PUR 配置索引等。标准讨论过程具体如下。

- PUR 配置请求消息中包含数据传输周期（requestedPeriodicity）和数据包大小（requestedTBS）在标准讨论过程中是没有争议的。关于数据传输周期（requestedPeriodicity）的取值范围，讨论过程中部分公司认为最大值应该考虑不频繁传输的抄表类业务，最大值可以为若干天；部分公司认为 SFN/H-SFN 是 NB 中的常用计时单位，最大值为 1024H-SFN 即可。经过权衡，最大值定为一天（8196 H-SFN）；由于 NB-IoT PUR 主要用于承载时延不敏感的业务，为了业务资源调度的灵活性和多用户复用无线资源，PUR 周期的取值范围的最小值暂时确定为 8H-SFN，且取值只能是 2 的幂次方 H-SFN。

- 关于数据传输的开始时刻，有的观点认为提供基于 PUR 请求时刻的时间偏移即可，如果基站为 UE 配置的 PUR 资源不满足 UE 的需求，UE 可以为基站发送 PUR 配置拒绝消息；有的观点认为如果 UE 请求精确的资源分配时机，会导致基站在小区负荷高的时刻很难避免资源冲突，所以 UE 请求中携带的应该是一个期望资源分配的时间段。经过讨论，结论为 PUR 请求中携带时间偏移（requestedTimeOffset），但这个时间偏移量不会精确到子帧级别，而是通过文字描述弱化为一个期望的时间段，基站基于 PUR 请求来配置 PUR 资源，UE 不可以为基站发送 PUR 配置拒绝消息。

- 关于数据包传输的请求次数（requestedNumOccasions），在讨论过程中，考虑到 UE 可以请求释放 PUR 资源、基站可以主动指示释放 PUR 资源，讨论确定 PUR 资源连续 pur-ImplicitReleaseAfter 次不使用时则会自动释放 PUR 资源（pur-ImplicitReleaseAfter 由基站配置）。考虑到 UE 在 PUR 资源请求时很难确定数据包传输的次数，所以决定不定义精确的数据包请求传输次数，而只指示仅传输一次（One-Shot）或者无数次（Infinity），有限的数据包传输的次数通过实现来确定。

- 关于是否需要 RRC 响应消息，也就是 UE 进行 PUR 传输后，是否需要 RRC 响应消息来完成 PUR 传输过程。有的厂家认为对于可靠性要求不高的业务，可以通过 PDCCH DCI 来结束 PUR 传输过程，以节省 UE 接收 RRC 消息的开销；而有的厂家认为是否发送 RRC 响应消息应该由基站来决定。考虑到对于 UP CIoT 优化方案的 PUR 传输过程，总是需要 RRC 响应消息来携带 NCC（nextHopChainingCount）信息用于确认 AS 安全，所以通过 PDCCH DCI 来结束 PUR 传输过程仅适用于 CP CIoT 优化方案的 PUR 过程。经过讨论，决定在 PUR 配置请求消息中携带 PUR 传输是否需要 RRC 响应消息的指示（rrc-ACK），用于指示本 PUR 过程可以没有 RRC 响应消息，而通过 L1 ACK 来结束 PUR 过程；但具体是否使用 L1 ACK 来结束 PUR 过程还是由基站实现策略来决定。

- 关于 PUR 配置索引，主要是考虑一个 UE 可能同时承载多种业务模式，不同业务模式需要对应不同的 PUR 配置；这样请求 PUR 资源释放或重配置时，需要指示针对的是哪一套 PUR 配置。但经过讨论，认为 PUR 仅针对业务模式固定的场景，此类场景的 UE 的业务模式相对单一，同一个 UE 同时承载多种业务模式的可能性不大，为了标准化简单，限制同一 UE 最多只支持一套 PUR 配置，所以 PUR 请求中没有引入 PUR 配置索引。

关于 UE 请求 PUR 配置的前提条件，主要提出了以下限制因素：数据包大小是否合适、UE 是否静止、基站是否支持 PUR 功能。标准讨论过程具体如下。

- 关于数据包大小是否合适：只有 UE 的上行数据包小于或等于 PUR 所支持的上行最大 TBS，才可以请求 PUR 配置。这一点在标准讨论过程中没有疑问。

- 关于 UE 是否静止：尽管该条件是 PUR 技术能否使用的必要条件，例如，需要保证 UE 的 TA 不变，UE 的覆盖增强等级（CEL）或服务小区不变。但考虑到 PUR 配置请求是 UE 发送的，UE 只有认为业务可以由 PUR 承载才会发送 PUR 配置请求。所以

UE 是否静止不在标准中体现, 而是基于 UE 实现策略确定的。

- 关于基站是否支持 PUR 功能: 考虑到 UP CIoT 优化方案和 CP CIoT 优化方案的 PUR 过程的差异 (例如, UP CIoT 优化方案的 PUR 传输过程总是需要携带 NCC (nextHop ChainingCount) 的 RRC 响应消息来结束 PUR 过程, 而 CP CIoT 优化方案的 PUR 可以通过 L1 ACK 来结束 PUR 过程; UP CIoT 优化方案的 PUR 传输过程支持数据分段, 而 CP CIoT 优化方案的 PUR 传输过程不支持数据分段等), 标准决定引入基站是否支持 PUR 功能的指示, 且该指示针对 UP CIoT 优化方案和 CP CIoT 优化方案来分别指示; 另外, 考虑到接入 5GC 和接入 EPC 时, UE 和基站的 PUR 行为都有区别, 经过讨论, PUR 的支持指示进一步区分 5GC 和 EPC。也就是在 SIB2 中指示: 小区是否支持连接 EPC 时的 UP CIoT 优化方案的 PUR 传输 (up-PUR-EPC)、小区是否支持连接 5GC 时的 UP CIoT 优化方案的 PUR 传输 (up-PUR-5GC)、小区是否支持连接 5GC 时的 CP CIoT 优化方案的 PUR 传输 (cp-PUR-5GC)。

基于以上讨论过程, 关于 PUR 配置请求的标准化结果为:

- 当上行总数据包的 MAC PDU Size 小于或等于 UE 支持的 TBS, 且当 UE 连接 EPC 时:
  - 对于 UP PUR, SIB2 中携带了小区支持连接 EPC 时的 UP CIoT 优化方案的 PUR 传输 (up-PUR-EPC);
  - 对于 CP PUR, SIB2 中携带了小区支持连接 EPC 时的 CP CIoT 优化方案的 PUR 传输 (cp-PUR-EPC)。

- 当 UE 连接 EPC 时:
  - 对于 UP PUR, SIB2 中携带了小区支持连接 5GC 时的 UP CIoT 优化方案的 PUR 传输 (up-PUR-5GC);
  - 对于 CP PUR, SIB2 中携带了小区支持连接 5GC 时的 CP CIoT 优化方案的 PUR 传输 (cp-PUR-5GC)。

则连接模式的 NB-IoT UE 可以触发 PUR 配置请求 (PURConfigurationRequest)。

PUR 配置请求 (PURConfigurationRequest) 消息中可以携带以下选项:

- PUR 释放请求: PUR 释放请求中不包含任何信息;

或者

- PUR 配置请求中可进一步包含如下信息:

- 请求的 PUR 资源数目（requestedNumOccasions）；
- 请求的业务传输周期（requestedPeriodicity）；
- 请求的 TBS 大小（requestedTBS）；
- 请求的业务传输时间相对于请求发送的时间偏移量（requestedTimeOffset，可选）；
- PUR 传输是否需要 RRC 响应消息的指示（rrc-ACK，可选）。

7. PUR 配置

关于承载 PUR 配置的消息，考虑到 PUR 配置是用于空闲态 UE 的 PUR 传输，所以几乎所有公司都同意 PUR 配置可以在 UE 转入空闲态的最后一条专用消息中携带，也就是 RRCConnectionRelease 或 RRCEarlyDataComplete 消息。对于 RRCEarlyDataComplete 消息承载 PUR 配置信息，考虑到 RRCEarlyDataComplete 消息是通过 TM 模式传输的，且没有高层确认（RRCResponseMessage 或 RLC ACK）。通过 RRCEarlyDataComplete 消息携带 PUR 配置信息，由于消息传输的不可靠，可能导致 UE 和基站的资源状态不一致。有公司提出：要么 RRCEarlyDataComplete 消息支持 AM 模式，要么引入 RRCEarlyDataCompleteConfirm 消息来响应 RRCEarlyDataComplete 消息，以确保 UE 能收到基站发送的 RRCEarlyDataComplete 消息，保证 UE 和基站的 PUR 资源配置的一致性。经过讨论，认为 UE 在 PUR 和 / 或 EDT 传输过程中不会发起 PUR 配置请求，所以通过 RRCEarlyDataComplete 消息承载 PUR 配置信息的应用场景也不多。所以决定 RRCEarlyDataComplete 消息不承载 PUR 配置信息。

考虑到只有 UE 支持 PUR 传输，才可以为 UE 配置 PUR 资源，所以 UE 需要上报其 PUR 能力给基站；由于 CP CIoT 优化方案和 UP CIoT 优化方案的 PUR 传输策略有所不同，连接 EPC 和连接 5GC 时的 PUR 传输策略也有差异，且 UE 可能只支持其中一种 PUR 传输策略，所以 UE 区分连接 EPC 时的 CP CIoT 优化方案 PUR 传输能力（pur-CP-EPC）、连接 EPC 时的 UP CIoT 优化方案 PUR 传输能力（pur-UP-EPC）、连接 5GC 时的 CP CIoT 优化方案 PUR 传输能力（pur-CP-5GC）、连接 5GC 时的 UP CIoT 优化方案 PUR 传输能力（pur-UP-5GC）来上报其 PUR 传输支持能力。

关于 PUR 配置信息中需要包含的内容，主要涉及以下信息的讨论：

- 用于 TA（Timing Advance）有效性判决的定时器配置：考虑到 PUR 传输使用的是最近获得的 TA 值，而 TA 值可能发生变化，所以需要引入 TA 有效性定时器，TA 只在 TA 有效性定时器运行时有效。有观点认为 PUR 的 TA 有效性定时器可以重用连接模式 TimingAlignmentTimer 的值。但经过讨论，考虑到 UE 保持在空闲态的时间比较长，且基站不可能给空闲态的 UE 发送 TA 更新指示，所以 PUR 的 TA 有效性定时器的取值至少要大于 PUR 传输周期，且落在同一 PUR 周期的不同 TA 有效性定时器结束时机是没有差别的，所以连接态的 TimingAlignmentTimer 取值范围不适合于空闲态 PUR 传输的 TA 有效性定时器。最终决定为 PUR 配置单独的 TA 有效性定时器（pur-TimingAlignmentTimer），且取值范围是 PUR 周期的整数倍。

关于 PUR 的 TA 有效性定时器（pur-TimingAlignmentTimer）启动 / 重启时机，考虑到 PUR 的 TA 使用的是 UE 最近获得的 TA，所以 PUR 的 TA 有效性定时器（pur-TimingAlignmentTimer）收到 TA 有效性定时器（pur-TimingAlignmentTimer）配置时启动或重新启动，在收到 TA 更新命令后重新启动，在 PUR 配置释放或 PUR 配置中未包含 pur-TimeAlignmentTimer 时停止。所述 TA 更新命令可以为 Timing Advance Command MAC Control Element 或者 PDCCH 携带的 TA 更新信息。Timing Advance Command MAC Control Element 及其触发条件重用连接态的 Timing Advance Command MAC Control Element 策略，且在 PUR 传输流程中 UE 可以接收 Timing Advance Command MAC Control Element。

- 用于 TA 判决的 RSRP 门限：考虑到 PUR 传输使用的是最近获得的 TA 值，而 TA 有效性定时器是个静态的值，无法反映出由于 UE 移动导致 TA 变化的场景。经过讨论，决定引入基于 RSRP 变化的 TA 有效性判决策略，用于 TA 有效性的 RSRP 变化判决具体如下：如果配置了 pur-NRSRP-ChangeThreshold，则进行基于服务小区 RSRP 变化判断 TA 有效性。判断的条件为：

  - 从上一次 TA 有效性获取开始，服务小区的 RSRP 的增加量不超过 nrsrp-IncreaseThresh；

  - 从上一次 TA 有效性获取开始，服务小区的 RSRP 的降低量不超过 nrsrp-DecreaseThresh（如果 nrsrp-DecreaseThresh 未配置，则采用 nrsrp-IncreaseThresh 的值）。

- 用于判决 PUR 资源连续 pur-ImplicitReleaseAfter 次（后面的 "m" 次）不使用时自动释放 PUR 资源的次数门限：考虑到 PUR 资源配置即使不使用也会占用无线资源，为防止 PUR 资源长期不使用导致无线资源浪费，尤其是避免 PUR 资源挂死的情况（基站和 UE 侧的 PUR 资源状态不一致），引入了 PUR 资源连续多次不使用时自动释放 PUR 资源的次数门限（pur-ImplicitReleaseAfter）。当 PUR 资源连续不使用的次数达到所述门限时，PUR 资源自动释放。为了避免 PUR 资源不使用而浪费无线资源，PUR 资源连续不使用的次数不宜太大。经过讨论，PUR 资源连续多次不使用时自动释放 PUR 资源的次数门限最大取值为 8 次；有观点认为 PUR 资源连续不使用的次数可以设置为 1，也即如果 PUR 资源 1 次不使用就自动释放，但讨论认为取值为 1 的实际应用场景不多，且设置为 1 时会导致 PUR 资源由于 PUR 传输异常而发生不期望的释放。所以决定 PUR 资源的次数门限取值不可以为 1。再考虑到参数配置的比特数开销以及参数值设置场景需求，最后决定该参数的取值范围为 ENUMERATED{n2, n4, n8}。关于计数器 pur-ImplicitReleaseAfter 的具体统计规则参见 6.2.3 节。

- PUR 传输过程使用的 RNTI（PUR-RNTI）：对于 PUR RNTI 的定义，有观点认为 PUR-RNTI 是 UE 专用资源，UE 的 PUR RNTI 不能冲突；有观点认为 PUR-RNTI 是公共资源，在小区内不同 UE 可以复用（例如，驻留在不同载波上的 UE 的 PUR-RNTI 可以相同）。最后，标准澄清为：从 UE 角度看，PUR-RNTI 是 UE 专用资源，UE 可以通过 PUR-RNTI 唯一地识别所述 UE 的调度。

- PUR 传输的响应定时器（pur-ResponseWindowSize）：指示 UE 触发 PUR 传输后，等待 PUR 传输响应的最大时长。如果 UE 在所述定时器内未收到 PUR 传输响应，则认为 PUR 传输失败。其取值范围和 MO-EDT 的 mac-ContentionResolutionTimer 取值范围一致。

- PUR 资源的开始时机（pur-StartTime）：指示了 UE 收到 PUR 资源配置到第一个 PUR 传输时机的时间偏置，用于确定 PUR 资源的时域位置。

- PUR 资源的周期（pur-Periodicity）：用于指示 PUR 资源的周期，取值范围和 PUR 配置请求中的 requestedPeriodicity 保持一致。

- PUR 配置中的物理层信息：上下行频点信息、NPDCCH 同常规的 RRC 配置；RU 数目、NPUSCH 物理层重复次数、NPUSCH 子载波间隔、NPUSCH MCS 等配置信息同常规的 NPUSCH 调度信息。

标准还讨论了承载 PUR 配置的 RRC 释放消息中是否可以携带载波重定向指示以及 extendedWaitTime 信息。经过讨论，RRC 释放消息中携带 PUR 配置与携带其他信息不冲突。考虑到 extendedWaitTime 由 NAS 维护，在 extendedWaitTime 运行期间，NAS 不会为 AS 传递用户数据信息，所以 extendedWaitTime 运行期间 PUR 传输不会进行，基站可以通过配置

extendedWaitTime 时长小于 PUR 传输周期以避免 extendedWaitTime 与 PUR 传输的冲突。

8. PUR 传输

关于 PUR 传输触发条件，主要的讨论内容包括：TA 的有效性判决策略、数据包大小是否适合 PUR 传输等。经过讨论，认为 PUR 传输使用的 TA 可以使用 UE 最近获取的 TA，但需要通过 TA 有效性定时器（pur-TimingAlignmentTimer）是否超时和服务小区 RSRP 变化是否超过预定义门限来决定 UE 最近使用的 TA 是否有效。对于数据包大小是否适合 PUR 传输的讨论，考虑到 CP CIoT 优化方案的 PUR 传输使用 TM 模式在 CCCH 上传输，数据不可分段，所以 CP CIoT 优化方案的 PUR 可传输的数据包大小不能超过 PUR 配置中的 TBS；而 UP CIoT 优化方案的 PUR 传输使用在 DTCH 上传输，可支持分段（例如，第一包在 PUR 资源上传输，后续数据包在 UE 回落到 RRC 连接态时传输），所以 UP CIoT 优化方案的 PUR 可传输的数据包大小没有明确的限制，可基于 UE 实现策略确定。

关于 PUR 传输策略，主要有两种观点：一种观点认为 PUR 传输时无须 RRC 消息，因为 PUR 是专用资源，基站需要存储 PUR 资源配置信息，基站可以通过 PUR 资源来识别出 UE。虽然对于 CP CIoT 优化方案，基站目前不存储 UE 上下文信息，但考虑到 PUR 资源的重配置和释放等场景，存储 PUR 资源配置等上下文信息也是必要的，且所述上下文信息可以与 S-TMSI 关联来识别 UE。如果 NAS 更新了 UE 的 S-TMSI，UE 可以通知基站更新存储的 S-TMSI。另一种观点认为 PUR 传输尽可能重用 EDT Msg3 消息，每次传输都携带 UE 标识，可以避免基站存储 CP CIoT 优化方案的 UE 上下文以及 S-TMSI 更新问题，但需要基站将 UE 的 PUR 配置信息作为 Container 传给 MME，基站在 PUR 重配置或者释放时从 MME 获取 UE 的 PUR 配置信息。经过讨论与权衡，为了简化流程，PUR 传输时重用 EDT Msg3 传输过程，但基站在 PUR 重配置或者释放时如何获取 PUR 配置信息还需进一步讨论。

另外，标准还讨论了 PUR 时机如果没有数据传输时，PUR 资源上是否可以传输单独的 RRC 消息。讨论结果为：PUR 资源上可以传输 RRC 消息、DPR MAC CE 等 RRC 和 MAC 信息。

基于以上讨论，PUR 传输的触发条件为，当以下所有条件满足时，空闲态的 NB-IoT UE 可以触发 PUR 传输：

- NAS 请求建立 RRC 连接；或者 NAS 请求恢复 RRC 连接，且 UE 存储了 RRC 连接挂起的 RRCConnectionRelease 消息中携带的 nextHopChainingCount 值；
- 触发 RRC 连接建立或恢复的 MO 业务，且建立原因值为 mo-Data、mo-ExceptionData

或 delayTolerantAccess;

- UE 有有效的 PUR 配置;

- UE 有有效的 TA 信息，具体参见 6.2.3 节关于 TA 有效性的描述;

- 对于 CP CIoT 优化方案的 PUR 传输，上行总的数据量对应的 MAC PDU 大小小于或等于 PUR 配置信息中的 TBS 值。

关于 PUR 传输的消息和信道重用 EDT Msg3 的传输策略，对于 UP CIoT 优化方案，AS 安全在 PUR 资源上进行上行传输时激活。UE 进行 PUR 传输后，开始在 PUR USS 内监控 PDCCH，并启动 PUR 传输的响应定时器（pur-ResponseWindowSize）。具体的，UE 启动与停止所述 PUR 传输的响应定时器的策略如下:

- UE 在承载 PUR 传输的 PUSCH 结束子帧加 4 个子帧启动 PUR 传输的响应定时器;

- 如果 UE 收到了 PUR 的重传调度，则在 PUR 重传的 PUSCH 结束子帧加 4 个子帧重新启动 PUR 传输的响应定时器;

当 PUR 传输过程结束，或 UE 收到了 PUR 响应消息，则停止所述定时器。

- 如果 PUR 传输的响应定时器超时，则 UE 认为 PUR 传输失败。

类似于 EDT 传输，基站收到 PUR 传输时，可以通过给 UE 发送 RRC Msg4（RRCConnectionSetup 或 RRCConnectionResume）将 UE 回落到 RRC 连接态。考虑到预配置的 PUR RNTI 有时效性问题，当将 UE 从 PUR 传输过程回落到 RRC 连接态后，沿用 PUR RNTI 可能导致 RNTI 冲突；所以基站在将 UE 从 PUR 传输过程回落到 RRC 连接态时，可以通过 RRC Msg4 给 UE 配置新的 C-RNTI(newUE-Identity)；如果配置了新的 C-RNTI，UE 在连接态的 C-RNTI 就用新配置的 C-RNTI；如果未配置新的 C-RNTI，UE 在连接态的 C-RNTI 就沿用回落到 RRC 连接态之间的 PUR-RNTI。

当 PUR 传输完成后，对于 UP CIoT 优化方案的 PUR 传输，由于需要给 UE 发送 NCC，基站总是需要通过给 UE 发送 RRC 释放消息来结束 PUR 流程；对于 CP CIoT 优化方案的 PUR 传输，基站确定没有数据传输时，如果 PUR 请求中携带了 PUR 传输需要 RRC 响应消息的指示，则基站可以通过 L1 ACK 或 RRC 消息（RRCEarlyDataComplete）来结束 PUR 流程。

考虑到 PUR 流程触发的 S1 接口连接建立 / 恢复也可以被核心网看作是 Paging 的响应，所以当 Paging 时机和 PUR 传输冲突时，UE 优先进行 PUR 传输。也就是说，如果 PUR 传输时刻和监听 Paging PDCCH 时刻冲突，则在所述冲突时刻 UE 无须监听 Paging PDCCH。

由于 PUR 在 NPUSCH 上传输，所以 NPUSCH UL Gap 机制（见 3.2.8 节）同样适用于 PUR 传输。

9. PUR 释放和重配

考虑到 PUR 通常是针对具有相对固定业务模式的终端配置的，故认为需要释放 PUR 资源的场景非常少。一般来说，终端和基站都可以触发释放。如果终端因为任何原因而不再使用 PUR 配置，应该有方法释放这些资源以避免浪费。在最初的讨论中，提出 PUR 资源释放可以有以下几种场景：

- 基于次数的隐含释放：预先设定一个次数 n，当 PUR 传输超过该次数后，即可以释放 PUR 资源。n 可以为 1，即 Single-shot PUR 配置，或者 n 为无穷大，即 PUR 配置可以被一直使用。

- 终端发起的释放：可能的原因包括 TA 失效、UE 移动到其他小区、PUR 传输失败、覆盖等级变化导致指配的重复次数不足等。

  - 对于终端移动场景，基站通常无法感知终端在空闲态的移动，除非终端发起 TAU 过程。因此当终端移动到其他新小区后，源基站无法发起资源释放，只有终端可以通知网络侧来释放源基站上的 PUR 资源。例如，终端移动到新小区后，发起连接建立并携带指示告知目标基站在源侧已分配 PUR 资源。目标基站可以查找到源基站，通过 X2 接口通知源侧基站释放资源或通过 S1 接口通知 MME，再由 MME 通知源基站释放资源。为了避免因终端发送释放请求而造成额外功耗，我们建议不必专门发送释放请求，释放请求可以在下一次由业务触发的连接建立或恢复过程中携带在 Msg3 中。考虑到非立即释放只会浪费一次源基站中的 PUR，可以认为在源基站造成的浪费并不会太大。经过多次讨论后，认为 UP 优化方案已经可以支持 UE 移动到目标基站后通知源基站释放 PUR。CP 优化方案终端移动后主动触发目标基站去释放源基站 PUR 的方案涉及 X2 接口改动，较为复杂，目前仅要求终端移动后释放本地的 PUR，源基站在 PUR 超过配置次数未使用（后面的 "m" 次）后再发起 PUR 释放。这种方法虽然简单，但如果配置次数设置过大，显然会造成比较严重的源基站目标浪费。

  - 对于 PUR 传输失败或覆盖等级变化的情况，终端可能需要回退到传统连接建立流程或 EDT 流程，为保证资源状态一致，终端应在回退后指示网络侧释放已分配的PUR。

- 讨论过程中有提到在传统的连接控制过程中通过RRC信令释放，或在PUR传输过程中通过RRC信令释放。基于上述释放原因的讨论，认为PUR仍然可用且正被使用时发起释放的理由不明确，但部分公司认为终端有可能因为业务模式发生变化，而需要在当次PUR传输过程中释放后续PUR。

- 网络发起的释放：可能的原因包括基站发现业务模式变化、网络资源拥塞，或因为传输失败等导致已配置的PUR多次未使用。

  - 小区级释放：基站可以通过SIB消息中指示来禁用所有终端的PUR传输，也可以通过接入控制机制来临时禁用PUR传输。

  - 终端级释放：基站通过专用信令来释放终端的PUR资源。讨论最多的原因是基站连续"m"次没有探测到终端的PUR传输（也成为终端连续"m"次跳过PUR时机）。这里讨论的重点是如何保证终端和基站对"m"的统计一致。讨论后认为以下几个原则得到大多数公司的认同：

① 终端处于空闲态且未使用PUR时机，终端对m加1；

② 终端处于空闲态且已在PUR时机传输PUR业务，但未收到ACK，终端对m加1；

③ 基站在PUR时机未发出ACK，基站对m加1。可能的情况包括基站未收到PUR传输或基站收到PUR传输但解析失败无法发出ACK；

④ 当终端处于专用RRC连接中时，即便此时有PUR时机（例如，终端在PUR时机之前已经建立了传统连接，且连接一直持续到当前PUR时机），基站和终端都不增加m；

⑤ 终端和基站之间只要成功通信（无论是处于空闲态还是连接态）后，m的值都将重置为零。

多数公司都认可上述条件②有可能导致终端和基站对m的统计不一致。例如，对于下行传输失败的场景，UE发送了PUR传输且基站已正确收到，eNB发送ACK，但ACK丢失。根据条件②，终端将对m加1，但根据条件③，基站不会对m加1。这种情况下，基站统计会少于终端，当终端统计跳过PUR的次数达到m次，终端即提前释放PUR，对基站而言，剩余的PUR不会再被使用，后面称这种为不一致A。

为避免这种情况，另一种统计方式为，去掉条件②仅保留条件①，即仅当终端没有使用PUR时机时，终端才对m加1。如果终端使用PUR时机发送了业务，即便终端没有收到

ACK，终端也不对 m 加 1。但是这里又存在另外一种不一致的可能性，即对于上行传输失败，终端利用 PUR 发送了业务，终端不对 m 加 1，但根据条件③，基站在 PUR 时机没有正确收到 PUR 传输，则基站会对 m 加 1。这种情况下，终端统计会少于基站，当基站统计跳过 PUR 的次数达到 m 次，基站即提前释放 PUR，对终端而言，在剩余的 PUR 资源上传输数据不会被处理或响应。后面称这种为不一致 B。

需要指出的是，上述任何一种统计方式都无法完全避免终端和基站的统计不一致，但不一致 B 的不利影响，特别是对终端的不利影响更大，因此多数公司同意采纳上述条件①~③的统计方式。

为了尽可能解决上述条件②在下行传输失败场景下存在的不一致，考虑了以下解决方案。根据物理层最新结论，如果终端已使用 PUR 时机发送了 PUR 传输，但一直未收到 ACK，则终端应在一定时间后执行传统随机接入过程或 EDT 过程。进一步的，如果终端可以在随机接入过程中上报 PUR 失败指示，则基站收到该连接建立请求后可以知道这是由先前的 PUR 传输失败引起的，并且基站还知道它已发送了对先前 PUR 传输的响应，则基站可以相应地对 m 加 1，来达到与终端保持一致的目的。

关于重配，部分公司认为终端可以请求扩展当前 PUR 配置，例如，终端具有永久传输的业务模式，但配置资源时不允许请求和配置无限的周期，或者终端发现需要请求比原本预期的更长的资源，终端都有可能发起请求，基站根据请求为终端重配（扩展）当前资源。而另一些公司认为配置 PUR 的终端通常业务模式很稳定，因此需求不存在，即便终端请求，也可以被视为新的请求。

经过若干次讨论，最后 RAN2 仅同意通过终端专用信令为使用 CP 优化的终端重新配置或释放 PUR。该专用信令通常为 RRC 连接释放消息，在该消息中将引入用于 PUR（重新）配置的信元。

在早期讨论中，有提案建议在 PUR 传输过程中也支持在发送下行确认的同时，可以通过 RRC 消息重新配置或释放 PUR 资源。但是对于 CP 优化，目前考虑可以携带下行确认的 RRC 消息为 RRCEarlyDataComplete 消息，该消息采用 UM 模式发送，没有 RLC ACK，也没有对应的 RRC 层确认消息，如果使用该消息包含 PUR 重配或释放信息，还需考虑引入另一个上行 RRC 消息来指示重配或释放的成功或失败。为简化考虑，RAN2 讨论确定对 PUR 传输沿用现有 MO-EDT 的 Msg3/Msg4，且不引入额外的成功或失败指示，则目前来看，在

PUR 传输过程中进行 PUR 资源的重配或释放，至少对 CP 优化不可行。此外，考虑到已经同意仅当 UE 处于连接态时才可以发送 PUR 请求，释放和重配的一个主要触发是基站响应终端请求，那么主要考虑的重配或释放时机就是通过传统的连接释放过程。

为了通过终端专用信令来重配或释放 PUR 资源，基站首先需要识别哪个 PUR 资源是为某个特定终端配置的。对于 UP 优化，我们可以假设 PUR 资源为终端上下文的一部分，这意味着如果网络要为某个终端重配或释放 PUR 资源，它可以根据该终端的恢复 ID 来查找终端上下文中的 PUR 资源。

但对于 CP 优化，根据现有协议，尚不清楚如何将 PUR 与某个特定终端相关联。换句话说，为使用 CP 优化的终端通过何种标签来标识 PUR 尚待确定。如果没有这样的 PUR 资源标签，基站也可以为使用 CP 优化的多个终端分配和存储多个 PUR，但不能将他们一一关联。当为某个终端分配了 PUR，且该终端使用该资源发送了 PUR 传输，则基站会在 PUR 上解码到使用某个特定 PUR-RNTI 加扰的 PUR 传输，即没有 PUR 标签不影响基站接收 PUR 传输，但如果基站仅想在释放某个终端时专门为它重配或释放 PUR 资源，目前基站尚无可行方式做到这一点。

对于 CP 优化，考虑到 S-TMSI 可以在基站和终端间唯一标识终端，则我们认为基站可以将 S-TMSI 用作 PUR 标签，并根据该标签为某个特定终端查找其关联的 PUR。具体的，有以下两种可能的方式。

① 方式 1：基站使用 S-TMSI 标记本地存储的 PUR。当基站从某终端接收到 PUR 请求时，基站可以直接在本地查找到 PUR，然后为该终端进行 PUR 重配或释放。

② 方式 2：基站将 PUR 配置传到 MME 并存储在 MME 中。MME 可将 S-TMSI 与相关 PUR 进行关联。当基站从某终端接收到 PUR 请求时，基站可以通过 S-TMSI 从 MME 获取该终端的 PUR，然后为该终端进行 PUR 重配或释放。

对于方式 1，一个主要问题是，尽管可以假设终端的 S-TMSI 在一个 MME 中很少发生变化，还是要考虑在某些特殊情况下发生改变的可能性，且这种改变是通过 NAS 信令发生的，只有终端和 MME 才能知道新的 S-TMSI。此后，基站将无法正确查找终端的 PUR 配置。对此可能的解决方案是，S-TMSI 改变仅在终端处于连接态时通过 NAS 信令发生，这种场景下基站总可以知道终端的旧 S-TMSI。一旦 S-TMSI 发生改变，则要求使用 CP 优化且具有 PUR 配置的终端可以向基站上报新的 S-TMSI（例如，通过 ULInformationTransfer 上行消息）基站可以基于旧的 S-TMSI 来查找存储的 PUR 配置，并将其中的旧 S-TMSI 替换成终端上报的新 S-TMSI。上述 S-TMSI 更新上报过程可能会带来额外的空口开销。

但对于方式 2，首先将 PUR 资源这种纯粹的 AS 配置存储在 MME 并不是一种常规做法，其次基站重配或释放 PUR 资源之前需要先到 MME 查找并获取 PUR 资源，这需要引入新的 S1 接口流程并引入额外的接口时延。

在上述两种方式中，标准更倾向于方式 1 或留给基站实现。

6.2.4　NRS 增强

Rel-16 中，NRS 增强主要是针对非锚定载波上没有寻呼时的 NRS 发送，目的是进行 NPDCCH 的提前中止。NRS 增强是否使能通过高层信令配置。

1. 物理层

如果每个子帧都包含 NRS，那么开销太大，所以基于寻呼时机确定包含 NRS 的子帧的方案被采纳。至于哪些寻呼时机有对应的 NRS 子帧则取决于抽取模式的设计。

Rel-16 中 NRS 增强的主要目的是 NPDCCH 的提前中止，所以标准规定包含 NRS 的子帧可能由两部分组成：① 寻呼时机前 10 个 NB-IoT 下行子帧中的前 M 个子帧；② NPDCCH 搜索空间的前 N 个 NB-IoT 下行子帧。

图 6-21 所示为寻呼时机分布示意，可以看出参数 nB 的值不同，寻呼时机的分布不同。

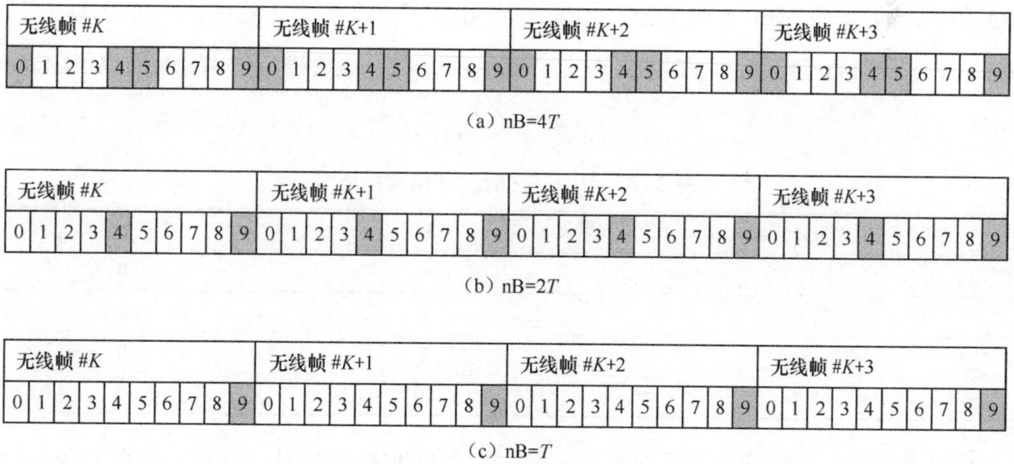

（a）nB=4T

（b）nB=2T

（c）nB=T

图 6-21　寻呼时机分布示意

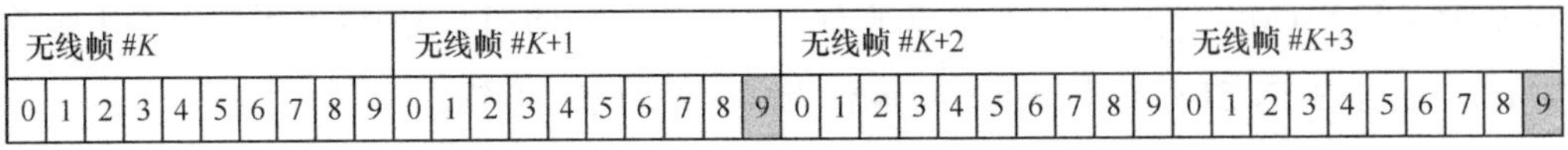

无线帧 #K										无线帧 #K+1										无线帧 #K+2										无线帧 #K+3									
0	1	2	3	4	5	6	7	8	9	0	1	2	3	4	5	6	7	8	9	0	1	2	3	4	5	6	7	8	9	0	1	2	3	4	5	6	7	8	9

（d）nB=$T/2$

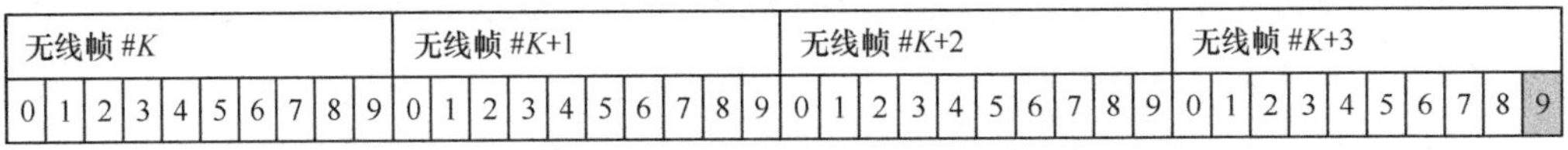

无线帧 #K										无线帧 #K+1										无线帧 #K+2										无线帧 #K+3									
0	1	2	3	4	5	6	7	8	9	0	1	2	3	4	5	6	7	8	9	0	1	2	3	4	5	6	7	8	9	0	1	2	3	4	5	6	7	8	9

（e）nB=$T/4$

图 6-21　寻呼时机分布示意（续）

因此，基于参数 nB 来确定 M、N 和抽取模式被采纳。考虑到寻呼时机的分布，通过以下两种情况分别讨论。

（1）nB < $T/2$

nB < $T/2$，标准规定每个寻呼时机都有 NRS 子帧且 $M+N = 10$。考虑到 NRS 增强的目的是进行 NPDCCH 的提前中止，NRS 应该在 NPDCCH 搜索空间之前发送，所以 $M = 10$，$N = 0$。

（2）nB $\geqslant$ $T/2$

nB $\geqslant$ $T/2$，抽取模式被确定为每两个寻呼时机中有一个寻呼时机包含 NRS 子帧，即抽取因子为 1/2。根据 nB < $T/2$ 时含有 NRS 的子帧个数，可以得到 40ms 内存在 10 个含有 NRS 的子帧是包含 NRS 子帧的最大开销，所以当 nB $\geqslant$ $T/2$ 时，40ms 内含有 NRS 的子帧个数也不能超过 10。考虑到当 nB = $4T$ 或 $2T$ 时，40ms 内 NRS 子帧个数为 4 的倍数，所以将 $M+N$ 的值定义为 8；nB = T 或 $T/2$ 时，40ms 内 NRS 子帧个数为 2 的倍数，所以 $M+N$ 的值仍为 10。结合抽取因子和寻呼时机的分布，nB $\geqslant$ $T/2$ 时，最终确定的 M、N 的取值如表 6-7 所示。

表 6-7　nB $\geqslant$ $T/2$ 时，M 和 N 的取值

nB	M	N
$4T$	1	0
$2T$	2	0
T	5	0
$T/2$	10	0

抽取模式中，如果两个寻呼时机中总有一个寻呼时机有对应的 NRS，这对处在另一个 NRS 的终端来说，存在不公平的问题。为了解决这个不公平的问题。标准采纳了基于以下公

式确定包含 NRS 的子帧的寻呼时机：

$$R=(\text{PO\_Index}+\text{Offset})\bmod 2$$

$$\text{PO\_Index}=(\text{SFN}/T\times nB+i\_s)\bmod nB$$

$$\text{Offset}=\left(\text{floor}\left((\text{SFN}+1204\times \text{H\_SFN})/T\right)\right)\bmod 2$$

其中，当 $R=1$ 时，寻呼时机包含 NRS 子帧；$R=0$ 时，寻呼时机不包含 NRS 子帧。其中 SFN、H_SFN 分别为寻呼时机所在的无线帧索引、超帧索引。nB 的取值为 $4T, 2T, T, T/2$, $T/4, T/8, T/16, T/32, T/64, T/128, T/256, T/512$ 和 $T/1024$。i_s 用来确定寻呼时机所在的子帧。T 是基于小区的 DRX 循环。

2. NRS 增强的信令配置

NRS 增强引入了配置于非锚定载波上的无寻呼时机的 NRS。非锚定载波上的 NRS 需要配置的信息主要为非锚定载波上的参考信号的 EPRE 与锚定载波上的参考信号 EPRE 间的偏置（nrs-PowerOffsetNonAnchor）。另外，基站可以使能或去使能非锚定载波上 NRS 的增强功能。通过非锚定载波上是否配置有 NRS 相关偏置信息可以隐式指示是否使能，即如果出现上述配置的偏置信息，那么就表示使能该功能，否则表示不使能。

对于终端来说支持非锚定载波的 RRM 测量是个可选功能，不需要上报该能力。终端首先要支持对非锚定载波的 NRSRP 测量，并且只有在邻区放松测量的情况下，终端才会测量非锚定载波的 NRSRP，否则，终端仅测量锚定载波的 NRSRP。

当终端测量非锚定载波的 NRSRP，需要通过已配置的参数 nrs-PowerOffsetNonAnchor，来转化得到锚定载波的 NRSRP 值。

由于 NRSRQ 不仅反映接收信号的强度还反映了干扰的程度，而影响干扰的因素有很多，因此无法通过测量非锚定载波的 NRSRQ 来转换得到锚定载波的 NRSRQ，故标准未支持非锚定载波的 NRSRQ 测量。相应的，对于小区选择，与终端在锚定载波测量时，需要同时保证 NRSRP 和 NRSRP 测量结果满足如下条件 Srxlev > 0 且 Squal > 0，才执行 S 准则不同，如果终端在非锚定载波上执行测量，则仅需要满足 Srxlev > 0，就可以执行 S 准则。

6.2.5　UE 特定 DRX

在 NB-IoT 标准研究初期，NB-IoT 主要用来承载传输时延没有要求的小数据包业务。为了 UE 实现简单，NB-IoT 的 RAN 标准不支持 UE 特定 DRX（UE Specific DRX）周期，仅支持小区级的缺省 DRX 周期，该 DRX 周期至少为 1.28s。

随着市场应用的扩展，相应的 NB-IoT 的应用也在不断的扩展，更多的业务类型被包括进来，如共享单车、智能门锁、POS 机等，这些新业务类型需要更短 DRX 周期，以保证用户体验。例如，共享单车应用中，为将开锁指示发给单车上的 NB-IoT 模块，需要尽快寻呼到模块。此外，NB-IoT 最初的设计目标之一是代替 GSM，而在实际部署中，GPRS 通常可以配置为 0.47s。因此，为了取代 GPRS，NB-IoT 的最小 DRX 周期也应该支持类似于或小于 GPRS 的值。

针对上述需求，部分厂家认为 NB-IoT 终端也有必要支持 UE Specific DRX，所以在 Rel-16 后期的 WID 更新中，增加了 UE Specific DRX 的研究内容。

传统 LTE 中的 UE Specific DRX 策略为：UE 和核心网通过 NAS 消息协商 UE Specific DRX 参数值，核心网通过寻呼消息将所述 UE Specific DRX 值带给基站。基站寻呼 UE 时，按照所述 UE Specific DRX 值和网络配置的寻呼 DRX 值取小来确定实际使用的寻呼 DRX 值，并按照所确定的 DRX 来寻呼 UE，UE 也按照相同的策略来监控寻呼消息。

考虑到 Rel-16 以前版本的基站无法识别 Paging 消息中的 UE Specific DRX 参数，另外，NB-IoT 的 NAS 标准与 LTE 的 NAS 标准是一个标准，NAS 标准在 NB-IoT 标准化时并没有针对 NB-IoT 不支持 UE Specific DRX 做特别的标准化描述，也就是说虽然 Rel-16 以前版本 NB-IoT 的 RAN 标准不支持 UE Specific DRX 策略，UE 和核心网在 NAS 消息协商过程中仍然可能携带 UE Specific DRX 参数。这样，当 UE 在和核心网进行 NAS 协商过程携带了 UE Specific DRX 参数，核心网也判断不出 UE 是否为支持 UE Specific DRX 的 Rel-16 UE。所以 Rel-16 NB-IoT 支持 UE Specific DRX 需要考虑 NAS 和基站的兼容性问题。SA2 工作组提供了以下两种策略可供选择。

（1）策略 1：NB-IoT 和 WB-E-UTRA 使用相同的 NAS 层 UE Specific DRX 策略，RAN 侧做兼容性处理，具体包括：

- UE 和核心网在 Attach/TAU 过程通过 NAS 信令协商 UE Specific DRX 参数，核心网通过寻呼消息将所述 UE Specific DRX 值带给基站；
- UE 在无线寻呼能力信元（UE-RadioPagingInfo）中给基站提供是否支持 UE Specific DRX 的指示（注：基站会将所述无线寻呼能力信元传给核心网，核心网存储所述无线寻呼能力信元，并在后续寻呼消息中将其带给基站）；

- 基站基于无线寻呼能力中的 UE Specific DRX 指示来判断 UE 是否支持 UE Specific DRX；

- 基站在系统广播消息中指示小区是否支持 UE Specific DRX；UE 基于所述指示确定小区是否支持 UE Specific DRX；

- 当小区和 UE 都支持 UE Specific DRX 时，基站按照 UE Specific DRX 和网络配置的寻呼 DRX 取小来确定实际使用的寻呼 DRX，并按照所确定的 DRX 来寻呼 UE；UE 也按照相同的策略来监控寻呼消息。

（2）策略 2：NB-IoT 使用独立于 WB-E-UTRA 的 NAS 层 NB-IoT UE Specific DRX 参数，RAN 侧和 NAS 同时做兼容性处理，具体包括：

- UE 和核心网在 Attach/TAU 过程通过 NAS 信令协商 NB-IoT 特有的 UE Specific DRX 参数（如 NB-IoT UE Specific DRX）；

- 核心网在寻呼消息中将 NB-IoT 特有的 UE Specific DRX 参数（如 NB-IoT UE Specific DRX）带给基站，基站基于寻呼消息中是否携带所述 NB-IoT 特有的 UE Specific DRX 参数（如 NB-IoT UE Specific DRX）来确定 UE 是否支持 UE Specific DRX；

- 基站在系统广播消息中指示小区是否支持 UE Specific DRX；UE 基于所述指示确定小区是否支持 UE Specific DRX。当小区和 UE 都支持 UE Specific DRX 时，基站按照 UE Specific DRX 和网络配置的寻呼 DRX 取小来确定实际使用的寻呼 DRX，并按照所确定的 DRX 来寻呼 UE；UE 也按照相同的策略来监控寻呼消息。

由于 SA2 在 NAS 侧已经决定在 Attach/TAU 过程中为 NB-IoT 引入 NB-IoT 特有的 UE Specific DRX 参数（如 NB-IoT UE Specific DRX），以区别于 Rel-16 版本之前的 UE Specific DRX，认为策略 2 相对来说对 RAN 侧的影响较小（如不涉及 AS 层 NB-IoT UE Specific DRX 相关的 UE 能力上报），经过讨论，RAN2 绝大多数厂家倾向于采用策略 2。

RAN2 还讨论了 NB-IoT UE Specific DRX Cycle 的取值范围：考虑到 NB-IoT 小区广播的缺省 DRX Cycle 取值范围是 ENUMERATED {rf128, rf256, rf512, rf1024}，所以 NB-IoT UE Specific DRX Cycle 的取值范围至少要包含 {rf128, rf256, rf512, rf1024}；另外，考虑到 NB-IoT UE Specific DRX 功能的引入主要是为了满足低时延业务寻呼的需求，所以有厂家提出需要支持较小的 DRX Cycle（注：WB-E-UTRA 支持的 DRX Cycle 取值范围为 ENUMERATED {rf32, rf64, rf128, rf256}），经过讨论，大部分厂家都同意扩展 NB-IoT UE Specific DRX Cycle 取值范围来包含 {rf32, rf64}。

6.3　频谱效率增强

6.3.1　多个传输块联合调度

为减少 NPDCCH 占用的资源开销，提升数据传输速率，Rel-16 通过多个传输块联合调度功能，旨在通过一个 DCI 或者不使用 DCI 来调度多个传输块，减少控制信令占用的资源开销。其主要应用于上行和下行支持两进程的 UE，且适用于有更大数据传输需求的场景。

在讨论过程中，一个主要问题是 NPDCCH 如何调度多个传输块，包括两个方面，一是单播条件下如何支持多 TB 调度，二是多播条件下如何支持多 TB 调度。之所以分单播和多播讨论，是因为多播不支持 HARQ 的反馈重传，UE 端不会存储基站发送的 PDSCH 以作 HARQ 合并，这导致多播时不需要对反馈进行设计，对调度的 TB 数量也不像单播这么严格。在单播中支持 HARQ，相应的 HARQ 进程，NDI 信息和反馈方式都需要额外讨论。因此其 DCI 设计，主要包括 TB 数量、进程调度和 NDI 指示，以及反馈方式在单播和多播中均是完全不同的。

另外，由于多播是面向多用户的，需要考虑后向兼容性，即在 Rel-16 UE 检测多个传输块时，起码原有的 UE 也可以检测这些传输块，而不是针对 Rel-16 UE 和原有的 UE 都分别发送相同的传输块，造成资源浪费。由于考虑对传统 UE 的后向兼容性，在多播时没有支持多个 TB 的交织，否则会导致传统 UE 无法检测。但在单播时，PDSCH 的传输是用户专有的，不会有后向兼容性问题，而交织能够带来时域分集增益，因此其被支持。

1. 单播多 TB 调度的物理层设计

（1）单播多 TB 调度的 DCI 设计

在讨论之初，有公司建议 1 个进程调度多个 TB，具体为 1 个进程调度 2 个 TB。但考虑到 UE 缓存受限，设计的复杂度，且其需要限制 TBS，没有被支持。而是基于最大调度两进程，1 个进程对应 1 个 TB，对多 TB 调度下的 DCI 进行设计。DCI 中相关的域主要是 HARQ 进程域和 NDI 域。对于原来的两进程调度，1 比特指示其中一个进程被调度，另 1 比特指示该进程对应 TB 的 NDI。在支持多 TB 调度后，可能需要同时调度两个进程，两个进程的 NDI 也需要被指示。在讨论过程中，1 个 DCI 同时混合调度新传 TB 和重传 TB，相比 1 个 DCI

只能全部调度新传 TB 或重传 TB，能更进一步节省 NPDCCH 开销，且不会造成 DCI 增大而导致 NPDCCH 性能下降，因此多 TB 的混传调度被采纳。

对于两进程的混传调度方案，主要有以下两种：方案 1 是采用 3 比特的联合指示方案，方案 2 是 1 比特指示 TB 数量，当 TB 数量为 1 时，1 比特指示进程，1 比特指示 NDI，当 TB 数量为 2 时，2 比特指示两进程的 NDI。具体的方案 1 如表 6-8 所示。

表 6-8　方案 1　3 比特联合指示

指示域	描述
000	单 TB 调度，HARQ ID = 0，NDI = 0
001	单 TB 调度，HARQ ID = 0，NDI = 1
010	单 TB 调度，HARQ ID = 1，NDI = 0
011	单 TB 调度，HARQ ID = 1，NDI = 1
100	多 TB 调度，NDI = 00
101	多 TB 调度，NDI = 01
110	多 TB 调度，NDI = 10
111	多 TB 调度，ND I = 11

方案 2 则是基于方案 1，将 TB 数量的指示和进程域，NDI 域分离开，相比联合指示更易于理解，因此在标准化过程中，方案 2 最终被采纳。

（2）交织设计和功率配置

考虑兼容性问题，多播中多 TB 调度时不支持交织，但在单播时，UE Specific 的 PDSCH 传输不会有后向兼容性问题，而交织能够带来时域分集增益，其被支持。多 TB 的交织原理如图 6-22 所示。

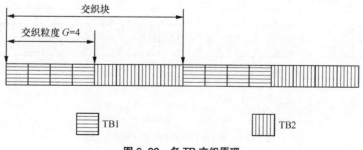

图 6-22　多 TB 交织原理

关于交织的设计，主要聚焦的是交织粒度设计，其设计的方向主要有两个：一是基于

N 个子帧，该方式的交织粒度较小，TB 在时域的离散程度更高，时域分集增益更大。二是基于 N 次重复的 TB，该方式下，能保证原来的循环重复（CR，Cyclic Repetition）不被破坏，且时域分集增益和基于子帧交织的差别不大。Cyclic Repetition 是指每个 TB 或 TB 内的 RU 需要先重复 L 次，例如，$L = 4$ 次，再进行基于 4 次重复 TB 的循环重复传输，如图 6-23 所示。

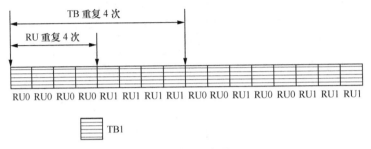

图 6-23 循环重复原理

考虑到 NB 中重复次数较多，为了不破坏循环重复，保证下行和上行设计一致性，下行和上行的 Multi-tone 都采用 4 次 TB 重复作为交织粒度，而对于上行的 Single-tone，由于没有循环重复，则采用 1 次 TB 重复作为交织粒度。并确定交织使能条件为重复次数大于交织粒度。

一个 TB 内通过连续的相位旋转获得较低的峰均比（PAPR，Peak Average Power Ratio），但在多 TB 调度时且交织使能时，若保持一个 TB 内相位旋转规则不变，则每个交织块内的 TB 之间相位的不连续会导致 PAPR 升高，如图 6-24 所示。

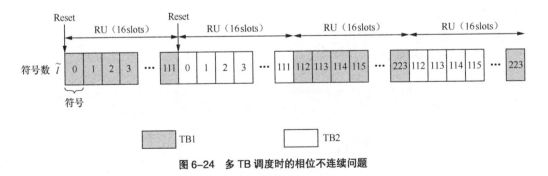

图 6-24 多 TB 调度时的相位不连续问题

通过修改相位公式为：$\tilde{l} = 0, 1, \cdots, NM_{rap}^{NPUSCH} N_{RU} N_{slots}^{UL} N_{symb}^{UL} - 1$，$N$ 为调度的 TB 数量，可以

解决由于相位的不连续变化方式导致PAPR的升高问题，如图6-25所示。

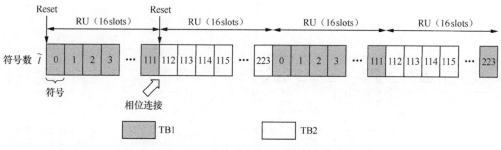

图 6-25　多 TB 调度时的相位不连续解决方案

（3）反馈方式及其他

在原有的设计中，一个 DCI 调度一个 TB，一个 TB 需要一个 ACK/NACK 反馈。当多 TB 调度时，其主要讨论的反馈方式有三种，分别是 Individual 的反馈、Bundling 反馈和 Multiplexing 反馈。Individual 反馈是指每个 TB 都有一个 ACK/NACK 对应；Bundling 反馈是指多 TB 调度使能时，若两个 TB 被调度，则将两个 TB 的 ACK/NACK 信息通过逻辑与操作后，只反馈一个 ACK/NACK；Multiplexing 反馈是指一个反馈的资源指示两个 TB 的反馈信息。考虑到对码字设计的影响，还会带来复杂度和上行反馈信号性能的降低，Multiplexing 没有被支持。Individual 反馈是基础的反馈方式，其被默认采用。而 Bundling 适用于多个 TB 性能相近的场景，因此在交织时，Bundling 被支持，但需要高层配置使能。

在多 TB 调度讨论过程中对多个 TB 的时频域位置设计、定时关系和 Gap 等问题都进行了简单的讨论。为简单起见，一次调度的两个 TB 均分布在相同的频域位置，在时域连续。定时关系和单播的 Gap 则沿用原有的方式。

2. 多播的多 TB 调度的物理层设计

（1）多播 DCI 设计

在 Rel-14 NB-IoT 支持多播时，引入了两种类型的逻辑信道，分别是 SC-MCCH 和 SC-MTCH。

多播的数据段在 SC-MTCH 上传输，由物理层的 NPDSCH 承载。而 SC-MTCH 的配置信息，如 SC-MTCH 的组 RNTI，调度 SC-MTCH 的搜索空间参数和 SC-MTCH 的 DTX 模式都是由 SC-MCCH 指示，SC-MCCH 用于广播列表中 SC-MTCH 的所有多播数据段的配置。其具体的多播数据调度流程如图 6-26 所示。

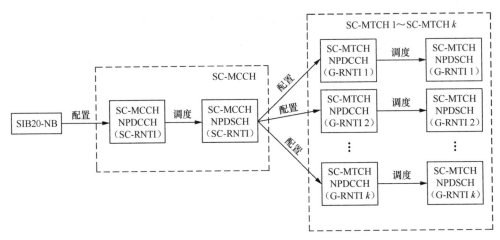

图 6-26　Rel-14 NB-IoT 多播调度流程

由图 6-26 所示，SC-MCCH 在 NPDSCH 中传输，由 SC-RNTI 加扰，为 Cell Specific，面向小区所有 UE。SC-MCCH 中包含 SC-MTCH 的配置信息，为列表中所有的 SC-MTCH 数据段进行配置。SC-MTCH 也在 NPDSCH 中传输，由 G-RNTI 加扰，面向一组 UE。

在 Rel-16 中支持多 TB 调度时，则首先需要明确的是 SC-MCCH 和 / 或 SC-MTCH 如何支持多 TB 调度。由于 SC-MCCH 是面向小区所有 UE 的，支持多 TB 调度时，仅对于 Rel-16 UE 可以正确解码，但由于 SC-MCCH 控制信令的数据量较小，没有支持多 TB 调度的需求，因此 SC-MCCH 没有支持多 TB 调度。而对于 SC-MTCH，其由于 SC-MTCH 数据段较大，对多 TB 调度的需求更为迫切，因此 SC-MTCH 支持多 TB 调度。

确定 SC-MTCH 支持多 TB 调度后，关于多播如何支持多 TB 调度，确定 TB 数量的指示主要有图 6-27 所示的两种方法。

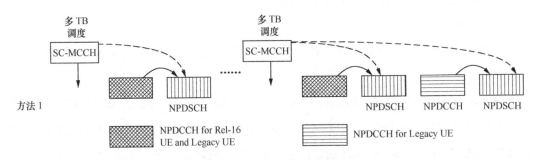

图 6-27　多播的多 TB 调度方法

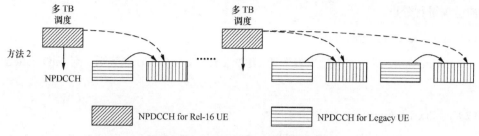

图 6-27　多播的多 TB 调度方法（续）

方法 1 是不采用新的 DCI 调度多个 TB，其多 TB 调度的信息，即 TB 数量，在 SC-MCCH 中配置。传统 UE 在物理层按照原来的方式监测 NPDCCH，而 Rel-16 UE 监测第一个 NPDCCH，传统 UE 和 Rel-16 UE 共享第一个 NPDCCH 承载的控制信息，即他们有相同的调制编码域、重复次数等。NPDSCH 对于传统 UE 和 Rel-16 是共享的。因此该种方式下，NPDCCH 与 PDSCH 和原来无异，只是他们的时域位置会限定在等间隔的位置上。

方法 2 是使用新的 DCI 调度多个 TB，即 TB 数量在 DCI 中指示。传统 UE 按照原来的方式监测 NPDCCH，Rel-16 UE 需要监测新的 DCI，PDSCH 对于传统 UE 和 Rel-16 UE 是共享的。因此在该种方式下，相比原来，网络中多了一个用于 Rel-16 UE 的 NPDCCH，但对于 Rel-16 UE 其调度的灵活性更高，其 TB 的数量可以在 DCI 中灵活指示。

考虑到对于带有广播特征的 NB-IoT UE 并未广泛部署，兼容性需求并不强烈，而新 DCI 方式，其 DCI 指示调度 TB 数量，灵活性更高，因此确认采用新的 DCI 来指示 TB 数量，具体的，采用 3 比特指示 TB 数量 1 ～ 8。

（2）多播 Gap 配置

由于支持的最大的 TB 数量为 8，在重复次数较大时，会导致占用的资源太多，时间太长，影响其他 UE 的调度，因此在支持多播的多 TB 调度时，考虑加入 Gap 以便做灵活的资源调度，防止阻塞。具体的，当 Gap 被 Cell Specific 配置，其插入的 Gap 长度为 {0, 16, 32, 64, 128} 个子帧，插入的位置在每个 TB 之间。当配置为 0 时，由于 UE 的处理能力有限，所以需要额外处理，具体的，若每个 TB 的长度大于等于 12ms，则 UE 是有能力和足够的时间处理接收的 PDSCH，不需要插入 Gap。当每个 TB 的长度小于 12ms 时，UE 最多需要保证 12ms 处理一个 TB，因此此时需要每隔两个连续传输的 TB 插入一个 20ms 的 Gap。

3. 多 TB 调度对 DRX Timer 的影响

对于高层，在引入多 TB 调度后主要对 DRX 进程带来影响，因此需要对 DRX 相关的计时器的影响进行分析。

（1）对 onDurationTimer 的影响

onDurationTimer 用于控制周期性监听 NPDCCH，支持多 TB 调度后，对 onDurationTimer 无影响。

（2）对 drx-InactivityTimer 的影响

drx-InactivityTimer 总是在接收到指示有新传的 NPDCCH 时启动或者重新启动。drx-InactivityTimer 用于控制对后续 NPDCCH 的监听。在 Rel-14 中，针对两 HARQ 进程，drx-InactivityTimer 在接收完调度新传的 NPDCCH 后将被启动，在第一个 NPDCCH 和相应的调度传输之间还可能有其他的 NPDCCH。

对于多 TB 调度，一个 DCI 最多可以调度两 HARQ 进程和两个 TB，当终端接收到同一个 DCI 调度的两个 TB，在相应的传输/重传结束之前不可能再接收其他的 NPDCCH。因此，对于多 TB 调度，drx-InactivityTimer 只有在（UL）HARQ RTT Timer 都超时后才会启动/重启。并且，当 NPDCCH 指示传输的多 TB 被接收了，drx-InactivityTimer 将会停止。

（3）对 drx-(UL)RetransmissionTimer 的影响

在（UL）HARQ RTT Timer 超时后，drx-(UL)RetransmissionTimer 用于控制终端监听重传的 NPDCCH。对于支持多 TB 调度，对 drx-(UL)RetransmissionTimer 无影响。

（4）对（UL）HARQ RTT Timer 的影响

（UL）HARQ RTT Timer 用于避免终端在没有发 NPDCCH 时不必要监听 NPDCCH。支持多 TB 调度后，对（UL）HARQ RTT Timer 的影响，主要考虑两个方面，一是（UL）HARQ RTT Timer 的开启时间点和计时器的时长。

（UL）HARQ RTT Timer 的启动时机是在最后一个被调度的 TB 包含最后一次重复的 PUSCH 传输或者 PDSCH 接收的子帧。对于（UL）HARQ RTT Timer 的时长，有交织和无交织传输时是不同的。在无交织传输的情况下，HARQ RTT Timer 的时长为 $k+2 \times N+1+\delta$，其中，k 为下行传输的最后一个子帧与相应的 HARQ 反馈传输的第一个子帧间的间隔，N 为相应的 HARQ 反馈传输的持续时间。UL HARQ RTT Timer 的时长为 $1+\delta$。在有交织传输的情况下，UL HARQ RTT Timer 的时长为 $1+\delta$。在无 Bundled HARQ 情况下，HARQ RTT Timer 的时长为 $k+2 \times N+1+\delta$。在存在 Bundled HARQ 情况下，HARQ RTT Timer 的时长为 $k+N+3+\delta$。

对于多 TB 调度，相关计时器（drx-InactivityTimer、drx-(UL)RetransmissionTimer、(UL)

HARQ RTT Timer）的时序如图 6-28 所示。

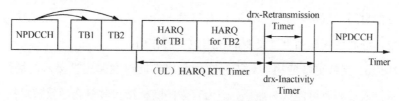

图 6-28　多 TB 调度时序

4. 多 TB 调度终端能力

在 Rel-16 阶段，支持连接态多 TB 调度并通过专用的 RRC 信令配置多 TB 调度。终端上报连接态支持多 TB 调度的能力，而且分别指示对于 CE Mode A 或 CE Mode B，上行链路或下行链路的支持能力。

6.3.2　测量上报增强

在 Rel-13 版本以及之前的版本中，在空闲状态下，终端只能在锚定载波上测量窄带参考信号的接收功率（NRSRP，Narrowband Reference Signal Receive Power），因为在空闲状态下只有锚定载波上有窄带参考信号（NRS，Narrowband Reference Signal）发送。终端根据测量的窄带参考信号接收功率来确定自身的覆盖增强等级（CEL，Coverage Enhancement Level），并且在随机接入过程中，根据确定的 CEL 选择对应的 NPRACH 资源来发送 Preamble。这样，基站在检测到对应的 Preamble 之后，也就知道终端的 CEL 了，进而基站可以根据终端的 CEL，为随机接入过程中 Msg2、Msg4 以及调度 Msg2、Msg4 的 NPDCCH 配置适合的资源以及对应的重复发送次数，这样做可以提高下行调度的精准度并且提高频率资源的使用效率。

但是有一些情况（例如，由于同频干扰导致上行链路性能变差）会导致上行链路的性能要明显弱于下行链路，这样的话，终端基于 NRSRP 测量值来选择 CEL，那么选择的 CEL 对应 Preamble 就不适合实际的上行链路了，因此可能会导致 Preamble 发送失败，进而导致 CEL 的抬升。当基站成功接收到终端发送的 Preamble 时，此时的 Preamble 已经经过了至少一次的 CEL 抬升，但基站并不清楚已经发生了 CEL 抬升。如果基站基于抬升后的 Preamble 对应的 CEL 来为随机接入过程中的下行链路（Msg2、Msg4 以及调度 Msg2、Msg4 的 NPDCCH）配置时频资源以及对应的重复发送次数就会导致分配的资源过多，严重降低下行链路资源的使用效率。基于这个考虑，在 Rel-14 中引入了锚定载波的下行信道质量测量并上报机制，主要是解决上行链路和下行链路不匹配时随机接入过程中 Msg4 以及调度 Msg4 的

NPDCCH 传输造成的影响。终端在 Msg3 中承载下行信道质量测量信息并且发送给基站，基站在收到上述信息后，就可以调整 Msg4 以及调度 Msg4 的 NPDCCH 占用的资源以及对应的重复发送次数，进而达到提高下行资源的使用效率的作用。

Rel-14 NB-IoT 支持更多应用，对于存在大量终端同时发起随机接入的场景，仅支持锚定载波的随机接入过程有可能成为瓶颈，因为有限的随机接入容量会导致随机接入性能变差。因此 Rel-14 NB-IoT 支持为随机接入过程配置多个载波，终端可以选择锚定载波或非锚定载波来发起随机接入过程。此时，仅仅通过 Msg3 反馈锚定载波的下行信道质量信息，显然不能解决非锚定载波发起随机接入过程中出现的上行链路和下行链路不匹配而对下行链路传输造成影响的问题。为此，在 Rel-16 中对下行信道质量测量及上报进行了增强，进一步支持了非锚定载波的下行信道质量测量及上报功能。

由于 Rel-16 之前版本中连接状态是不支持下行信道质量测量及上报的，为此，在 Rel-16 中还引入了连接状态下锚定载波 / 非锚定载波的下行信道质量测量以及上报功能。

测量上报

Rel-16 讨论的测量上报，包括如下两个内容：

- 空闲态非锚定载波的下行信道质量测量上报；
- 连接态下行信道质量测量上报。

对于空闲态非锚定载波的下行信道质量上报，终端可以在空闲态完成非锚定载波的测量，在 RRC 连接过程中完成上报，如在发送 Msg3 消息的时候完成上报。测量的非锚定载波是终端接收 Msg2 所在的载波，并且终端在 Msg3 中上报的载波数量是一个。

当基站在 SIB2 消息中显式的使能非锚定载波的质量上报功能后，终端可以在 Msg3 时上报非锚定载波的下行信道质量。而且终端是否上报非锚定载波的下行质量是可选的，不需要上报该能力。

现有的 Msg3 消息可用于上报下行信道质量，前期主要讨论用何种方式来上报该质量，主要讨论两种方式：一种是直接通过 RRC 消息，另一种是通过 MAC CE 的方式。由于 MAC CE 上报方式更灵活（可以随 Msg3 上报，也可以随数据随路上报），而且不受 RRC 消息剩余比特的限制。讨论最后确定，通过 MAC CE 的方式完成上报。

对于空闲态的质量上报，终端测量非锚定载波的窄带参考信号，测得 cqi-NPDCCH-NB 下行信道质量作为上报内容。cqi-NPDCCH-NB 支持 2bit 量化方案，即支持 3 种取值，每个取值对应一种 NPDCCH 的重复次数。这 3 种取值是基于 NPDCCH Type 2 CSS 配置的 Rmax 而确定。

对于连接态下行信道质量上报，当其被触发后，将进行相应载波的测量并执行上报。其中被进行测量和上报质量的载波，为 Msg4 或者由后续重配置信令配置的用于专用传输的载波。为使得基站能够为连接态终端触发该功能，终端需要向基站上报其支持该功能的能力，对于具有该能力的终端，基站在需要获取终端的下行信道质量时，通过一个新的 MAC CE 命令来触发终端上报下行信道质量。当终端接收到该触发上报的 MAC CE 命令后，将执行下行信道质量的测量。当后续有可用的 UL Grant 时，终端则利用该 UL Grant 完成上报。

在标准讨论过程中，为了支持 NB-IoT UE 接入 5GC 时快速释放 RRC 连接而节省 UE 功耗，UE 可以通过 MAC CE 上报接入层释放辅助指示给基站（具体参见 6.4.2 节）。由于下行信道质量报告需要 4 比特，而接入层释放辅助指示需要 2 比特，为了节省 MAC CE 的开销，标准将下行信道质量报告和接入层释放辅助指示放在一个 MAC CE 里上报，如图 6-29 所示。此 MAC CE 包含：2 比特的接入层释放辅助指示（AS RAI），2 个预留比特 R（设置为 0），以及 4 比特的下行信道质量报告（Quality Report）。

其中：

下行信道质量报告支持 12 种取值，并且取之

| R | R | R | R | 质量报告 | Oct 1 |

图 6-29　下行信道质量报告 MAC CE 的格式

于集合 {1，2，4，8，16，32，64，128，256，512，1014，2048}，每个取值对应一种 NPDCCH 的重复次数。

接入层释放辅助指示有 3 个有效取值：00 表示不上报 RAI 信息；01 表示后续没有上行和下行数据传输；10 表示后续有一个下行数据包传输（取值 11 保留不用）。

表 6-9 的 Codepoint/Index 为用于下行信道质量报告和接入层释放辅助指示的 MAC CE 的 MAC Subheader 的 LCID 的值。

表 6-9　LCID 取值（为 UL-SCH）

Codepoint/Index	LCID 值
10001	下行信道质量报告和接入层释放辅助指示（DCQR 和 AS RAI）

6.3.3　SON

NB-IoT 标准的初期版本，为了 UE 实现简单，网络优化相关功能都没有标准化。在 NB-IoT 网络部署过程中，运营商发现网络优化相关测量上报对降低网络运维成本，提高网络优化效率非常重要。尽管在 Rel-15 已经支持在 RRC Msg5（例如，RRCConnectionReestablishmentComplete、RRCConnectionResumeComplete、RRCConnectionSetupComplete）中上报服务小区的 NRSRP/NRSRQ 测量结果，但所述测量结果上报还不够，如运营商无法判断服务小区质量差是否因为小区重选参数不合适导致 UE 驻留于质量差的小区或无线参数配置是否合适等。因此，在 Rel-16 增强了 NB-IoT 的网络优化工具相关功能，主要是引入了 RACH 性能优化（包括 rach-Report 及 X2 接口 NPRACH 参数配置交互）、RLF 报告（rlf-Report 及 X2 接口交互）和 ANR 测量报告（anr-MeasReport）相关的 SON 功能，所述功能主要用于网络覆盖和无线参数优化，没有实时性要求，所述报告不会主动触发 RRC 过程。

考虑到 CP CIoT 优化方案不支持 AS 层安全策略，部分厂家担心测量上报的安全性；另外，部分厂家不希望 SON 功能影响 Xn 接口，因此，NB-IoT SON 功能只支持 UE 接入 EPC 且使用了 UP CIOT 优化方案时的测量上报和 X2 口信息交互。

对于 SON 功能相关的测量上报方式，主要有两种观点：一种认为 NB-IoT UE 有节能需求且 NB-IoT 支持 EDT 过程，所以建议 NB-IoT 的 SON 报告采用随路上报方式，比如在 EDT Msg3 或 RRC Msg5 里上报即可；另一种观点认为 NB-IoT 的测量上报应该尽量重用 LTE 的 SON 上报过程（在连接模式通过 UE 信息请求和响应过程来上报），以简化标准化过程。经过讨论，决定尽量重用 LTE 的 SON 上报过程，给 NB-IoT 引入连接模式的 UE 信息请求（UEInformationRequest) 和 UE 信息响应（UEInformationResponse）过程。此外，SON 报告中的内容也尽量参照 LTE 中的 SON 报告内容，并基于 NB-IoT 特点进行适当扩展。

1. RLF 报告

由于 UE 发生 RLF 时一般会触发 RRC 连接重建，RLF 报告基本可以在 RRC 连接重建后上报给基站，但考虑到 RRC 重建也有失败的可能，NB-IoT 标准也支持 RLF 发生后 UE 存储 RLF 信息，并在后续的 RRC 建立或 RRC 恢复成功后上报。所以，UE 发生 RLF 后，可以在 RRC Msg5（RRCConnectionReestablishmentComplete、RRCConnectionResumeComplete、RRCConnectionSetupComplete）中上报 RLF 信息存在指示（rlf-InfoAvailable），基站可以基于所述指示决定是否请求终端上报 RLF 报告。

另外，RLF 报告与运营商网络优化需求相关，只有 UE 驻留的 PLMN 包含于 RLF 发生时 UE 所处小区归属的 PLMN 列表内，且 RLF 报告存在时，UE 才可以在 RRC Msg5 中包含 RLF 信息指示。

关于 RLF 报告内容，主要讨论了如下信息：发生 RLF 时 UE 所在服务小区的标识、发生

RLF 后 RRC 重建立小区标识、发生 RLF 时 UE 所在服务小区的 NRSRP/NRSRQ 测量结果，从 RLF 发生时刻到 RLF 上报时刻之间的时间差，发生 RLF 的物理位置信息。其中，前三个信息所有厂家都没有歧义；但有厂家提出发生 RLF 的物理位置信息涉及 UE 定位策略，而考虑到 NB-IoT UE 的节能特性，NB-IoT UE 可能无法提供发生 RLF 时的物理位置信息；最后考虑到发生 RLF 的物理位置信息对网络优化也是有好处的，标准支持 RLF 报告中携带发生 RLF 时的物理位置信息，但具体能否上报基于 UE 实现。

考虑到 RLF 报告可能在邻区上报（如 RLF 发生后 UE 在邻区触发 RRC 连接重建立），而 RLF 报告主要用于 RLF 触发小区的无线参数优化，所以如果 RLF 信息在邻区上报，目标邻区可通过 X2 接口将所述信息传递到发生 RLF 的小区。

UE 在如下场景会丢弃 RLF 报告：

- UE 上报了 RLF 报告存在指示（rlf-InfoAvailable），但基站没有请求 UE 上报 RLF 报告，则 UE 回到空闲模式后就丢弃 RLF 报告；
- 如果 UE 所驻留的无线接入技术（RAT）发生改变，则 UE 丢弃 RLF 报告；
- 如果 UE 进行了关机操作或 UE 执行了去附着（NAS Detach）操作，且 UE 存储了 RLF 报告，则 UE 丢弃 RLF 报告；
- RLF 报告生成后 48 小时内，如果网络或有请求 UE 上报 RLF 报告，则 UE 丢弃 RLF 报告。

2. ANR 测量报告

（1）ANR 测量策略

标准讨论过程中主要有两种观点：一种观点认为空闲模式 UE 记录小区重选过程的信息列表（重选时刻、重选前服务小区标识、重选前服务小区测量结果、重选后服务小区标识、重选后服务小区测量结果），UE 在后续连接模式上报所述重选记录即可，UE 无须进行额外的测量；另一种观点认为：为了 UE 节能，空闲模式 UE 只需针对 ANR 测量信息上报进行一个测量周期的测量（测量周期长度参见 <36.133> 协议中关于小区选择与重选的测量需求定义）。经过讨论，决定采用如下策略：UE 进入空闲模式后，基于 ANR 测量配置信息进行一个测量周期的 ANR 测量，获取一次测量结果集合后测量即结束。

考虑到 ANR 测量是小区通过 UE 专用信令配置给 UE 的，ANR 测量只有 UE 驻留于收到 ANR 测量配置信息的小区内时才需进行（UE 重选到新小区后不再进行 AMR 测量）。

当 ANR 测量与 PSM 的休眠时机冲突时，UE 完成 ANR 测量再进入省电模式（PSM，

Power Saving Mode）（但所述 ANR 测量不影响 NAS 定时器的启动 / 停止机制）。

ANR 测量不影响小区的 DRX/eDRX 操作。

小区重选的邻区不测量策略 / 邻区测量放松的机制不适用于 ANR 测量过程。

考虑到 UE 测量能力问题，除服务载波外，可以为 UE 最多配置两个 ANR 测量载波。

（2）ANR 测量配置

关于 ANR 测量配置，主要讨论了以下配置信息：ANR 测量过程中的 CGI 读取 RSRP 门限（UE 只要求对测量目标载波的最强小区进行测量，且只有所述最强小区的 RSRP 测量值高于该配置门限才进行所述小区的 CGI 的读取）、ANR 测量的目标载波列表和待测载波的黑名单小区列表。讨论过程中，虽然待测载波的黑名单小区列表是否有必要存在争议（如基站如何决策哪些小区加入黑名单列表），最终结论是 ANR 测量配置信息中可选包含待测载波的黑名单小区列表，具体是否包含由基站实现决定。

由于 ANR 测量需要网络侧给 UE 配置测量相关参数，UE 基于所述配置在空闲模式进行测量，所以 ANR 测量配置信息应包含于 RRC 连接释放（RRCConnectionRelease）专用消息中；考虑到只有 UE 支持 ANR 测量，基站才能为 UE 配置测量相关参数，所以需要 UE 上报 ANR 测量报告支持能力（anr-Report）给基站，用于决策是否为 UE 配置 ANR 测量相关参数。

（3）ANR 测量报告内容

关于 ANR 测量报告内容，主要讨论了以下信息：服务小区标识、服务小区的测量结果、测量载波最强邻区的测量结果。其中，服务小区标识主要是考虑 UE 测量完成后可能重选到新的小区发起 RRC 连接的场景，在这种情况下测量上报需要携带测量所在服务小区的标识；邻区测量结果主要包括：邻区的频点信息、邻区的物理小区标识、邻区的 NRSRP/NRSRQ 测量结果、邻区的 CGI 信息。

关于 ANR 测量报告内容，RAN2 首先同意 ANR 测量结果设置一个有效时长，当测量结果生成后在所述有效时长内没有机会上报，则 UE 丢弃 ANR 测量结果，且通过所述方法可以规避 ANR 测量结果无效的问题。部分厂家建议有效时长可以由基站配置，最长可达 1 个月；但大部分厂家认为标准规定一个固定的有效时长即可。经过讨论，标准引入了长度为 96 小时的 ANR 测量有效性时长，无须基站配置。

RAN2 还讨论了是否需要上报 ANR 测量的时间信息问题。考虑到 ANR 测量结果主要用于网络优化，而 NB-IoT UE 主要用于不频繁的小数据传输，NB-IoT UE 在空闲态的时间比较长。如果 UE 完成测量后网络进行了优化，然后 UE 才上报 ANR 测量结果，则这种场景下

ANR 测量结果对后续的网络优化就没有参考意义了。如果没有 ANR 测量时间信息，基站就无法判断 ANR 测量结果是在网络优化前还是在网络优化后生成的。所以有观点认为需要在 ANR 测量报告中包含测量记录生成的时间戳信息。但是由于前述已经确定终端保存 ANR 测量结果的最长时间只有 96 小时，也有公司认为让终端测量记录生成的时间戳信息必要性不大。目前，ANR 测量报告中暂时没有包含 ANR 测量的时间戳信息。

另外，考虑到某些载波可能没有小区覆盖到 UE 所在区域，所以有观点认为这种场景可以允许终端在该载波上报测量信息为空的测量结果（针对所述载波，不携带小区标识和 NRSRP/NRSRP 测量值）。也有公司质疑这种场景下 ANR 测量报告中不包含所述载波的信息即可达到相同的指示目的。但经过讨论，还是认为包含所述载波的载波信息是必要的，表明 UE 对所述载波进行了 ANR 测量，只是所述载波没有测量到信号足够强的小区而已。

（4）ANR 测量信息存在指示

ANR 测量在 UE 空闲模式进行，且测量结果只能在 UE 下次进入连接模式后上报。考虑到 UE 节能的需求，RAN2 同意在 EDT Msg3(RRCConnectionResumeRequest) 和 RRC Msg5(RRCConnectionReestablishmentComplete、RRCConnectionResumeComplete、suRRCConnectionSetupComplete) 中也允许携带 ANR 测量信息存在指示（anr-InfoAvailable）。如果 UE 发起 EDT 过程，且在 EDT Msg3 携带了所述指示，基站可以基于所述指示来决定是否将 EDT 流程回落到 RRC 连接状态，以便请求 UE 上报 ANR 测量结果；如果 UE 在 RRC Msg5 携带了所述指示，基站可以基于所述指示决定是否请求 UE 上报 ANR 测量结果。

另外，ANR 测量与运营商网络优化需求相关，只有 UE 驻留的 PLMN 包含于 ANR 测量配置时 UE 所处小区的 PLMN 列表内，且 ANR 测量信息存在时，UE 才可以在 EDT Msg3 或 RRC Msg5 中包含 ANR 测量信息存在指示。

（5）ANR 测量结果的有效性处理

为了保证 ANR 测量结果的有效性，如果 UE 通过 EDT Msg3 或 RRC Msg5 携带了 ANR 测量信息存在指示，但基站没有请求 UE 上报 ANR 测量结果，则 UE 回到空闲态后就丢弃 ANR 测量结果和测量配置。

如果 UE 执行了关机操作或去附着（NAS Detach）操作，且 UE 存储了 ANR 测量结果，则 UE 丢弃 ANR 测量结果和测量配置。

如果 UE 收到 ANR 测量配置超过 96 小时，则 UE 丢弃 ANR 测量结果和测量配置。

如果 UE 所驻留的无线接入技术（RAT）发生改变，则 UE 丢弃 ANR 测量结果和测量配置。

（6）ANR 测量结果的 X2 口交互

有厂家提出如果 ANR 测量结果在邻区上报时，需要通过 X2 接口将测量结果传递到源小区。但考虑到 NB-IoT 不支持连接模式的移动性，ANR 测量主要是为了网络覆盖优化而不是邻区配置优化，所以认为只要 UE 上报 ANR 测量结果即可，没必要从邻区传递到源小区。

3. RACH 报告

关于 RACH 报告，主要是报告 UE 在 PRACH 过程中的尝试次数，是否发生 Preamble 资源冲突等信息给基站，用于辅助基站进行随机接入参数优化等工作。考虑到 NB-IoT 有多种类型的 PRACH 资源（例如，EDT PRACH 资源和 Non-EDT PRACH 资源；Format0/1 PRACH 资源和 Format2 PRACH 资源），不同类型的 PRACH 资源还区分无线覆盖等级进行配置，基站收到 RACH 报告时需要判断出 UE 在哪种 PRACH 资源的哪种无线覆盖等级上发起的 PRACH 过程，才能准确进行 PRACH 资源配置优化。

在标准讨论过程中，基于 NB-IoT 标准中 PRACH 资源的使用策略如下：

- 如果 UE 支持 Format2 PRACH 过程，且 UE 所选择的无线覆盖等级配置了 Format2 PRACH 资源，则 UE 总会选择 Format2 PRACH 资源；基站如果在小区的某个无线覆盖等级配置了 Format2 PRACH 资源，则在小区的更高无线覆盖也会配置 Format2 PRACH 资源；而基站可以判断出 PRACH 过程成功时所使用的 PRACH 资源类型；
- UE 在 NPRACH 资源选择时，首先在初始无线覆盖等级选择 PRACH 资源并进行 PRACH 过程尝试；当某个无线覆盖等级的 PRACH 过程尝试次数达到该无线覆盖等级配置的最大尝试次数，UE 才会攀升到下一个更高无线覆盖等级选择 PRACH 资源；
- UE 在 EDT 资源上发起 PRACH 过程，当攀升到下一无线覆盖等级时如果没有配置 NPRACH 资源，UE 选择 non-EDT PRACH 资源继续进行 PRACH 过程尝试。

确定需要终端上报 UE 发起 PRACH 过程的初始无线覆盖等级、PRACH 过程的最大尝试次数、PRACH 过程成功时所使用的 PRACH 资源类型、UE 有没有从 EDT PRACH 过程回落到 non-EDT PRACH 过程等信息。根据这些信息基站就能推断出 UE 此次 PRACH 过程在哪些资源、哪些无线覆盖等级上进行了 PRACH 尝试。

此外，在标准讨论过程中还提到了如果 PRACH 过程最终没有成功（如无线网络覆盖太差等因素），是否可以在下次 PRACH 过程成功后上报 PRACH 失败的 RACH 报告；但讨论认为 PRACH

过程失败是小概率事件，无线网络覆盖差等问题可以通过其他自组织网络（SON, Self Organized Network）功能发现，所以 PRACH 过程失败场景的 RACH 上报策略没有被标准采纳。RACH 报告只上报最近成功的一次 PRACH 过程的相关信息，UE 进入空闲态后 RACH 报告记录就丢弃。

基于如上讨论，RACH 报告（rach-Report）中需要包含以下内容：

- Preamble 发送的总次数；
- 在 PRACH 发送过程中是否发生了资源冲突问题指示；
- PRACH 过程的初始无线覆盖等级；
- PRACH 过程有没有发生 EDT 过程回落到 non-EDT 过程的指示。

考虑到支持 RACH 报告的 UE 总能提供 RACH 报告信息，所以 UE 无须向基站提供 RACH 报告信息存在指示；但由于 RACH 报告请求是基站通过 UE 专用信令发起的，只有 UE 支持 RACH 报告（如 Rel-16 之前版本的 UE 不支持；Rel-16 版本的 UE 也不一定支持），基站才能请求 UE 上报 RACH 报告。经过讨论，RACH 报告是 Rel-16 版本的 UE 的必选能力，但需要 UE 上报 RACH 报告支持能力的 IoT 比特给基站。

考虑到 RACH 报告只上报最近成功的一次 PRACH 过程的相关信息，所以只会上报 UE 驻留小区的 RACH 结果，不涉及 X2 口的 RACH 报告传递。

4. X2 接口 NPRACH 配置信息交互

为了尽可能避开 NPRACH Preamble 之间的干扰，邻区之间 NPRACH 参数配置需要尽可能不重叠。所以邻区之间需要互相知道彼此的 NPRACH 参数配置，NPRACH 参数配置需要通过 X2 接口传递到邻区。考虑到 NPRACH 参数很多，且不同功能的 NPRACH 参数基本都是按独立信元来定义的，为了降低 NPRACH 参数配置交互对 X2 接口的影响，X2 接口 NPRACH 参数配置交互以 Container 的方式直接引用 TS 36.331 中的 NPRACH 参数信元定义。

6.4 新的应用场景

6.4.1 NB-IoT 和 NR 共存

目前，NB-IoT 的两种终端类型 NB1 和 NB2 工作在频段 1, 2, 3, 4, 5, 8, 11, 12, 13, 14, 17, 18, 19, 20, 21, 25, 26, 28, 31, 41, 66, 70, 71, 72, 73, 74 和 85。而 NR 终端的工作在频段 1, 2, 3, 5,

7, 8, 12, 20, 25, 28, 34, 38, 39, 40, 41, 50, 51, 65, 66, 70, 71, 74, 77, 78 和 79。由于 NB-IoT 终端的设计使用寿命至少是 10 年，在频段 1, 2, 3, 5, 7, 8, 12, 20, 25, 28, 41, 66, 70, 71, 74 这些小于 3GHz 以下的工作频段，NB-IoT 和 NR 都有可能在一个频段内共存配置。在频段内带宽足够大的情况下，为了降低系统间的干扰，NR 和 NB-IoT 系统应尽量部署在各自独立的带宽范围内。然而，由于 NB-IoT 海量终端的需求，频段内部署的 NB-IoT 非锚定载波的数量会很大，NR 和 NB-IoT 系统难以避免地会在相同频带内共存。

在考虑两个系统在相同频带内共存时，为了保证两个系统都能正常工作，首先需要保证两个系统的重要的信道，如同步信道、广播信道和发送系统消息的公有信道的发送。在 NR 的设计过程中，采用了资源预留的方式，将一部分资源预留给与之共存的系统使用。NB-IoT 系统中，同步信号、系统消息等重要信息在 NB-IoT 锚定载波发送，为了保证这部分发送的信息不受干扰，可以将 NR 中 NB-IoT 锚定载波发送位置对应的那个 PRB 设置为预留资源。同样，在 NR 系统中，NR SSB 是发送同步和主系统信息的重要消息块，为了保证 NR 系统的性能，尽量不被与之共存的系统干扰。相比于 NB-IoT 锚定载波，NB-IoT 非锚定载波传输的信息对 NB-IoT 系统影响要小一些，在 NB-IoT 和 NR 共存设计中，需要考虑预留 NB-IoT 上的部分资源来保证 NR 系统的重要信息的发送性能。

针对 NR 和 NB-IoT 的共存，物理层工作组对下述共存相关问题进行了研究：

- NR SSB 和 NB-IoT 的资源重叠；
- NB-IoT 系统的符号级 / 时隙级 / 子帧 / 子载波级的资源预留；
- 如果支持 NB-IoT 的资源预留，NB-IoT 的资源预留是动态还是半静态；
- 是否支持以及如何支持 NB-IoT 在子帧中的部分区域发送；
- NB-IoT 资源预留对传统 NB-IoT UE 的影响；
- NB-IoT 在预留资源上的发送是推迟还是丢弃；
- NB-IoT 资源预留用在锚定载波还是非锚定载波。

单个 NB-IoT 载波的带宽是 180kHz（频域占据 1 个 PRB），由于 NB-IoT 锚定载波上需要发送 NB-IoT 同步信号，广播信道等重要的系统信息，在 NB-IoT 和 NR 共存的时候，要尽量保证锚定载波不受干扰。NR SSB 信号的带宽是 3.6MHz（在频域占据 20 个 PRB）。在 NR 和 NB-IoT 共存的时候，NB-IoT 锚定载波带宽相比 NR 比较小，能通过系统部署保证 NR SSB 和 NB-IoT 锚定载波不重叠。

因为系统可能配置多个 NB-IoT 非锚定载波，通过系统部署可能无法完全避免 NR SSB

和 NB-IoT 非锚定载波的重叠。当系统部署的方法无法避免重叠发生时，可以通过设置 NB-IoT 下行有效子帧位图的方式来避免 NR SSB 和 NB-IoT 非锚定载波的重叠。然而，设置有效子帧位图会影响 NB-IoT 非锚定载波上的资源利用率。通过定义 NB-IoT 非锚定载波上更小粒度的资源预留可以提高 NB-IoT 系统的资源利用率。由于每个非锚定载波的带宽只有 180kHz，考虑到对资源分配的影响，不考虑子载波级别的资源预留。

　　NB-IoT 资源预留能支持下行资源预留和上行资源预留。NB-IoT 资源预留通过高层信令配置，每个 NB-IoT 非锚定载波上的资源预留独立配置。针对 NR 共存的资源预留配置独立于传统的有效子帧配置。

　　对于 NB-IoT 非锚定载波上的下行资源预留，除了传统的子帧级有效子帧设置，引入了时隙级和符号级的更小粒度的资源预留，其中，携带 NRS 的符号不能被预留。对于 NB-IoT 上行资源预留，支持子帧级、时隙级和符号级的资源预留。对于 NB-IoT 上行时隙级资源预留，丢弃预留时隙上的解调参考信号（DMRS，Demodulation Reference Signal）发送；对于 NB-IoT 上行符号级资源预留，DMRS 符号可以预留。

- 对于 10ms 的预留周期，如果只支持子帧级的预留粒度，采用 10bit 长的位图来指示预留的子帧。所述配置针对每个非锚定载波独立配置，非锚定载波上的有效帧配置可以和锚定载波的配置不同。如果支持更细的资源预留粒度，采用灵活的分层配置方法，首先用 20bit 长的第一位图来指示子帧内的时隙预留情况，如果时隙内需要进一步支持更细的符号级的资源预留配置，则通过第二位图和第三位图分别表示第二时隙和第一时隙上的符号预留情况。其中，每个子帧中的预留情况通过第一位图中的 2 个比特来表示：00 表示子帧中的两个时隙均不预留，可以用于 NB-IoT 传输。

- 01 表示子帧中的第二个时隙预留。

　如果配置了第二个位图，则表示第二时隙上用的是符号级资源预留，如果是下行资源预留，第二个位图的长度是 5bit；如果是上行资源预留，第二个位图的长度是 7bit。

- 10 表示子帧中的第一个时隙预留。

　如果配置了第三个位图，则表示第一个时隙上用的是符号级资源预留，如果是下行资源预留，第二个位图的长度是 5bit；如果是上行资源预留，第二个位图的长度是 7bit。

- 11 表示子帧中的两个时隙均预留。

　此时如果没有配置第二个位图和第三个位图，相当于子帧预留。

针对时隙级或符号级的资源预留，根据针对的预留周期是 10ms 还是 40ms，可配置第一个位图为 20bit 或 80bit。为了支持更为灵活的资源预留，提高 NB-IoT 系统的资源利用效率，基站可以通过配置资源预留的周期和资源预留的起始位置来支持只配置周期内的部分区域上的资源预留。资源预留的周期可以从 {10, 20, 40, 80, 160}ms 中配置，针对不同的资源预留周期，资源预留的起始位置可配置为：

- 10ms 周期：{0}；
- 20ms 周期：{0, 10}；
- 40ms 周期：{0, 10, 20, 30}；
- 80ms 周期：{0, 10, 20, 30, 40, 50, 60, 70}；
- 160ms 周期：{0, 10, 20, 30, 40, 50, 60, 70, 80, 90, 100, 110, 120, 130, 140, 150}。

例如，对于上行资源预留，第一个位图的长度为 20bit（00010010110000000000），第二个位图为 7bit（1110000）；当资源预留的周期配置为 80ms，起始位置配置为 10，那么表示在 80ms 周期中 10ms 位置开始的 10ms 中进行资源预留，具体预留的符号如图 6-30 所示。

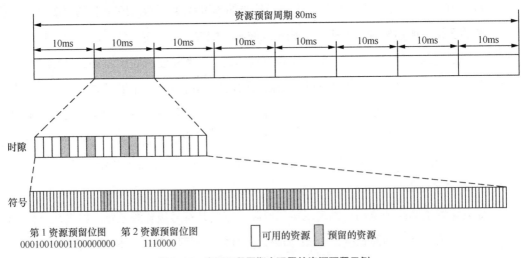

图 6-30　资源预留周期中配置的资源预留示例

当 NB-IoT 发送落在子帧级预留资源上，将映射到该子帧上的 NB-IoT 发送推迟到下一个非子帧级预留的子帧上发送。当 NB-IoT 发送落在时隙级或符号级预留资源上，会丢弃映射在预留资源上的 NB-IoT 发送。对于单播传输，如果 NPDCCH 的发送落在符号级和子帧级预留资源上，会丢弃相应预留资源上的发送。动态 DCI 信令可以用于指示对于当前所调度的

NB-IoT 发送是应用 Rel-16 资源预留还是连续发送。如果应用 Rel-16 NB-IoT 资源预留，通过 C-RNTI 扰码的 NPDSCH 的发送如果落在符号级和子帧级预留资源上，会丢弃相应预留资源上的发送；通过 C-RNTI 或 SPS-C-RNTI 扰码的 NPUSCH 如果落在子帧级的预留资源上将推迟发送，如果落在时隙级或符号级的预留资源上将丢弃。

　　基于物理层讨论结论，RAN2 重点讨论了如何提供 NB-IoT 与 NR 共存配置参数的问题。共存配置参数主要指在 NB-IoT 的资源上用于指示无效资源的参数。物理层对共存参数的配置需求是提供载波级别配置参数。针对该需求，RAN2 首先讨论了是使用广播信令还是专用单播信令来提供配置的问题。大多数公司倾向于使用专用单播信令，因为使用广播信令可能存在以下问题。

- 根据物理层提供的待参数列表，可以看到对每个非锚定载波，如果提供上行和下行共存参数，参数列表大小可能会超过 200bit，而这仅是一个非锚定载波的配置。NB-IoT 的 SIB1 和 SI 消息的最大长度为 680bit，显然，要想在 SIB 消息中包含多个非锚定载波的共存参数配置将非常困难。

- 为了保证 SIB 消息能被所有终端收到，通常需要使用很高功率以及很大重复次数来发送 SIB 消息，因此发送很大的 SIB 消息对所有终端的功耗都有不利影响并造成较大的 SIB 消息接收延迟。

- 目前可以为 NB-IoT 系统部署超过 100 个非锚定载波，但如果使用 SIB 消息提供 NR 共存配置参数，则仅有用于寻呼或随机接入的非锚定载波可以被配置资源预留，其他更多服务非锚定载波无法被配置与 NR 共存的预留资源，这样会降低 NR 共存配置的灵活性和共存效率。

　　但也有公司认为使用专用单播信令，终端每次进入连接模式都需要重新配置共存参数，信令效率也不高。对使用 UP 优化方案的终端而言，通过使用连接恢复流程可尽量避免每次重新配置共存参数。对其他终端，则可以考虑一些增量配置的信令优化方式。

　　基于上述讨论，RAN2 同意首先标准化专用单播信令来提供共存配置参数。RAN2 进一步讨论同意 FDD 和 TDD 都支持上行和下行共存参数可以分别配置。共存参数按照子帧级和时隙级分别配置，时隙级配置下又可以进一步提供符号级配置。基本的配置格式如下述 ASN.1 示例。

```
PhysicalConfigDedicated-NB-r13 ::=SEQUENCE {
    ......
    dl-NR-ResourceReservationConfig-r16          NR-ResourceReservationConfig-NB-r16
                                                 OPTIONAL, -- Cond DL-NR-COEX-NonAnchor
```

```
        ul-NR-ResourceReservationConfig-r16              NR-ResourceReservationConfig-NB-r16
                                                          OPTIONAL   -- Cond UL-NR-COEX-NonAnchor
        ]]
    }

NR-ResourceReservationConfig-NB-r16::=         SEQUENCE {
    release                                    NULL,
    setup                                      SEQUENCE {
    periodicity-r16                            ENUMERATED {ms10, ms20, ms40, ms80, ms160, spare3, spare2,
                                                   spare1},
    startPosition-r16                          INTEGER (0..15),
    resourceReservation-r16                    CHOICE {
        subframeBitmap-r16                        CHOICE {
            subframePattern10ms                       BIT STRING (SIZE (10)),
            subframePattern40ms                       BIT STRING (SIZE (40))
        },
        slotConfig-r16                         SEQUENCE {
            slotBitmap-r16                        CHOICE {
                slotPattern10ms                       BIT STRING (SIZE (20)),
                slotPattern40ms                       BIT STRING (SIZE (80))
            },
            symbolBitmap-r16                      CHOICE {
                symbolBitmapFddDl-r16                 SEQUENCE {
                    symbolBitmap1                         BIT STRING (SIZE (5))        OPTIONAL,
                    symbolBitmap2                         BIT STRING (SIZE (5))        OPTIONAL
                },
                symbolBitmapFddUlOrTdd-r16            SEQUENCE {
                    symbolBitmap1-r16                     BIT STRING (SIZE (7))        OPTIONAL,
                    symbolBitmap2-r16                     BIT STRING (SIZE (7))        OPTIONAL
                }
            }
        }
    }
    }
    }
}
```

关于终端能力，通常认为 NR 共存应是可选功能且需要终端上报其是否支持该功能的能力，但也有运营商建议终端应必选支持 NR 共存功能，该问题尚无结论。

6.4.2 NB-IoT 接入 5G 核心网

与支持 LTE 接入 5G 核心网（5GC，5G Core）的需求类似，为进一步支持 NB-IoT 演进，Rel-16 中也包含了接入 5GC 的立项目标。最初的立项目标比较简单，但随着讨论深入，大部分 eLTE 讨论过的功能都在 NB-IoT 中进行了讨论。

1. 数据传输方案

最基本的，NB-IoT 接入 EPC 支持 CP 优化和 UP 优化，其中，CP 优化通过信令传输用户数据，UP 优化提供简化方式在 UP 传输用户数据。在讨论接入 5GC 之初，有一致共识：为保持终端省电的益处，NB-IoT 终端接入 5GC 仍然需要支持 CP 优化。但对用户面数据传输方案则有很多争议。对于 LTE 接入 5GC，即 eLTE，UP 数据传输方案基于新引入的 RRC-INACTIVE 态。因此对于 NB-IoT 接入 5GC，首先要讨论是继续支持 UP 优化还是同样引入 RRC-INACTIVE 态。

部分终端公司和运营商认为，Rel-16 终端需要达到与 Rel-13 相同的节能目标，目前 RRC_INACTIVE 尚不支持更长的 eDRX 周期，支持 UP 优化是唯一可以保证终端节能目标的方案，此外要求 NB-IoT 支持 UP 优化和 RRC_INACTIVE 两种 UP 方案，会增加终端复杂度和成本。而另一些公司则认为 RRC_INACTIVE 如果能够支持更长的 eDRX 周期，同样可以满足 UE 的节能要求。从 5GC 的标准以及 Ng 接口标准来看，已经支持 RRC_INACTIVE，因此该方案对核心网标准影响最小。而对于终端复杂度，考虑到支持接入 5GC 需要支持一些新的 NAS 功能和安全机制，支持 RRC_INACTIVE 而增加的复杂度 / 成本可能仅占总体增加的复杂度 / 成本的一小部分。

支持 RRC_INACTIVE 还有如下好处。首先，RRC_INACTIVE 对频繁数据传输有优势。可以预期 Rel-16 NB-IoT 会支持更多样的应用，一旦 NB-IoT 终端在接入 5GC 时具有频繁数据传输的用例，RRC_INACTIVE 就可以成为常用的解决方案，仅需要为那些具有不频繁数据传输的终端配置更长的 eDRX 周期来达到省电目的。但如果仅支持 UP 优化，对于那些具有频繁数据传输业务的终端，就只能容忍连接被频繁挂起和恢复，这将导致更多的信令开销以及终端功耗。其次，Rel-15 NB-IoT 已支持 MO-EDT，Rel-16 即将支持 MT-EDT 和 PUR 功能，对于接入 5GC 的终端，如果能够支持 RRC_INACTIVE，那么可以仅释放空口连接而维持 Ng 接口，在下一次执行 EDT 或 PUR 传输时，仅需要恢复空中接口而避免 EPC 中恢复 S1 接口的流程，数据可以直接通过激活的 Ng 接口在核心网和基站间传递，这样可以进一步缩短 EDT 或 PUR 流程并有助于终端节电。

但是讨论中也提到，支持 RRC_INACTIVE 态并支持更长 eDRX 周期，对核心网可能存在如下潜在影响。首先，终端在 RRC_INACTIVE 态下需要同时监听网络侧和 RAN 侧寻呼，为了最小化监听寻呼的功耗，需要在核心网和 RAN 寻呼之间对齐 PTW。因此，Ng 接口需要增强，以便核心网将所有 UE 特定寻呼周期参数传递给基站。其次，在配置较长 eDRX 周期的情况下，到达核心网的数据只能在特定窗口发送给终端，且这些窗口之间的间隔可能很大，此时可能需要 5GC 或基站支持较长时间缓存。当然如果可以假设具有较长 eDRX 周期的 UE 通常很少进行频繁数据传输，缓存造成的问题也不会太大。最后，对核心网还有一个担心是为支持 RRC_INACTIVE 态的大量 IoT 设备维持激活的 Ng 接口会造成较大开销，但从实现角度来看，如果数据传输不频繁且设备移动性较低，维持激活的 Ng 接口及 N3 接口的开销主要在保持 AS 上下文，这种开销可能也不会明显大于支持 UP 优化造成的开销。

经过多轮讨论，最终决定对 Rel-16 NB-IoT 接入 5GC 仅支持 UP 优化的用户面数据传输方案，不支持新的 RRC_INACTIVE 态。

之后，有公司提出可以参考 eLTE，采用 I-RNTI 作为恢复 ID，不再使用原有接入 EPC 所使用的 Resume ID。主要有以下两个原因：

① Resume ID 长度为 40bit，其中，基站 ID 和终端 ID 两个部分的长度均为固定的 20bit，I-RNTI 则支持灵活的基站 ID 和终端 ID 的长度分配。

② 如果终端在同一个基站挂起和恢复连接，无论使用 Resume ID 或 I-RNTI 都不会造成问题，但是在移动场景下，且在特殊的旧基站和新基站都是既连接接入 5GC 的邻区，也连接接入 EPC 的邻区的场景下，使用 Resume ID 可能会存在问题。详细来说，接入 5GC 的终端在 A 基站挂起连接，此后在 B 基站尝试恢复连接。如果终端发送 RRCConnectionResumeRequest 消息给 B 基站且包含 Resume ID，即便 B 基站可以根据 Resume ID 中的基站 ID 识别出 A 基站，但 B 基站无法判定应该使用 Xn 接口恢复流程还是 X2 接口恢复流程去向 A 基站恢复终端上下文。如果 B 基站盲目选择 X2 接口流程去向 A 基站恢复终端上下文，A 基站也可以通过 Resume ID 查找到唯一的终端上下文，并通过 X2 接口带给 B 基站，但因为该终端原本在 A 基站是接入 5GC 的，其上下文是接入 5GC 的存储结构（但是用 Resume ID 来标识这种新结构的上下文），B 基站如果按照 X2 接口上下文响应消息的结构来解析，会导致上下文解析错误。针对该问题，一个可能的方案是在 RRCConnectionResumeRequest 消息中携带一个额外的指示，向新基站指示终端虽然使用传统的 RRCConnectionResumeRequest 消息且包含传统的 Resume ID，但要向一个接入 5GC 的邻区恢复接入 5GC 存储结构的上下文，这样新基站就会触发正确的 Xn 接口流程。但是如果采纳该方案，eMTC 也需要采用相同的方案，但 eMTC 的 RRCConnectionResumeRequest 消息只剩余一个保留比特，大部分公司反

对使用该比特用作上述区分需求, 相应的, 对 NB-IoT 也反对使用该方案。那么在传统的 RRCConnectionResumeRequest 消息中使用新的 I-RNTI 就是比较容易达成一致的区分方式。

虽然在传统的 RRCConnectionResumeRequest 消息中使用新的 I-RNTI 可以解决上述问题并有灵活设定基站 ID 和终端 ID 长度的好处, 但部分公司担心对现有标准中 UP 优化涉及的诸多流程有较大改动, 而且 I-RNTI 主要用于 RRC_Inactive 态, 并且还用于终端监听 RAN 区域寻呼, 一旦引入该新标识, 还需澄清 I-RNTI 不用于终端的寻呼监听。因此该方案也存在一定复杂度。多轮讨论后 RAN2 最终同意终端接入 5GC 时, 在 RRCConnectionResumeRequest 消息中使用 I-RNTI 作为恢复 ID。

具体的, 终端和基站必选支持接入 5GC 的 CP 优化, 可选支持 UP 优化, 可选支持单独的 N3 用户数据传输。与接入 EPC 类似, 基站需要通过开销消息指示其可选能力, 即在 SIB1-NB 中可选包含 up-CIoT-5GS-Optimisation 指示和 ng-U-DataTransfer 指示, 这两个指示按 PLMN 配置。终端无须能力上报, 但需要在 Msg5 RRCConnectionSetupComplete-NB 中包含 up-CIoT-5GS-Optimisation 和 ng-U-DataTransfer 字段, 用于指示其对 UP 优化和 N3 数据传输的支持。空闲态使用 UP 优化的终端如果选择了不同的核心网类型, 例如, 从接入 EPC 的小区重选到接入 5GC 的小区, 终端需要丢弃其 AS 层上下文和终端标识。

此外, 对于 UP 优化, 与接入 EPC 中传统的 UP 优化方案不同, 接入 5GC 的 UP 优化采用与 eLTE 以及 MO-EDT 类似的在发送 Msg3 之前就提前激活 AS 安全的机制, 相应的, 基站需要在上次连接释放时将 NCC 参数发送给使用 UP 优化方案的终端。与之相关的还需考虑 DRB 何时恢复的问题。在 EDT 中, 由于 Msg3 中就需要携带数据, 很自然的, 需要在发送 Msg3 之前激活安全的同时就提前恢复 DRB。但对于接入 5GC, 不存在 Msg3/Msg4 携带数据的需求, 因此提前恢复 DRB 的必要性不大。其次如果允许提前恢复 DRB, 若终端是在一个新小区恢复连接 (非连接挂起的小区), 则新小区无法在接收 Msg3 时获知 DRB 是否在继续使用 ROHC 配置, 会造成问题。在 R15 UP MO-EDT 流程中就存在这个问题, 为此引入限制, 要求终端只有在相同小区恢复时才能应用继续使用 ROHC 的配置, 只要终端在其他小区恢复连接, 总需要重置 ROHC 协议。由此可见, 支持 DRB 提前恢复必要性不大还会带来额外的复杂度, 因此 RAN2 最后同意对于接入 5GC 且非 EDT 的场景, 终端在收到 Msg4 的 RRCConnectionResume-NB 消息之后再恢复 DRB。

另外, 对 CP 优化和 UP 优化支持 Rel-15 中引入的 MO-EDT 功能。与接入 EPC 类似,基站需要在 SIB2-NB 中引入 cp-EDT-5GC 和 up-EDT-5GC 字段分别指示基站支持 CP-EDT 和 UP-EDT 优化。终端在能力上报中仅需要上报 earlyData-UP-5GC 来指示其对 UP-EDT 的支持。基站配置的 Rel-15 EDT PRACH 配置参数可以对接入 EPC 和接入 5GC 公用。对 CP-EDT，对现有 EDT Msg3 进行关键扩展得到新的用于接入 5GC 的 EDT Msg3 RRCEarlyDataRequest-NB 消息，并包含新的 48bit 的 5G S-TMSI，引入新的连接建立原因 mo-Data 和 mo-Exception Data，但不再支持 delayTolerantAccess 建立或恢复原因。

2. 接入层释放辅助指示增强

针对接入 5GC，与接入 EPC 类似，SA2（网络架构工作组）已经同意针对 CP 优化引入非接入层释放辅助指示（后面简称 NAS RAI），即终端通过 NAS 信令向核心网指示是否有更多上下行数据需要传输。SA2 另外提出引入新的接入层释放辅助指示（后面简称 AS RAI）的需求，主要用于 UP 优化。即要求终端在 AS 上报指示以便基站能够区分以下情况：

– 没有更多上行和下行高层 PDU；

– 没有更多上行高层 PDU，仅期待一个下行高层 PDU。

在 NB-IoT 接入 EPC 的 MAC 层标准中，已经支持一种 AS RAI，即如果终端认为没有上行或下行数据，则终端可以发送 BSR = 0，即指示缓存区大小为 0，基站收到该信息后可以尽快发起释放流程。部分公司认为在接入 5GC 时可以继续沿用该方式，但另一些公司坚持认为该指示不够详细，特别是无法指示上述 SA2 提出的第二种需求信息。

对于终端接入 EPC，终端通常在连接维持过程中发送 BSR=0 以便触发连接快速释放，与此不同，一方面，SA2 认为新的 AS RAI 可以在 RRC 连接建立或恢复过程中发送，可以进一步触发在 Ng 接口上的 Initial UE Message 消息中包含关于没有更多上行/下行传输或仅有一个下行传输的 N2 RAI 指示供核心网使用。另一方面，SA2 认为新的 AS RAI 还可以用于增强基于 UP 优化的数据传输，基于空口的指示，基站可以发送包含 N2 RAI 的 N2 UE Context Release Request 给接入与移动性管理功能（AMF，Access and Mobility Management Function），如果 AMF 判断没有其他待传的下行数据，AMF 发送 N2 UE Context Release Command 给基站。基站一旦从 AMF 收到 N2 UE Context Release Command 且已收到过一次下行数据传输，则可以释放终端。RAN2 讨论过程中，部分公司认为第一种场景可行性不大，如果终端使用 UP 优化，通常终端会有较大或较多用户数据待传输，而终端很难在连接初始建立时就获知仅有一个上行或下行数据，特别是对下行数据，终端很难判断准确，连接建立过程中发送该信息显然"为时过早"。另一些公司则认为参考 EDT 或 PUR 的讨论，某些情况下终端有能力指示该信息。

关于如何携带该指示，常用的方式是使用 RRC 消息或 MAC CE。考虑到前述该指示可以在连接初始建立过程中传输，也可以在连接维持过程中传输，大部分公司同意将该指示定义为新的 MAC CE，以避免修改多条 RRC 消息，另外也便于单独发送该指示，与其他 RRC 消息或上行数据一起发送。进一步的，为了尽量避免占用新的 LCID 来指示新的 MAC CE，RAN2 讨论同意对接入 5GC 也支持下行信道质量上报功能，然后允许 AS RAI 与下行信道质量上报共享同一个 MAC CE，即将下行信道质量上报 MAC CE 做如下扩展。

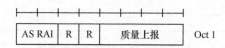

图 6-31　下行信道质量上报及接入层释放辅助指示 MAC CE 的格式

考虑到对接入 5GC 的 CP 优化已支持 NAS RAI，多数公司认为该 AS RAI 指示主要用于 UP 优化，但有些公司也建议可用于同时支持 CP+UP 的终端。无论如何，终端应要尽量避免发送冗余指示，也要避免多重指示可能提供不同取值导致网络无法准确判断。

此外，在为 NB-IoT 接入 5GC 也支持 AS RAI 指示后，RAN2 还同意为 NB-IoT 接入 EPC 也支持该 Rel-16 的 AS RAI 指示。

3. UAC

NB-IoT 终端接入 EPC，Rel-13 版本开始已支持一种简单的基于终端接入类别（Access Classes）的接入禁止机制，Rel-15 进一步支持基于覆盖等级的接入禁止机制。针对基于终端接入类别的接入禁止，网络会广播针对不同接入类别的比特位图，终端检查位图来判断自己所属的接入类别是否被接入禁止。对于基于覆盖等级的接入禁止，网络会广播 RSRP 门限，如果终端对小区的测量质量差于该门限，则认为被禁止接入该小区，这样可以避免终端在资源不足的小区使用大覆盖等级和大重复次数接入。与此相关的接入控制参数通过 SIB14 发送。

而对于 LTE 接入 5GC，采用的是 5GC 和 NR 中一致的新接入控制机制，即统一接入禁止机制（UAC）。该机制基于终端的接入标识（Access Identities，指示是否多媒体优先或关键任务等类型，如表 6-10 所示）和接入分类（Access Categories，指示支持时延容忍，语音等不同业务，如表 6-11 所示）来对终端进行更精细的接入控制，可适用于所有 UE 状态（RRC_IDLE，RRC_INACTIVE 和 RRC_CONNECTED）。与此相关的接入控制参数通过 SIB25 发送。

表 6-10　接入标识

接入标识号	终端配置
0	不配置
1	多媒体优先（MPS）
2	关键任务（MCS）
3～10	保留
11（注释3）	接入等级 11
12（注释3）	接入等级 12
13（注释3）	接入等级 13
14（注释3）	接入等级 14
15（注释3）	接入等级 15

表 6-11　接入分类的对照关系

序号	接入尝试的类别	需要达到的要求	接入类别
1	通过非 3GPP 接入的寻呼响应或告知；为传输 LPP 消息而建立的 5GMM 连接管理流程	接入尝试为终端被呼的接入	0（= MT_acc）
2	突发事件	由于突发情形	2（突发）
3	运营商定义的接入类别	根据当前的 PLMN，终端存储运营商定义的接入类别	32～63（基于运营商的定义）
4	时延不敏感	(a) NAS 信令为低优先级，或支持 S1 模式的终端被配置为 EAB；(b) 终端收到其中一种类别，作为统一的接入控制中的部分参数，在系统广播中通知，而且该终端是选定的 PLMN 的一个成员	1（时延不敏感）
5	MO MMTel 语音电话	MO MMTel 语音电话或在语音电话正在进行时的 NAS 指示连接恢复	4（MO MMTel 语音）
6	MO MMTel 视频电话	MO MMTel 视频电话或在视频电话正在进行时的 NAS 指示连接恢复	5（MO MMTel 视频）
7	NAS 承载 MO 短信，或者 MO SMSoIP	NAS 承载 MO 短信	6（MO SMS 和 SMSoIP）
8	UE NAS 发起的 5GMM 特定流程	MO 信令	3（MO 信令）
9	UE NAS 发起的 5GMM 连接管理流程，或者 5GMM NAS 传输流程	MO 数据	7（MO 数据）

序号	接入尝试的类别	需要达到的要求	接入类别
10	一个用户的上行数据在 PDU 期间采用挂起的 UP 资源	无进一步要求	7（MO 数据）

UAC 可基于更细致或更综合的因素 / 标准（例如，运营商策略、部署方案、用户配置文件和发生拥塞时的可用服务）来执行访问限制，比较适合 NR 与 5GC 这种终端和业务类型丰富的系统。虽然通常认为 NB-IoT 终端较为简单，但考虑到未来接入 5GC 后可能进一步扩展功能，大部分公司认为有必要对 NB-IoT 也支持 UAC。

在讨论过程中，部分公司希望即便支持 UAC，也继续沿用基于比特位图的简单接入控制算法，不希望使用 UAC 中使用接入控制因子以及配置相关定时器的方式。多数公司认可这两种方式都可以达到将具有相同接入类别的终端进行离散化处理的目的。差别在于，基于位图的方式，一旦网络想要选择不同类别终端进行接入控制，就需要修改位图设置并更新 SIB14，而使用接入控制因子加定时器的方式，基于特定的因子设置，不同终端是否被接入禁止的结果是随机变化的，不需要基站频繁更新参数，对避免信令开销有益处。最终同意尽量沿用与 5GC 一致的 UAC 方案。与 eLTE 相同，NB-IoT 最多支持 64 个接入分类。但 NB-IoT 在此基础上做了一些简化，即针对终端接入标识的接入控制位图对所有接入分类都是一样的，只有接入控制因子及相关定时器需要针对不同接入分类进行配置。

此外，大部分公司也同意即便对于 NB-IoT 接入 5GC，在无线侧仍然存在控制终端以大覆盖等级及多次重复传输接入系统的需求，因此同意继续支持基于覆盖等级的接入控制。

现有 NB-IoT 中，接入控制相关参数都包含在 SIB14 消息中，对于新引入的 UAC 功能，其相关参数如何放置，一开始不同厂家有不同倾向，有些公司希望引入 SIB25 来单独配置 UAC 相关参数，另一些公司则认为 UAC 相关参数可以放在 SIB14 中由终端统一读取。RAN2 最终同意将 UAC 相关参数也放在 SIB14 中。为了区分针对 EPC 和针对 5GC 的接入控制，在 MIB 中还引入了新的 5GC 接入控制的使能比特 ab-Enabled-5GC，接入 5GC 的终端只有根据该比特获知接入 5GC 的接入控制使能后，才需要读取 SIB14 中的相关参数。

4. QoS 与切片

在 5GC 和 NR 中，引入了基于流的 QoS 概念和新的 AS 协议服务数据适配层协议（SDAP，Service Data Adaptation Protocol），并将其应用于连接到 5GC 的 eLTE。SDAP 协议用于支持基于 NAS 的 QoS 流和 AS DRB 之间的映射。NG-RAN 中的 QoS 体系结构如图 6-32 所示（对连接到 5GC 的 NR 和连接到 5GC 的 eLTE 都适用）。

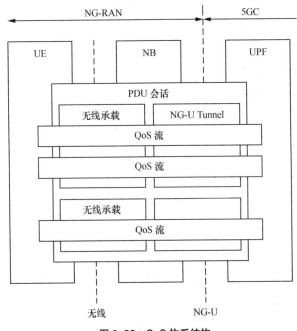

图 6-32　QoS 体系结构

在讨论中，多数公司认为 NB-IoT 对用户面 QoS 支持有限，目前仅支持最多两个 DRB，因此无须将 SDAP 引入用户面协议，避免增加用户面协议栈复杂度。最终 RAN2 同意不支持 SDAP，对 NB-IoT 接入 5GC，与接入 EPC 相同，仍然仅支持两个 DRB，且仅支持两个 PDU 会话，DRB 与 PDU 会话一一映射。

NR 和 eLTE 另外支持 NR 分组数据汇聚协议（PDCP, Packet Data Convergence Protocol），最初，有些公司认为对于接入 5GC 的 NB-IoT，同样可以考虑引入 NR PDCP 用于 SRB1 和 DRB。但是，考虑到 NB-IoT 针对 LTE PDCP 已经支持多种简化，如果改为支持 NR PDCP，需要讨论是否对 NR PDCP 也引入如下类似的简化。

- 现有 NB-IoT 中 PDCP SDU / PDCP 控制 PDU 的最大支持尺寸已缩减为 1600Byte，此值远小于 NR PDCP 中 PDCP SDU 的最大支持尺寸（9000Byte）。如支持 NR PDCP，需要讨论是否以及如何缩减 PDCP SDU 大小。

- 现有 NB-IoT 中，DRB 使用 7 位 PDCP SN。在 NR PDCP 中，区分定义了上行和下行

的 PDCP SN，且 PDCP SN 长度仅定义了 12 位或 18 位。如支持 NR PDCP，需要讨论是否以及如何简化 NR PDCP SN 长度。

- 现有 NB-IoT 中，PDCP 状态报告接收操作不适用。如支持 NR PDCP，需要讨论是否以及如何对 PDCP 状态报告进行简化。

讨论过程中，部分公司也指出，将 NR PDCP 引入 eLTE 的原因主要有两个，一是为了与 SDAP 配合使用；二是为了保证终端在 NR 和 eLTE 之间切换时的业务连续性。NB-IoT 已同意不支持 SDAP，因此上述两个需求在 NB-IoT 接入 5GC 都不存在，最终同意对 NB-IoT 接入 5GC 不支持 NR PDCP。

NR 和 5GC 另外支持切片功能，标准讨论过程中，大部分公司认为支持切片功能使得将来在 5GC 中将 NB-IoT 作为一个独立切片使用的方式成为可能，且对 NB-IoT 空中接口影响不大，因此可以支持。RAN2 最终同意对 NB-IoT 也允许同时支持最多 8 个切片，相应的，RRC 信令中需要支持终端上报切片标识。

5. 寻呼时机计算

在 NB-IoT 接入 EPC 的寻呼功能中，需要使用 IMSI 部分比特作为终端 ID 来确定寻呼帧以及寻呼时机。出于安全考虑，仅使用 IMSI 的部分比特作为终端 ID 来确定寻呼帧以及寻呼时机。为了不在网元接口间暴露太多 IMSI 信息，仅允许 MME 向基站传递 IMSI 的低 14bit，这意味着最多将存在 16 384 个终端 ID。

在 NB-IoT 中，每个小区最多可以配置 16 个寻呼载波，每个寻呼载波最多可以配置 4096 个 PO，因此每个小区最多可以配置 4096×16，即 65 536 个 PO。如果每个小区配置的 PO 数量大于终端 ID 的最大数量，将导致某些 PO 永不被使用。为了保证这些 PO 按照相等概率被选择，基站只能限制 PO 数量的配置，以便每个小区的 PO 数量小于或等于终端 ID 的最大数量。因此，现有 NB-IoT 接入 EPC 系统中，仅允许 MME 向基站传递 IMSI 的低 14bit，会对基站侧的寻呼资源配置带来不必要的限制。另外在 Rel-16 NB-IoT 中，为避免寻呼误检，在引入唤醒信号的基础上，进一步引入了组唤醒信号以及基于终端 ID 的组唤醒信号监听机制。在每个 PO 前，最多支持发送 16 个组唤醒信号，这意味着每个小区最多需要支持 65 536×16 = 1 048 536 个终端 ID。如果不能支持更大范围的终端 ID（例如，仅支持 65 536），则在满配置非锚定载波和组唤醒信号的情况下，将导致映射到某个 PO 的所有 UE 只能监听某个组唤醒信号，而无法监听其他组唤醒信号。

针对上述需求，有必要对 Rel-16 NB-IoT 扩展终端 ID 范围，但是由于 IMSI 无法提供更多比特，因此无法对 NB-IoT 接入 EPC 进行扩展。在 eLTE 中，已经采用 5G-S-TMSI 作为终端 ID 来计算寻呼时机。5G-S-TMSI 中包含的 5G-TMSI 为 32bit，足够满足上述扩展终端 ID 范围的需求，因此对 NB-IoT 接入 5GC，可以采用 5G-S-TMSI 作为终端 ID 计算寻呼时机。

讨论过程中，大部分公司都认可对 NB-IoT 接入 5GC 应采用和 eLTE 一致的终端 ID，但对于扩展终端 ID 范围，多数公司认为目前需求尚不明确，因此仅同意采用 5G-S-TMSI mod 16 384 作为终端 ID 的范围。

RAN2 另外讨论同意使用 5G S-TMSI 作为输入来计算 Hash ID，该 Hash ID 用于计算 PH 和 PTW_start。

6. 重建立

NB-IoT 接入 EPC，在 CP 优化不支持 AS 安全的前提下，为增强移动性能，引入了基于 NAS 安全校验的 RRC 连接重建立流程。最主要的，终端要上报 NAS 安全校验信息给基站（ul-NAS-MAC 和 ul-NAS-Count），再由基站传递到 MME 进行校验。标准讨论最初，大部分公司认为对 NB-IoT 接入 5GC 也需要支持该功能。SA2/SA3 也确认可以对 5GC 支持类似的流程。

为了基站能够区别终端是请求与接入 5GC 的小区还是与接入 EPC 的小区重建立连接，考虑对现有重建立消息做关键扩展，定义新的用于接入 5GC 的重建立消息，包含新的终端重建立标识、NAS 安全校验信息等。

另外，RAN2 同意如果连接态终端发生到其他核心网类型的小区的重建立，则终端需要转移到空闲态，并触发 NAS 恢复流程。

7. 小区重选优化

在 Rel-16 支持接入 5GC 后，网络有可能部署既支持接入 EPC 也支持接入 5GC 的小区，也可能部署仅支持接入 5GC 的小区。显然，传统的 NB-IoT 终端不允许接入仅支持接入 5GC 的小区。eLTE 中也讨论过类似问题，为此在广播消息中引入 cellAccessRelatedInfo-5GC 和 plmn-Identity-5GC 来指示小区仅支持接入 5GC 的特性，以避免传统 LTE 终端在此类小区尝试接入。但是上述为 eLTE 引入的与小区接入相关的参数在 SIB1 中发送，这意味着终端需要先重选到该目标小区并读取 SIB1 后才能获知该小区无法接入，重选及读取 SIB 的操作都浪费了。考虑到 NB-IoT 终端对功耗十分敏感，有必要对这种不必要的小区重选进一步优化，例如，考虑尽早指示仅连接到 5GC 的小区的信息。一种可能的方式是，在源小区的 SIB4 和 SIB5 中，将仅接入 5GC 的小区设置为黑名单以避免旧终端对该类小区执行邻区测量和重选，但相应的，该黑名单也会对新的支持接入 5GC 的终端产生误导，为此还需要定义一个只包含接入 5GC 的小区的白名单供新终端使用，该白名单只有新终端可以读取，如果白名单和黑名单的小区有重叠，则新终端以白名单为准，优先选择具有与当前附着小区相同核心网类型的邻区来做小区重选。另有公司提出可以为 SIB4 和 SIB5 中的邻区标记核心网类型，其目的与前述方案的白名单类似，但只能帮助新终端优先选择具有相同核心网类型的邻区，无法避免旧终端尝试选择仅接入 5GC 的小区。目前该问题尚无结论。

8. 其他功能

参考 eLTE，对 NB-IoT 接入 5GC 另外有以下结论：

对于 DRB 上的数据传输安全保护，使用与 eLTE 相同的 AS 安全机制，即采用如 TS 33.501 所述的方法，KeNB 根安全密钥从 Kamf 获取。AS 安全算法由 LTE 编码点指示，如 EIA、EEA。

另外讨论沿用如下 NB-IoT 功能：

- 必选支持空闲态 eDRX 功能，MIB-NB 中的 hyperSFN-LSB 和 SIB1-NB 中的 hypcrSFN-MSB 重用于接入 5GC；
- 支持连接态 eDRX，接入 EPC 所使用的 DRX-Cycle 和 drx-StartOffset 重用于接入 5GC；
- 支持覆盖增强限制功能；
- 支持从核心网向基站传递期待的终端行为信息传递功能。
- 支持 PUR 功能以及相应的终端能力 pur-CP-5GC/pur-UP-5GC 上报。

6.4.3　Inter RAT 小区选择

NB-IoT 凭借其低功耗、广覆盖和高性价比的特性，已被越来越多的物联网应用所采用。但是当前部署主要以单模 NB-IoT 芯片为主，常用于具有极低移动性、极低功耗特征的简单公用事业计量设备。随着物联网市场和产业链的发展，市场上开始出现更多双模或多模芯片组（例如，NB-IoT/GSM、NB-IoT/eMTC、NB-IoT/GSM/eMTC 等）。双模甚至多模芯片组可以提供单一平台设计，使得设备能够同时连接到 NB-IoT 和 GSM/GPRS 或 eMTC/LTE 等多个网络。这将有助于 NB-IoT 扩大市场应用范围，且可以逐步扩展到具有语音需求的更广阔市场。

表 6-12 中给出一些使用双模或多模芯片的用例及主要特征。

表 6-12　双模或多模芯片的用例及主要特征

芯片模式	用例	移动性	功耗敏感性	覆盖场景
仅 NB-IoT	水表、气表、电表等测量仪表	低	高（终端电池是不可充电或不可替换的）	室内深覆盖
NB-IoT+GSM（无语音业务）	可穿戴设备，如宠物智能跟踪设备，安防或工业应用设备	高	高（终端电池是不易充电或不易替换的）	室内深覆盖或室外有遮挡
NB-IoT+GSM（有语音业务）	可穿戴设备，如可通话智能手表	高	中等（终端电池可替换）	普通室外覆盖
NB-IoT+eMTC/LTE	可穿戴设备，如医疗设备（有中等或更大的数据传输需求）	高	中等或低（终端电池可充电或可替换）	普通室外覆盖
NB-IoT+GSM+eMTC/LTE	内置于智能终端的 NB-IoT 芯片	高	低（终端电池易充电）	普通室外覆盖

根据上述对模式组合的分析，带有双模甚至多模芯片的设备很有可能具有中等或较高的移动性。但是，即便当前网络部署可使得不同 RAT 间存在重叠覆盖，由于当前的 NB-IoT 完全不支持 RAT 间移动性，且仅支持基于排序的同频和异频测量及小区重选，支持多 RAT 的 NB-IoT 终端在无线环境较差时始终无法接入附近可能存在且无线条件良好的其他网络，导致更大功耗且业务性能受影响。为此，Rel-16 希望对这类双模或多模终端进行优化，目的之一在于帮助多模终端找到具有最优覆盖或最适合其当前业务的接入技术（例如，为具有高数据速率需求或语音需求的业务选择 eMTC/LTE 网络）。

标准讨论初期，很多提案建议对包含 NB-IoT 的多模终端支持与传统 LTE 类似的、不同 RAT 间基于优先级的小区选择及重选。但部分公司对基于优先级的小区重选所需要的多 RAT 测量可能造成的终端耗电有所担心，最终根据对立项目标的澄清，确定仅支持基于多 RAT 辅助信息的小区选择。

随后确定通过广播消息为多模终端发送不同 RAT 信息，来辅助多模终端获知周围存在其他 RAT 网络，可以选择驻留。在此基础上，又讨论了如下细节问题。

（1）基站是否需要提供其他 RAT（eMTC/LTE/GERAN）的优先级信息？

部分公司认为需要由网络提供其他 RAT 的优先级信息，而且与传统 LTE 类似，该优先级信息是配置到载频级别的。总体上，假设不同多模物联网设备支持的应用各不相同，对处于空闲态的多模终端，因小区选择阶段尚未发起业务，无法基于业务来选择合适的接入技术，因此小区选择阶段有必要提供优先级信息来帮助终端尽可能简单快速地找到一个总体良好的小区(例如,具有良好无线覆盖和较低负载的小区)。当然,无论是否广播 RAT 间优先级参数,UE 都可以在内部根据历史信息维护不同 RAT 的"优先级"信息,以便优化 RAT 间小区评估/选择。但显然 UE 内部的"优先级"信息是一种统计信息,缺乏网络侧实时信息,如网络覆盖、网络负荷状态,运营商策略提供的服务偏好,甚至网络运行状态等。即便支持广播相邻 RAT / 载波的载频列表以帮助 RAT 间选择,但该信息只能指示这些 RAT / 载波的存在,而不能给出更多详细的信息。基于下面的一些用例,可以看到为什么网络侧信息如此重要以及缺少此类信息会带来怎样的问题。

- 从网络覆盖质量的角度来看,不同 RAT 或 RAT 中不同载频的覆盖条件可能非常不同。为了给处于不同位置的设备提供帮助,网络可能会广播尽可能多的 RAT 或载频,但其中一些 RAT 或载频的覆盖范围可能并不是很好。如果没有提供 RAT 间优先级信息,则终端可能需要测量/评估所有广播的 RAT 或载频,由此导致很高功耗。反之,如果网络可以对一些良好的 RAT 或载频标记较高优先级,则终端可以缩小初始评估的 RAT 或载频范围,只有当终端在这个范围内找不到适合驻留的小区时,终端才有必要进一步评估那些具有较低优先级的其他 RAT 或频率。

- 从网络覆盖连续性的角度来看,不同 RAT 或载频可能会提供不同的覆盖连续性。如果具有中等或高移动性的设备无法获知这一点,而只是选择一个质量最好但覆盖连续性较差的 RAT 或载频进行驻留,则此设备可能会在后续移动过程中丢失覆盖。反之,如果网络可以对一些具有连续覆盖的 RAT 或载频标记较高优先级,则可以避免此类问题。

- 从网络负载的角度来看,如前述第一条所提,为了给处于不同位置的设备提供帮助,网络会广播尽可能多的 RAT 或载频,即使某个 RAT/ 载频 / 小区具有中等或高负载,它仍然有可能存在于 RAT 或载频信息列表中,因为它可能是某些 UE 可以检测到的唯一接入网络。基于这样的配置,在最坏情况下,终端选择的最强 RAT 或载频也可能具有最高负载,终端可能经过多次尝试后最终仍无法接入该网络并导致不必要的功耗。在这种情况下,终端选择次优无线质量但是具有较低负载的 RAT 或载频可能更加合适。RAT 或载频优先级可以帮助终端做到这一点。

- 从服务偏好的角度来看,如果某些多模终端需要支持语音服务,但基于业务成熟度,不同的运营商可能对于将哪种 RAT 用于语音服务有不同的偏好。例如,某些运营商可能选择 GERAN 提供语音业务，其他运营商可能选择 LTE。为此运营商需要某种机制来向终端指示这种对首选策略的偏好性。

综上所述，网络侧可以考虑结合上述规则来设置 RAT 或载频的优先级，终端可以利用优先级信息来简化小区选择过程，节省耗电并获得更好的小区选择结果。

讨论过程中，大部分终端厂商认为 IoT 设备具有多样化操作方案，不同终端可能倾向不同的优先级设置。例如，具有 NB-IoT 的智能手机可能会选择 LTE，而其他 IoT 设备，如可穿戴设备，可能更喜欢驻留在 NB-IoT 上。对于运营商而言，很难定义适用于所有终端的 RAT 优先级。因此 RAT 优先级应主要取决于终端实现。

为了弱化上述问题，支持提供优先级信息的公司进一步指出，传统 LTE 中，优先级用于小区重选，如果满足给定条件，则终端必须重选到具有更高优先级的 RAT。但 NB-IoT 对 RAT 间优先级的使用方式可以不一样。NB-IoT 中广播的其他 RAT 优先级可以仅被认为是优先搜索哪些 RAT 的指导建议。如果优先级信息是通过专用信令提供的，则网络可能希望将该终端引导至标记为更高优先级的 RAT 或载频。即这种 RAT 或载频优先级或偏好目的并非在于提供强制性的 RAT 间小区测量 / 选择标准。它仅是网络为避免出现在大量其他 RAT 或载频中进行"盲"RAT 间小区测量 / 选择导致的大量终端功耗，或避免仅根据最强无线质量选择其他 RAT 可能导致后续潜在的接入失败，而提供的建议或首选项。

（2）基站如果需要提供其他 RAT（eMTC/LTE/GERAN）的优先级信息，是通过广播消息还是单播消息来提供？或者两者都需要？

讨论中有公司认为，广播是一种常规方式，但考虑到可能不是所有终端都具有双模或多模能力，此时通过广播消息来提供 RAT 间相关信息，并让所有终端都解析该 SIB 消息是一种不必要的资源浪费。因此网络也可以选择通过专用信令仅为有能力的终端提供 RAT 间参数以及其他一些可根据终端定制的参数。

还有一种可能是网络需要基于某些规则来设置 RAT 或载频优先级，但初始阶段某些规则可能尚未确定，或仅在支持某些特殊业务的终端出现时才需要考虑，这种场景也需要专用信令来支持 RAT 或载频优先级设置，以便网络可以在广播信息的基础上，后续通过专用信令来修改 RAT 或载频优先级。

（3）优先级的配置方式及使用方式？

部分公司认为考虑到可以使用优先级来反映网络覆盖范围或负载状态，因此更适合为每个 RAT 的每个载频配置优先级（类似传统 LTE 中的优先级）。当然考虑到前述功能上的差异，仅仅配置 RAT 级别的优先级也是可以接受的。

关于用法，如前所述，在小区选择期间，终端可以按照 RAT 间优先级从最高到最低的顺序执行 RAT 或载频评估。一开始终端可以在具有较高优先级的 RAT 的小范围内搜索，仅当终端找不到适合驻留的小区时，终端才会进一步评估具有较低优先级的其他 RAT 或载频。此外，也可以考虑仅允许某些设备使用该优先级信息，而其他设备则不使用。例如，对于功耗敏感的 UE，它可以仅评估具有高优先级的那部分 RAT 或载频，而对于功耗不敏感的终端，则可以评估所有广播的 RAT 或载频。

在传统 LTE 中，针对优先级还设置了阈值、测量间隔以及其他 RAT 的接入门限等参数。为简单起见，大部分公司认为这些参数对 NB-IoT 的多 RAT 小区选择不太必要，当然，考虑到测量间隔对避免乒乓有一定好处，引入该参数也是可以的。对于接入门限参数，潜在的好处是避免终端选择不可接入的 RAT 驻留并读取开销消息，但部分公司认为即使提供了相邻 RAT 或载频的接入门限参数，终端仍然需要测量相邻小区的无线质量，对节省终端功耗没有太大收益，另外考虑引入这些信息对广播 RAT 间参数会带来额外的信令开销，该信息也是没有必要的。

尽管经过多轮讨论，也有不少公司指出有必要广播更多 RAT 相关的参数，如优先级、接入门限等，但最终出于简化终端处理的考虑，RAN2 仅同意引入简单的其他 RAT 载频列表信息。

6.5　NB-IoT 接入 5G 核心网增强

6.5.1　总体流程

NB-IoT UE 接入 5GC 中，注册过程是 UE 进行业务前在网络中注册过程，主要完成接入鉴权和加密、资源清理和注册更新等过程。注册流程完成后，网络记录 UE 的位置信息，相关节点为 UE 建立上下文。

与 NB-IoT 接入 EPC 类似，当 NB-IoT UE 接入 5GC 时，NB-IoT 系统也可以支持 5G CP 优化及 5G UP 优化。

为了实现 NB-IoT UE 接入 5GC，以下内容为与传统的 5G 注册过程相比较。

（1）UE 需要在注册请求消息中携带 5G 系统中支持和偏好网络行为 (Preferred Network Behaviour for 5GC) 信息支持和偏好的网络行为信息，包括：是否支持 5G CP 优化、是否支持 5G UP 优化、偏好于选择使用 5G CP 优化还是偏好于选择使用 5G UP 优化、是否支持 N3 数据传输、是否支持 5G CP 优化头压缩。

（2）AMF 需要在注册接受消息中携带支持的网络行为，支持的网络行为用于指示网络能够接受的优化，包括：是否支持 5G CP 优化、是否支持 5G UP 优化、是否支持 N3 数据传输、是否支持 5G CP 优化头压缩。

业务请求过程是用于 UE 请求建立 UP 通道时使用的流程。与 Rel-15 5G 系统中的业务请求流程相比，为了会话管理功能（SMF，Session Management Function）能够统计 UE 发起建立"MO Exception Data"RRC 连接的次数，AMF 需要将收到的"MO Exception Data"RRC 建立原因值的次数发送到 SMF。

在 5GC 系统中，AMF 在每次使用 5G-S-TMSI 进行寻呼后，AMF 都需要重新为 UE 分配全球唯一临时标识符（5G-GUTI），这样就使得 UE 与 AMF 之间的 NAS 连接需要一直保持直到 5G-GUTI 重分配流程结束，这样也就使得 MT-EDT 失去节省连接的意义，所以在 5GC 系统中，MT-EDT 流程最终没有写入标准。

6.5.2 数据传输

1. 控制面数据传输

控制面数据传输方案是 NB-IoT 系统中新增加的流程，主要针对小数据传输进行优化，支持将 IP 数据包、Unstructure 数据包、Ethernet 数据包或 SMS 封装到 NAS PDU 中传输，无须建立 DRB 和 N3 隧道。

控制面数据传输是通过 RRC、NG-AP 协议的 NAS 传输以及 SMF 和 UPF 之间的 GTP 用户面隧道来实现。对于 Unstructure 数据包这样的非 IP 数据包，也可以通过 SMF 与 NEF 之间的连接来实现。

控制面数据传输方案包括 UE 发起（MO）的数据传输过程和 UE 终结（MT）的数据传输过程。

（1）MO 控制面数据传输过程

MO 控制面数据传输过程如图 6-33 所示。

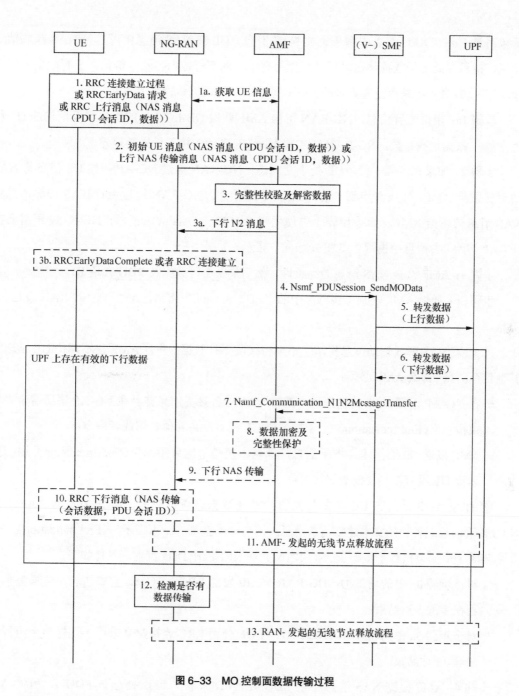

图6-33　MO 控制面数据传输过程

　　步骤 1：如果 UE 处于连接态，UE 发送 NAS 消息，NAS 消息中携带加密的 PDU 会话 ID 及上行数据。如果 UE 处于空闲态，UE 首先需要建立 RRC 连接或者发送 RRCEarlyData

请求消息，并在 RRC 消息中携带上述 NAS 消息。UE 在 NAS 消息中可携带 NAS 释放辅助信息，指示在此上行数据传输之后是否期待有唯一的下行数据传输（例如，上行数据的确认或响应），或者指示是否没有更多的上行数据或者下行数据传输需要传递。

步骤 1a：根据配置信息，NG-RAN 可向 AMF 获取 NB-IoT UE 的优先级及期待的 UE 行为参数。根据这些参数，NG-RAN 可实现不同 UE 之间的接入优先级差异。

步骤 2：如果在步骤 1 前，UE 处于空闲态，NG-RAN 通过 NG-AP 初始 UE 消息将 NAS 消息转发给 AMF；如果在步骤 1 前，UE 处于连接态，NG-RAN 通过上行 NAS 传输消息将 NAS 消息转发给 AMF。如果步骤 1 中使用了 RRCEarlyData 请求消息，NG-RAN 还需要在 NG-AP 初始 UE 消息中携带"EDT Session"指示。

步骤 3：AMF 检查 NAS 消息的完整性，然后解密上行数据及 PDU 会话 ID。

步骤 3a：如果 AMF 收到了步骤 2 中的"EDT Session"指示，AMF 向 NG-RAN 发送 N2 消息。

① 如果 NAS 释放辅助信息指示了不期待接收下行数据，并且 AMF 也不期待 UE 发送的其他信令消息，那么 AMF 必须：

- 在 NG-AP 下行 NAS 传输消息中携带 NAS 业务接受消息并且在 NG-AP 消息携带"结束指示"（End Indication）用于指示该 UE 没有期待其他数据或者信令；

- AMF 发送 N2 连接建立指示消息，消息中携带"结束指示"（End Indication）用于指示该 UE 没有期待其他数据或者信令。

② 如果 AMF 认为该 UE 存在其他的待发送数据或者信令时，AMF 发送 NG-AP 下行 NAS 传输消息或者初始文本建立请求消息，消息中不携带"结束指示"（End Indication）。

步骤 3b：如果执行了步骤 3a，NG-RAN 完成 RRCEarlyData 流程，具体如下：

- 对于步骤 3a 中的场景①，NG-RAN 向 UE 发送 RRCEarlyData 完成消息，这样整个流程在步骤 5 后结束；

- 对于步骤 3a 中的场景②，NG-RAN 与 UE 使用 RRC 连接建立过程，这样整个流程在步骤 13 才结束。

步骤 4：AMF 根据 NAS 消息中的 PDU 会话 ID 来获知可以处理该 PDU 会话的（V-）SMF，AMF 触发服务操作 Nsmf_PDUSession_SendMOData，并将 PDU 会话 ID 及上行数据发送给（V-）SMF。如果步骤 1 中的 NAS 释放辅助信息指示不期待接收下行数据并且也无

MT 数据或者信令需要发送给 UE，AMF 不用等待步骤 7，而是直接处理步骤 12。

步骤 5：如果该 PDU 会话应用了头压缩，则 (V-)SMF 进行头解压缩，并将上行数据转发至 UPF。对于归属路由漫游场景，V-SMF 将数据转发至 V-UPF，然后再由 V-UPF 转发至 H-UPF。UPF 根据数据转发规则将数据发送至数据网络。

步骤 6：对于非漫游及本地疏导场景，用户面功能（UPF，User Plane Function）向 V-SMF 转发下行数据；对于归属路由漫游场景，H-UPF 将下行数据转发至 V-UPF，然后再由 V-UPF 转发下行数据至 V-SMF。

步骤 7：如果该 PDU 会话应用了头压缩功能，(V-)SMF 将进行头压缩。(V-)SMF 通过 Namf_Communication_N1N2MessageTransfer 服务操作将下行数据和 PDU 会话 ID 发送给 AMF。

步骤 8：AMF 创建下行 NAS 传输消息，消息中携带 PDU 会话 ID 及下行数据。AMF 对 NAS 传输消息进行加密和完整性保护。

步骤 9：AMF 向 NG-RAN 发送下行 NAS 传输消息。如果步骤 1 中的 NAS 释放辅助信息指示仅发送单个上行数据包和仅期待单个下行数据包 (例如，期待确认响应信息) 并且 AMF 决定数据传输仅仅是为了单个上行数据包和单个下行数据包，AMF 在下行 NAS 传输消息中携带“结束指示”（End Indication），用于指示 UE 没有更多的数据或者信令需要发送。

步骤 10：NG-RAN 通过 RRC 消息将封装下行数据的 NAS PDU 发送给 UE。

步骤 11：如果在步骤 1 中携带的 NAS 释放辅助信息中指示仅期待单个下行数据包，并且如果 AMF 没有待发送的下行数据或者下行信令，AMF 触发无线连接释放过程，整个流程结束。

步骤 12 ～ 13：如果持续一段时间 NG-RAN 没有检测到更多的活动，NG-RAN 触发无线连接释放过程。NG-AP 信令连接以及 RRC 信令连接被释放。

（2）MT 控制面数据传输过程

MT 控制面数据传输过程如图 6-34 所示。

步骤 1：UPF 将接收到的下行数据包转发给 SMF。对于归属路由漫游场景，H-UPF 将下行数据转发至 V-UPF，然后再由 V-UPF 转发给 V-SMF。

步骤 2：如果该 PDU 会话应用了头压缩功能，（V-）SMF 将进行头压缩。（V-）SMF 通过 Namf_Communication_N1N2MessageTransfer 服务操作将下行数据和 PDU 会话 ID 发送给 AMF。

步骤 3：如果 UE 已在 AMF 注册并且处于寻呼可达，AMF 向 UE 已注册的跟踪区内的每个 NG-RAN 发送寻呼消息。

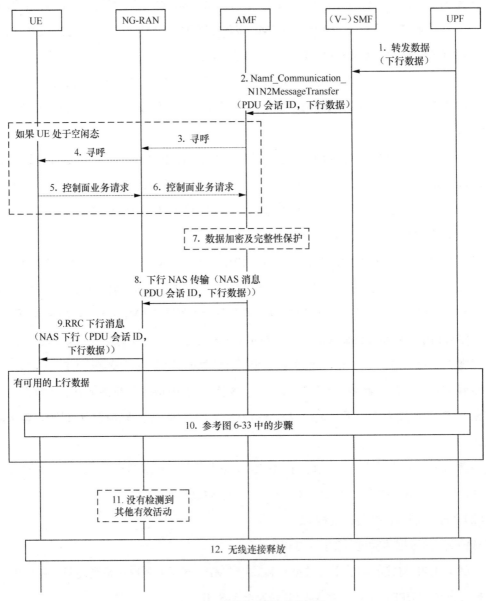

图 6-34　MT 控制面数据传输过程

步骤 4：如果 NG-RAN 收到来自 AMF 的寻呼消息，NG-RAN 发送寻呼消息来寻呼 UE。

步骤 5 ～ 6：当 UE 接收到寻呼消息，UE 通过 RRC 连接请求和 NG-AP 初始消息将控制面业务请求（Control Plane Service Request）消息发送至 AMF。

步骤 7：AMF 创建下行 NAS 传输消息，消息中携带 PDU 会话 ID 及下行数据。AMF 对 NAS 传输消息进行加密和完整性保护。

步骤 8：AMF 向 NG-RAN 发送下行 NAS 传输消息。

步骤 9：NG-RAN 通过 RRC 消息将封装下行数据的 NAS PDU 发送给 UE。

步骤 10：此时 RRC 连接已经建立完成，UE 或者网络侧都可以发送上下行数据。对于上行数据的发送，可以具体参见第 6.5.2 节中"MO 控制面数据传输"过程的步骤。

步骤 11 ～ 12：如果持续一段时间 NG-RAN 没有检测到更多的活动，NG-RAN 触发无线连接释放过程。NG-AP 信令连接以及 RRC 信令连接被释放。

2. 数据面数据传输

（1）UE 发起 N3 数据传输通道建立流程

当 UE 采用 CP 优化方案传输数据并且 UE 支持 UP 方案传输数据时，如有相对较大的数据包传输需求时，则可由 UE 发起 N3 数据传输通道建立流程来实现 CP 优化方案到 UP 方案的转换。

UE 发起的 N3 数据传输通道建立流程既可以在 UE 空闲态的时候发起，也可以在 UE 连接态的时候发起。UE 发起的 N3 数据传输建立过程与 3GPP TS 23.502 中 4.2.3.2 节 UE 发起的业务请求流程差别如下。

步骤 1：

UE 发送控制面业务请求消息，消息中携带上行数据状态（Uplink Data Status）信息。上行数据状态信息用于指示 UE 期望激活 UP 资源的 PDU 会话信息。上行数据状态信息中不能包含只能使用 CP 优化的 PDU 会话。

如果控制面业务请求消息作为寻呼响应，并且 UE 有上行数据需要发送，UE 可能请求建立 N3 数据传输，这样 UE 也可以携带上行数据状态信息来请求激活用户面资源。否则 UE 不在控制面请求消息中携带上行数据状态信息。

步骤 4/5a：

SMF 接收到 Nsmf_PDUSession_UpdateSMContext 请求消息后或 SMF 发起会话策略连接修改后，SMF 根据 UE 请求及本地策略来决定是否建立 N3 数据传输通道。对于只能使用 CP 优化的 PDU 会话，SMF 不会建立 N3 数据传输通道。

步骤11：

SMF在Nsmf_PDUSession_UpdateSMContext响应消息中指示是否建立N3数据传输通道，即激活DRB及N3隧道。

步骤12：

AMF根据步骤11中的响应消息，在NAS业务接受消息中携带建立N3数据传输通道的PDU会话的请求结果。

对于已经建立N3数据通道的PDU会话，网络侧开始使用N3数据通道来发送下行数据。对于没有建立N3数据通道的PDU会话，网络侧仍然使用CP优化方案来发送下行数据。

步骤13：

对于已经建立N3数据通道的PDU会话，UE使用N3数据通道来传输所有的上行数据。

3. SMF发起N3隧道建立流程

当UE采用CP优化方案传输数据并且UE支持用户面方案传输数据时，如有相对较大的数据包传输需求时，也可由SMF发起N3数据传输通道建立流程来实现CP优化方案到UP方案的转换。

SMF发起的N3数据传输通道建立流程既可以在UE空闲态的时候发起，也可以在UE连接态的时候发起。SMF发起的N3数据传输建立过程与3GPP TS 23.502 4.2.3.3节中网络发起的业务请求流程差别如下：

步骤3a：

SMF在Namf_Communication_N1N2MessageTransfer消息中请求激活DRB及N3隧道。

步骤6：

按照第6.5.2节"控制面数据传输"的流程，UE发起N3数据通道建立流程。

步骤7：

对于已经建立N3数据通道的PDU会话，UE和网络侧只能使用N3数据通道来传输所有数据。

4. NIDD

NIDD是针对"Unstructured"非结构化类型PDU会话的一种数据投递方式。

（1）SMF-NEF连接建立

当UE请求建立PDU会话连接过程中，指明PDU会话类型为"Unstructured"，并且与

UE 请求的数据网络名（DNN，Data Network Name）相对应的签约数据中含有 NIDD 使用的 NEF ID，则 SMF 发起 SMF-NEF 连接建立过程，如图 6-35 所示。

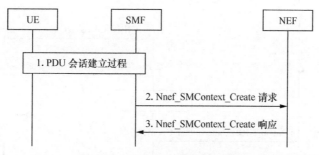

图 6-35　SMF-NEF 连接建立过程

步骤 1：UE 发起 PDU 会话建立过程。SMF 接收到的 DNN 及 S-NSSAI 所对应的会话签约数据信息包括：NIDD 使用的 NEF ID，NIDD 信息如 GPSI 及 AF ID。

步骤 2：如果 DNN 及 S-NSSAI 对应的签约数据中含有 NIDD 使用的 NEF ID，则 SMF 必须建立到 NEF 的 PDU 会话。

SMF 向 NEF 发送 Nnef_SMContext_Create 请求消息，消息中包括用户标识、PDU 会话 ID、NEF ID、NIDD 信息、S-NSSAI、DNN。

如果 AF 还没有为步骤 2 中的用户标识向 NEF 请求执行 NIDD 配置过程，则 NEF 在执行第 3 步前需要根据本章图 6-36 的步骤执行 NIDD 配置过程。

步骤 3：NEF 为 UE 创建 NEF PDU 会话上下文，并将其与 PDU 会话 ID 及用户标识进行关联。NEF 向 MME 发送 Nnef_SMContext_Create 响应消息，消息中携带用户标识，PDU 会话 ID，NEF ID，S-NSSAI，DNN。

（2）NIDD 配置

NIDD 配置过程可以由 NEF 发起执行，也可以由 AF 发起执行，如图 6-36 所示。如果网络开放功能（NEF，Network Exposure Function）发起执行 NIDD 配置过程，则由步骤 1 开始执行；如果 AF 发起执行 NIDD 配置过程，则由步骤 2 开始执行。

步骤 1：如果 NEF 需要请求向指定的 AF 执行 NIDD 配置过程，则 NEF 向 AF 发送 Nnef_NIDDConfiguration_TriggerNotify 消息，消息中携带 GPSI、AF ID、NEF ID。

步骤 2：AF 向 NEF 发送 Nnef_NIDDConfiguration_Create 请求消息，消息中携带外部组标识或者 GPSI、AF ID、NIDD 时效，N33 目的地址，MTC 提供者信息。

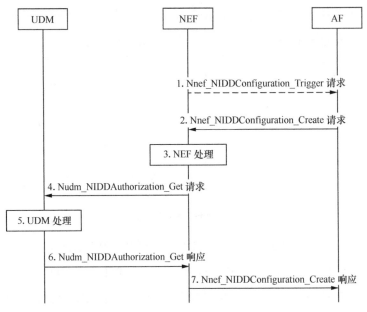

图 6-36 NIDD 配置过程

步骤 3：NEF 存储 UE 的外部组标识 /GPSI AF ID、NIDD 时效、N33 目的地址。如果根据服务协议，AF 不被授权执行该请求，则执行步骤 7，拒绝 AF 的请求，返回相应的错误原因。

步骤 4：NEF 向 HSS 发送 Nudm_NIDDAuthorisation_Get 请求消息，消息中携带外部组标识或者 GPSI、S-NSSAI、DNN、AF ID、MTC 提供者信息，以便 UDM 检查对 UE 的外部组 ID 或 GPSI 是否允许 NIDD 配置请求。

步骤 5：UDM 执行 NIDD 授权检查，并将 UE 的外部标识映射成 IMSI 或 MSISDN。如果 NIDD 授权检查成功并且在步骤 4 中携带了外部组标识，UDM 需要将外部组标识映射为内部组标识及一组 GPSI，并将 GPSI 映射为 SUPI。同时 UDM 也使用请求的 NEF ID 在 S-NSSAI 及 DNN 对应的签约数据中的 NEF ID 域进行更新。

步骤 6：UDM 向 NEF 返回 Nudm_NIDDAuthorisation_Get 响应消息，UDM 返回单个或者一组 SUPI 和 GPSI。使用 UDM 返回的 SUPI 及 GPSI，NEF 可将为每个 UE 或者每组 UE 建立的 SMF-NEF 连接和步骤 2 中的应用功能（AF，Application Function）请求绑定。

步骤 7：NEF 向 AF 返回 Nnef_NIDDConfiguration_Create 响应消息。NEF 将 GPSI 或外部组标识，SUPI 及第 6.5.2 节 "SMF 发起 N3 隧道建立流程" 中步骤 2 中的 PDU 会话 ID 进行关联。在 MT NIDD 流程中，NEF 使用 GPSI 或者外部组标识来决定 SUPI 及 PDU 会话 ID

来投递非结构化数据。在 MO NIDD 流程中，NEF 使用 SUPI 及 PDU 会话 ID 来获取 GPSI。

（3）MO NIDD 数据投递

MO NIDD 数据投递流程如图 6-37 所示。

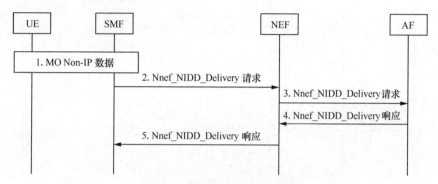

图 6-37   MO NIDD 数据投递流程

步骤 1：UE 向 AMF 发送 NAS 消息，携带 PDU 会话 ID 和 Non-IP 数据包。UE 发送 NAS 消息的流程参考 6.5.2 节 "控制面数据传输"。

步骤 2：SMF 向 NEF 发送 Nnef_NIDD_Delivery 请求消息，消息中包括用户标识，NEF ID 及非结构化 Unstructured 数据。在漫游时，V-SMF 向 H-SMF 发送数据的步骤参见 6.5.2 节 "控制面数据传输" 步骤 5。

步骤 3：当 NEF 收到非结构化数据包后，NEF 找寻 NEF PDU 会话上下文，以及 N33 目的地址，并将非结构化数据包通过 Nnef_NIDD_Delivery 请求消息发送给对应的 AF。如果 PDU 会话没有对应的 N33 目的地址，NEF 将丢弃数据包，NEF 也不发送 Nnef_NIDD_DeliveryNotify 请求消息，NEF 直接执行步骤 5。

步骤 4：AF 向 NEF 返回 Nnef_NIDD_Delivery 响应消息。

步骤 5：NEF 向 SMF 返回 Nnef_NIDD_Delivery 响应消息。如果 NEF 不能投递数据，例如，因为缺失的 AF 配置，NEF 向 SMF 返回合适的错误原因值。

（4）MT NIDD 数据投递

MT NIDD 数据投递流程如图 6-38 所示。

步骤 1：当 AF 已经为某 UE 执行过 NIDD 配置流程后，AF 可以向该 UE 发送下行非结构化数据。AF 向 NEF 发送 Nnef_NIDD_Delivery 请求消息，消息中携带 GPSI、非结构化数据包。

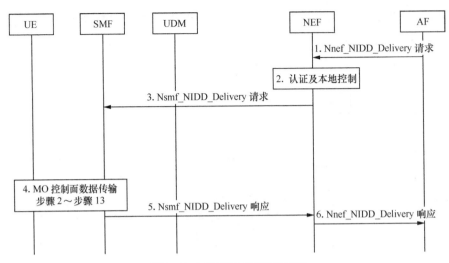

图 6-38　MT NIDD 数据投递流程

步骤 2：NEF 根据用户标识及 NIDD 配置信息对应的 DNN 信息来确定 5GS QoS 流上下文。如果步骤 1 中对应的 GPSI 有合适的 5GS QoS 流上下文，那么 NEF 检查请求 NIDD 数据投递的 AF 是否被授权允许发起 NIDD 数据投递，并且检查该 AF 是否已经超出 NIDD 数据投递的限额（例如，24 小时内允许 1k 字节），或已经超出速率限额（如每小时 100 字节）。如果上述检查失败，NEF 执行步骤 6，并返回错误原因；如果上述检查成功，NEF 继续执行步骤 3。

步骤 3：NEF 向 AMF 发送 Nsmf_NIDD_Delivery 请求消息。对于漫游场景，H-SMF 向 V-SMF 发送数据可以参考 6.5.2 节"数据面数据传输"。

步骤 4：AMF 向 UE 发送非结构化数据，具体步骤可参考 6.5.2 节"数据面数据传输"步骤 2～步骤 9。

步骤 5：SMF 向 NEF 发送 Nsmf_NIDD_Delivery 响应消息。如果 SMF 收到了 AMF 发送的失败指示信息，SMF 需要通知 NEF Nsmf_NIDD_Delivery 投递失败。这样 NEF 缓存数据，并且当有更多的下行数据到达 NEF 时，NEF 不会向 SMF 发送 Nsmf_NIDD_Delivery 请求消息。如果 SMF 收到 AMF 发送的 UE 已可达信息时，SMF 可以指示 NEF 发送缓存的数据。

步骤 6：SCEF 向 AF 发送 Nnef_NIDD_Delivery 响应消息。

（5）SMF 发起的 SMF-NEF 连接释放流程

当 PDU 会话流程触发后，SMF 发起释放 SMF-NEF 连接，如图 6-39 所示。

步骤 1：PDU 会话释放流程被触发。

步骤 2：如果 NEF 被选择为作为非结构化数据的控制面数据传输方式，SMF 向 NEF 发送 Nnef_SMContext_Delete 请求消息用于释放 SMF-NEF 连接，消息中携带用户标识、PDU 会话 ID、NEF ID、S-NSSAI、DNN。

步骤 3：NEF 删除该 PDU 会话的 NEF PDU 会话上下文，并向 SMF 返回 Nnef_SMContext_ Delete 响应消息指明操作是否成功，消息中携带用户标识、PDU 会话 ID、NEF ID、S-NSSAI、DNN。

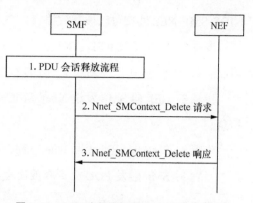

图 6-39　SMF 发起的释放 SMF-NEF 连接流程

（6）NEF 发起的 SMF-NEF 连接释放流程

在如下条件下，NEF 发起 SMF-NEF 连接的释放流程：

- AF 宕机或者 AF 连接断开；

- 根据 AF 的请求进行释放。

NEF 发起释放 SMF-NEF 连接释放流程，如图 6-40 所示。

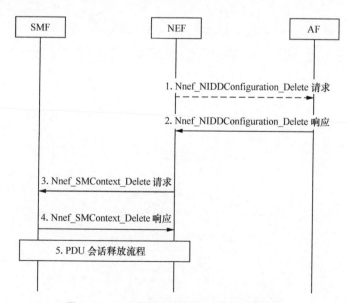

图 6-40　NEF 发起的释放 SMF-NEF 连接流程

步骤 1：AF 向 NEF 发送 Nnef_NIDDConfiguration_Delete 请求消息，指示某个用户的

NIDD SMF-NEF 连接可以被释放掉。

步骤 2：NEF 释放 NEF PDU 会话上下文，并向 AF 返回 Nnef_NIDDConfiguration_Delete 响应消息，用于确认已经删除了 NIDD 配置。

步骤 3：NEF 向 SMF 发送 Nnef_SMContext_Delete 请求消息，通知 SMF 释放 SM 上下文信息。

步骤 4：SMF 向 NEF 返回 Nnef_SMContext_Delete 响应消息用于确认通知消息。

步骤 5：SMF 触发 PDU 会话释放流程。

第 7 章

后续演进

NB-IoT

7.1 Rel-17 RAN Work Item (WI) 简介

在 2019 年 12 月的 RAN #86 会议之前，进行两轮的 NB-IoT WI 范围的邮件讨论，第一轮邮件讨论主要是收集各公司关于 NB-IoT 继续增强的需求以及各公司优选的增强需求；第二轮邮件讨论主要是针对第一阶段收集到支持较多的需求进一步收敛讨论。

NB-IoT 增强的需要包括调度增强和时延增强、峰值速率增强、干扰和负载管理、功耗降低、中继、移动性增强、多载波增强、NR 场景下 NB-IoT 增强、NB-IoT UE 与卫星通信共9 个主要方面的增强需求，具体内容描述如下。

（1）调度增强和时延降低

调度增强主要包括更灵活的 PDSCH 调度时延、更灵活的 NPDCCH 周期偏移量选择、灵活 ACK/NACK 重传次数调整、单进程 UE 支持多 TB 调度、无效子帧配置增强；调度增强主要是为了更好地利用空闲资源，提高频谱效率，以及减少下行控制信道开销，但是，由于实际应用场景调度情况比较复杂，与信道条件、各覆盖等级对应的 UE 数量、每个 UE 业务类型等很多因素相关，因此，上述调度增强实际增益是不确定的，也不是亟须解决的问题。

时延降低主要包括寻呼间隔减少和连接态接收系统消息变更指示。由于 Rel-16 版本后期引入了对 UE Specific DRX 的支持，可以认为已满足寻呼间隔减少的需求。

现有 NB-IoT 发送系统更新消息时，基站需要把连接态的 UE 释放到空闲态，再通知 UE 发生系统消息变更，而通过在连接模式下获取系统信息变更指示，可以避免将 UE 释放到空闲态再获取系统变更指示的过程，从而减少信令开销和获取 SI 的延迟。但是，由于现有实际应用中 UE 数量不多，业务类型也比较简单，系统消息配置不会频繁变更，所以，连接态系统消息变更指示接收的优化并不急切，可以在未来增强版本中考虑。

（2）峰值速率增强

目前，全球移动通信系统（GSM，Global System for Mobile Communications）网络中一些流行应用的数据速率要求比现有 NB-IoT 支持的最大速率要高，如软件升级的下行速率需求为 250 ~ 300kbit/s，这就限制了物联网服务从 GSM 迁移到 NB-IoT。因此，为了更好地实现 NB-IoT 代替 GSM 的目标，以及满足更多 NB-IoT 应用服务（如健康 / 健身监测等）的需求，进一步增强 NB-IoT 数据速率是必要的，主要速率增强的技术包括 16QAM、增加 UE 的最大传输带宽、增加进程数量减少上下行转换时延等方案。

（3）干扰和负载管理

干扰和负载管理主要包括功率控制增强、PRACH 增强和寻呼增强 3 个方面的内容。

① 功率控制增强主要包括上行引入闭环功控、下行引入功率分配、连接态反馈 PHR

由于现有 NB-IoT 采用开环功控，这会导致不必要的干扰和功耗，另外，如果引入 16QAM，为了更好地进行编码调制方式自适应，使得传输方式与调制方式匹配，引入闭环功控和下行功率分配可以提升频谱效率，减少 UE 功耗和小区间干扰。

在现有 NB-IoT 系统中，UE 只能与 CCCH SDU 一起在 Msg3 中发送 PHR。当 UE 被 Msg4 或 RRC 重新配置到另一个载波时，PHR 可能失效。如果在 Rel-17 中引入 16QAM 或功率控制增强，则需要更精确的 PHR 值。此外，考虑到在 RRC 连接状态下 UE 的信道条件发生改变，甚至覆盖等级也可能改变，Msg3 中报告的 PHR 信息对于新的数据调度就会过时。因此，有必要支持连接态反馈 PHR 来提升上行频谱效率，减少 UE 功耗。

② PRACH 增强主要包括高 SNR 场景下 PRACH 覆盖等级提升优化和时域 PRACH 接入分布增强

对于高 SNR 场景下的 UE，可能由于 PRACH 冲突或上下干扰差异等原因导致 PRACH 过程失败，按照现有标准，UE 需要进行 PRACH 覆盖等级提升，使用更大重复次数的 PRACH 接入网络，这就导致 UE 更大的功耗，也增加了更大覆盖等级 PRACH 冲突概率，但是，每个覆盖等级 PRACH 尝试次数是可以配置的，当 PRACH 尝试次数配置较大时，所述问题出现的概率就降低，因此，高 SNR 场景下 PRACH 覆盖等级提升优化并不是急需的。

由于实际应用中不同 UE 的业务类型有可能是相同的，可能会同时触发，这就会出现很多 UE 集中接入网络，导致网络接入拥塞的问题，为此有公司提出时域 PRACH 接入分布增强方案。但是，考虑到不同 UE 即使同时收到高层业务触发的接入请求或寻呼触发的接入请求，其在响应接入请求时，存在多种因素（高层业务传递时延、PRACH 时域选择时机、寻呼消息处理时延等）导致的接入延时，从而可以一定程度减缓接入拥塞问题，另外，基站也可以配置更多用于传输 PRACH 的载波，减少拥塞问题。总而言之，接入拥塞问题的严重程度主要取决于接入 UE 的数量，只有在接入 UE 数量非常大的时候拥塞问题才会比较严重。因此，该需求可能并不强烈，引入相应增强方案的必要性也有待进一步讨论。

③ 寻呼增强

现有 NB-IoT 中 UE 基于 UE_ID 进行寻呼载波选择，由于不同载波上小区间干扰是不同的，现有寻呼载波选择方式会导致某些 UE 固定位于干扰强的寻呼载波上，即使另外一些寻呼载波可能对该 UE 没有强干扰，该 UE 也不能选择其他寻呼载波，导致 UE 寻呼失败或者多次寻呼，增加寻呼时延，降低了系统频谱效率。因此有必要针对该问题寻找优化方案。

（4）功耗降低

功耗降低主要包括寻呼相关增强、定位相关增强、多播相关增强、更低功率类别的 UE 以及 PUSCH 重复传输过程中提前终止。

寻呼相关增强包括基于覆盖等级的载波选择和基于载波级别的配置，以及寻呼对应 WUS 检测放松。由于 WUS 检测放松会导致 WUS 漏检的概率增加，从而使得寻呼延迟变大，造成下行资源浪费，所以，支持 WUS 检测放松的公司数量不多。现有 NB-IoT 空闲态的一些配置是小区级别的，这就导致不同载波只能提供相同的配置，但是，由于 UE 类别不同，不同 UE 对应业务类型不同，延迟容忍度也会不同，不同载波使用完全相同的配置无法满足终端需求，因此有必要考虑基于覆盖等级的载波配置，以便更好地优化网络资源，减少 UE 功耗。

在现有 NB-IoT 系统中，UE 只能在空闲态下接收组播服务，为了保证所有 UE 都能接收组播服务，基站将周期性地重复发送组播服务。由于 UE 无法识别新的多播数据或重新传输的多播数据，成功接收多播数据的 UE 将继续接收重复的多播数据，从而导致了 UE 功耗的增加，因此，有必要对多播进行增强以降低 UE 重复接收多播数据的功耗。

在现有 NB-IoT 系统中，当 UE 处于空闲态时，如果基站想要触发 UE 进行定位上报，需要先寻呼 UE 进入连接态，在连接态配置 UE，然后再将 UE 释放到空闲态，UE 在空闲态完成定位测量后，再进入连接态进行定位测量结果上报。多次空闲态和连接态的切换导致 UE

更多的功耗，也浪费了系统资源，增加了定位时延。因此，定位过程的优化需要被考虑。

更低功率类别（如 0dBm）的 UE 主要应用在可穿戴设备等终端设备尺寸非常小的场景中，这类终端存在的主要问题是上行发射功率很小，上行覆盖非常受限。虽然可以通过局域网或中继解决覆盖问题，但由于他们的功率类别非常低，可能还需大量的重复来保证数据传输性能，这样又会导致很大的功耗和资源浪费，因此引入这类终端的可行性有待进一步研究。此外，在 Rel-14 已经引入 14dBm 的低功率 UE 类别，再进一步增强的必要性也不明确。

（5）中继

中继的目的主要是提升覆盖。

所有 Rel-14/15/16 解决方案都有助于提升演进版本的 NB-IoT UE 的性能。但它们不适用于市场上已经部署的 NB-IoT UE，而 NB-IoT UE 可能会工作 10 年左右，因此，期望部署对 UE 透明的中继来进一步降低已部署 UE 的功耗。另外，现有 NB-IoT 覆盖增强主要是通过信道重复来实现的，但信道重复次数越多，UE 的功耗也就越大，重复方案也造成了无线资源的短缺，导致网络容量降低。还有在一些特殊场景（如地下室等），由于位置、电源、部署成本或其他方面限制，可能无法部署普通 NB-IoT 基站，从而导致无法提供所需的覆盖。因此，有必要考虑引入低成本且容易部署的中继来提供覆盖扩展，降低终端功耗和节省网络资源。

（6）移动性增强

在现有 NB-IoT 物流跟踪等移动类型应用中，小区切换可能比较频繁。但 NB-IoT 仅支持基于 RLF 的连接重建立，该流程时延大，业务中断时间长，会使得 UE 功耗增加，影响用户体验，因此，有必要考虑进一步优化，减少小区切换延迟。

（7）多载波增强

多载波增强主要包括跨载波调度和多载波间跳频，跨载波调度主要是为了进行负载均衡，多载波间跳频主要是为了获得频域分集增益，大概会有 1~3dB 的性能增益，这两种方案都有助于降低重复次数，减少 UE 功耗，节省网络资源。

（8）NR 场景下 NB-IoT 增强

NR 场景下 NB-IoT 增强主要包括连接 5GC 时支持 SC-PTM 功能，以及 NR 和 NB-IoT 之间切换增强。

Rel-17 NR 将支持 SC-PTM，Rel-16 NB-IoT 已经支持 UE 连接到 5GC，Rel-14 NB-IoT 已经支持 SC-PTM。因此，当 NB-IoT UE 连接到 5GC 时，也应该获得与连接到 EPC 相同的服务，

支持 5GC 的 SC-PTM，但是，由于实际应用没有使用 SC-PTM 功能，因此，SC-PTM 优化的优先级在 Rel-17 较低。

Rel-16 NB-IoT 已支持包含 GERAN/LTE 的 Inter RAT 小区选择功能，但支持的其他 RAT 中尚未包含 NR，因此有必要在 Rel-17 中考虑包含 NR 的多 RAT 增强。引入 NR 和 NB-IoT 之间切换增强有利于提升 NB IoT/NR 双模 UE 性能，改善用户体验，降低 UE 功耗。

（9）NB-IoT UE 与卫星通信

由于物联网有广泛的应用，如沙漠、荒野、海运等不被网络覆盖的偏远地区场景的环境检测和物流跟踪业务需求，需要在全球范围内提供物联网支持，因此，NB-IoT 和卫星通信结合可以很好地补充地面网部署，而不会对成本和能耗产生负面影响，这将极大地推动 NB-IoT 物联网市场和竞争力。

除了上述增强需求外还有私有网络增强和 Rel-16 相关功能的进一步增强，如非锚定载波上的 NRS 增强、无效子帧配置增强、PUR 增强等。

由于 Rel-17 周期短，立项内容多，每个立项包括的内容将非常有限，因此结合实际应用场景，认为峰值数据速率提升和 UE 功耗降低是对 NB-IoT 最为紧迫的需求，最终在 Rel-17 NB-IoT 立项中仅包括了以下内容：

- 上下行 16QAM 引入和相应可能的功率控制增强；

    现有 CQI 报告框架的进一步增强；

- 基于 RLF 的小区切换延迟优化；

- 基于覆盖等级的载波选择和基于载波级别的配置。

另外，还单独立项支持 NB-IoT 和卫星之间通信的研究，具体研究内容如下：

- 随机接入过程或信号相关内容；

- 时间 / 频率调整机制，包括定时提前和 UL 频率补偿指示；

- 与调度和 HARQ-ACK 反馈相关的定时偏移；

- 与 HARQ 操作相关的内容；

- 与定时器相关的内容（如 SR、DRX 等）；

- 与空闲态和连接态移动相关的内容；

- 系统信息增强；

- 跟踪区域增强。

注：其中，卫星包括近地轨道（绕地球运行的轨道，高度在 300 ~ 1500km 之间）和地球静止轨道（在地球赤道以上 35 786km 处沿地球自转方向的圆形轨道。在这样一个轨道上的物体的轨道周期等于地球的旋转周期，因此对地面观测者来说，卫星在天空上位置固定，不移动）。

7.2　未来发展

首先，由于 Rel-17 分配给 NB-IoT 的时间有限，很多需要优化的内容没有纳入立项范围，在后续演进版本中需要进一步考虑上述 Rel-17 遗留的增强内容，如对 IoT UE 透明的中继、数据速率进一步增强等。其次，由于物联网的应用广泛、业务类型众多，接入网络的 NB-IoT UE 数量越来越庞大，提升网络容量也将成为紧迫的需求，可能的方案包括接入容量增强、寻呼容量增强、频谱共享等。再次，针对众多的业务类型进行更好的管理和数据挖掘，将人工智能与物联网结合、将物联网与边缘计算结合，也属于热点研究领域。最后，考虑到物联网数据的开放有利于打通各层之间数据壁垒，使得应用开发者能进行更有效的应用业务管理，底层管理也可以更准确地预测应用业务特性，帮助进行网络优化，对于物联网数据的开放和安全的折中考虑，也属于未来可以研究的内容。

缩略语

缩略词	英文全称	中文全称
3GPP	3rd Generation Partnership Project	第三代合作伙伴计划
5GC	5G Core	5G 核心网
5GSM	5G Session Management	5G 会话管理
5GMM	5G Mobile Management	5G 移动管理
AB	Access Barring	接入控制
ACK	Acknowledgement	肯定应答
AF	Application Function	应用功能
AL	Aggregation Level	聚合等级
AMF	Access and Mobility Management Function	接入与移动性管理功能
APN	Access Point Name	接入点名称
AS	Application Server	应用服务器
AS	Access Stratum	接入层
BPSK	Binary Phase Shift Keying	二进制相移键控
CBS PUR	Contention Based Shared PUR	竞争的共享的预配置上行资源
CCDF	Complementary Cumulative Distribution Function	互补累积函数
CEL	Coverage Enhancement Level	覆盖增强等级
CFS PUR	Contention Free Shared PUR	非竞争的共享的预配置上行资源
CM	Cubic Metric	立方度量
CP	Control Plane	控制面
CP	Cyclic Prefix	循环前缀
CRC	Cyclic Redundancy Check	循环冗余校验

缩略词	英文全称	中文全称
CRS	Cell-Specific Reference Signal	小区专有参考信号
CSFB	CS Fallback	电路业务回退
CSG	Closed Subscriber Group	封闭用户组
CSI	Channel Stated Information	信道状态信息
CSS	Cell-Specific Search Space	小区专有搜索空间
DCI	Downlink Control Information	下行控制信息
DL Gap	Downlink Gap	下行传输间隔
DMRS	Demodulation Reference Signal	解调参考信号
DRB	Data Radio Bearer	数据无线承载
DNN	Data Network Name	数据网络名
EDT	Early Data Transmission	数据提前传输
EPRE	Energy Per Resource Element	每个资源元素的能量
EPC	Evolved Packet Core	演进的分组核心网
EPS	Evolved Packet System	演进的分组系统
FDD	Frequency-Division Duplex	频分双工
GBR	Guaranteed Bit Rate	保证比特率
GPSI	Generic Public Subscription Identifier	通用公共签约标识
GSM	Global System for Mobile Communications	全球移动通信系统
GUTI	Global Unique Temporary UE Identity	全球唯一临时 UE 标识
HARQ	Hybrid Automatic Repeat Request	混合自动重传请求
HCO	Header Compression Configuration	头压缩配置
HeNB	Home eNB	家庭基站
HSS	Home Subscriber Server	归属用户签约服务器

缩略词	英文全称	中文全称
H-SFN	Hyper SFN	超系统帧号
ID	Identifier	标识
IDC	In-Device Coexistence	设备内共存
IP	Internet Protocol	因特网协议
LTE	Long-Term Evolution	长期演进
MBMS	Multimedia Broadcast Multicast Service	多媒体广播组播业务
MBSFN	Multimedia Broadcast Multicast Service Single Frequency Network	多媒体广播组播业务单频网络
MCL	Maximum Coupling Loss	最大耦合损耗
MCS	Modulation and Coding Scheme	调制和编码方案
MDT	Minimization of Drive Tests	最小化路测
MIB-NB	Master Information Block for NB-IoT	NB-IoT 的主信息块
MME	Mobility Management Entity	移动性管理实体
NACK	Negative Acknowledgement	否定应答
NAICS	Network Assisted Interference Cancellation/Suppression	网络辅助的干扰消除 / 抑制
NAS	Non Access Stratum	非接入层
NB-IoT	Narrowband Internet of Things	窄带物联网
NCC	Next Hop Chaining Counter	下一跳链接数
NCCE	Narrowband Control Channel Element	窄带控制信道元素
NCP	Narrowband Cyclic Prefix	窄带循环前缀
NEF	Network Exposure Function	网络开放功能
NH	Next Hop	下一跳
NIDD	Non IP Data Delivery	非 IP 数据传输

缩略词	英文全称	中文全称
NPRS	Narrowband Positioning Reference Signal	窄带定位参考信号
NRS	Narrowband Reference Signal	窄带参考信号
NSSAI	Network Slice Selection Assistance Information	网络切片选择辅助信息
NSSS	Narrowband Secondary Synchronization Signal	窄带辅同步信号
NPBCH	Narrowband Physical Broadcast Channel	窄带物理广播信道
NPDCCH	Narrowband Physical Downlink Control Channel	窄带物理下行控制信道
NPDSCH	Narrowband Physical Downlink Shared Channel	窄带物理下行共享信道
NPSS	Narrowband Primary Synchronization Signal	窄带主同步信号
NPRACH	Narrowband Physical Random Access Channel	窄带随机接入信道
NPUSCH	Narrowband Physical Uplink Shared Channel	窄带物理上行共享信道
OFDM	Orthogonal Frequency Division Multiplexing	正交频分复用
PAPR	Peak Average Power Ratio	峰均比
PCFICH	Physical Control Format Indication Channel	物理控制格式指示信道
PCID	Physical Cell Identity	物理小区标识
PCO	Protocol Configuration Options	协议配置选项
PDCCH	Physical Downlink Control Channel	物理下行控制信道
PDN	Packet Data Network	分组数据网络
PDU	Protocol Data Unit	协议数据单元
PGW	PDN Gateway	分组数据网关
PHICH	Physical HARQ Indication Channel	物理 HARQ 指示信道
PHR	Power Headroom Report	功率余量报告
PLMN	Public Land Mobile Network	公共陆地移动网络
PRACH	Physical Random Access Channel	物理随机接入信道

缩略词	英文全称	中文全称
PRB	Physical Resource Block	物理资源块
PSM	Power Saving Mode	省电模式
PUCCH	Physical Uplink Control Channel	物理上行控制信道
PUR	Preconfigured UL Resource	预配置上行资源
QAM	Quadrature Amplitude Modulation	正交幅度调制
QCI	QoS Class Identifier	服务质量等级标识
QFI	QoS Flow Identity	QoS 流标识
QoS	Quality of Service	服务质量
QPSK	Quadrature Phase Shift Keying	正交相移键控
RAN	Radio Access Network	无线接入网
RAR	Random Access Response	随机接入响应
RAT	Radio Access Technology	无线接入技术
RB	Resource Block	资源块
RDS	Reliable Data Service	可靠数据服务
RE	Resource Element	资源元素
REG	Resource Element Group	资源元素组
ROHC	Robust Header Compression	稳健性包头压缩
RSRP	Reference Signal Received Power	参考信号接收功率
RSRQ	Reference Signal Received Quality	参考信号接收质量
RU	Resource Unit	资源单元
RV	Redundancy Version	冗余版本
SCEF	Service Capability Exposure Function	业务能力开放单元
SC-PTM	Single-Cell Point-To-Multipoint	单小区多播

缩略词	英文全称	中文全称
SCS	Services Capability Server	业务能力服务器
SFBC	Space Frequency Block Code	空频块码
SFN	System Frame Number	系统帧号
SGW	Serving Gateway	服务网关
SIB-NB	System Information Block for NB-IoT	NB-IoT 的系统信息块
SI	System Information	系统信息
S-NSSAI	Single-NSSAI	单个网络切片选择辅助信息
SMF	Session Management Function	会话管理功能
SON	Self-Organized Network	自组织网络
SPS	Semi-Persistent Scheduling	半持续性调度
SR	Scheduling Request	调度请求
S-TMSI	Serving - Temporary Mobile Subscriber Identity	临时移动用户标识
TA	Timing Advance	定时提前量
TAC	Tracking Area Code	跟踪区域码
TAI	Tracking Area Identifier	跟踪区域标识
TAU	Tracking Area Update	跟踪区更新
TBCC	Tail Biting Convolution Coder	咬尾卷积编码
TBS	Transport Block Size	传输块大小
TDD	Time-Division Duplex	时分双工
TEID	Tunneling Endpoint Identifier	隧道端点标识
TPC	Transmit Power Control	传输功率控制
TPSK	Tone Phase Shift Keying	音频相移键控
TU	Typical Urban	典型城市

续表

缩略词	英文全称	中文全称
UDM	Unified Data Management	统一数据管理
UE	User Equipment	用户设备
UP	User Plane	用户面
UPF	User Plane Function	用户面功能
USS	UE-Specific Search Space	用户专有搜索空间
WUS	Wake-up Signal	唤醒信号

参考文献

第 1 章

[1]　3GPP RP-152284. Revised Work Item: Narrowband IoT（NB-IoT）, Huawei, HiSilicon, RAN #70.

[2]　3GPP RP-161901. Revised work item proposal: Enhancements of NB-IoT, Huawei, HiSilicon, RAN #73.

[3]　3GPP RP-172063. Revised WID on Further NB-IoT enhancements, Huawei, HiSilicon, RAN #77.

[4]　3GPP RP-192313. WID revision: Additional enhancements for NB-IoT, Futurewei, RAN #85.

[5]　3GPP RP-193264. New WID on Rel-17 enhancements for NB-IoT and LTE-MTC, Huawei, HiSilicon, RAN #86.

[6]　ITU-R WP5D /1268, Final submission of candidate IMT-2020 radio interface technology, China.

第 2 章

[1]　王映民，孙韶辉. TD-LTE技术原理与系统设计[M]. 北京：人民邮电出版社，2010.

[2]　3GPP TS 36.300. Evolved Universal Terrestrial Radio Access（E-UTRA）and Evolved Universal Terrestrial Radio Access（E-UTRAN）; Overall description; Stage 2.

[3]　3GPP TS 36.331. Evolved Universal Terrestrial Radio Access（E-UTRA）; Radio Resource Control（RRC）; Protocol specification.

[4]　3GPP TS 36.304. Evolved Universal Terrestrial Radio Access（E-UTRA）; UE Procedures in Idle Mode.

[5]　3GPP TS 36.306. Evolved Universal Terrestrial Radio Access（E-UTRA）; User Equipment（UE）radio access capabilities.

[6]　3GPP TS 36.321. Evolved Universal Terrestrial Radio Access（E-UTRA）; Medium Access Control（MAC）protocol specification.

[7]　3GPP TS 36.322. Evolved Universal Terrestrial Radio Access（E-UTRA）; Radio Link Control（RLC）protocol specification.

[8]　3GPP TS 36.323. Evolved Universal Terrestrial Radio Access（E-UTRA）; Packet Data

Convergence Protocol（PDCP）Specification.

[9] 3GPP TS 36.133. Evolved Universal Terrestrial Radio Access（E-UTRA）; Requirements for support of radio resource management.

[10] 3GPP R2-160414. NB-IoT Support for Re-establishment, ZTE, RAN2 NB-IoT AH#1.

[11] 3GPP R2-162357. Considerations on cIoT indications in NB-IoT, ZTE, RAN2 #93bis.

[12] 3GPP R2-162355. Msg3 in NB-IoT, ZTE, RAN2 #93bis.

第3章

[1] 3GPP, R1-160042. NB-PBCH design for NB-IoT, ZTE, RAN1 NB-IoT AH #1.

[2] 3GPP, R1-160045. Multiplexing of downlink channels for NB-IoT, ZTE, RAN1 NB-IoT AH #1.

[3] 3GPP, R1-160469. Scheduling of DL and UL Data Channels for NB-IoT, ZTE, RAN1 #84.

[4] 3GPP, R1-160480. Consideration on uplink data transmission for NB-IoT, ZTE, RAN1 #84.

[5] 3GPP, R1-160044. NB-PDCCH Design of NB-IoT, ZTE, RAN1 NB-IoT AH #1.

[6] 3GPP, R1-160048. Considerations on NB-PDSCH design for NB-IoT, ZTE, RAN1 NB-IoT AH#1.

[7] 3GPP, R1-160211. WF on NB-IoT Transmission Schemes and Transmission Modes, Huawei, HiSilicon, CMCC, Ericsson, Intel, Lenovo, MediaTek, RAN1 NB-IoT AH #1.

[8] 3GPP, R1-160475. Details on NB-RS for NB-IoT, ZTE, RAN1 #84.

[9] 3GPP, R1-161864. Remaining issues on NB-RS for NB-IoT, ZTE, RAN1 NB-IoT AH #2.

[10] R1-160474. Remaining issues on Channel Raster for NB-IoT, ZTE, RAN1 NB-IoT AH #1.

[11] 3GPP, R1-168507. Phase difference between NRS and CRS, Qualcomm, RAN1 #86.

[12] 3GPP, R1-161822. NB-IoT-Search space design considerations, Ericsson, RAN1 NB-IoT AH #2.

[13] 3GPP, R1-162973. DL gaps and remaining details of timing relationships for NB-IoT, Intel, RAN1 #84bis.

[14] 3GPP, R1-162757. Remaining Issues on NB-PDCCH Design of NB-IoT, ZTE, RAN1 #84bis.

[15] 3GPP, R1-161841. DCI design for NB-IoT, Nokia Networks, RAN1 NB-IoT AH #2.

[16] 3GPP, R1-160469. Scheduling of DL and UL Data Channels for NB-IOT, ZTE, RAN1 #84.

[17] 3GPP, R1-162763. Remaining issues on UCI transmission for NB-IoT, ZTE, RAN1 #84bis.

[18] 3GPP, R1-161866. DL power allocation for NB-IoT, ZTE, RAN1 NB-IoT AH #2.

[19] 3GPP, R1-160053. Uplink Data channel with 15kHz Subcarrier Spacing for NB-IoT, ZTE, RAN1 NB-IoT AH #1.

[20] 3GPP, R1-167316. Remaining issue on collision of NPUSCH and NPRACH, ZTE, RAN1 #86.

[21] 3GPP, R1-160055. Uplink HARQ-ACK transmission for NB-IoT, ZTE, RAN1 NB-IoT AH #1.

[22] 3GPP, R1-156628. Physical Random Access Channel Design of NB-IoT, ZTE, RAN1 #83.

[23] 3GPP, R1-160482. Single-tone PRACH for NB-IoT, ZTE, RAN1 #84.

[24] 3GPP, R1-161872. Remaining issues on single tone PRACH for NB-IoT, ZTE, RAN1 NB-IoT AH #2.

[25] 3GPP, R1-162765. Remaining issues on UL power control for NB-IoT, ZTE, RAN1 #84bis.

[26] 3GPP, R1-160054. Uplink Data Channel with 3.75kHz Subcarrier Spacing for NB-IoT, ZTE, RAN1 NB-IoT AH #1.

[27] 3GPP, R1-161871. UCI transmission for NB-IoT, ZTE, RAN1 NB-IoT AH #2.

[28] 3GPP, R1-160053. Uplink Data Channel with 15kHz Subcarrier Spacing for NB-IoT, ZTE, RAN1 NB-IoT AH #1.

[29] 3GPP, R1-160477. Uplink DM RS design for NB-IoT, ZTE, RAN1 #84.

[30] 3GPP, R1-163437. WF on DMRS multi-tone evaluation methods, Ericsson, Nokia, Lenovo, LG, ZTE, RAN1 #84bis.

[31] 3GPP, R1-161868. Resource allocation of uplink data channel for NB-IoT, ZTE, RAN1 NB-IoT AH #2.

[32] 3GPP, R1-161867. Remain issues on uplink data transmission for NB-IoT, ZTE, 3GPP TSG RAN1 NB-IoT AH #2.

[33] 3GPP, TS 36.101. Evolved Universal Terrestrial Radio Access（E-UTRA）; User Equipment （UE）radio transmission and reception.

[34] 3GPP, TS36.104. Evolved Universal Terrestrial Radio Access（E-UTRA）; eNodeB radio transmission and reception.

[35] 3GPP, TS 36.133. Evolved Universal Terrestrial Radio Access（E-UTRA）; Requirements for support of radio resource management.

[36] 3GPP, TS 36.211. Evolved Universal Terrestrial Radio Access（E-UTRA）; Physical channels

and modulation.

[37]　3GPP, TS 36.213. Evolved Universal Terrestrial Radio Access（E-UTRA）; Physical layer procedures.

[38]　3GPP, TS 36.214. Evolved Universal Terrestrial Radio Access（E-UTRA）; Physical layer– Measurements.

[39]　3GPP, TS 36.321. Evolved Universal Terrestrial Radio Access（E-UTRA）; Medium Access Control（MAC）protocol specification.

[40]　3GPP, TS 36.331. Evolved Universal Terrestrial Radio Access（E-UTRA）; Radio Resource Control（RRC）protocol specification.

第 4 章

[1]　3GPP R1-1608618. Design of new downlink positioning reference signal for NB-IoT, Huawei, HiSilicon, RAN1 #86bis.

[2]　3GPP TS 23.401. General Packet Radio Service（GPRS）enhancements for Evolved Universal Terrestrial Radio Access Network（E-UTRAN）access.

[3]　3GPP TS 24.301. Non-Access-Stratum（NAS）protocol for Evolved Packet System（EPS）; Stage 3.

[4]　3GPP TS 33.401. 3GPP System Architecture Evolution（SAE）; Security architecture.

[5]　3GPP SP-160830. Extended architecture support for Cellular Internet of Things, SA WG2, SA#74.

第 5 章

[1]　3GPP, R1-1712113. Consideration and evaluation on power saving signal in NB-IoT, Huawei, HiSilicon.

[2]　3GPP, R1-1713789. Signalling for efficient decoding of physical channels, Nokia, Nokia Shanghai Bell.

[3]　3GPP, R1-1717274. Design of power saving signal/channel, LG Electronics.

[4]　3GPP, R1-1717343. The function scope of Wake-up signal for feNB-IoT, Intel Corporation.

[5]　3GPP, R1-1712806. Efficient monitoring of DL control channels, Qualcomm Incorporated.

[6]　3GPP, R1-1717009. On Wake-up signal functions, Ericsson.

[7]　3GPP TS 23.401. General Packet Radio Service（GPRS）enhancements for Evolved

Universal Terrestrial Radio Access Network（E-UTRAN）access.

[8]　3GPP TS 24.301. Non-Access-Stratum（NAS）protocol for Evolved Packet System（EPS）；Stage 3.

[9]　3GPP TS 33.401. 3GPP System Architecture Evolution（SAE）；Security architecture.

[10]　3GPP S2-185713. Introducing Early Data Transmission for Control Plane CIoT EPS optimization，Qualcomm etc. SA2#127bis.

[11]　3GPP S2-185152. Early data transmission status in RAN WGs and impacts to SA2, Qualcomm etc, SA2#127bis.

第6章

[1]　3GPP, R1-1906505. Discussion on Wake-up signal for NB-IoT, ZTE, RAN1#97, May, 2019.

[2]　3GPP, R2-1901143. Report of Email discussion [104#49][eMTC NB-IoT R16] MT EDT, Huawei, RAN2#105.

[3]　3GPP, R2-1910386. Report on [106#65][R16 NB-IoT/eMTC] CP MT-EDT, Intel Corporation, RAN2#107.

[4]　3GPP, R2-1910420. Report on email discussion [106#64] on UP MT EDT, Ericsson, RAN2#107.

[5]　3GPP, R2-1908872. Some remaining issues for MT-EDT, ZTE, RAN2#107.

[6]　3GPP, R1-1810509. Support for transmission in preconfigured UL resources for NB-IoT, ZTE, RAN1 #94bis.

[7]　3GPP, R1-1810195. Support for transmission in preconfigured UL resources in NB-IoT Ericssion, RAN1 #94bis.

[8]　3GPP, R1-1810083. On support for transmission in preconfigured UL resources,Huawei, HiSilicon, RAN1 #94bis.

[9]　3GPP, R1-1810490. NB-IOT Pre-configured UL Resources Design Considerations Sierra Wireless, S.A.,RAN1 #94bis.

[10]　3GPP, R1-1911907. Transmission in preconfigured UL resourcesHuawei, HiSilicon, RAN1 #99.

[11]　3GPP, R1-1812774. Support for transmission in preconfigured UL resources for NB-IoT, ZTE, RAN1 #95.

[12]　3GPP, R1-1812128. Support for transmission in preconfigured UL resources in NB-IoT

Ericssion, RAN1 #95.

[13] 3GPP, R1-1908028. Support for transmission in preconfigured UL resources in NB-IoT Ericssion, RAN1 #98.

[14] 3GPP, R1-1808109. Scheduling multiple DL/UL transport blocks for SC-PTM and unicast, Huawei, HiSilicon, RAN1#94.

[15] 3GPP, R1-1907002. Scheduling of multiple DL/UL transport blocks, Qualcomm Incorporated, RAN1#97.

[16] 3GPP, R1-1906507. Consideration on scheduling enhancement for NB-IoT, ZTE, RAN1#97, May 2019.

[17] 3GPP, R1-1906712. Scheduling of multiple DL/UL transport block, Nokia, Nokia Shanghai Bell, RAN1#97.

[18] 3GPP, R1-1905973. Scheduling multiple DL/UL transport blocks, Huawei, HiSilicon, RAN1#97.

[19] 3GPP, R1-1908729. Design of scheduling of multiple DL/UL transport blocks for NBIoT, Lenovo, RAN1#98.

[20] 3GPP, R1-1908088. Scheduling of multiple DL/UL transport block, Huawei, HiSilicon, RAN1#98.

[21] 3GPP, R1-1908266. Consideration on scheduling enhancement for NB-IoT, ZTE, RAN1#98.

[22] 3GPP, R1-1910273. Consideration on scheduling enhancement for NB-IoT ZTE, RAN1#98bis.

[23] 3GPP, R1-1812537. Discussion on multiple transport blocks scheduling in NB-IoT, LG Electronics, RAN1 #95.

[24] 3GPP, R1-1812775. Consideration on scheduling enhancement for NB-IoT, ZTE, RAN1#95.

第 7 章

[1] 3GPP, RP-191829. Summary of moderated email discussion on Rel-17 NB-IoT and LTE-MTC, Huawei, HiSilicon, RAN #85.

[2] 3GPP, RP-191789. NB-IoT Status to be considered from commercial practice, CMCC, RAN #85.

[3] 3GPP, RP-192877. Summary of moderated email discussion on Rel-17 NB-IoT and LTE-MTC, Huawei, HiSilicon, RAN #86.